数学文化丛书

TANGJIHEDE
+
XIXIFUSI
JINGWAYUHAI JI

唐吉诃德+西西弗斯

井蛙语海集

刘培杰数学工作室 ○ 编

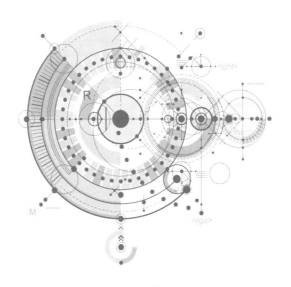

哈尔滨工业大学出版社
HARBIN INSTITUTE OF TECHNOLOGY PRESS

内 容 提 要

本丛书为您介绍了数百种数学图书,并奉上名家及编辑为每本图书所作的序、跋等.本丛书旨在为读者开阔视野,在万千数学图书中精准找到所求,其中不乏精品书、畅销书.本书为其中的《井蛙语海集》.

本丛书适合数学爱好者参考阅读.

图书在版编目(CIP)数据

唐吉诃德+西西弗斯.井蛙语海集/刘培杰数学工作室编.—哈尔滨:哈尔滨工业大学出版社,2025.1
(百部数学著作序跋集)
ISBN 978-7-5767-1387-9

Ⅰ.①唐… Ⅱ.①刘… Ⅲ.①数学-著作-序跋-汇编-世界 Ⅳ.①O1

中国国家版本馆 CIP 数据核字(2024)第 093075 号

策划编辑 刘培杰 张永芹
责任编辑 王勇钢
封面设计 孙茵艾
出版发行 哈尔滨工业大学出版社
社　　址 哈尔滨市南岗区复华四道街 10 号　邮编 150006
传　　真 0451-86414749
网　　址 http://hitpress.hit.edu.cn
印　　刷 辽宁新华印务有限公司
开　　本 720 mm×1 000 mm　1/16　印张 27.5　字数 392 千字
版　　次 2025 年 1 月第 1 版　2025 年 1 月第 1 次印刷
书　　号 ISBN 978-7-5767-1387-9
定　　价 88.00 元

目

录

实分析演讲集（英文）

芬纳·拉尔森　著

本书是从世界著名的剑桥大学出版社引进的英文版数学教程,中文书名可译为《实分析演讲集（英文）》,作者是芬纳·拉尔森(Finnur Lárusson) 教授,他任教于澳大利亚阿德莱德大学.剑桥大学出版社对本书的介绍是这样写的:

> 本书是为本科学生准备的对实分析的严谨的介绍,从全序域的定理和一些集合论知识开始.本书避免了任何关于实数的先入之见,只把它们当作全序域的元素来研究,包括所有的标准主题,以及对三角函数的适当处理,许多人认为这些内容都是理所应当的.书的最后几章提供了一个详细的、基于实例的对应用在实线上的微分方程的度量空间的介绍.
>
> 作者的阐述简明扼要,有利于学生抓住要点.本书包括200多道不同难度的练习题,其中许多题都涉及正文中的理论内容.该书非常适合本科二年级学生和需要掌握实分析基础知识的更高年级的学生阅读.

目前国内高校都在争创"双一流"高校建设,其目标是要对标国际一流大学和一流专业,力争早日赶上并超越.此论题过于宏大,非像笔者这样的编辑所能置喙的,但窃以为不论是

1

一流的大学还是一流的专业,一个必不可少的硬件是一流的教材.当然一流大学不是一天建成的,一流教材也不是想编就编得出的,所以"拿来主义"是一个解决方案.本书作者在"致学生"中写道:

> 本课程有双重目的.首先,根据微积分的基本原理给出一个谨慎的处理方法.在第一年的微积分课程中,我们学习解决特定问题的方法.我们关注的是如何使用这些方法,而不是它们为什么有效.为了给进一步研究纯数学和应用数学铺平道路,我们需要加深对微积分作用的理解,而不是弄清它是如何起作用的.这不是对初级微积分学习的简单重复.用这种方法做的微积分叫作实分析.

> 我们将特别考虑实数是如何令微积分工作的.为什么有理数不行? 我们将确定实数的关键属性,即所谓的完备性,该属性将它们与有理数区分开来,并渗透到所有数学分析中.完备性将是我们整个课程的主题.

> 本书的第二个目标是练习阅读和书写数学证明.本课程自始至终都以证明为导向,不是为了鼓励卖弄学问,因为证明是唯一能确定数学真理的方法.数学知识是通过长期推理积累的.如果我们不能确定每一个环节都是可靠的,那么我们就不能依靠由此而产生的结果.在未来的许多工作中,您将发现能够构造和传达可靠的论点是一项非常有用的技能.

> 随着对严密论证的强调,我们需要做出基本假设,我们的推理从这些基本假设开始,清晰而明确.我们将列出十个描述实数的公理,这些公理实际上可以表示实数.我们对实分析的发展分析将基于这些公理以及一些集合论.

> 在本课程的最后,我们将在实数的背景下发展一些概念,将这些概念扩展到对度量空间的更一般的设置.为了证明抽象化的力量,本课程以使用度量空间

理论证明微分方程解的存在唯一性定理结束.

最近有人在网上询问"高等数学"和"数学分析"有什么区别？许多网友留言，其中有两个回答与本书作者的想法相似. 一个回答是"用到 $\varepsilon - \delta$ 语言就是数学分析，没用到就叫高等数学". 还有一个说法是讲微积分怎么应用的叫高等数学，告诉你为什么微积分好用的是数学分析. 如果再进一步就会是实变函数论. 实变函数主要指自变量取实数值的函数. 实变函数论就是研究一般实变函数的理论. 在微积分学中，主要是从连续性、可微性、黎曼可积性三个方面来讨论函数. 如果说微积分学所讨论的函数都是性质"良好"的函数，那么实变函数则是从连续性、可微性、可积性三个方面讨论最一般的函数，包括从微积分学的角度来看性质"不好"的函数.

实变函数论是 19 世纪末 20 世纪初形成的一个数学分支，是微积分的深入和发展. 它的产生最初是为理解和弄清 19 世纪的一系列奇怪的发现. 1861 年魏尔斯特拉斯（Weierstrass）构造了（1875 年发表）一个处处不可微的连续函数

$$f(x) = \sum_{n=0}^{\infty} a^n \cos(b^n \pi x)$$

其中 $0 < a < 1, ab > 1 + \dfrac{3}{2}\pi, b$ 为奇数；皮亚诺（Peano, 1890）发现了能填满一个正方形的若尔当（Jordan）曲线（被称为皮亚诺曲线）；以及连续函数级数之和不连续，可积函数序列的极限函数不可积，函数的有限导数不黎曼可积，等等. 这些例子从微积分学的角度来看都很意外，它促使数学家们进一步研究函数的各种性态. 对傅里叶（Fourier）级数理论的深入探讨是实变函数论产生的另一个动力.

函数可积性的探讨是实变函数论的主要内容. 积分概念的第一次扩充来自荷兰数学家斯蒂尔杰斯（Stieltjes），他在 1894 年的论文中，为了表示一个解析函数序列的极限，引进了一种新的积分 —— 斯蒂尔杰斯积分，这种积分后来成为研究一般测度上的积分的开端.

积分概念的进一步扩充还沿着另一条路线进行. 因为函数

的不连续点影响了函数的可积性,所以数学家们转向函数的不连续点集的研究. 由此产生了"容量"和"测度"的概念,它们是通常体积、面积和长度概念的推广.

容量的概念最早由德国数学家哈纳克(Harnack,1881)和埃米尔·杜布瓦－雷蒙(Emil du Bois-Reymond,1882)提出. 随后,皮亚诺改进了他们的工作,引进了区域的内容量和外容量. 如果 f 是围成该区域的曲线的函数,那么此区域的内、外容量分别由 f 的下、上积分确定.1893 年,若尔当在他的《分析教程》中,更有力地阐明了内、外容量的概念. 他用有限集合覆盖点集,给出"若尔当容量"的定义,完善了前人的工作. 他还研究了容量对积分的应用. 波莱尔(Borel)在处理表示复函数的级数收敛的点集时,建立了他称之为测度的理论. 在《函数论讲义》(1898)中他定义了开集、可数个不相交的可测集的并集、两个可测集的差集等几类点集的测度,把测度从有限区间推广到更大一类点集(波莱尔可测集)上.

本书是英语国家使用的大学数学教材,语言精练、篇幅短小,适合于教师引导、面授. 另一套数学体系是俄式的,是面面俱到,篇幅长,适用于自学. 中国读者往往喜欢阅读后一种读本. Б. П. 吉米多维奇(Б. П. Демидович)等人都是这种风格. 为了与本书有个对比,下面我们摘录一段俄罗斯数学家 A. Ф. 别尔曼特(A. Ф. Бермант)的《数学解析教程》中的一段. 内容虽相近,但风格迥然不同.

1. 初等及高等数学

一般统称作初等数学的那几门数学(初等代数,初等几何及三角)来源很早,现有的初等几何学整个系统,除了一小部分以外,都是在公元前 5 世纪至公元前 3 世纪时就已形成了. 古代巴比伦人(公元前 3 世纪至公元前 2 世纪)对于代数变换法及方程解法也具有相当精湛的技巧,但代数作为一门科学来说,它的产生却在 8 世纪,那时有个著名的阿拉伯学者穆罕默德·伊本·穆萨·花拉子密在他的著作 Hisab al-jabr

4

wal-Muqabalah 中讲解了代数的基本原理,并且代数 "algebra" 这个名称也是从该书书名的第一个字得来的. 三角法的产生也是跟更早期的天文学研究有关的,不过对于三角函数及其属性的概念则一直到 16 至 17 世纪时才研究出来.

通常统称为高等数学的那几门数学,是随着 17 至 18 世纪时,科学与工程的进步而发展起来的. 应该指出,高等数学中一些个别的观点与方法是古代伟大数学家、物理学家兼工程师阿基米德(Archimedes)早就认识到的. 不过高等数学还是比较年轻的科学.

数学的"高等"与"初等"之分是照惯例的,我们不可能说出任何一个决定性的准则来判定某些数学事实或某些数学定理是属于初等数学的. 但是,我们可以指出习惯上称为初等数学的,是具有历史上与数学上所形成的那门中学课程所固有的两大特征.

初等数学的第一个特征在于其所研究的对象乃是不变的量或图形. 初等数学中的典型问题是:已知一个代数方程 —— 要找出满足该方程的常数(方程的根);用初等代数中所讲的法则把已知代数式变换为他式;算出某些几何常量(例如长度、面积及体积)的值,或做出一定的点线及图形,使其有所需的属性.

三角法中所考虑的是三角函数随着角或弧而变化的情形,但所讲的材料是描述性质的,而不是根据某种一般理论推出来的,通常这种做法不能作为导出三角函数属性的根据. 初等三角法中的基本问题有跟几何与代数的问题相同的性质:研究三角式子的简单变换法以及用三角函数来计算几何图形中的元素.

初等数学的第二个特征是在方法上. 初等代数与几何中的理论是各自独立构筑出来的. 初等数学中的代数法(或按广义的说法叫作解析法)与初等几何中的综合法在本质上是没有联系的. 但这里当然并不是说几何及三角中的计算问题不会用到最简单的代数

5

公式. 重要的一点是, 在初等数学范围内没有总的原理, 使我们能唯一地解释所有代数问题的几何意义, 而把所有几何问题用代数术语陈述出来并用计算法从解析上来解决.

工程上与经济上的实际需要迫使人对自然界做了比之前更深刻的研究, 研究的结果使人对周围世界中所观察到的变化过程与现象创了学说. 这首先涉及物理现象, 但要从量的方面来研究变化过程时, 就必须创出新的数学, 使我们能用解析来掌握参与过程的各个量的相互变化情形.

数学解析, 特别是本书中所要讲的微积分法, 乃是高等数学中极重要的部分. 它与初等数学不同, 是在依从关系中去研究变量的.

在方法上高等数学也与初等数学相反, 前者是在代数法(按广义说来, 即解析法, 亦即计算法)与几何法密切结合的基础上发展起来的, 而这种结合首先出现在法国著名数学家兼哲学家笛卡儿(Descartes)的解析几何学中. 坐标观念是一个总的原理, 我们一方面能用代数(或解析)的运算来顺利证明几何定理, 而另一方面由于几何观念的显明性, 使我们又能发掘及建立解析性的新定理与新论点.

但是我们还要注意到, 数学的"初等"与"高等"之分是照惯例的, 与其说是根据原理特性来分的, 还不如说是根据教学特性来分的. 因此, 初等数学中也越来越多地包括了触及高等数学思想的问题.

2. 量的概念、变量及函数依从关系

在任何自然科学及技术的知识领域中, 我们每一步都碰到的一个基本概念, 就是量的概念. 所谓量是能加以度量并用数(一个或多个)表示出来的一切. 换言之, 凡是可以施行度量(形式最简单的度量或是经数学方法改进了的度量)的一切对象叫作量. 形式最简单的度量: 首先取一个本质跟被量对象相同的东

西作为"度量单位"，然后直接确定该被量对象"容纳"多少倍"单位"．经数学方法改进的度量以及上述最简单的度量的继续发展，便引出了数学解析中所研究的新的重要概念 —— 导数概念及积分概念，等等．

在实际生活及自然科学与技术科学的具体问题中，我们一定曾遇到种种本质不同的量．例如：长度、面积、体积、质量、温度、速度、力等这些东西都是量．但是在数学中并没有具体的量．数学（特别是数学解析）中所创造出的一般理论是可以应用到种种本质不同的量上去的．要能创出这一般理论，就必须在陈述数学原理及数学规律时抽去各种量的具体性质而只注意它们的数值．根据这个道理，所以数学中只考虑一般的量，而用某种记号（字母）表示，毫不假定它可能含有什么具体物理意义．正因为如此，数学理论是可以用来研究任何具体的量，而同样获得成功的．数学理论的一般性或普遍性或所谓抽象性（这个名词常被人误解为脱离实际与现实）也就表现在这一点上．

在一起考查的诸量中，常有些量是变化着的，而另一些量是不变的，变化与运动是通常所谓现象及过程中的首要标志．在自然界或工程上所观察到的现象，我们都领会为参与该现象的一些量受另一些量的变化所制约而引起的变化．例如在观察恒温下一定质量的气体时，我们就注意其体积变化时的压力变化情形．用数学方法研究过程所得的知识，结果比不用数学方法时更为深刻完备而且准确．但要用数学方法来研究过程，就必须在数学中引入变量概念．而这件事确实就在创立新数学的第一阶段时，笛卡儿及其后的牛顿（Newton）与莱布尼兹（Leibniz）时代做到了．数学里面引用变量乃是数学史上的一件大事．

凡是可取得各种数值的量叫作变量；凡是保持同一数值的量叫作常量（或常数）．

如前面所讲，把每个现象或过程（从数量方面）看作是若干变量间的相互变化情形. 这种看法使我们引出数学里的极重要的概念 —— 函数依从关系.

如果两个变量间有下列关系:其中一个量的变化会引起另一个量的一定变化,那么这种关系就叫作这两个量之间的函数依从关系. 把已知过程中各个量之间的函数依从关系确立出来并加以描述,是自然科学及技术科学的首要任务. 变化过程的规律无非就是出现在该过程中并且刻画该过程的函数依从关系,也可以说是这个函数依从关系描述了变化过程. 例如在常温下气体压力(P)与体积(V)之间的函数依从关系是 $P = \dfrac{k}{V}$(k 为常量),而这依从关系就定出了气体在所论条件下所遵守的变化规律(波义耳 – 马略特(Boyle-Marriote)定律). 用文字表达这个函数依从关系:(在恒温下)气体压力与其体积成反比例. 这便是上述规律的通常陈述法.

这个函数依从关系的观点是由于普遍公认的因果原理而产生的. 因果原理在 17 及 18 世纪中为自然科学及其他各门科学所传播,不过该原理跟函数依从关系的数学观念是有本质上的差别的. 它需要找出引起已知结果的(一切的或只是最重要的)确实的原因,而函数依从关系则仅提供诸量间的关系,并不一定认为其中某个量的变化乃是使其他量变化的实际原因. 例如一昼夜间空气温度的变化是由许多原因所致的,如风力的变化,太阳辐射力的强弱以及空气温度,等等. 但这里我们却可以直截了当地建立出温度与(一昼夜内)时间的函数依从关系. 尽管时间的进行决非温度变化的"原因",但是如果我们要从量的方面去刻画温度的变化过程,并因而要了解这变化过程的特性时,上述函数依从关系便可能是极重要的资料.

数学解析是以全面研究函数依从关系为其主要目标的. 多亏为这种研究所发展起来的方法,人们才发现了极有力的工具,使其能对自然科学及工程上的各种各样的问题进行准确而深刻的研究.

3. 数学解析与现实

不仅是在各门自然科学的状态和过程中,而且在各门社会科学中,凡是必须从量的方面去考虑其中的状态和过程时,我们都可用数学来做研究(数学上所研究的问题不一定是数量性质的,也可能是属于空间形状及其关系的,但这些问题,本书中几乎不会讲到).对于科学与工程来说,数学是其理论研究的极重要方法及实用工具.如果没有那些初等数学与后来的高等数学中所给的工具,那么就不能做任何技术上的计算,因此没有数学,就不可能进行工程上与科学技术上的任何严正的工作.这是由于技术科学要以物理学、力学、化学等为其基础,而后者中的数量性的规律必须用数学解析上的函数概念及其他概念表示.伽利略(Galileo)早就说过:"自然规律要用数学语言来记录."

正因为物理学、力学等的基本规律是用数学语言表达出来的,所以使我们可能在理论上借逻辑推论及计算的帮助,从已知规律性找出结果,并解决自然界及人类实践所提出的新问题.

过程中量的规律性与其质的本性间并无厚墙相隔,量与质两方面有密切关系,这是完全符合于辩证唯物论的.因此,在科学及工程上所考虑的任何过程,如果从一切方面以及从整体上去认识时,数学是必不可省的东西.有人说得对,数学是掌握技术的钥匙①.

——————————

① 由此读者可以自己体会到,如果想灵活地掌握自己所选择的专门技术,那么就必须深入了解数学概念及其定理的精神所在,而不能仅限于所学事物的形式方面,必须深刻而不是肤浅地研究数学解析及其应用.一句话,如果读者全力以赴,对所学的数学解析课程深思熟虑,心有所得,当他学习别的课程时及以后做科学或实际工作时,数学解析确实能成为他手中的工具,那么他的学习态度是正确的.

如前所述,由于16及17世纪中自然科学及技术科学上的需要,就不可避免地产生了数学解析中的一些观念和方法,而科学与工程的蓬勃发展是受到生产的急剧变革和扩大所激起的.

本书中,我们会尽力说明其中基本的数学概念及运算的现实与具体的根源,要指出什么客观事实和条件产生了新的数学理论.其次我们要尽可能使这些理论是按数学的严格性讲的,以便将来在更高水平上指出其更广泛的应用.因为归根到底理论的意义是要在实践阶段里决定的.

发展数学理论时(一般对其他任何科学理论都一样),决不可忘却该理论的根源.我们应该记住,要判别理论的可靠与否以及有无价值,决定性的准则是在生活实践上的考验.

俄罗斯数学家切比雪夫(Чебышев)对于数学理论与实践间的关系曾说过极有意义的话:"理论与实践结合会产生极良好的结果,而受惠的不仅是实践,科学本身就是在实践的影响之下发展起来的.实践把新的研究对象或已知对象的新的方面揭示给科学.近三百年来尽管大几何学家(亦即数学家——著者注)的工作使科学有这样高度的发展,但实践指出科学在各方面仍不够完善.实践提供科学在本质上崭新的问题,因此促使人们导出崭新的方法(来解决它).如果旧方法的新应用及新发展使理论得到很多改进,那么新方法的发展对于理论的贡献更大,在这种情形上,科学在实践中找到可靠的指导者."("地图绘制问题"见《切比雪夫氏数学著作选集》第100页)

哲学上的唯心论者认为科学不是存在于我们身外的客观现实的反映,而是人类心灵所自由创造出的产物.但科学能使人得到预见.人之所以能具有预见,恰恰证实了数学这门科学也是由客观现实产生的,证实了它的规律与关系是以数学上特有的抽象形式正确反映出来的物质世界中的现实关系.如果所证实的事并不如此,那么为什么凭借数学的帮助,由理论方法(由可靠的假定出发)得出的推论会是正确的呢?为什么"预言"会与现实、与以后确实发生的事完全相符合呢?

科学史上充满着著名的预见例子.这里我们只略讲两个例子,它们足以说明数学在其中的作用.

(1)法兰西学者勒维耶(Leverrier)曾研究太阳系中的行星运动问题.起初他根据古典力学中,用已知函数关系表示出来的规律,但发现由此所得的一些推论与观察的事实有出入,他又发现,如果假设还存在一个具有一定质量及在一定轨道线上的行星,便可使推论与事实没有出入,不久就有人根据他的推测,在他所指定的时间和位置发现了一颗新行星,后来称为海王星.这样就曾有人借计算而发现了新世界.现在我们对于未来的天文事件,能做极准确的预言,已经不足为奇.

当然,天文学上之所以能推测未来,正是由于所用数学方法能正确反映客观规律的结果.

(2)19世纪末及20世纪初的俄罗斯著名力学家茹科夫斯基(Жуковский)教授,乃是航空学说的创立者.在他研究航空理论的时候,曾用数学方法找出了一些公式和定理,这在过去和现今都是学者和工程师们在改善飞机设计工作中所遵循的原理.特别是茹科夫斯基从理论方面预测了"高级飞行技术中翻筋斗"的可能性.不久就有俄罗斯陆军上尉涅斯捷罗夫(Нестеров)实现了飞机第一次翻筋斗的壮举"打环圈"(飞机在铅直平面内打圈).因此在"具体"出现"打环圈"的事以前,"数学上"就已先发现了.

这些例子说明了数学方法认识自然界的伟大成功.不仅在科学与工程界的大问题上,在其他或大或小的任何问题中,我们每一步工作都是有了下列把握才着手进行的.事先的数学计算,即所谓"计划",给出事物发生的真实景象.如果没有这种把握,那么就不会有科学与工

11

程,更不能使它们有进步.

数学是在科学与技术方面获得预见的有力工具.

但是,客观现实的一切现象及关系,经由各种科学(其中包括数学),在人们意识中的反映仅仅是近似的.科学的进步也正在于我们对于世界的认识能越来越准确.在认识论中与其他一切科学一样,我们应该辩证地思考,也就是说,不应该认为我们的认识是完全不可变的,而应该分析怎样从不知变成知,从不完整、不准确的知变成更完整、更准确的知.

俄式教材的另一个特点是其历史情结.不论什么教材,或多或少一样载有数学史内容.当然是与俄罗斯数学家相关的内容.有一股浓浓的爱国主义和味道和一种不可抑制的民族自豪感.这一点是美式教材所不能比拟的.毕竟美国历史才短短不到 300 年,没什么能拿得出手的数学祖先.而俄式微积分中必提的三位是欧拉(Euler),罗巴切夫斯基(Лобачевский)和切比雪夫.

4. 大数学家:欧拉,罗巴切夫斯基和切比雪夫

自从微积分法在牛顿和莱布尼兹的著作中阐释成科学理论之后,接着数学上就有一段灿烂持久的发展时期.在百余年中(自 17 世纪末到 19 世纪初)数学及与其有关的各部门自然科学有了飞快的进展.新的结果,整套新的学说源源不竭地出现了,鼓舞学者去继续发展数学理论的探讨和解决实用科学问题的数学方法.在这段充满着丰功伟绩的时期中,最伟大的数学家之一欧拉做了许多杰出的贡献.欧拉是瑞士人,在彼得堡科学院工作三十余年之久,他本人和他家庭的命运是永远与俄罗斯分不开的.

我们可以从《欧拉全集》的分量——七十卷,内含近 800 篇论文,其中有 650 篇以上是首先发表于彼得堡科学院出版物中的——略窥知这人著作的极端丰富.关于欧拉著作的价值,我们至少从下面的事实

可以判明,现今许多自然科学的基本结果都带着欧拉的名字.欧拉一生辛勤不断地工作,为数学解析、力学及其他许多工程与物理学部门奠定基础而努力.以后我们将要多次讲到这位天才学者的定理和命题.

大几何学家罗巴切夫斯基在欧拉之后的35至40年间开始了他的科学研究工作,他是科学界的大胆革新者,敢于违背了数百年确立不移的以欧氏几何刻画空间的神圣传统,而创出新的非欧几何,在广大学者面前开辟出新型空间的世界.除了这一点以外,罗巴切夫斯基在几何学上的贡献还对全部数学的方法论具有重大的意义,他的贡献是对科学的基础及所积累的大量实际材料重新加以批判的考虑,是建立数学教程时采用公理推述法的开端.罗巴切夫斯基首先明确地指出几何公理的具体来源,驳斥了德国唯心哲学家康德(Kant)认为几何公理有先验性和天赋性的说法.

罗巴切夫斯基在解析方面的直接贡献不多,而这些东西也因天才思想家的才干预示着未来科学发展途径而受到重视.我们在适当的地方要指出罗巴切夫斯基的这些工作.

讲到罗巴切夫斯基杰出的人品时,我们不能忘记他在教学方面以及一般启蒙和社会方面的贡献,这对于俄罗斯高等教育的制度有重大的影响.

罗巴切夫斯基是科学大发展史里俄罗斯学者名单上的第一名,是最了不起的人物之一.从那时起俄罗斯学者就越来越多地出现在数学前线的先进地位上.同时值得注意的是,无论在一般数量上与质量上的扩展与巩固情形,俄罗斯数学界的步调都是越来越快.现今的发展趋势在各部门数学中已经达到这种成就,使苏联数学在全世界范围内已处于主导地位,俄罗斯及其后苏联数学界的发展还有一些其他特点与特有的趋势.

大约与罗巴切夫斯基生活及工作于同一时期的

奥斯特罗格拉德斯基(Остроградский),他是另一方面——解析方面——的大天才数学家.在解析、代数、数论及力学等许多方面都有奥斯特罗格拉德斯基的发展.他的许多发明曾大大地推进了科学的发展,曾是其他学者开始研究的出发点,并且几乎放在全世界的教科书中都能很快成为经典性的内容.我们在本书中也要研究一些奥斯特罗格拉德斯基所得的结论.

大数学家切比雪夫院士的科学研究及数学工作始于莫斯科而后在彼得堡.他曾是俄罗斯大数学学派(彼得堡学派)的奠基人.切比雪夫的研究在观点和方法上有非常独到之处,并且曾解决了他自己所提出的及其他大数学家所不能解决的问题.同时他的研究还以其构思的简单与完整而著称.他一方面是多才的数学家,同时也顺利从事于研究应用科学上的问题.他清晰地认识到数学理论与实践间彼此促进新生以及互相推进的性质.切比雪夫的重要贡献之一是对函数的近似多项式问题有新的提法与研究,并因而开辟了数学解析上整个新的方向.而这项贡献是在切比雪夫研究(力学理论中的)某些纯粹工程问题时得来的.当时最好的计算机也是切比雪夫发明的.这项发明是件极有意思的事,它预先指出了近代一切计算机中最重要的构件.

权威学者的工作会决定几十年以后科学发展的方向.切比雪夫也是全世界所公认的这种学者之一.

切比雪夫学生中有一位数学家兼力学家李雅普诺夫(Ляпунов),其对运动的稳定性有深刻的研究;有杰出数学家马尔科夫(Марков),其对切比雪夫著作中及马尔科夫本人所提出的各种问题做了相当推进;还有切比雪夫门徒中的其他大学者不可能在这里都讲到.这里我们只再谈到与切比雪夫同代的一位杰出学者柯瓦列夫斯娅(Ковалевская),她是第一位女数学教授,她在数学上(主要是数学解析方面)的成就使彼得堡科学院放弃传统而选她为通信院士.

自苏联卫国战争起,数学及其在自然科学与工程上的应用开始了特别蓬勃的发展.学者的数量增加了许多倍.

苏联学者在数学上的伟大成就照例是科学上的新收获,但是这些数学与本书所讲的初等数学解析甚为深远.因此我们不可能继续往下细讲相关的数学史.

5. 伟大的应用数学家:茹科夫斯基,恰普雷金,克雷洛夫

本书主要是为未来的工程师用的,因此我们还需要再向读者讲一讲俄罗斯科学界的一个重要传统,那就是理论不脱离实践且又是实践的指导.譬如大数家欧拉及切比雪夫曾解决过困难的技术问题,又如大工程师兼力学家茹科夫斯基及克雷洛夫(Крылов),曾解决过困难的数学问题,便是这种传统的例子.前一类学者在其抽象的数学结构之外还看出具体的现实问题,并且在这些结构中常常从工程问题出发;后一类在其技术研究中总以数学理论作为正确的指南针,并且也对数学理论做了巨大的贡献.

关于"俄罗斯航空之父"茹科夫斯基的事,我们前面已经讲过.这里必须补充说明的是,他不仅研究航空,而且也研究工程与力学上的多种问题.他总能得到重要的结论,同时又常把它们化成便于实用的形式.茹科夫斯基的这一切研究都以他的高度数学造诣著称.他也在数学上完成了一些有意义的工作.

茹科夫斯基的学生,恰普雷金(Чаплыгин)院士是近代最伟大的力学家之一,在航空学方面继承了他的老师的研究,同时在组织与领导苏联流体及航空力学主要学派以及其他科学技术研究机关的工作上,也与他的老师共享其荣.恰普雷金对于发明巧妙数学方法去解决复杂技术问题的事,具有高度的创造才能.

克雷洛夫院士是著名的工程师、力学家兼数学家.他是一身结合着实践家及应用科学与理论科学专

15

家的例子,他是全世界学习的榜样.

克雷洛夫是著名的造船家、航海家、应用数学及数值计算法专家,是特种用途的计算机的发明者和首创者、历史学家兼教师,并且他还是个优秀的翻译家、科学普及工作者兼文学家.牛顿经典著作《自然哲学的数学原理》就是克雷洛夫翻译的.在该译作中克雷洛夫还附加了极有价值的注解.

苏联时代的数学界完全承袭了全世界科学上的珍贵遗产.与从前一样,苏联数学的大本营是苏联科学院、莫斯科大学等大学.此外还形成了许多新的数学大本营,例如在莫斯科与圣彼得堡的,特别是苏联其他各领域及各加盟共和国的新建科学研究与数学机关.

本书篇幅虽小,正文仅有薄薄的117页,但所涉及内容是相当广的,因此每个具体内容篇幅就更少了,以下是本书目录:

1. 数,集合与函数(自然数,整数和有理数,集合,函数)

2. 实数(实数的全序域,完整性的结果,可数集合与非可数集合)

3. 序列(收敛数列,单调序列,级数,子序列和柯西序列)

4. 开集,闭集和紧集

5. 连续性(函数的极限,连续函数,紧集和区间上的连续函数,单调函数)

6. 微分(微分函数,中值定理)

7. 积分(微积分基本定理,黎曼积分,自然对数和指数函数)

8. 函数的序列和级数(点态收敛与一致收敛,幂级数,泰勒级数,圆函数)

9. 度量空间(度量空间的例子,度量空间的收敛与完整性)

10. 收缩原理(热胀冷缩的原理,毕卡(Picard)定理)

以积分为例,本书只有 10 页,而与之相对比的别尔曼特的《数学解析教程》仅定积分的概念就讲了 14 页,摘录如下.

在这里,我们要研究定积分概念,它与导函数概念及微分概念都是数学解析中的基本概念.与导函数概念一样,定积分概念也是在几何学、力学、物理学及其他学科上需要对某些基本概念作精确定义时才产生出来的.不过引出定积分概念的那些概念与引出导函数概念的那些概念在一般性质上是不同的.在我们所熟知的现实关系中,可以看到两者是互逆的.定积分概念是解决多种问题的有效工具.数学在自然科学及工程的现实问题中的用处,正是在定积分(及微分与导函数)这方面显出来的.

首先,我们要考虑一个浅显的几何问题,就是考虑关于确定平面图形的面积问题.这个问题是从几何上产生出来的,并且它也是初创数学解析时的出发点之一.这个问题的解法具有高度的普遍性,它可以用来定出许多量,而这些量在物理意义上完全异于面积:例如,功(从已知的力求出),运动路程(从已知的速度求出),质量(从已知的密度求出)以及其他,等等.因此必须就普遍的形式来讲解这种方法,而不能依靠这个问题或那个问题中的具体条件来说明.这样就导出定积分的纯粹数学概念,而它是用极限概念作为基础的.

考查了积分的基本属性之后,就要表明定积分与导函数(或微分)这两个概念间的简单而又重要的依从关系.牛顿与莱布尼兹建立了这种依从关系,乃是具有头等重要意义的事.这种依从关系把以前不相干的知识结合成为严整的数学解析理论,并为数学解析的应用开辟了道路.

表达定积分与导函数间关系的公式,可用来计算积分, 并且是把定积分概念应用到具体问题时的基础.

定积分概念

曲边梯形的面积

初等几何中只考虑多边形及圆的面积. 现在我们要定出任一已知图形的面积概念.

关于面积的理论要以下列两项假设作为出发点:

1. 当一图形由若干图形所组成时, 则该图形的面积等于那若干个图形的面积的和.

2. 矩形面积等于其两边长度的乘积.

初等几何学中就根据这两项假设来定出三角形的面积, 然后又因每个多边形可分为若干个三角形, 而定出多边形的面积.

既然能求出多边形的面积, 就可定出一切图形的具有任意准确度的面积近似值的概念. 要做到这点, 只要把图形的曲线换成与该曲线足够接近的折线, 换句话说, 即把已知图形换成与其相差极小的多边形. 如果在这里再加上极限运算步骤, 那么就得到建立任意图形的面积概念的方法. 我们应当记得, 初等几何学中用内接及外切正多边形的面积来定圆面积时, 所用的正是这个方法. 不过那时要利用图形(圆)的特殊几何属性, 因而在情形比较复杂时, 用那种方法去计算面积就非常困难.

建立一般性的面积概念时, 要采用坐标方法, 它可以使我们用曲线方程从解析上表示出曲线的几何性质.

现在假设需要确定面积的那个图形位于笛卡儿坐标系的平面内. 这样, 就不难看出任何图形都可以分割成一系列具有同类边缘的图形 —— 曲边梯形.

由 x 轴、被平行于 y 轴的任意一直线所交不多于一点的曲线以及曲线的两条纵坐标所在的直线四者所构成的图形,叫作曲边梯形(图1).介于所论两条纵坐标所在的直线之间的那段 x 轴,叫作曲边梯形的底边.

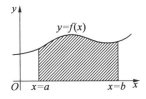

图 1

任何图形显然都可以由这种梯形组成,并由此可知,所求面积可用各曲边梯形的面积的代数和求出.例如,图 2 所示图形的面积可以写成若干个梯形面积的代数和式

面积 $AA'C'C$ – 面积 $BB'C'C$ + 面积 $BB'D'D$ –
面积 $AA'B''B$ – 面积 $BB''D'D$

由此可知,要解决这个面积的问题,只要能指出曲边梯形面积的求法即可.

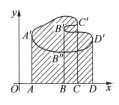

图 2

Ⅰ. 为使说明浅显起见,在讲一般情形以前,先来考虑抛物线梯形(三角形),它的各边是抛物线 $y = kx^2$, x 轴及直线 $x = 0$, $x = b$(图 3).求这梯形面积时,可用上面讲过的概念,即是把该梯形换成与它越来愈接近的多边形,并用初等方法算出该多边形的面积.

用下面的方法作接近于抛物线的折线,把梯形底边分成 n 个相等的线段,然后在分点处往上作平行于 y 轴的直线与抛物线相交,再在每个交点处作平行于 x 轴的线段,直到它与另一条平行于 y 轴的直线相交为止.

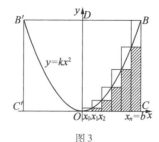

图 3

所得的阶梯图形称为内接台阶形,它的面积是不难求出的.

首先,用 $x_0, x_1, x_2, \cdots, x_{n-1}, x_n$ 表示分点的横坐标.因全部底长为 b,故

$$x_0 = 0, x_1 = \frac{b}{n}, x_2 = \frac{2b}{n}, \cdots$$

$$x_{n-1} = (n-1)\frac{b}{n}, x_n = n\frac{b}{n} = b$$

这些分点的横坐标形成以 $\frac{b}{n}$ 为公差的算术级数.

其次,用 $y_0, y_1, y_2, \cdots, y_{n-1}, y_n$ 表示对应于这些分点的纵坐标,用 s_n 表示台阶形的面积.

于是,显然可知

$$s_n = y_0(x_1 - x_0) + y_1(x_2 - x_1) + \cdots + y_{n-1}(x_n - x_{n-1})$$

因分点 x_i 的纵坐标 y_i 等于 kx_i^2,而 $x_i = i\frac{b}{n}$,故

$$y_i = ki^2\frac{b^2}{n^2}$$

即

$$y_0 = 0, y_1 = k \cdot 1^2\frac{b^2}{n^2}$$

$$y_2 = k \cdot 2^2\frac{b^2}{n^2}, \cdots, y_{n-1} = k(n-1)^2\frac{b^2}{n^2}$$

把这些值代入 s_n 的表达式中,得

$$s_n = k \cdot 1^2\frac{b^2}{n^2}(x_2 - x_1) + k \cdot 2^2\frac{b^2}{n^2}(x_3 - x_2) + \cdots +$$

20

$$k(n-1)^2 \frac{b^2}{n^2}(x_n - x_{n-1})$$

又因

$$x_{i+1} - x_i = \frac{b}{n}$$

故上式可写作

$$s_n = k \cdot 1^2 \frac{b^2}{n^2} \cdot \frac{b}{n} + k \cdot 2^2 \frac{b^2}{n^2} \cdot \frac{b}{n} + \cdots +$$

$$k(n-1)^2 \frac{b^2}{n^2} \cdot \frac{b}{n}$$

把公因子放在括号外面去，即得

$$s_n = k \frac{b^3}{n^3} [1^2 + 2^2 + \cdots + (n-1)^2]$$

括号里面各项的和等于$\dfrac{n(n-1)(2n-1)}{6}$①.

于是

---

① 证明这关系时，写出下列各等式

$$1^3 = 1^3$$
$$2^3 = (1+1)^3 = 1^3 + 3 \cdot 1^2 \cdot 1 + 3 \cdot 1 \cdot 1^2 + 1^3$$
$$3^3 = (2+1)^3 = 2^3 + 3 \cdot 2^2 \cdot 1 + 3 \cdot 2 \cdot 1^2 + 1^3$$
$$\vdots$$
$$(n-1)^3 = [(n-2)+1]^3 = (n-2)^3 + 3(n-2)^2 \cdot 1 + 3(n-2) \cdot 1^2 + 1^3$$
$$n^3 = [(n-1)+1]^3 = (n-1)^3 + 3(n-1)^2 \cdot 1 + 3(n-1) \cdot 1^2 + 1^3$$

把这些等式的左右两边各自相加，得

$$n^3 = 3[1^2 + 2^2 + \cdots + (n-1)^2] + 3[1 + 2 + \cdots + (n-1)] + n$$

或即

$$n^3 = 3[1^2 + 2^2 + \cdots + (n-1)^2] + 3\frac{n(n-1)}{2} + n$$

由此得

$$1^2 + 2^2 + \cdots + (n-1)^2 = \frac{1}{3}\left[n^3 - 3\frac{n(n-1)}{2} - n\right]$$

或即

$$1^2 + 2^2 + \cdots + (n-1)^2 = \frac{1}{6}(2n^3 - 3n^2 + n) = \frac{n(n-1)(2n-1)}{6}$$

$$s_n = k \frac{b^3}{n^3} \cdot \frac{n(n-1)(2n-1)}{6}$$

$$= k \frac{b^3}{6} \left(1 - \frac{1}{n}\right) \left(2 - \frac{1}{n}\right)$$

这公式所给的是 n 级内接台阶形的面积,可以拿它作为所论抛物线梯形面积的近似值(是个弱值,因台阶形完全在梯形内). 当 n 增大时,台阶形显然会逐渐填满梯形 OBC 所占的那部分平面而接近于后者(图 3). 因此自然就可以规定梯形的面积 s 为整标函数 s_n 当 n 无限增大时的极限. 在这种条件下可得出

$$s = \lim_{n \to \infty} s_n = k \frac{b^3}{6} \cdot 2 = k \frac{b^3}{3}$$

这里 s_n 趋于其极限 s 时是逐步增大的. 不过除了内接台阶形之外,还可以取外接台阶形,这时代替抛物线的折线可如下得出,从抛物线的每个分点上作平行于 x 轴的线段时,不把它们做到后一条纵坐标处,而是做到前一条纵坐标处. 这样便得到外接已知梯形的 n 级台阶形(图 3),它的面积 s'_n 的表达式是

$$s'_n = y_1(x_1 - x_0) + y_2(x_2 - x_1) + \cdots + y_n(x_n - x_{n-1})$$

$$= \frac{b}{n}(kx_1^2 + kx_2^2 + \cdots + kx_n^2) = k \frac{b^3}{n^3}(1^2 + 2^2 + \cdots + n^2)$$

由此可知

$$s'_n = k \frac{b^3}{n^3} \cdot \frac{n(n+1)(2n+1)}{6}$$

$$= k \frac{b^3}{6} \left(1 + \frac{1}{n}\right) \left(2 + \frac{1}{n}\right)$$

从这个公式可以得出梯形面积的近似值(是强值,因梯形完全属于台阶形之内).

当 n 无限增大时,外接与内接的 n 级台阶形都无限趋近于梯形 OBC,因而,可以取台阶形的面积 s'_n 当 $n \to \infty$ 时的极限值为梯形的面积 s. 但

$$\lim_{n \to \infty} s'_n = k \frac{b^3}{6} \cdot 2 = k \frac{b^3}{3}$$

因此得到的值与以前的一样,正如我们所预料的. 这

个 s'_n 趋于其极限时是逐渐减小的.

我们看到,因 $BC = k \cdot b^2$,故矩形 $CBB'C'$ 的面积等于

$$2 \cdot b \cdot kb^2 = 2kb^3$$

由此可知,抛物线弓形 BOB' 的面积等于

$$2kb^3 - 2k\frac{b^3}{3} = \frac{4}{3}kb^3$$

换句话说,若以弓弦 BB' 及弓深 OD 为边作矩形 $CBB'C'$,则该弓形的面积等于矩形面积的三分之二. 这个结果阿基米德早就得出,他所用的方法直到很多世纪以后才被人发现,然后这种方法又发展为积分法.

若用区间 $[a,b]$ 作为抛物线梯形的底,则该梯形的面积 s 等于

$$s = k\frac{b^3 - a^3}{3}$$

这是因为,所论梯形的面积显然等于以 $[0,b]$ 及 $[0,a]$ 为底的两个梯形面积的差,而根据前面所讲可知,这两个梯形的面积各等于 $k\frac{b^3}{3}$ 及 $k\frac{a^3}{3}$.

为了举例说明,我们且用所讲抛物线梯形面积的求法,来计算以直线 $y = kx, y = 0, x = a, x = b$ 为边的梯形面积.

用点 $x_0 = a, x_1, x_2, \cdots, x_{n-1}, x_n = b$ 把梯形的底 $[a,b]$ 分成相等的 n 部分,并按内接台阶形来计算这个梯形的面积. 若用 $y_0, y_1, y_2, \cdots, y_{n-1}, y_n$ 表示直线 $y = kx$ 上对应于各分点的纵坐标,用 s_n 表示台阶形的面积,则可得

$$s_n = y_0(x_1 - x_0) + y_1(x_2 - x_1) + \cdots + y_{n-1}(x_n - x_{n-1})$$

又因

$$x_{i+1} - x_i = \frac{b - a}{n}, y_i = kx_i$$

23

故

$$s_n = k \frac{b-a}{n}(x_0 + x_1 + \cdots + x_{n-1})$$

其中，$x_0, x_1, \cdots$ 这些数成为一算术级数，故知括号里面是以 $x_0 = a$ 为首项，而以 $\frac{b-a}{n}$ 为公差的 n 项算术级数的和. 于是得

$$s_n = k \frac{b-a}{n} \cdot \frac{a + \left(b - \dfrac{b-a}{n}\right)}{2} n$$

$$= k \frac{b^2 - a^2}{2} - k \frac{(b-a)^2}{2n}$$

由于 n 无限增大时，台阶形的面积 s_n 趋于梯形面积 s，故得

$$s = \lim_{n \to \infty} s_n = k \frac{b^2 - a^2}{2}$$

不难证明用外接台阶形来计算时也可得到同一结果. 综上所得的面积式子与初等几何学中的梯形面积式子

$$s = (b-a) \frac{ka + kb}{2}$$

正好相同.

但要注意，以直线 $y = k, y = 0, x = a, x = b$ 为边的矩形面积等于 $s = k(b-a)$.

Ⅱ. 现在来讲一般情形. 假设以 $[a,b]$ 为底的曲边梯形上的曲线是用方程 $y = f(x)$ 给出的，其中 $f(x)$ 是连续于区间 $[a,b]$ 上的函数.

这里假定在区间 $[a,b]$ 上，$f(x) > 0$，即假定所论曲边梯形位于 x 轴以上. 求抛物线梯形面积时所用的方法，可以毫无保留地应用到曲边梯形上去. 这个方法的步骤是：把梯形的底边分成若干部分，从分点处往上作平行于 y 轴的直线与曲线相接，然后再从曲线上所得的每个点，往右作平行于底边的线段，到下一条平行于 y 轴的直线或其延长线上为止（往左做到前

一条平行于y轴的直线处为止也一样），由此所得的台阶形面积可作为所论曲边梯形面积的近似值，且若代替曲线的那条折线越靠近曲线，则所得结果越准确．而要使折线更靠近曲线，则可使底边上的点数增多，同时使所分的每一段都减小．从这一切便可得结论：当底边分点无限增多且各分段长度趋于零时，可取台阶形面积的极限作为曲边梯形的面积．

现在要从解析方面来陈述曲边梯形面积的求法．

设点$x_0 = a, x_1, x_2, \cdots, x_{n-1}, x_n = b$把区间$[a, b]$分成$n$部分$[x_0, x_1], [x_1, x_2], \cdots, [x_{n-1}, x_n]$．这些区间叫作子区间，用$y_0, y_1, y_2, \cdots, y_{n-1}, y_n$表示曲线$y = f(x)$上对应于各分点的纵坐标，然后按前法作一$n$级的台阶形（图4），它可能有一部分是内接的，一部分是外接的．

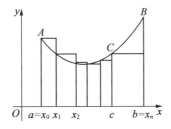

图4

在求抛物线梯形的面积时，把底边分成等段．不过那并不是必需的，这些子区间可以彼此不相等，只不过当它们的个数无限增多时，最大的那个子区间长度必须趋于零．如果没有最后这个条件，那么台阶形可能是不会无限接近于曲边梯形的．若把分点增多时使某一区间(c, b)保持不变（图4），则折线只会无限接近于已知曲线$y = f(x)$上的弧段AC，而根本不会更接近于弧段CB，而梯形上的固定部分$cCBb$在取极限的过程中就不会被台阶形所填满．这样就不能用台阶形的面积来求曲边梯形的面积．

用s_n表示所作n级台阶形的面积，用s表示所要求的曲边梯形的面积. 写出 s_n 的表达式. 一切 n 级台阶形由 n 个矩形组成,其中每个矩形的面积易于表达出来. 例如, 对应于第 $i+1$ 个子区间的矩形面积是 $y_i(x_{i+1} - x_i)$. 由此可知

$$s_n = y_0(x_1 - x_0) + y_1(x_2 - x_1) + \cdots + \\ y_i(x_{i+1} - x_i) + \cdots + y_{n-1}(x_n - x_{n-1})$$

或(因 $y_i = f(x_i)$)

$$s_n = f(x_0)(x_1 - x_0) + f(x_1)(x_2 - x_1) + \cdots + \\ f(x_i)(x_{i+1} - x_i) + \cdots + f(x_{n-1})(x_n - x_{n-1})$$

这和式中各项的形状都相同,只有自变量的指标不同. 为了书写简便起见,引入一个特殊的记号 $\sum$(希腊大写字母)作为和式的记号. 这样就把上式写作

$$s_n = \sum_{i=0}^{n-1} f(x_i)(x_{i+1} - x_i) \qquad ①$$

这个记号表示所写式子中的指标应取得从 $\sum$ 号下面的那个数值起到 $\sum$ 上面的那个数值为止的一切整数值,然后把所有的式子都加起来.

因此表达式 ① 给出了曲边梯形面积的近似值. 我们要知道和式 ① 中的每一项 $f(x_i)(x_{i+1} - x_i)$ 可以解释为: 在任意小的一段子区间 $[x_i, x_{i+1}]$ 上, 一般说来, $y = f(x)$ 总是变动的,但现在用常量 $y = f(x_i)$(该子区间上始点处的函数值)来代替 $f(x)$,然后用初等方法算出所成图形(矩形)的面积.

所论曲边梯形的面积可以定义为,当最大子区间的长度趋于零时 s_n 的极限. 于是

$$s = \lim_{\max(x_{i+1}-x_i) \to 0} s_n = \lim_{\max(x_{i+1}-x_i) \to 0} \sum_{i=0}^{n-1} f(x_i)(x_{i+1} - x_i)$$

物理学中的例子

现在来讲一些重要的物理概念,其精密定义也要根据上述求曲边梯形面积时的同一推理.

Ⅰ. 变力所做的功. 设物体受某力作用而沿直线运动,其中力的方向与运动方向相同. 当物体从点 M

移动到点 N 处时(图5),求其所做的功.

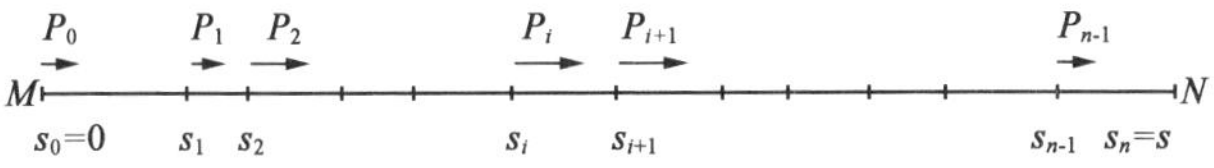

图5

当力在 M 到 N 的全程是个常量时,大家都知道这时的功可以定为力与路程的乘积. 若 A 表示功,P 表示力,s 表示路程 MN 的长度,则

$$A = Ps$$

设力在 M 到 N 的路程上不断改变,当物体从一点移到另一点时,力的数值一般说来总在改变,当物体所达路程上的一点与点 M 相距为 s 时,作用于物体上的那个力就具有与 s 相对应的一个数值. 由此可知,力是距离 s 的一个函数

$$P = f(s)$$

但这时物体从点 M 移到点 N 处所做的功该如何决定?

从点 M 起,取与 M 相距各为 $s_0 = 0, s_1, s_2, \cdots, s_i, s_{i+1}, \cdots, s_{n-1}, s_n = S$ 的点,把全程 MN(即变量 s 的变化区间)分成 n 小段. 然后把作用于路程 MN 上的变力 P 换成别的力,使后者在每一小段路程上的值是个常量. 例如,可取这个常量等于作用力 P 在该段路程始点处的值. 于是这个力在第 1 段 $[s_0, s_1]$ 上的值等于 $P_0 = f(s_0)$,在第 2 段 $[s_1, s_2]$ 上的值等于 $P_1 = f(s_1)$,……,在第 $i+1$ 段 $[s_i, s_{i+1}]$ 上的值等于 $P_i = f(s_i)$,依次类推.

设力在某路程上所做的功等于其在各分段上所做的那些功的和,则所设的新力所做的功 A_n 显然等于

$$A_n = f(s_0)(s_1 - s_0) + f(s_1)(s_2 - s_1) + \cdots + f(s_i)(s_{i+1} - s_i) + \cdots + f(s_{n-1})(s_n - s_{n-1})$$

$$= \sum_{i=0}^{n-1} f(s_i)(s_{i+1} - s_i)$$

我们拿 A_n 这个数值作为所求功的近似值,同时如果 n 的数值越大且全程 MN 所分的段落越小,那么这个近似值也越加准确,因为这时替代原力的那个辅助力会越来越接近于原力.

下面也与讨论面积时一样,令 n 无限增大,同时使最大的那一小段路程趋于零.于是,所设的辅助力就会无限接近于已知力 P,所求的功 A 便可以定义为 A_n 当最大分段的长度趋于零时的极限

$$A = \lim_{\max(s_{i+1}-s_i) \to 0} A_n = \lim_{\max(s_{i+1}-s_i) \to 0} \sum_{i=0}^{n-1} f(s_i)(s_{i+1}-s_i)$$

II. 路程. 设有物体做平移运动,且已知其在某段时间 $[T_1, T_2]$ 内任一瞬时 t 的速度是 v,换句话说,所给速度 v 是时间 t 的函数

$$v = \varphi(t)$$

现在要求出从 $t = T_1$ 到 $t = T_2$ 时物体所经的路程 s.

若在整段时间 $[T_1, T_2]$ 内的速度 v 是个常量,换句话说,若运动是等速进行的,则路程 s 可以用物体运动时间与速度两者的乘积来表示

$$s = v(T_2 - T_1)$$

但若速度随着时间而变,则求所经路程时,必须采用前面(定面积及定功时)已经讲过两遍的推理方法.这就是用区间内部的点

$$t_0 = T_1, t_1, t_2, \cdots, t_i, t_{i+1}, \cdots, t_{n-1}, t_n = T_2$$

把代表整段时间的区间 $[T_1, T_2]$ 分成许多小段(子区间).然后把已知运动换成另一种运动,使后者在每小段时间内成为等速运动.例如,可在子区间 $[t_i, t_{i+1}]$ 内取这等速运动的速度 v 等于已知运动在该段区间瞬时的速度

$$v = \varphi(t_i)$$

这时从 $t = t_i$ 到 $t = t_{i+1}$ 时所经过的路程等于 $\varphi(t_i)(t_{i+1}-t_i)$.于是显然可知,对应于 $[T_1, T_2]$ 这段时间的路程 s_n 等于每小段时间内所经距离的和,也就是说

$$s_n = \varphi(t_0)(t_1 - t_0) + \varphi(t_1)(t_2 - t_1) + \cdots +$$
$$\varphi(t_i)(t_{i+1} - t_i) + \cdots + \varphi(t_{n-1})(t_n - t_{n-1})$$
$$= \sum_{i=0}^{n-1} \varphi(t_i)(t_{i+1} - t_i)$$

其中 s_n 的值是路程 s 的近似值,同时若 n 越大且子区间 $[t_i, t_{i+1}]$ 越小,则这个近似值越加准确. 当最大的子区间趋于零时,s_n 的极限便是所求的路程 s,则有

$$s = \lim_{\max(t_{i+1} - t_i) \to 0} s_n = \lim_{\max(t_{i+1} - t_i) \to 0} \sum_{i=0}^{n-1} \varphi(t_i)(t_{i+1} - t_i)$$

Ⅲ. 质量. 取一段曲线形的物体,并设其上每点处的密度为已知. 这表示所给密度 δ 是曲线上某一端点起到所论点止的距离 s 的函数:$\delta = \psi(s)$. 设曲线的全长是 S,要算出它的质量是多少,也就是要算出区间 $s = 0$ 到 $s = S$ 的质量.

若全部曲线上的密度是个常量,换句话说,若曲线上的物质是均匀分布的话,则质量 m 的大小可用密度与曲线长度两者的乘积来表示

$$m = \delta S$$

但若密度沿着曲线而改变时,则可以按照以前讲的方法来做:取曲线上与始点相距各为 $s_0 = 0, s_1, s_2, \cdots, s_i, s_{i+1}, \cdots, s_{n-1}, s_n = S$ 的点,把全部曲线分成 n 段,并假设每段子区间 $[s_i, s_{i+1}]$ 的密度是个常量. 例如,等于所给密度在该段子区间始点处的值 $\delta = \psi(s_i)$. 在这种假设之下,可知对应于子区间 $[s_i, s_{i+1}]$ 的质量等于 $\psi(s_i)(s_{i+1} - s_i)$,而对应于整段区间 $[0, S]$ 的曲线质量显然等于

$$m_n = \psi(s_0)(s_1 - s_0) + \psi(s_1)(s_2 - s_1) + \cdots +$$
$$\psi(s_i)(s_{i+1} - s_i) + \cdots + \psi(s_{n-1})(s_n - s_{n-1})$$

当各分段中最大分段的长度趋于零时(也就是当 n 无限增大时)所设的逐段均匀的质量分布情形,会无限趋近于所给的质量分布情形. 因此与前面的情形一样,这所要求的质量 m 可以定为:当曲线上最大分段的长度趋于零时 m_n 的极限

$$m = \lim_{\max(s_{i+1}-s_i)\to 0} m_n = \lim_{\max(s_{i+1}-s_i)\to 0} \sum_{i=0}^{n-1} \psi(s_i)(s_{i+1}-s_i)$$

定积分、存在定理

从前面所讲的可以看出,定义几何及物理上的一些重要概念(面积、功、路程、质量等)时,都需要对所给的函数及其宗标作相同的一系列运算(而在这些运算中以极限运算为主). 但既然这一系列的运算可以应用到各种不同的情形上并又具有极重要的意义,那么我们自然必须从数学上严格制定它,而不要再去依靠这个或那个问题中的具体条件. 做到了这一步之后,这一系列运算法对于每一合适的个别情形的应用就成为例行的合理步骤,而无须再作特殊的思考,因为在特殊条件下思考时常要比在一般条件下困难些.

如果抽出变量的物理意义及其种种不同的表示法,那么上述一系列运算法的内容就是:

1. 用点 $x_0 = a, x_1, x_2, \cdots, x_{n-1}, x_n = b$ 把区间 $[a, b]$(假设在该区间上所给函数 $y = f(x)$ 为连续,且 $f(x) > 0$)分成 n 个子区间,其中

$$a < x_1 < x_2 < \cdots < x_{n-1} < b$$

2. 把每个子区间始点处的函数值 $f(x_i)$ 与该子区间的长度 $x_{i-1} - x_i$ 相乘,也就是说,写出乘积 $f(x_i)(x_{i+1} - x_i)$.

3. 取所有这些乘积的和
$$I_n = f(x_0)(x_1 - x_0) + f(x_1)(x_2 - x_1) + \cdots + f(x_{n-1})(x_n - x_{n-1})$$
$$= \sum_{i=0}^{n-1} f(x_i)(x_{i+1} - x_i) \qquad ②$$
若用 Δx_i 表示 $x_{i+1} - x_i$,上式也可写作
$$I_n = \sum_{i=0}^{n-1} f(x_i)\Delta x_i$$

4. 最后求出当最大子区间趋于零时,和式 I_n 的极限值
$$I = \lim_{\max \Delta x_i \to 0} I_n$$

30

所得的数 I 只取决于所给函数 $f(x)$ 及自变量 x 的所给变化区间 $[a,b]$. 在前面讲过的四个具体问题中,这个数 I 各表示出下列各类量的大小:面积、功、路程、质量. 在一般情形下的这个数 I 叫作函数 $f(x)$ 从 a 到 b 的定积分或简称积分,并用记号表示如下

$$I = \int_a^b f(x)\,dx$$

(读作:积分,从 a 到 b, $f(x)\,dx$). 因此,根据定义可知

$$\int_a^b f(x)\,dx = \lim_{\max \Delta x_i \to 0} \sum_{i=0}^{n-1} f(x_i)\,\Delta x_i \qquad ③$$

和式②叫作第 n 积分和式. 于是,定积分③是当最大子区间长度趋于零时第 n 积分和式②的极限.

如果把数学解析上这个新的基本概念应用到前面所讲的四个具体问题上去,那么我们可以把以前所得的各种结论换成以下的说法.

① 曲边梯形的面积等于其边缘曲线的纵坐标对于其底积分

$$s = \int_a^b f(x)\,dx$$

② 力所做的功等于力对路程的积分

$$A = \int_0^s f(s)\,ds$$

③ 物体所走的路程等于其速度对时间的积分

$$s = \int_{T_1}^{T_2} \varphi(t)\,dt$$

④ 分布于曲线上的质量等于密度对曲线长度的积分

$$m = \int_0^s \psi(s)\,ds$$

在上述积分定义中,应注意三项重要的基本事实.

1. 若发现某个连续函数的积分和式③在 $n \to \infty$ 时无极限,则积分定义就会丧失其必需的普遍性. 就这种函数来说,积分概念便无意义,而就其对应的曲边梯形来说,几何直觉上的面积概念也无意义.

31

我们可以确信,任何连续函数的 I_n 能趋于定数,这种信念当然是直接从几何上的感性认识得来的,但不能拿这些感性认识作为从事理论研讨的唯一根据.不过由于积分和式很繁复,要直接证明每个连续函数的定积分存在并不容易,而且在这里证也不相宜.可是连续于某一区间 $[a,b]$ 上的每个函数具有积分(换句话说,当最大子区间长度趋于零时,I_n 有极限),这个一般定理是成立的.

2.I_n 表示 n 级台阶形的面积,其中所含各矩形以各子区间为底,且以曲线 $y = f(x)$ 在各子区间始点处的纵坐标所在的直线为高.如果假定当最大子区间的长度趋于零时,有 $I_n \to I$,也就是假定在所给条件下台阶形面积的大小趋于数 I,并以该数作为梯形面积的大小,那么根据同一论证就必须承认,当台阶形中各矩形的高等于曲线在各子区间终点处的纵坐标时,该台阶形的面积也趋于同一个数($= I$),而这种台阶形的面积显然可表示为和式

$$\sum_{i=0}^{n-1} f(x_{i+1})(x_{i+1} - x_i) \qquad ④$$

不仅如此,还可以作一个 n 级台阶形,使其中每个矩形以子区间为底,且以曲线在该子区间上任一点处的纵坐标所在的直线为高(图6).

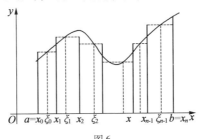

图6

与以前一样,当分点无限增多且最大子区间趋于零时,不管每次在子区间里取什么样的点作为对应矩形高的底点,我们应认为这种台阶形的面积能趋近于

曲边梯形的面积(= I). 现在假定各子区间上所取的点用 $\xi_0, \xi_1, \cdots, \xi_{n-1}$ 表示

$$a = x_0 \leqslant \xi_0 \leqslant x_1 \leqslant \xi_1 \leqslant x_2 \leqslant \cdots$$
$$\leqslant x_{n-1} \leqslant \xi_{n-1} \leqslant x_n = b$$

于是台阶形的面积可以写成

$$\sum_{i=0}^{n-1} f(\xi_i)(x_{i+1} - x_i) \qquad \text{⑤}$$

因此结果应得

$$\lim \sum_{i=1}^{n-1} f(x_i)(x_{i+1} - x_i)$$
$$= \lim \sum_{i=0}^{n-1} f(x_{i+1})(x_{i+1} - x_i)$$
$$= \lim \sum_{i=0}^{n-1} f(\xi_i)(x_{i+1} - x_i)$$

和式②及④各相当于 $\xi = x_i$ 及 $\xi = x_{i+1}$ 时的和式⑤，故得结论，当 ξ_i 为满足 $x_i \leqslant \xi_i \leqslant x_{i+1}$ 的任意值时，和式⑤应具有同一极限. 这个结论事实上确能成立.

3. 关于分割区间 $[a, n]$ 为 n 个子区间一事，并无任何特殊的假定，也就是说，并没有假定分点 x_1, $x_2, \cdots, x_{n-1}$ 应按什么规律来选取. 如果按任一方式来分割全部区间时，I_n 趋于定值 I，那么根据几何观点看来，按任一其他方式分割时，I_n 显然也应趋于 I，只要分点无限增多且最大子区间的长度趋于零.

事实上，不管积分区间按什么规律分割，和式⑤总是趋于同一极限的.

如果把前面所讲第 n 积分和式的概念推广，而把和式⑤叫作函数 $f(x)$ (这时不再假定 $f(x) > 0$) 的第 n 积分和式，那么可得下面的一般定理.

定理 设自变量 x 的一个变化区间 $[a, b]$ ($a \leqslant x \leqslant b$) 及连续于该区间上的函数 $f(x)$ 为已知，则不管用什么方式把区间 $[a, b]$ 分割成子区间 $[x_i, x_{i+1}]$，也不管在子区间 $[x_i, x_{i+1}]$ 上取哪一个 x 值作为 ξ_i，当最大子区间的长度趋于零时，对应于区间 $[a, b]$ 及函

数 $f(x)$ 的第 n 积分和式总趋于唯一的极限. 这个极限叫作函数 $f(x)$ 从积分限 a 到 b 的定积分或积分

$$\lim_{\max \Delta x_i \to 0} \sum_{i=0}^{n-1} f(\xi_i) \Delta x_i = \int_a^b f(x) \, \mathrm{d}x$$

上述定理叫作定积分的存在定理①.

积分记号的起源: $\int$ 是拉丁文 summa(意思是"和") 的第一个字母 s 的狭长写法, 积分号后面(有时也说下面) 的式子表示出式中各项的形状, 同时因子 $\mathrm{d}x$ 总是表示差 $\Delta x_i = x_{i+1} - x_i$ 趋于零的一种记号. 在积分号后面的式子中, 注在自变量右下角的指标已经略去, 借以表明在那用极限运算来完成的求和过程中, 自变量 x 会取得区间 $[a,b]$ 上的一切值. 最后, 注在积分号上下两端的数各表示求和区间的两个端点.

函数 $f(x)$ 叫作被积函数, 表达式 $f(x)\mathrm{d}x$ 叫作被积分式, 数 a 及数 b 各叫作积分的下限及上限②, 变量 x 叫作积分变量, 区间 $a \leqslant x \leqslant b$ 叫作积分区间.

如果我们用各种不同的方法来分割积分区间并选取点 ξ, 那么所得各积分和式可能相差颇大. 但上述定理告诉我们, 这些和式间的差会随着分点的增多及最大子区间的缩小而逐渐减小, 并且在极限情形下, 它们之间的差别会完全消失. 记号 $\int_a^b f(x)\mathrm{d}x$ 只表示一个数, 因此它本身并不附带表示如何得出这个数的特殊方法. 不管形成定积分的那些运算步骤该怎样做, 它的写法总是如此. 同时这个数当然也不取决于积分变量的表示法.

————————

① 该定理的证明可参阅比较完备的解析教程, 例如: Б. И. Смирнов 著的《高等数学教程》第一卷(1948 版) 第 271 页; Г. М. Фихтенгольц 著的《微积分教程》(第二卷, 1948 版) 第 108 页; R. Courant 著的《微积分教程》(第一卷, 俄译本, 1931 版) 第 112 页.

② 这里所用的术语"限"并无"函数极限"那种意思.

这本书是一本严谨的实分析入门书籍,基于作者在澳大利亚和加拿大的多次授课经验而写成,适合作为本科二年级学生一个学期的教科书. 作者的目标是提供一种简洁明了的处理方法,但又要尽可能合理,从全序域的定理和集合论知识开始.

除了任意小正数 ε 和 δ,作者还强调了邻域的另一种替代语言,它是几何的和直观的,此外,作者还提供了对拓扑概念的介绍. 这些介绍已经包括了对三角函数的适当处理方法,这些方法是复杂的,不能想当然. 本书主题对幂级数理论和书中前部分内容有很多有益的帮助,而且本书还涉及群的概念,这个概念在之前的分析学著作中是没有的.

在本书结尾处对度量空间的详细的、基于示例的介绍中可能会有一些新颖之处,强调了从实线到度量空间的许多基本概念的推广,读者可以看到这些推广实际上是多么简单. 他们的目标是发展度量空间理论来证明毕卡定理,从而展示如何通过一些抽象领域的迂回来回到对实线的分析上.

不用说,作者对这本书的内容不主张任何原创性. 作者的贡献就在于材料的选择和展示.

没有对比就没有伤害,本书无疑是倾向于抽象的,那么具有具体倾向的写法应该是什么样呢? 还是以别尔曼特的教程为例. 具体到函数项级数这一章,我们可以对比一下看看哪一个更容易理解.

函数项级数

定义、均匀收敛

设已知函数项级数

$$u_1(x) + u_2(x) + \cdots + u_n(x) + \cdots \qquad ①$$

其中各项为定义于自变量的某个区间上的函数. 这种级数的公项 $u_n(x)$ 是两个宗标(一个是整数宗标 n,另一个是自变量 x)的函数.

我们要把这种级数的一般理论中的几个问题大略提一下,然后就只讨论函数项级数中最为重要的一类特殊级数 —— 幂级数.

级数 ① 可能对有些 x 值收敛,对另一些 x 值发散. 使数项级数

$$u_1(x_0) + u_2(x_0) + \cdots + u_n(x_0) + \cdots$$

收敛的那个值 $x = x_0$ 叫作级数 ① 的收敛点. 级数的一切收敛点总称为该级数的收敛域,它通常是 x 轴上的一段区间. 那时我们就说级数收敛于该域上. 级数的收敛域显然必在一切函数 $u_k(x)$(级数中的一切项)的公共定义域上.

函数项级数的和是 x 的一个函数,定义于该级数的收敛域上,用 $f(x)$ 表示这个函数

$$f(x) = u_1(x) + u_2(x) + \cdots + u_n(x) + \cdots$$

那时就说上式等号右边的级数定出或表示出函数 $f(x)$.

这里自然就要产生一个问题,当函数 $f(x)$ 用已知级数表示时,怎样从级数中各项(即函数 $u_1, u_2, \cdots,$ $u_n, \cdots$)的已知属性定出 $f(x)$ 的属性?

我们首要要注意的事当然是:根据什么准则可以断定 $f(x)$ 是连续于收敛域上的函数. 如果级数中的各项都是连续函数,那么单有这个条件能不能就说 $f(x)$ 是连续函数? 答案是不能. 因为我们在下面就要举一个例子,说明级数的各项都是连续函数,但它却收敛为一不连续函数. 要使连续函数项的级数收敛为一连续函数,需要另有附加条件,这个条件表示出函数项级数在收敛性质上的一个极重要的标志. 现在我们就要讲到它. 设 x_1 是收敛域内部的一点. 写出下式

$$f(x_1) = s_n(x_1) + r_n(x_1)$$

其中 $s_n(x_1)$ 是级数的前 n 项的和,$r_n(x_1)$ 是其剩余. 由于

$$\lim_{n \to \infty} s_n(x_1) = f(x_1)$$

也就是说

$$\lim_{n \to \infty} r_n(x_1) = 0$$

故若任给一正数 $\varepsilon < 0$,则可找出一适当的正数 N_1,使

$n \geqslant N_1$ 时,可得

$$| r_n(x_1) | < \varepsilon \qquad ②$$

再在收敛域上取另一点 x_2,这时对于同一个已知的 ε 来说,使 x_2 能满足不等式 ② 的 n 值一般都要大于或等于另外一个指标 $n = N_2$ 才行.当 n 值大于 N_1 及 N_2 中的较大数时,点 x_1 及 x_2 显然都能满足不等式 ②.对收敛域上任何有限个固定点来说,也都可以做出如上的结论.但若所考虑的是收敛区间的一切点(也就是对其中的任意一点来说),则我们就不可能先肯定有这样一个指标值 N 存在,使 $n \geqslant N$ 时,任何点 x 都能满足不等式 ②.因这时没有理由否定,当点 x 换成另一点时,所需的值 $n = N_i$ 是不可能增大的;若点 x_i 有无穷多个,而 N_i 无限增大,即证明不可能给一切点 x_i 选取一个公共值 $n = N$,使 $n \geqslant N$ 时,不等式 ② 成立.

现在作如下的定义:设有收敛的函数项级数

$$u_1(x) + u_2(x) + \cdots + u_n(x) + \cdots$$

若每一个任意小的数 $\varepsilon > 0$ 对应着一个正整数 N,使 $n \geqslant N$ 时,不管 x 是收敛域上的什么点,都能使第 n 个剩余

$$r_n(x) = u_{n+1}(x) + u_{n+2}(x) + \cdots$$

的绝对值小于 ε:$| r_n(x) | < \varepsilon$,那么就说已知级数是均匀收敛的.

上述属性指出在收敛域上一切点处级数的收敛有一致性,因此有均匀收敛(或一致收敛)的名称.均匀连续性也规定了函数在区间上一切点处的连续性是一致的(或相同的).数学上对于某种属性是否均匀的问题是很重视的.把这句话按照最普遍的方式来说就是,如果某种属性是均匀的,那么就说明该属性不但可适用于个别的点处(局部的),并且还可适用于整个域上(整体的).例如,设级数

$$f(x) = u_1(x) + u_2(x) + \cdots + u_n(x) + \cdots$$

在区间上均匀收敛,那么在所论区间上一切点处都可用该级数的同一个局部和数

$$s_N(x) = u_1(x) + u_2(x) + \cdots + u_N(x)$$

来近似表达函数 $f(x)$（该级数的和），且其准确度在所论区间上也处处相同. 这个相同的准确度由不等式 $|r_n(x)| < \varepsilon$ 作为标志，其中 $N(n \geqslant N)$ 为 ε 给定后所选出的数.

对于函数项数列的均匀收敛概念应该怎么讲是件很显然的事，函数项数列 $a_1(x), a_2(x), \cdots, a_n(x), \cdots$ 在一已知区间上均匀收敛为函数 $f(x)$ 的意思是，对于每个数 $\varepsilon < 0$ 来说，可找出一个适当的 N，使 $n \geqslant N$ 时，不等式

$$|f(x) - a_n(x)| < \varepsilon$$

能在区间上一切点处成立.

函数 $a_n(x)$ 均匀趋于其极限函数 $f(x)$，在几何上可以这么讲，若在函数 $y = f(x)$ 的图形上下两侧相距任意小 $\varepsilon(\varepsilon > 0)$（距离按 y 轴的方向计算）处作两条平行曲线（曲线 $y = f(x) \pm \varepsilon$），则从（对应于给定的 ε）某个标数 $n = N$ 起，所有函数 $y = a_n(x)$ 的图形会全部包含在宽度为 2ε 的带形区域内（图7）.

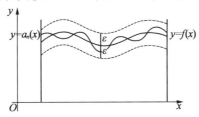

图7

均匀收敛概念的重要性从下面的一般定理就可以看出来.

定理1　在一域上均匀收敛的函数项级数，是该域上的连续函数.

证明　设级数

$$u_1(x) + u_2(x) + \cdots + u_n(x) + \cdots$$

在一域上均匀收敛. 写出

$$f(x) = s_n(x) + r_n(x)$$

并给出一任意小的 $\varepsilon > 0$. 由于级数为均匀收敛,故可找出一适当的 N, 使 $n \geqslant N$ 时, 域上任一点 x 满足不等式

$$| r_n(x) | < \frac{\varepsilon}{3}$$

令 x 得增量 h 并考查下列差式

$$f(x + h) - f(x)$$
$$= [s_n(x + h) - s_n(x)] + r_n(x + h) - r_n(x)$$

得

$$| f(n + h) - f(x) |$$
$$\leqslant | s_n(x + h) - s_n(x) | + | r_n(x + h) | + | r_n(x) |$$

根据前述理由, 可知当 $n \geqslant N$ 时

$$| r_n(x + h) | < \frac{\varepsilon}{3}, | r_n(x) | < \frac{\varepsilon}{3}$$

但即使所取的(固定的) n 很大, 因 $s_n(x)$ 是有限个连续函数的和, 所以它的本身也是连续函数. 因此, 当 δ 足够小时, 只要 $| h | < \delta$ 便可得

$$| s_n(x + h) - s_n(x) | < \frac{\varepsilon}{3}$$

故当 $| h | < \delta$ 时, 可得

$$| f(x + h) - f(x) | < \frac{\varepsilon}{3} + \frac{\varepsilon}{3} + \frac{\varepsilon}{3} = \varepsilon$$

这就证明了函数 $f(x)$ 的连续性.

现在用例子说明, 要使上述定理 1 成立, 均匀收敛这一条件是不可省的.

级数

$$\frac{x}{1 + x} + \frac{x}{(1 + x)^2} + \cdots + \frac{x}{(1 + x)^n} + \cdots$$

中的各项是任一闭区间 $[0, a]$ (其中 $a > 0$) 上的连续函数, 且当 x 为任何非负的实数时, 这级数收敛. 因当 $x > 0$ 时, 这是个公比为 $q = \frac{1}{1 + x} (> 1)$ 的几何级数.

当 $x > 0$ 时, 级数的和是

$$f(x) = \frac{\dfrac{x}{1+x}}{1 - \dfrac{1}{1+x}} = 1$$

但当 $x = 0$ 时,级数中的每项是零,故 $f(0) = 0$. 由此可见,这级数的和 $f(x)$ 是区间 $[0,a]$ 上的不连续函数 (在 $x = 0$ 处不连续). 当 $x > 0$ 时, $f(x) = 1$, 而 $f(0) = 0$. 不过可以证明这个级数在区间 $[0,a]$ 上是非均匀收敛的. 因为不管取怎样一个 $\varepsilon, 0 < \varepsilon < 1$, 也不管 N 有多么大, 总可以找出足够接近于零的 x 值, 使

$$r_N(x) = \frac{x}{(1+x)^{N+1}} + \frac{x}{(1+x)^{N+2}} + \cdots = \frac{1}{(1+x)^N}$$

大于 ε. 不难证明, 要使 $\dfrac{1}{(1+x)^N} > \varepsilon$, 只要取 $x < (\dfrac{1}{\varepsilon})^{\frac{1}{N}} - 1$ 即可.

再举一个浅显的例子. 设已知区间 $[0,1]$ 上的级数为

$$x + (x^2 - x) + \cdots + (x^n - x^{n-1}) + \cdots$$

求这个级数的和 $f(x)$ 时, 可以求其部分和数 $s_n = x^n$ 在 $n \to \infty$ 时的极限, 得

$$f(x) = \lim_{n \to \infty} x^n = 0 \quad (0 \leqslant x < 1)$$

及

$$f(x) = \lim_{n \to \infty} x^n = 1 \quad (x = 1)$$

这个例子又说明收敛的函数项级数的和是个不连续函数 (在点 $x = 1$ 处不连续). 不难证明这级数在区间 $[0,1]$ 上是非均匀收敛的. 若要级数为均匀收敛, 必须在一切 n 大于某个足够大的 N 时, 一切 x $(0 \leqslant x \leqslant 1)$ 能使级数的第 n 个剩余的绝对值 $|r_n(x)| = x^n$ 小于 ε, 即

$$|r^n(x)| = x^n < \varepsilon$$

其中 ε 是预先给定的数, $0 < \varepsilon < 1$.

但这事并不能成立, 因为不管 N 多么大, 当 $x > $

$\varepsilon^{\frac{1}{N}}$(即当 x 足够接近于 1) 时可得

$$r_n(x) = x^n > \varepsilon$$

上述级数趋于其和数时的非均匀收敛性可从图 8 中明显看出. 图中画出数列 $s_n(x) = x^n$ 中几个函数($n = 1,2,3,4,5,7,10,20$) 的图形及其极限函数 $f(x)$ 的图形(是 x 轴上的一段半开区间 $[0,1)$ 及点 $(1,1)$). 函数 $s_n(x)$ 趋于 $f(x)$ 的过程(即级数收敛为其和数的过程) 可从几何上说明如下:当 n 无限增大时, 曲线 $y = x^n$ 无限趋近于 x 轴上的半开线段 $[0,1)$ (这里只就曲线纵坐标趋于零的意义来说). 同时它向点 $(1,1)$ 上升的坡度越来越大, 而无限趋近于直线 $x = 1$ 上的点 $(0,1)$ 到 $(1,1)$ 的线段(就曲线与直线 $x = 1$ 在平行于 x 轴方向上的距离趋于零的意义来说). 在这种情形下, 显然不可能在极限函数图形的两侧作宽度为 2ε 的带形区域, 使 ε 为任意值 $0 < \varepsilon < \dfrac{1}{4}$ 时, 在曲线族 $y = x^n$ 中, 从某条曲线以后的一切曲线都位于该区域内.

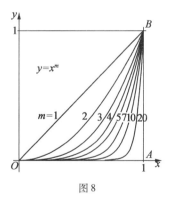

图 8

考查图 8 之后, 可把曲线序列 $y = x^n$ 及其对应单值函数序列趋于其极限时的不同性质作一比较. 曲线序列的极限是折线 OAB, 同时若规定拿曲线上的点与其极限曲线上的点之间的距离来作为考查曲线怎样

41

趋于其极限的准则,则这个曲线序列是均匀趋于其极限的,但函数序列的极限并不以折线 OAB 为其图形,而是以无右端点的线段 OA 及点 B 为其图形的,同时函数序列不是均匀趋于其极限的.

这里要注意,如果上面的第一例中的区间是 $[\omega, 1]$,第二例中的区间是 $[0, 1-\omega]$,其中 ω 是任意小的正数 $(\omega > 0)$,那么这两个例子中的级数就都是均匀收敛的.

定理 2(魏尔斯特拉斯准则)   若函数 $u_1(x)$,$u_2(x),\cdots,u_n(x),\cdots$ 在某一域上的各绝对值不大于数 $M_1, M_2, \cdots, M_n, \cdots$,且若数项级数

$$M_1 + M_2 + \cdots + M_n + \cdots$$

收敛,则该域上的函数项级数 $u_1(x) + u_2(x) + \cdots + u_n(x) + \cdots$ 均匀(且绝对)收敛.

因级数 $\displaystyle\sum_{k=1}^{\infty} M_k$ 收敛,故若给定 $\varepsilon > 0$,则可找出一适当的 N,使 $n \geqslant N$ 时,可得

$$M_{n+1} + M_{n+2} + \cdots < \varepsilon$$

但根据定理中的条件可知函数项级数的剩余

$$r_n(x) = u_{n+1}(x) + u_{n+2}(x) + \cdots$$

在域上任一点处的绝对值满足下列不等式

$$\begin{aligned}
|r_n(x)| &= |u_{n+1}(x) + u_{n+2}(x) + \cdots| \\
&\leqslant |u_{n+1}(x)| + |u_{n+2}(x)| + \cdots \\
&\leqslant M_{n+1} + M_{n+2} + \cdots
\end{aligned}$$

由此可知,不管 x 在已知域的什么地方,只要 $n \geqslant N$,便可使下列不等式成立

$$|r_n(x)| < \varepsilon$$

于是知道级数收敛,并且又是均匀与绝对收敛的.

满足于定理 2 中各条件的函数项级数,有时叫作正规收敛的收敛.

函数项级数的积分法及微分法

现在讲怎样把数学解析中的两种主要运算施行到收敛的函数项级数上去.

下面证明两个一般定理.

定理 3 若级数 $u_1(x) + u_2(x) + \cdots + u_n(x) + \cdots$ 中的各项是连续函数,且该级数在一域上均匀收敛为函数 $f(x)$,则 $f(x)$ 在区间 $[a,x]$ 上的积分($[a,x]$ 在已知收敛域上)等于已知级数的各项取对应积分后所成级数的和,也就是说

$$\int_a^x f(x)\,\mathrm{d}x = \int_a^x u_1(x)\,\mathrm{d}x + \int_a^x u_2(x)\,\mathrm{d}x + \cdots + $$
$$\int_a^x u_n(x)\,\mathrm{d}x + \cdots$$

说得简单一点,就是连续函数的均匀收敛级数可以逐项积分.

设

$$f(x) = s_n(x) + r_n(x)$$

于是

$$\int_a^x f(x)\,\mathrm{d}x = \int_a^x s_n(x)\,\mathrm{d}x + \int_a^x r_n(x)\,\mathrm{d}x$$

或者

$$\int_a^x f(x)\,\mathrm{d}x = \sigma_n(x) + \rho_n(x)$$

其中

$$\sigma_n(x) = \int_a^x s_n(x)\,\mathrm{d}x$$
$$= \int_a^x u_1(x)\,\mathrm{d}x + \int_a^x u_2(x)\,\mathrm{d}x + \cdots + \int_a^x u_n(x)\,\mathrm{d}x$$
$$\rho_n(x) = \int_a^x r_n(x)\,\mathrm{d}x$$

我们所要证明的事显然是 $n \to \infty$ 时,对已知区间上的一切 x 可得 $\rho_n(x) \to 0$. 取 $\varepsilon > 0$,由于级数为均匀收敛,故可找出一适当的 N,使 $n \geqslant N$ 时,不管点 x 在何处都有

$$|r_n(x)| < \frac{\varepsilon}{|b-a|}$$

于是根据积分估值定理可得

$$|\rho_n(x)| = \left| \int_a^x r_n(x)\,\mathrm{d}x \right| \leqslant |x-a| \frac{\varepsilon}{|b-a|}$$

$$\leqslant |b-a|\,\frac{\varepsilon}{|b-a|} = \varepsilon$$

因此,对任一 $\varepsilon > 0$,可找出适当的 N,使 $n \geqslant N$ 时

$$|\rho_n(x)| < \varepsilon$$

对一切 x 都一致成立. 但这就证明了

$$\sigma_n(x) \to \int_a^x f(x)\,\mathrm{d}x$$

也就是说,已知级数中各项取积分后所得的级数收敛(并且是均匀收敛)为已知级数的和的积分. 这里要注意,证明中所用的主要条件是级数的均匀收敛性. 如果无均匀收敛性,这定理可能不成立.

上述结果还可以写成

$$\int_a^x f(x)\,\mathrm{d}x = \lim_{n\to\infty}\int_a^x s(x)\,\mathrm{d}x$$

若应用关系式

$$f(x) = \lim_{n\to\infty} s_n(x)$$

可把上式写成

$$\lim_{n\to\infty}\int_a^x s_n(x)\,\mathrm{d}x = \int_a^x \lim_{n\to\infty} s_n(x)\,\mathrm{d}x$$

这就是说,取均匀极限的运算步骤与积分步骤可以交换次序.

定理 4 若级数 $u_1(x) + u_2(x) + \cdots + u_n(x) + \cdots$ 中的各项是具有连续导函数的函数,且该级数在某域上收敛为函数 $f(x)$,则当已知级数中各项的导函数所成的级数均匀收敛时,$f(x)$ 的导函数就等于该新级数的和

$$f'(x) = u'_1(x) + u'_2(x) + \cdots + u'_n(x) + \cdots$$

说得简单一点,就是:

连续函数项的收敛级数,当其各项的导函数形成一均匀收敛级数时,可以逐项微分.

由此可见,级数的微分法定理比积分法定理复杂,前者还需要验证逐项微分后所得级数的均匀收敛性.

现在用例子说明这个条件决不可省,如级数

$$\frac{\sin x}{1} + \frac{\sin 2^3 x}{2^2} + \cdots + \frac{\sin n^3 x}{n^2} + \cdots$$

在任何区间上都是均匀收敛的,因其各项的绝对值不大于下列收敛级数的对应项

$$1 + \frac{1}{2^2} + \cdots + \frac{1}{n^2} + \cdots$$

(定理2),但其逐项微分后所得的级数

$$\cos x + 2\cos 2^3 x + \cdots + n\cos n^3 x + \cdots$$

却对一切 x 值都发散(因公项不趋于零).

现在来证明定理4. 用 $F(x)$ 表示逐项微分后所得均匀收敛级数的和

$$F(x) = u'_1(x) + u'_2(x) + \cdots + u'_n(x) + \cdots$$

这时只要证明 $F(x) = f'(x)$ 即可.

上面这个级数满足定理 3 的条件,故应用定理 3 得

$$\int_a^x F(x)\,dx$$

$$= \int_a^x u'_1(x)\,dx + \int_a^x u'_2(x)\,dx + \cdots + \int_a^x u'_n(x)\,dx + \cdots$$

$$= [u_1(x) - u_1(a)] + [u_2(x) - u_2(a)] + \cdots +$$
$$[u_n(x) - u_n(a)] + \cdots$$

由此可知

$$\int_a^x F(x)\,dx = [u_1(x) + u_2(x) + \cdots + u_n(x) + \cdots] -$$
$$[u_1(a) + u_2(a) + \cdots + u_n(a) + \cdots]$$
$$= f(x) - f(a)$$

故

$$F(x) = f'(x)$$

即是所要证明的.

这里要注意,对于已知级数来说,我们只用过一个条件 —— 它是收敛的. 但根据定理,便可从这个证明过程中看出它是均匀收敛的.

以上结束对级数一般理论的研究,不过这里要再一次注意下面两项重要的结论.

1. 如果无穷级数具有绝对收敛性,那么可以对它施行普通四则运算.

2. 如果无穷级数具有均匀收敛性,那么可以对它施行普通解析运算.

幂级数

泰勒级数

若函数项级数

$$a_0 + a_1(x - x_0) + a_2(x - x_0)^2 + \cdots + a_n(x - x_0)^n + \cdots$$

中每项是常数 a 与差式 $x - x_0$(当 $x_0 = 0$ 时,就是自变量本身)的幂函数(幂指数为整数)两者的乘积,则该级数叫作幂级数.

常数 $a_0, a_1, a_2, \cdots, a_n, \cdots$ 叫作幂级数的系数.

如果用泰勒公式求函数的近似多项式,并使准确度无限增高,那么所得结果自然就是幂级数.

若函数 $f(x)$ 在点 x_0 的某个邻域上具有到 $n + 1$ 阶为止的导函数,则可知

$$
\begin{aligned}
f(x) = {} & f(x_0) + f'(x_0)(x - x_0) + \\
& \frac{1}{2!}f''(x_0)(x - x_0)^2 + \cdots + \\
& \frac{1}{n!}f^{(n)}(x_0)(x - x_0)^n + \\
& \frac{1}{(n+1)!}f^{(n+1)}(\xi)(x - x_0)^{n+1}
\end{aligned}
$$

其中 ξ 是 x_0 及 x 间的一点. 上式也可写作

$$f(x) = N_n(x - x_0) + R_n \qquad ①$$

当 n 为已知时,若把函数 $f(x)$ 近似表达为多项式 $N_n(x - x_0)$ 的形式

$$f(x) \approx N_n(x - x_0)$$

则在考虑该近似式时所用的区间越小,一般来说,近似式也越加准确. 现在设这区间是 $[a, b]$,$a \leqslant x_0 \leqslant b$,$a \leqslant x \leqslant b$,并设它是不变的,那时要增加近似式的准

确度通常就只要增加泰勒公式中的阶数 n. 因为由区间 $[a,b]$ 上的误差式

$$\delta_n = \frac{M_{n+1}}{(n+1)!}(b-a)^{n+1}, M_{n+1} \geqslant |f^{n+1}(x)|$$

可以看出 n 增大时,分母增大,故 δ_n 趋于零.

因此我们要让 n 无穷增大,但这时要使泰勒公式成立必须假定函数 $f(x)$ 在区间 $[a,b]$ 上具有任何阶的导函数. 此外,还需假设 $\lim\limits_{n \to \infty} \delta_n = 0$(也就是 $\lim\limits_{n \to \infty} R_n = 0$),对每个 $x, a \leqslant x \leqslant b$,都成立. 从等式①可得

$$f(x) = \lim_{n \to \infty} N_n(x - x_0)$$
$$= \lim_{n \to \infty}[f(x_0) + f(x_0)(x - x_0) +$$
$$\frac{1}{2!}f''(x_0)(x - x_0)^2 + \cdots +$$
$$\frac{1}{n!}f^{(n)}(x_0)(x - x_0)^n]$$

于是根据无穷级数的和的定义,可知 $f(x)$ 是下列无穷幂级数的和

$$f(x) = f(x_0) + f'(x_0)(x - x_0) +$$
$$\frac{1}{2!}f''(x_0)(x - x_0)^2 + \cdots +$$
$$\frac{1}{n!}f^{(n)}(x_0)(x - x_0)^n + \cdots \qquad ②$$

这个级数叫作函数 $f(x)$ 的泰勒级数.

一般说来,函数 $f(x)$ 在点 x_0 的邻域上的泰勒级数便是差 $x - x_0$ 的幂级数,其各系数 $a_0, a_1, a_2, \cdots, a_n, \cdots$ 用 $f(x)$ 在点 x_0 处的各阶导函数表示如下

$$a_0 = f(x_0), a_1 = f'(x_0), a_2 = \frac{1}{2!}f''(x_0), \cdots$$
$$a_n = \frac{1}{n!}f^{(n)}(x_0), \cdots$$

这些系数叫作函数 $f(x)$ 在点 x_0 处的泰勒系数.

等式②可以看作是无穷多阶的泰勒公式,它把

函数表示为无穷多次的多项式. 这种表示法之所以重要, 是由于泰勒级数中所用函数极为简单(幂函数), 同时(在级数理论中所规定的一些条件之下) 对其作各种运算的规则也极简单(一般的运算规则). 有了这种表示法之后, 甚至对于那些解析结构极为复杂的函数, 也可以把对于它们的研究与运算简化为对于有穷或无穷次多项式的初等代数法. 在本节及以后各章中, 我们都会见到这种简化法的例子.

若函数在某个区间上能用它的收敛的泰勒级数来表示, 则该函数就叫作该区间上的解析函数. 根据以前所讲的, 可知函数为解析函数的条件如下.

Ⅰ. 它在区间上必须是可微分无数次的(即具有任意阶的导数).

Ⅱ. 当其泰勒公式的阶数无穷增大时, 该公式的余项在区间上任一点处趋于零.

条件 Ⅰ 使我们能做出函数的泰勒级数, 条件 Ⅱ 则保证该级数收敛为所论函数(在后面要讲的内容中, 我们要把这条件 Ⅱ 换成便于实际应用的另一些条件).

如果用譬喻的话来讲, 那么每个解析函数从解析观点看来, 一律是无穷次多项式, 而从几何观点看来, 则都是无穷次抛物线.

除了有穷次多项式以外, 解析函数 —— 无穷次多项式 —— 在一定的意义上讲乃是最简单的函数.

这里要注意的是, 每个初等函数在其全部定义域上(可能有个别的点除外) 都是解析函数.

把函数实际展成泰勒级数时, 主要的困难在于证明泰勒公式的对应余项趋于零. 要证明这件事, 有时需要做极缜密的思考. 但若用下面所讲的关于幂级数的一般理论, 便能使我们用其他的方法求出函数的泰勒展开式.

举例

现在讲几个把函数展成泰勒级数的重要例子.

48

1. 我们知道

$$e^x = 1 + x + \frac{1}{2!}x^2 + \frac{1}{3!}x^3 + \cdots + \frac{1}{n!}x^n + R_n$$

其中 $R_n = \frac{1}{(n+1)!}e^\xi x^{n+1}, \xi = \theta x, 0 < \theta < 1$，由此可知

$$|R_n| \leqslant \frac{1}{(n+1)!}e^M M^{n+1} = \delta_n$$

其中 $|x| \leqslant M$.

证明 $n \to \infty$ 时，$\delta_n \to 0$ 的最简方法如下：以 $\frac{M^n}{n!}$（M 为任意数）为公项的级数收敛，因为达朗贝尔准则告诉我们

$$\frac{M^{n+1}}{(n+1)!} \cdot \frac{n!}{M^n} = \frac{M}{n+1} \to 0$$

由此可知，这级数的公项 $\frac{M_n}{n!}$ 必趋于零.

因 M 可以为任意数，故级数

$$e^x = 1 + x + \frac{1}{2!}x^2 + \cdots + \frac{1}{n!}x^n + \cdots$$

对任何 x 收敛（也就是说，在全部 x 轴上收敛）. 这个级数极为重要，也叫作指数级数.

在 $x = 1$ 的特殊情形下，可得表示 e 的级数

$$e = 1 + 1 + \frac{1}{2!} + \frac{1}{3!} + \cdots + \frac{1}{n!} + \cdots$$

2. 因

$$\sin x = x - \frac{1}{3!}x^3 + \frac{1}{5!}x^5 - \cdots + \frac{(-1)^{n-1}}{(2n-1)!}x^{2n-1} + R_n$$

其中 $R_n = \frac{1}{(2n)!}\sin(\xi + n\pi)x^{2n}, \xi = \theta x, 0 < \theta < 1$.

故知

$$|R_n| \leqslant \frac{1}{(2n)!}M^{2n} = \delta_n$$

其中 $|x| \leqslant M$.

根据例 1 所证明的事，知 $n \to \infty$ 时，$\delta_n \to 0$，故得

$\sin x$ 在点 $x = 0$ 的邻域上的泰勒级数为

$$\sin x = x - \frac{1}{3!}x^3 + \frac{1}{5!}x^5 - \cdots + \frac{(-1)^{n-1}}{(2n-1)!}x^{2n-1} + \cdots$$

上面的等式在全部 x 轴上都成立.

同样可知

$$\cos x = 1 - \frac{1}{2!}x^2 + \frac{1}{4!}x^4 - \cdots + \frac{(-1)^n}{(2n)!}x^{2n} + \cdots$$

在全部 x 轴上也成立.

从上面表示 $\sin x$ 及 $\cos x$ 的无穷次多项式中,可以明显看出前者是个奇函数,而后者是个偶函数.

3. 就函数 $\ln(1 + x)$ 来说,得

$$\ln(1 + x) = x - \frac{1}{2}x^2 + \frac{1}{3}x^3 - \cdots + \frac{(-1)^{n-1}}{n}x^n R_n$$

其中 $R_n = \frac{(-1)^n}{n+1} \cdot \frac{1}{(1+\xi)^{n+1}}x^{n+1}$, $\xi = \theta x, 0 < \theta < 1$,

由此可知

$$|R_n| < \frac{1}{n+1} = \delta_n \quad (0 \leqslant x \leqslant 1)$$

当 $n \to \infty$ 时,显然有 $\delta_n \to 0$,故得

$$\ln(1 + x) = x - \frac{1}{2}x^2 + \frac{1}{3}x^3 - \cdots + \frac{(-1)^{n-1}}{n}x^n + \cdots$$

这个级数不但在区间 $[0,1]$ 上收敛为函数 $\ln(1 + x)$,且在区间 $(-1,0)$ 上也收敛为函数 $\ln(1 + x)$. 这件事我们在下面讲到用其他方法把函数展成泰勒级数时再证明.

在 $x = 1$ 的特殊情形下,得到莱布尼兹级数

$$\ln 2 = 1 - \frac{1}{2} + \frac{1}{3} - \cdots + \frac{(-1)^{n-1}}{n} + \cdots$$

在 $x = -1$ 时,级数发散,因这时的级数就是调和级数,不过其中各项的 $(+)$ 号都变成了 $(-)$ 号. 至于 $x \leqslant 1$ 时的级数,自然更谈不到有收敛性,但还可以证明 $x > 1$ 时的级数也发散. 这件事使我们注意到下面这种情况,有的式子(例如这里的泰勒级数)在一个区间上适于表示函数,但在另一区间上便不适用. 该

式在后一种区间上可能不存在(如上面的例子)或其所给的值并非函数值,但同时在该区间上的函数却仍然存在,并且与它的各阶导函数一样,都具有连续性(如同本例中的情形).我们之所以要说明这种情况,乃是为了再一次着重告诉读者,必须把函数及其解析式这两个概念辨别清楚.

4. 作二项式$(1 + x)^m$的泰勒级数,其中m是任意数,得

$$(1 + x)^m = 1 + mx + \frac{m(m - 1)}{2!}x^2 + \cdots +$$

$$\frac{m(m - 1)\cdots(m - n + 1)}{n!}x^n + R_n$$

其中$R_n = \frac{m(m - 1)\cdots(m - n)}{(n + 1)!}(1 + \xi)^{m-n-1}x^{n+1}$,$\xi = \theta x, 0 < \theta < 1$,同时由于$n$会无穷增大,故在$0 \leqslant x < 1$时,可得

$$\mid R_n \mid \leqslant \frac{\mid m(m - 1)\cdots(m - n)\mid}{(n + 1)!}x^{n+1} = \delta_n$$

现在要证明$n \to \infty$时,$\delta_n \to 0$.这里可以看出以δ_n为公项的级数收敛,因为根据达朗贝尔准则可得

$$\frac{\delta_{n+1}}{\delta_n} = \frac{\mid m - n - 1 \mid}{n + 1}x \to x < 1$$

所以级数的公项δ_n必趋于零,并由此可知在区间$[0,1)$上可把二项式展开为

$$(1 + x)^m = 1 + mx + \frac{m(m - 1)}{2!}x^2 + \cdots +$$

$$\frac{m(m - 1)\cdots(m - n + 1)}{n!}x^n + \cdots$$

这就是二项级数,它不但在区间$[0,1)$上收敛为函数$(1 + x)^m$,并且在区间$(-1,0)$上也一样,但这要稍等一下再证明.这里又可以看出等号右边的级数只能在区间$(-1,1)$上表示等号左边的函数,尽管左边的函数及其一切导函数只可能在一点$x = -1$处不存在.在有些情形下,要看幂指数m是什么样的数,才可能

51

使二项级数在点 $x = -1$ 或点 $x = 1$ 处收敛,但这个问题我们不谈. 不过可以指出,当 $m < 0$ 时,二项级数在闭区间 $[-1,1]$ 上收敛为二项式.

以下是对应于 $m = -1, \frac{1}{2}, -\frac{1}{2}$ 的几个(常见的)二项级数

$$\frac{1}{1+x} = 1 - x + x^2 - x^3 + \cdots \quad (-1 < x < 1)$$

$$\sqrt{1+x} = 1 + \frac{1}{2}x - \frac{1}{2 \cdot 4}x^2 + \frac{1 \cdot 3}{2 \cdot 4 \cdot 6}x^3 -$$

$$\frac{1 \cdot 3 \cdot 5}{2 \cdot 4 \cdot 6 \cdot 8}x^4 - \cdots + \cdots +$$

$$(-1)^{n-1}\frac{1 \cdot 3 \cdot 5 \cdot \cdots \cdot (2n-3)}{2 \cdot 4 \cdot 6 \cdot 8 \cdot \cdots \cdot 2n}x^n + \cdots$$

$$(-1 \leqslant x \leqslant 1)$$

$$\frac{1}{\sqrt{1+x}} = 1 - \frac{1}{2}x + \frac{1 \cdot 3}{2 \cdot 4}x^2 - \frac{1 \cdot 3 \cdot 5}{2 \cdot 4 \cdot 6}x^3 +$$

$$\frac{1 \cdot 3 \cdot 5 \cdot 7}{2 \cdot 4 \cdot 6 \cdot 8}x^4 + \cdots +$$

$$(-1)^n \frac{1 \cdot 3 \cdot 5 \cdot \cdots \cdot (2n-1)}{2 \cdot 4 \cdot 6 \cdot \cdots \cdot 2n}x^n + \cdots$$

$$(-1 < x \leqslant 1)$$

当 $x > 0$ 时,若去掉这三个级数中第 n 项以后的一切项,则根据莱布尼兹准则可知,所致误差等于第 n 项的绝对值.

在下面要用别的方法把其他几个简单函数展成泰勒级数.

收敛区间及收敛半径

对泰勒级数施行各种运算的结果,会得出新的幂级数,表示一些前所未知的函数,因此我们必须懂得怎样直接就幂级数的本身来做研究.

设已知幂级数

$$a_0 + a_1 x + a_2 x^2 + \cdots + a_n x^n + \cdots \qquad ③$$

(为讲解简便起见,取上面这种幂级数,因为任何幂

级数

$$a_0 + a_1(x - x_0) + a_2(x - x_0)^2 + \cdots + a_n(x - x_0)^n + \cdots$$

经置换 $x - x_0 = x'$ 后都可化为上面的级数).

首先我们要研究幂级数收敛域的性质. 这时很容易看出有三种可能的收敛域.

Ⅰ. 收敛域仅仅是一点(在该处级数收敛为其首项). 换句话说, 级数对一切 x(只有一点除外)发散.

Ⅱ. 收敛域包含 x 轴上的一切点, 换句话说, 级数对一切 x 都收敛.

Ⅲ. 收敛域包含 x 轴上的某些点, 同时该轴上还有另外一些点是不在收敛域之内的.

有第一种收敛域的, 可拿下面的级数为例

$$1 + x + 2^2 x^2 + 3^3 x^3 + \cdots + n^n x^n + \cdots$$

若 $x \neq 0$, 则从足够大的 n 值起, 可得 $|nx| > 1$, 由此得 $|n^n x^n| > 1$, 这便说明级数的公项不趋于零.

指数级数可以作为有第二种收敛域的级数

$$1 + x + \frac{1}{2!}x^2 + \cdots + \frac{1}{n!}x^n + \cdots$$

有第三种收敛域的例子是几何级数

$$1 + x + x^2 + \cdots + x^n + \cdots$$

当幂级数具有第三种收敛域时, 我们可以证明(这是一种极重要的事)级数的收敛域是 x 轴上对称于点 $x = 0$ 的一段区间(对级数 $a_0 + a_1(x - x_1) + \cdots$ 来说, 是对称于点 $x = x_0$ 的一段区间).

如果按惯例把点 $x = 0$ 及全部 x 轴看作是同一类型的区间, 那么可以说任何幂级数的收敛域是 x 轴上对称于点 $x = 0$ 的一段区间.

可用阿贝尔(Abel)的一个定理来证明, 即下面的阿贝尔定理.

阿贝尔定理　若 $x = x_0 \neq 0$ 时, 幂级数 ③ 收敛, 则在绝对值比 $|x_0|$ 小的一切 x: $|x| < |x_0|$ 处, 也就是在区间 $(-|x_0|, |x_0|)$ 上, 级数收敛(并且是绝对收敛). 换句话说, 若级数收敛于点 $x_0 \neq 0$ 处, 则它在

53

以 $x = 0$ 为中心,而长度等于 $2|x_0|$ 的区间上一切点处绝对收敛.

因级数 $\sum\limits_{k=0}^{\infty} a_k x_0^k$ 的公项趋于零,故该级数的一切项是均匀有界的,有一个正的常数 c 存在,使一切 n 满足

$$|a_n x_0^n| < c$$

把级数 ③ 写成

$$a_0 + a_1 x_0 \left(\frac{x}{x_0}\right) + a_2 x_0^2 \left(\frac{x}{x_0}\right)^2 + \cdots + a_n x_0^n \left(\frac{x}{x_0}\right)^n + \cdots$$

并取其中各项的绝对值作一新级数

$$|a_0| + |a_1 x_0| \left|\frac{x}{x_0}\right| + |a_2 x_0^2| \left|\frac{x}{x_0}\right|^2 + \cdots +$$

$$|a_n x_0^n| \left|\frac{x}{x_0}\right|^n + \cdots$$

根据前面所指出的,可知这级数的每一项小于以 $\left|\dfrac{x}{x_0}\right|$ 为公比的下列几何级数

$$c + c\left|\frac{x}{x_0}\right| + c\left|\frac{x}{x_0}\right|^2 + \cdots + c\left|\frac{x}{x_0}\right|^n + \cdots$$

若 $|x| < |x_0|$,则 $\left|\dfrac{x}{x_0}\right| < 1$,于是几何级数收敛,因此绝对值所成的级数也收敛,并由此可知级数 ③ 本身为绝对收敛. 定理证明.

但,若幂级数在 $x = x_0$ 处发散,则它在绝对值大于 x_0 的一切 x 处 : $|x| > |x_0|$ 都发散. 因若级数在绝对值大于 x_0 的某一 x 处收敛,则根据阿贝尔定理,这级数在绝对值小于 x 的一切点处,特别是在 $x = x_0$ 处,必须为绝对收敛,与假设矛盾.

由此可得结论:对于具有收敛点及发散点的每个幂级数来说,必有一适当的正数 R 存在,使级数在满足 $|x| < R$ 的一切 x 处为绝对收敛,在满足 $|x| > R$ 的一切 x 处为发散. 至于在点 $x = R$ 及 $x = -R$ 处,就可能有各种不同的情形,级数可能在两点处都收敛,可

54

能只在其中一点处收敛,也可能在两点处都不收敛.

数 R 叫作级数的收敛半径,从 $x = -R$ 到 $x = R$ 的区间叫作收敛区间(它可能是两端闭,或一端闭或根本是个开区间).

对于除 $x = 0$ 以外在一切 x 处都发散的幂级数来说,规定它们的 $R = 0$;对于在一切 x 处都收敛的幂级数来说,规定它们的 $R = \infty$.

现在要讲求幂级数的收敛半径时所用的法则.

定理 1 若极限 $\lim\limits_{n \to \infty} \left| \dfrac{a_{n+1}}{a_n} \right| = \rho$ 存在,则 $R = \dfrac{1}{\rho}$,

且当 $\rho = \infty$ 时,认定 $R = 0$;当 $\rho = 0$ 时,认定 $R = \infty$.

令 $u_n = |\, a_n x^n \,|$,则 $u_0 + u_1 + u_2 + \cdots + u_n + \cdots$ 为级数 ③ 中各项绝对值所成的级数

$$|\, a_0 \,| + |\, a_1 \,|\,|\, x \,| + |\, a_2 \,|\,|\, x \,|^2 + \cdots + |\, a_n \,|\,|\, x \,|^n + \cdots$$

$$④$$

这时得

$$\frac{u_{n+1}}{u_n} = \left| \frac{a_{n+1}}{a_n} \right| |\, x \,|$$

1. 设 ρ 是不等于零的有限数,这时

$$\lim_{n \to \infty} \frac{u_{n+1}}{u_n} = \rho |\, x \,|$$

根据达朗贝尔准则便知,当 $\rho |\, x \,| < 1$,也就是,当 $|\, x \,| < \dfrac{1}{\rho}$ 时,级数 ④ 收敛,于是可知级数 ④ 为绝对收敛. 当 $\rho |\, x \,| > 1$,也就是,$|\, x \,| > \dfrac{1}{\rho}$ 时,级数 ④ 发散,故级数 ③ 不可能为绝对收敛,并且当 x 为这些值时,级数一般是发散的. 当 $x = x_1 (|\, x_1 \,| > \dfrac{1}{\rho})$ 时,级数 ③ 收敛,则根据阿贝尔定理可知,当 x 为一切值 $x = x_2 (|\, x_1 \,| > |\, x_2 \,| > \dfrac{1}{\rho})$ 时,级数收敛,但我们已证明这事不可能. 故级数在 $|\, x \,| < \dfrac{1}{\rho}$ 时收敛,在 $|\, x \,| >$

$\dfrac{1}{\rho}$ 时发散, 由此可知 $R = \dfrac{1}{\rho}$.

2. 设 $\rho = 0$. 这时在一切 x 处有 $\lim\limits_{n\to\infty}\dfrac{u_{n+1}}{u_n} = 0$, 级数 ④ 对于任何 x 值收敛. 由此可知, 级数 ③ 在 x 轴上一切点处绝对收敛, 于是 $R = \infty$.

3. 设 $\rho = \infty$. 这时在一切 $x(x \neq 0)$ 处 $\lim\limits_{n\to\infty}\dfrac{u_{n+1}}{u_n} = \infty$, 故级数 ③ 在任何 $x \neq 0$ 处都不可能为绝对收敛. 根据阿贝尔定理可知, 级数在 x 轴上一切点处(零点除外) 发散, 故 $R = 0$.

上述求收敛半径的法则是从达朗贝尔准则得来的. 同样也可以从柯西准则推出求收敛半径的法则:

若 $\lim\limits_{n\to\infty}\sqrt[n]{|a_n|} = \rho$, 则 $R = \dfrac{1}{\rho}$, 同时若 $\rho = \infty$, 则认定 $R = 0$; 若 $\rho = 0$, 则认定 $R = \infty$.

幂级数的普遍属性

根据函数项级数的诸属性, 可证明下列三个定理, 说明幂级数所表示的函数是连续的, 可微分无数次的, 并且是解析的.

定理 2 幂级数所表示的函数, 在收敛区间内部的任何一个闭区间上是连续的.

根据前面所讲的几个定理, 可知我们这里只要证明幂级数在任一区间 $[-R_1, R_1]$(其中 $R_1 < R$) 上均匀收敛即可, 但根据阿贝尔定理知级数

$$|a_0| + |a_1| R_1 + |a_2| R_1^2 + \cdots + |a_n| R_1^n + \cdots \quad ⑤$$

收敛, 便立即可知幂级数在 $[-R_1, R_1]$ 上均匀收敛. 这是因为在区间 $[-R_1, R_1]$ 上, 级数 ③ 中每项的绝对值不大于级数 ⑤ 中对应项的绝对值

$$|a_n x^n| \leqslant |a_n| R_1^n$$

于是根据魏尔斯特拉斯准则可知, 幂级数在区间 $[-R_1, R_1]$ 上均匀收敛.

因此, 级数 ③ 的和是连续于收敛区间内部的一

个函数. 但此外它在该区间的内部又是可微分无数次的函数, 也就是说, 它(级数③ 的和) 是个具有任意阶导函数的函数.

定理 3 幂级数所表示的函数在收敛区间内部具有任意阶的导函数. 这些导函数也用幂级数表示, 其各项为已知级数的各项经微分相当次数(与导函数的阶数相同)后所得的结果, 且表示各阶导函数的那些导级数, 与已知幂级数具有同一收敛半径.

用 $f(x)$ 表示级数 ③ 的和, 并取一阶导级数

$$f'(x) = a_1 + 2a_2 x + \cdots + na_n x^{n-1} + \cdots$$

要证明这式在区间 $[-R_1, R_1]$ $(R_1 < R)$ 上成立, 则根据前面所讲的定理, 必须证明等号右边的级数在区间 $[-R_1, R_1]$ 上均匀收敛. 现在我们要证明这级数的收敛半径等于级数③的收敛半径 R. 由此便可像证明定理 2 时那样, 推出导级数在区间 $[-R_1, R_1]$ 上为均匀收敛.

设 $|x| \leqslant R_1 < R_2 < R$, 得

$$|na_n x^{n-1}| \leqslant n|a_n|R_1^{n-1} = \frac{n|a_n|R_2^n}{R_1}\left(\frac{R_1}{R_2}\right)^n$$

由于级数 $\sum_{n=0}^{\infty} a_n R_2^n$ 收敛(阿贝尔定理), 故其一切项以某一数 M 为界

$$|a_n R_2^n| \leqslant M$$

于是

$$|na_n x^{n-1}| \leqslant \frac{n|a_n|R_2^n}{R_1}\left(\frac{R_1}{R_2}\right)^n \leqslant n\frac{M}{R_1}q^n$$

其中 $q = \dfrac{R_1}{R_2} < 1$, 故所论级数的各项, 就绝对值说, 不大于下列级数的对应项

$$\frac{M}{R_1}q + 2\frac{M}{R_1}q^2 + \cdots + n\frac{M}{R_1}q^n + \cdots$$

但上面所写出的级数收敛, 因为根据达朗贝尔准则可得

$$\frac{\dfrac{M}{R_1}(n+1)q^{n+1}}{\dfrac{M}{R_1}nq^n} = \frac{n+1}{n}q \to q < 1$$

于是所论导级数对一切 $x(|x| < R)$ 收敛,便得所要证明的事.

但导级数不可能对任何 $|x| > R$ 的 x 收敛,否则已知级数对这些 $x(|x| > R)$ 值也会收敛,便会与收敛区间的定义相矛盾.

只要把以上所证明的结果再应用到导级数上去,便可得

$$f''(x) = 2a_1 + 3 \cdot 2a_2x + \cdots + n(n-1)a_nx^{n-2} + \cdots$$

同样可得

$$f'''(x) = 3 \cdot 2a_2 + \cdots + n(n-1)(n-2)a_nx^{n-3} + \cdots$$

及诸如此类的等式.

因此,幂级数可以在其收敛区间上逐项微分任意次.

例如

$$\int_a^x f(x)\,\mathrm{d}x = a_0x + \frac{a_1}{2}x^2 + \frac{a_2}{3}x^3 + \cdots + \frac{a_n}{n+1}x^{n+1} + \cdots$$

其中 $|x| < R$.

定理 4　幂级数所表示的函数是其收敛区间上的解析函数,并且是该解析函数在该收敛区间上的泰勒级数.

拿一般形式的幂级数来说

$$f(x) = a_0 + a_1(x - x_0) + a_2(x - x_0)^2 + \cdots + a_n(x - x_0)^n + \cdots$$

在定理 3 中已经证明函数 $f(x)$ 在收敛区间 $[x_0 - R, x_0 + R]$ 上可微分无数次.

现在要用函数 $f(x)$ 的各阶导函数来表示级数的各个系数. 不难求出 $f(x)$ 的 n 阶导函数是

$$f^{(n)}(x) = n(n-1)\cdots2a_1 + (n+1)n(n-2)\cdots 2a_{n+1}(x - x_0) + \cdots$$

在上式中,设 $x = x_0$,得

$$f^{(n)}(x_0) = n!\, a_n$$

由此得

$$a_n = \frac{f_n(x_0)}{n!}$$

因此,这个幂级数的诸系数是函数 $f(x)$ 及点 $x = x_0$ 的对应泰勒系数,故

$$f(x) = f(x_0) + \frac{f'(x_0)}{1!}(x - x_0) +$$

$$\frac{f'(x_0)}{2!}(x - x_0)^2 + \cdots +$$

$$\frac{f^{(n)}(x_0)}{n!}(x - x_0)^n + \cdots$$

由此便可推断定理中所说的事:每个幂级数是其所代表函数的泰勒级数,于是可知,把函数展成幂级数的方式是唯一的,也就是说,若函数可用幂级数表示,则仅有一种表示法 —— 该函数的泰勒级数.

幂级数(续)

把函数展成泰勒级数的其他方法

到这里为止,我们都用直接法求出已知函数的泰勒级数,把函数逐次微分而求出各泰勒系数,写出泰勒公式,然后证明余项对于所规定的一些自变量值收敛为零. 但用这种方法去展开函数是有困难的,因为研究余项常常不是一件容易的事(例如就是因为这个缘故,所以我们以前暂不证明函数 $\ln(1 + x)$ 及 $(1 + x)^m$ 的级数在区间 $(-1, 0)$ 上收敛).

现在要利用前文中关于幂级数的一些普遍性,来讲把函数展成泰勒级数的另一种方法. 这种方法与前面的方法比较起来有很大的优点,我们从下面举的例子中便可看出.

设在点 x_0 的邻域上已知一可微分无数次的函数 $f(x)$，写出下面的式子

$$f(x) = a_0 + a_1(x - x_0) + a_2(x - x_0)^2 + \cdots +$$
$$a_n(x - x_0)^n + \cdots \qquad ①$$

其中，$a_0, a_1, a_2, \cdots, a_n, \cdots$ 是待定系数，现在假设我们可能根据已知函数 $f(x)$ 的一些属性来求出这些系数（如果函数可以展成幂级数的话）. 其次，求出所得级数的收敛区间，于是在该区间上由幂级数所表示的函数，便以该幂级数作它的泰勒级数，也就是说，这个幂级数是其和数的泰勒级数. 现在用 $F(x)$ 表示这个已知级数的和数. 如果要证明函数 $f(x)$ 的所得展开式是泰勒级数，就只要证明函数 $F(x)$ 与 $f(x)$ 恒等.

通常的证法如下：首先验证 $F(x)$ 具有 $f(x)$ 的那种性质，即从 $F(x)$ 也可以做出幂级数 ① 的各个系数来. 如果再证明仅有一个函数能具有那种性质，便可知道 $F(x)$ 与 $f(x)$ 应为恒等，且所得的级数便是所求的泰勒级数.

因此在第一个方法中所要做的事：证明泰勒公式的余项趋于零. 在第二个方法中便换成另一件事：证明从已知函数的泰勒系数做出的幂级数是该函数的泰勒级数，也就是证明幂级数所代表的正是已知函数而不是别的函数.

初看起来可能认为这事不必证明，认为以已知函数的泰勒系数做成的幂级数的和，自然就是已知函数. 但这件事通常并不总能成立，例如以柯西所指出的一个函数作为例子

$$f(x) = e^{-\frac{1}{x^2}}, x \neq 0, f(0) = 0$$

这个函数在全部 x 轴上可微分无数次，同时其在点 $x = 0$ 处的各阶导函数等于零. 因 $x \neq 0$ 时

$$f'(x) = \frac{2}{x^3} e^{-\frac{1}{x^2}}$$

而由于

$$\lim_{h \to 0} \frac{f(h) - f(0)}{h} = \lim_{h \to 0} \frac{e^{-\frac{1}{h^2}}}{h} = 0$$

故

$$f'(0) = 0$$

又由于

$$\lim_{h \to 0} \frac{f'(h) - f'(0)}{h} = \lim_{h \to 0} \frac{\dfrac{2}{h^3} e^{-\frac{1}{h^2}}}{h} = 0$$

故

$$f''(0) = 0$$

及诸如此类的各阶导函数都等于零. 因此, 函数在 $x = 0$ 处的一切泰勒系数都等于零. 于是其对应泰勒级数是各项为零的一个级数, 它收敛为恒等于零的一个函数, 而并不收敛为函数 $f(x)$.

上面所求出的函数 $f(x)$, 说明函数可能是可微分无数次的, 而在点 $x = 0$ 的邻域上却不是解析的.

尽管已知函数 $f(x)$ 及函数 $F(x)$(这里是恒等于零的一个函数, 它是 $f(x)$ 的泰勒级数的和) 在 $x = 0$ 处具有无穷多阶的公共元素. 但它们此外便没有任何别的公共点. 从几何上讲, 曲线 $y = f(x)$ 及 $y = F(x)$ 在点 $(0, 0)$ 处有无穷阶接触度, 但两者仅相交于该点, 且在该点处靠得无限紧密(图 9).

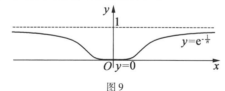

图 9

但若两个函数都是解析函数, 上述情形便不会发生. 那时若两者在一点处有无穷多阶的元素相等, 则它们在其全部解析域上是恒等的. 换句话说, 若两条解析曲线在一点处有无穷阶接触度, 则可知两者是完全重合的.

我们所要讲的第二种方法简称待定系数法. 读者

可通过例子来熟习这种方法.

例1 把函数 $f(x) = e^x$ 展成泰勒级数. 利用这个函数的下列两个属性

$$f'(x) = f(x) \text{ 及 } f(0) = 1$$

设

$$f(x) = a_0 + a_1 x + a_2 x^2 + \cdots + a_n x^n + \cdots$$

根据第二个属性得

$$f(0) = a_0 = 1$$

根据第一个属性得

$$a_1 + 2a_2 x + \cdots + na_n x^{n-1} + \cdots$$
$$= 1 + a_1 x + a_2 x^2 + \cdots + a^n x^n + \cdots$$

由于上式应为恒等式, 故得

$$a_1 = 1 \text{ 及 } a_n = \frac{a_{n-1}}{n}$$

从这个递推式可相继求出各系数

$$a_2 = \frac{1}{2}, a_3 = \frac{1}{2 \cdot 3}, \cdots, a_n = \frac{1}{n!}, \cdots$$

级数

$$1 + \frac{x}{1!} + \frac{x^2}{2!} + \cdots + \frac{x^n}{n!} + \cdots$$

以全部 x 轴为其收敛域, 就是说, 它的收敛半径等于 ∞. 因为

$$\rho = \lim_{n \to \infty} \frac{n!}{(n+1)!} = 0$$

故 $R = \infty$. 于是可知所得级数对于任何 x 值都表示一函数 $F(x)$, 并且直接可以看出它能满足所设的条件

$$F'(x) = F(x), F(0) = 1$$

但这两个条件规定了唯一的一个函数 e^x. 关于这一点读者可以自己去解微分方程 $\mathrm{d}F(x) = F(x)\mathrm{d}x$(或 $\frac{\mathrm{d}u}{u} = \mathrm{d}x$, 其中 $u = F(x)$), 并应用 $F(x) = 1$, 便能证实.

故在全部 x 轴上可得

$$e^x = 1 + \frac{x}{1!} + \frac{x^2}{2!} + \cdots + \frac{x^n}{n!} + \cdots$$

例2 当 m 为任意值时,把二项式 $(1 + x)^m$ 展成点 $x = 0$ 的邻域上的泰勒级数.

首先我们注意到函数
$$f(x) = (1 + x)^m$$
满足下列条件
$$(1 + x)f'(x) = mf(x) \ \text{及} \ f(0) = 1$$
现在找出一个幂级数
$$f(x) = a_0 + a_1 x + a_2 x^2 + \cdots + a_n x^n + \cdots$$
使它所表示的函数能满足上述条件. 这里由于 $f(0) = 1$,故 $a_0 = 1$.

用 $1 + x$ 乘导级数,用 m 乘原来的级数,然后比较两者的结果,得
$$(1 + x)(a_1 + 2a_2 x + \cdots + na_n x^{n-1} + \cdots)$$
$$= m(1 + a_1 x + a_2 x^2 + \cdots + a_n x^n + \cdots)$$
也就是
$$a_1 + (a_1 + 2a_2)x + \cdots + (na_n + (n+1)a_{n+1})x^n + \cdots$$
$$= m + ma_1 x + ma_2 x^2 + \cdots + ma_n x^n + \cdots$$
比较同幂项的系数,得
$$a_1 = m$$
$$a_1 + 2a_2 = ma_1$$
$$\vdots$$
$$na_n + (n+1)a_{n+1} = ma_n$$
$$\vdots$$

从这些关系式可以相继求出各系数
$$a_1 = m$$
$$a_2 = \frac{a_1(m-1)}{2} = \frac{m(m-1)}{2}$$
$$\vdots$$
$$a_n = \frac{m(m-1)\cdots(m-n+1)}{1 \cdot 2 \cdot \cdots \cdot n}$$
$$\vdots$$

便得到二项式系数.

若 m 非正整数,则级数

$$1 + mx + \frac{m(m-1)}{2!}x^2 + \cdots +$$

$$\frac{m(m-1)\cdots(m-n+1)}{n!}x^n + \cdots$$

的收敛区间是 $(-1,1)$,或者说,它的收敛半径等于 1.
这是因为

$$\rho = \lim_{n\to\infty} \frac{\mid m(m-1)\cdots(m-n) \mid n!}{\mid m(m-1)\cdots(m-n+1) \mid (n+1)!}$$

$$= \lim_{n\to\infty} \frac{\mid m-n \mid}{n+1} = 1$$

这个级数在区间 $(-1,1)$ 上所表示的函数 $F(x)$ 满足
关系式

$$(1+x)F'(x) = mF(x)$$

及条件

$$F(0) = 1$$

这可以从构成系数的规律直接看出,但若对级数施行
关系式中所示的运算,这也不难证明. 又上述关系式
决定一个唯一的函数 $(1+x)^m$. 若把关系式写成

$$\frac{\mathrm{d}u}{u} = m\frac{\mathrm{d}x}{1+x}$$

其中

$$u = F(x)$$

或

$$\mathrm{d}(\ln u) = \mathrm{d}[m\ln(1+x)]$$

则可由此得出

$$\ln u = \ln(1+x)^m + C$$

由于 $x = 0$ 时,$u = 1$,故上式中的 $C = 0$. 于是可知

$$\ln u = \ln(1+x)^m$$

故 $u = (1+x)^m$,这样便证明二项级数在区间 $(-1,1)$
上收敛为 $(1+x)^m$.

例 3 同样,若利用函数

$$f(x) = \ln(1+x)$$

64

所满足的下列条件

$$f'(x) = \frac{1}{1+x} = 1 - 2 + x^2 + \cdots, f(0) = 0$$

则可把 $\ln(1+x)$ 展成泰勒级数. 所得结果是

$$\ln(1+x) = x - \frac{x^2}{2} + \frac{x^3}{3} + \cdots + (-1)^{n-1} \frac{x^n}{n} + \cdots$$

我们在前面只证明这个展开式在区间 $(0,1)$ 上成立. 现在不难证明它在区间 $(-1,0)$ 上也成立. 因为

$$\rho = \lim_{n \to \infty} \frac{n}{n+1} = 1$$

也就是 $R = 1$, 所以在任何情形下, $(-1,1)$ 是级数的收敛区间.

例 4 求函数 $f(x) = \arctan x$ 在点 $x = 0$ 的邻域上的泰勒级数, 我们要从函数 $f(x)$ 的下列属性出发来作:

(ⅰ) $f'(x) = \frac{1}{1+x^2}$.

(ⅱ) $f(0) = 0$.

设

$$f(x) = a_1 x + a_2 x^2 + \cdots + a_n x^n + \cdots$$

(根据条件 (ⅱ) 得 $a_0 = 0$). 根据条件 (ⅰ) 在区间 $(-1,1)$ 上可得

$$a_1 + 2a_2 x + \cdots + na_n x^{n-1} + \cdots = 1 - x^2 + x^4 - \cdots$$

比较两边的系数, 得

$$a_1 = 1, a_2 = 0, a_3 = -\frac{1}{3}, a_4 = 0, a_5 = \frac{1}{5}, \cdots$$

$$a_{2n} = 0, a_{2n+1} = \frac{(-1)}{2n+1}, \cdots$$

于是

$$F(x) = x - \frac{1}{3}x^3 + \frac{1}{5}x^5 - \cdots + \frac{(-1)^n}{2n+1}x^{2n+1} + \cdots$$

等号右边的幂级数在区间 $(-1,1)$ 上收敛, 因为

$$\rho = \lim_{n \to \infty} \frac{2n+1}{2n+3} = 1$$

即 $R = 1$. 同时显然可见这个级数所表示的函数 $F(x)$
满足关系式

$$F'(x) = 1 - x^2 + x^4 - \cdots = \frac{1}{1 + x^2}$$

而该关系式在 $F(0) = 0$ 的条件下规定了唯一的函数
arctan x.

级数在 $x = 1$ 时收敛,其值为 arctan $1 = \dfrac{\pi}{4}$,因为

$$\pi = 4(1 - \frac{1}{3} + \frac{1}{5} - \cdots + \frac{(-1)^n}{2n + 1} + \cdots)$$

这个式子把数 π 表示为简单有理数所成的无穷级数,
它是在莱布尼兹时期就已知道的.

因此,在闭区间 $[-1,1]$ 上可得

$$\arctan x = x - \frac{1}{3}x^3 + \frac{1}{5}x^5 - \cdots + \frac{(-1)^n}{2n + 1}x^{2n+1} + \cdots$$

例 5 同样可得 $f(x) = \arcsin x$ 的级数. 由于

$$f'(x) = \frac{1}{\sqrt{1 - x^2}}, f(0) = 0$$

并设

$$f(x) = a_1 x + a_2 x^2 + \cdots + a_n x^n + \cdots$$

之后,便可写出

$$a_1 + 2a_2 x + + na_n x^{n-1} + \cdots$$

$$= 1 + \frac{1}{2}x^2 + \frac{1 \cdot 3}{2 \cdot 4}x^4 + \cdots +$$

$$\frac{1 \cdot 3 \cdot 5 \cdot \cdots \cdot (2n - 1)}{2 \cdot 4 \cdot 6 \cdot \cdots \cdot 2n}x^{2n} + \cdots$$

由此得

$$a_{2n} = 0$$

$$a_{2n+1} = \frac{1 \cdot 3 \cdot 5 \cdot \cdots \cdot (2n - 1)}{2 \cdot 4 \cdot 6 \cdot \cdots \cdot 2n} \cdot \frac{1}{2n + 1}$$

于是可知,所得级数的收敛半径是 1,但事实上,这个
级数在 $x = -1$ 及 $x = 1$ 时也收敛. 它的和 $F(x)$ 满足
条件

66

$$F'(x) = \frac{1}{\sqrt{1-x^2}}$$

及

$$F(0) = 0$$

而这两个条件则规定了唯一的函数 arcsin x.

因此,在闭区间 $[-1, 1]$ 上可得

$$\arcsin x = x + \frac{1}{2} \cdot \frac{1}{3}x^3 + \frac{1 \cdot 3}{2 \cdot 4} \cdot \frac{1}{5}x^5 + \cdots +$$

$$\frac{1 \cdot 3 \cdot 5 \cdots \cdot (2n-1)}{2 \cdot 4 \cdot 6 \cdots \cdot 2n} \cdot$$

$$\frac{1}{2n+1}x^{2n+1} + \cdots$$

泰勒级数的几种用法

Ⅰ. 函数近似值算法. 设函数 $f(x)$ 在区间 (a, b) 上是解析的,且设我们已知该函数及其各阶导数在区间上一点 $x = x_0$ 处的值. 于是函数 $f(x)$ 在该区间上任一其他点处的准确值可用泰勒级数定出,而其近似值则可用该级数的部分和数或用该函数的对应泰勒公式求出.

用泰勒级数的部分和数来计算函数值时通常比较方便①,因为它有下列两种好处.

1. 如果从整个级数出发而不是从泰勒公式出发计算,那么把已知函数换成它的泰勒多项式之后,所能估出的误差会比较准确些. 换句话说,根据泰勒级数的前几项估出的误差,要比根据对应泰勒公式的余项所估出的误差小.

2. 已知函数的级数表达式,常可根据级数的运算法则,用简单的置换,化成收敛得更快的其他级数.

如果在一个级数中取了较少的项数,在另一个级

---

① 如果出于某种原因不能用泰勒级数来计算,那么就只好用泰勒公式来计算近似值.

数中取了较多的项数,而所得结果具有同一准确度的话,那么通常便说前一个级数收敛得较快或较好. 如果能把一个级数变换成另一个收敛得较好的级数,那么这种变换法就叫作级数收敛性的改进法.

变换了函数的级数表达式,当然也对泰勒公式有所变换,但这种变换的结果可能不会使余项的值估得更准确些. 基于这个原因,通常用泰勒级数比用泰勒公式好些.

要说明用泰勒级数的第一种方便之处,可以拿 e 的泰勒公式及泰勒级数作为例子

$$e \approx 1 + \frac{1}{1!} + \frac{1}{2!} + \cdots + \frac{1}{n!}$$

而其误差为 $\delta_n = \dfrac{3}{(n+1)!}$.

如果拿 e 的整个级数来看,那么上面这个近似值所致的误差将等于级数的剩余 r_n,其中

$$
\begin{aligned}
r_n &= \frac{1}{(n+1)!} + \frac{1}{(n+2)!} + \cdots \\
&= \frac{1}{(n+1)!} \left[1 + \frac{1}{(n+2)} + \frac{1}{(n+2)(n+3)} + \cdots \right] \\
&< \frac{1}{(n+1)!} \left[1 + \frac{1}{n+1} + \frac{1}{(n+1)^2} + \cdots \right] \\
&= \frac{1}{(n+1)!} \cdot \frac{1}{1 - \dfrac{1}{n+1}} \\
&= \frac{1}{n! \, n}
\end{aligned}
$$

因此可得

$$r_n = \frac{1}{n! \, n}$$

而这所估的误差比 $\delta_n = \dfrac{3}{(n+1)!}$ 好. 例如我们要把 e 计算到准确度 $\dfrac{1}{100}$.

这时根据关系式

$$r_n = \frac{1}{n! \ n} \leqslant \frac{1}{100}$$

或

$$n! \ n \geqslant 100$$

便知可取 $n = 4$(这时左边的数 4! $\times 4$ 虽稍小于 100,但我们不必担心,因为估计 r_n 时,显然是把它估大了的). 如果把 r_n 估得更精确些,那么

$$r_n < \frac{1}{(n+1)!}\Big[1 + \frac{1}{n+2} + \frac{1}{(n+2)^2} + \cdots\Big]$$

$$= \frac{n+2}{(n+1)! \ (n+1)}$$

这样在 $n = 4$ 时,右边正好等于 0.01. 由此便可确信

$$1 + 1 + \frac{1}{2!} + \frac{1}{3!} + \frac{1}{4!} \approx 2.71$$

与 e 的差不大于 0.01.

现在拿泰勒公式中的 δ_n 来看. 这时可知所取的 n 应使

$$\frac{3}{(n+1)!} \leqslant \frac{1}{100}$$

或即

$$(n+1)! \ \geqslant 300$$

于是 n 就不应小于 5. 如果用泰勒公式,那么只有取 $n = 5$ 以上才能确信会达到 0.01 的准确度. 但若用泰勒级数,则在 $n = 4$ 时就能确信会得到这种准确度.

说明第二种方便之处时,可以拿下面的级数作为例子

$$\ln(1+x) = x - \frac{1}{2}x^2 + \frac{1}{3}x^3 - \cdots \quad (-1 < x \leqslant 1)$$

这个级数收敛得很慢. 根据莱布尼兹关于交错级数的定理可知,如果要把 $\ln(1+x)$ 计算到 0.000 01 的准确度,就(比方说在 $x = 1$ 时)至少必须取开头的 100 000(!)项. 如果估计 $\ln(1+x)$ 的泰勒公式的余项,所得结果与此相仿. 要用这种求和法来算近似值几乎是件不可能的事.

但这里我们有办法可使级数的收敛性加快. 把 x 换成 $-x$, 然后从 $\ln(1+x)$ 的级数减去变换后的式子, 得

$$\ln\frac{1+x}{1-x} = 2(x + \frac{1}{3}x^3 + \frac{1}{5}x^5 + \cdots) \quad (-1 < x < 1)$$

右边的级数已经比 $\ln(1+x)$ 的级数收敛得快一些, 并且又可用这个公式来计算任何 (正) 数的对数. 因为当 x 在级数的收敛区间 $(-1,1)$ 上变动时, 连续函数 $\frac{1+x}{1-x}$ 的值就在全部区间 $(0, +\infty)$ 上变动. 现在我们用这公式来计算 $\ln 2$. 若 $\frac{1+x}{1-x} = 2$, 则 $x = \frac{1}{3}$. 第 n 部分和数

$$\ln 2 \approx 2\left(\frac{1}{3} + \frac{1}{3} \cdot \frac{1}{3^3} + \cdots + \frac{1}{2n+1} \cdot \frac{1}{3^{2n+1}}\right)$$

误差可用下式估出

$$2\left(\frac{1}{2n+3} \cdot \frac{1}{3^{2n+3}} + \frac{1}{2n+5} \cdot \frac{1}{3^{2n+5}} + \cdots\right)$$

$$< \frac{2}{(2n+3)3^{2n+3}}\left(1 + \frac{1}{3^2} + \frac{1}{3^4} + \cdots\right)$$

$$= \frac{2 \cdot 9}{(2n+3) \cdot 3^{2n+3} \cdot 8}$$

现在要求使误差不超过 $0.000\ 01$ 时的 n 值. 这时应有

$$4(2n+3)3^{n+1} \geqslant 10^5$$

而上式在 $n > 4$ 时就必定能成立. 由此得

$$\ln 2 \approx 2\left(\frac{1}{3} + \frac{1}{3} \times \frac{1}{3^3} + \frac{1}{5} \times \frac{1}{3^5} + \frac{1}{7} \times \frac{1}{3^7} + \right.$$
$$\left. \frac{1}{9} \times \frac{1}{3^9}\right) \approx 0.693\ 144$$

因此要把 $\ln 2$ 求到同样的准确度 $0.000\ 01$ 时, 在原来的级数中要取 $100\ 000$ 项, 而在新级数中只要取 5 项就够 (同时还不难证明, 只取 4 项也已够了).

若在新级数中, 设 $x = \frac{1}{2N+1}$, 其中 N 是整数, 则

得公式

$$\ln \frac{N+1}{N} = \ln(N+1) - \ln N$$
$$= 2\left(\frac{1}{2N+1} + \frac{1}{3} \cdot \frac{1}{(2N+1)^3} + \cdots\right)$$

这是(一个接着一个)计算整数的对数时实际用到的式子,并且可用它把结果算到实用上所需要的任何准确度.

Ⅱ. 方程解法. 根据函数的特性求其泰勒级数时,我们曾用过待定系数法. 这个方法不但在函数特性用简单微分关系表出时可用,而且在函数用更复杂的微分关系(通常是微分方程)给出或用有限关系式(而非微分式)给出时也适用. 现在我们只略讲后者的一种情形. 设含有 x 及 y 的一个方程是不能解出 y 来的,而我们用这个方程把 y 规定为 x 的隐函数,现在要求出 y 这个函数的泰勒级数. 在这种情形下,求级数的方法实际上就是用泰勒级数解方程的方法.

根据一个普遍定理(这里不预备细讲),若给出函数 y 的那个方程的右边是零,而左边在点 x_0, y_0(其中 y_0 是对应于 $x = x_0$ 的 y 值)的邻域上是 x 及 y 的解析函数时,则 y 是 x 在点 x_0 的邻域上的解析函数. 特别是当方程的左边是 x 及 y 的初等函数,并且它在点 x_0 及点 y_0 的邻域上具有对 x 及对 y 的任意阶导数时,那么 y 总是 x 在点 x_0 的邻域上的解析函数.

以下面的方程作为例子

$$xy - e^x + e^y = 0$$

这时 x 的函数 y 是以隐式给出的. 现在要求 $x_0 = 0$ 时,函数 y 的泰勒级数. 写出

$$y = a_1 x + a_2 x^2 + a_3 x^3 + \cdots$$

因根据原方程 $x = 0$ 时,$y = 0$,故上面的 $a_0 = 0$. 现在根据这个级数应满足已知方程的条件,来求出待定系数 $a_1, a_2, a_3, \cdots$,得

$$x(a_1 x + a_2 x^2 + a_3 x^3 + \cdots) -$$

$$(1 + x + \frac{1}{2!}x^2 + \frac{1}{3!}x^3 + \cdots) +$$

$$[1 + (a_1 x + a_2 x^2 + a_3 a^3 + \cdots) +$$

$$\frac{1}{2!}(a_1 x + a_2 x^2 + a_3 x^3 + \cdots)^2 +$$

$$\frac{1}{3!}(a_1 x + a_2 x^2 + a_3 x^3 + \cdots)^3 + \cdots] = 0$$

或

$$(a_1 x^2 + a_2 x^3 + \cdots) - \left(1 + x + \frac{1}{2!}x^2 + \frac{1}{3!}x^3 + \cdots +\right.$$

$$[1 + (a_1 x + a_2 x^2 + a_3 x^3 + \cdots) +$$

$$\frac{1}{2!}(a_1^2 x^2 + 2a_1 a_2 x^3 + \cdots) +$$

$$\left. \frac{1}{3!}(a_1^3 x^3 + \cdots) + \cdots] = 0 \right.$$

由此得

$$(-1 + a_1)x + \left(a_1 - \frac{1}{2!} + a_2 + \frac{1}{2!}a_1^2\right) x^2 +$$

$$\left(a_2 - \frac{1}{3!} + a_3 + a_1 a_2 + \frac{1}{3!}a_1^3\right) x^3 + \cdots = 0$$

这个幂级数在点 $x = 0$ 的一个邻域上收敛,并且是零的幂级数展开式. 因此 x 的一切乘幂的系数都应等于零

$$-1 + a_1 = 0$$

$$a_1 - \frac{1}{2} + a_2 + \frac{1}{2}a_1^2 = 0$$

$$a_2 - \frac{1}{6} + a_3 + a_1 a_2 + \frac{1}{6}a_1^3 = 0$$

从这组方程可以求出

$$a_1 = 1, a_2 = -1, a_3 = 2$$

由此可知

$$y = x - x^2 + 2x^3 + \cdots$$

以上我们求得所论函数的泰勒级数中的前几项. 当点 $x = 0$ 的邻域适当小时,这几项在相当的准确度内完全足以代表函数. 但是在这类问题中,由于第 n 项的系数很

难求出,因此不便于估计准确度. 在解决实际问题时,通常只要用一般的讨论说明级数的前4~5项的和,在长度为0.1~0.2的单位区间上足够准确即可.

最后要注意,在所论(及其他类似)问题中,泰勒级数的各个系数可用其他方法求出. 因为我们知道这些系数可用函数的各阶导数来表示. 而我们只要把给出隐函数的那个方程连续微分,便可求出各阶导数在对应点(这里是 $x = 0$)处的值. 在这个例子中,读者不难证实用这种方法所求得的系数与上面求出的相同.

Ⅲ. 函数积分法. 设要求出

$$F(x) = \int_a^b f(x) \, \mathrm{d}x$$

其中被积函数 $f(x)$ 的泰勒展开式为已知,且积分限都位于级数的收敛区间以内. 于是我们就可以把级数逐项积分. 逐项积分的结果便得出函数 $F(x)$ 的泰勒级数,同时收敛半径不变. 如果 $F(x)$ 可用有限形式表示,那么借此可求出初等函数 $F(x)$ 的泰勒展开式. 如果我们不知道函数 $F(x)$ 的有限式子,甚至 $F(x)$ 根本不能用有限式子表示,那么所得级数可以作为函数 $F(x)$ 的表达式,用最简单的基本初等函数(幂函数)所构成的,但并非有限的表达式. 但由于幂级数在其收敛域上的属性与有限式子的属性完全相似,因此把函数表达为无穷幂级数,并不次于把它表达为有限个初等函数式子. 并且由于幂级数的各项构造简单,因此它在许多方面比幂函数以外的其他函数还要方便,因而常常要设法把有些已知的初等函数甚至基本初等函数也都表达为无穷幂级数.

例6 求积分

$$F(x) = \int_0^x \frac{\mathrm{d}x}{\sqrt{1 - x^2}}$$

得

$$\frac{1}{\sqrt{1 - x^2}} = 1 + \frac{1}{2}x^2 + \frac{1 \cdot 3}{2 \cdot 4}x^4 + \frac{1 \cdot 3 \cdot 5}{2 \cdot 4 \cdot 6}x^6 +$$

$$\frac{1 \cdot 3 \cdot 5 \cdot 7}{2 \cdot 4 \cdot 6 \cdot 8}x^3 + \cdots$$

把级数逐项积分,并记住

$$F(x) = \arcsin x$$

得

$$\arcsin x = x + \frac{1}{2} \cdot \frac{x^3}{3} + \frac{1 \cdot 3}{2 \cdot 4} \cdot \frac{x^5}{5} + \frac{1 \cdot 3 \cdot 5}{2 \cdot 4 \cdot 6} \cdot \frac{x^7}{7} +$$

$$\frac{1 \cdot 3 \cdot 5 \cdot 7}{2 \cdot 4 \cdot 6 \cdot 8} \cdot \frac{x^9}{9} + \cdots$$

同样可以求出 $\ln(1 + x)$ 及 $\arctan x$ 的展开式

$$\ln(1 + x) = \int_0^a \frac{\mathrm{d}x}{1 + x} = \int_0^x (1 - x + x^2 - \cdots)\mathrm{d}x$$

$$= x - \frac{x^2}{2} + \frac{x^3}{3} - \frac{x^4}{4} + \cdots$$

$$\arctan x \int_0^x \frac{\mathrm{d}x}{1 + x^2} = \int_0^x (1 - x^2 + x^4 - \cdots)\mathrm{d}x$$

$$= x - \frac{x^3}{3} + \frac{x^5}{5} - \frac{x^7}{7} + \cdots$$

这里所用函数 $\arcsin x$,$\ln(1 + x)$,$\arctan x$ 的展开法,在实质上与待定系数法无异,不过形式不同罢了.

还要注意,如果能估计出函数 $f(x)$ 的级数的剩余,那么根据积分估值法定理,便可估出 $F(x)$ 的级数的剩余.

例 7 设已知积分 $\mathrm{si}\, x = \int \frac{\sin x}{x}\mathrm{d}x$(正弦积分).

用 x 除 $\sin x$ 的级数表达式,得

$$\frac{\sin x}{x} = 1 - \frac{x^2}{3!} + \frac{x^4}{5!} - \cdots$$

这个级数与表示 $\sin x$ 的级数一样,都以全部 x 轴为其收敛半径. 逐项积分后得

$$\sin x = C + x - \frac{x^3}{3! \cdot 3} + \frac{x^5}{5! \cdot 5} - \cdots$$

由此可见,这个级数与 $\sin x$ 的级数一样都是收敛的,不过这个级数所表示的并不是任何初等函数,因此我们不能用有限个基本初等函数表达出正弦积分. 这里

所得级数是函数 si x 的解析式子,但它并不是用有限次运算,而是用无限次运算得出的. 正弦积分可用积分来规定,或可用上述幂级数来规定. 对其他(不能化成有限形式的)为积分所定的函数,例如:ci x,li x 等,也同样可求出幂级数.

例 8 椭圆积分(不能化成有限形式)也同样可用初等函数来表示. 例如,设有半轴为 a 及 b 的椭圆,而要求出其长度 L,这时可得

$$L = 4a \int_0^{\frac{\pi}{2}} \sqrt{1 - \varepsilon^2 \cos^2 t} \, dt$$

其中 ε 是椭圆的离心率.

由于 $\varepsilon < 1$,故 $\varepsilon^2 \cos^2 t < 1$,故被积函数可化为二项级数

$$\sqrt{1 - \varepsilon^2 \cos^2 t} = 1 - \frac{1}{2} \varepsilon^2 \cos^2 t - \frac{1}{2 \cdot 4} \varepsilon^4 \cos^4 t - $$
$$\frac{1 \cdot 3}{2 \cdot 4 \cdot 6} \varepsilon^6 \cos^6 t - \cdots$$

等号右边逐项积分后,得

$$L = 2\pi a - 4a \left(\frac{1}{2} \varepsilon^2 \int_2^{\frac{\pi}{2}} \cos^2 t \, dt + \frac{1}{2 \cdot 4} \varepsilon^4 \int_0^{\frac{\pi}{2}} \cos^4 t \, dt + \right.$$
$$\left. \frac{1 \cdot 3}{2 \cdot 4 \cdot 6} \varepsilon^6 \int_0^{\frac{\pi}{2}} \cos^6 t \, dt + \cdots \right)$$
$$= 2\pi a \left(1 - \frac{1}{2 \cdot 2} \varepsilon^2 - \frac{1 \cdot 3}{2 \cdot 4 \cdot 8} \varepsilon^4 - \right.$$
$$\left. \frac{1 \cdot 3 \cdot 15}{2 \cdot 4 \cdot 6 \cdot 48} \varepsilon^6 - \cdots \right)$$

这个级数把椭圆弧长展成其离心率的幂级数.

我们只计算所写出的各项. 这时对被积函数的级数来说,其剩余

$$-\left(\frac{1 \cdot 3 \cdot 5}{2 \cdot 4 \cdot 6 \cdot 8} \varepsilon^8 \cos^8 t + \frac{1 \cdot 3 \cdot 5 \cdot 7}{2 \cdot 4 \cdot 6 \cdot 8 \cdot 10} \varepsilon^{10} \cos^{10} t + \cdots \right)$$

的绝对值不会大于下式的绝对值

$$\frac{1 \cdot 3 \cdot 5}{2 \cdot 4 \cdot 6 \cdot 8} \varepsilon^8 \cos^8 t (1 + \varepsilon^2 + \varepsilon^4 + \cdots)$$

$$= \frac{1 \cdot 3 \cdot 5}{2 \cdot 4 \cdot 6 \cdot 8} \varepsilon^8 \cos^8 t \frac{1}{1 - \varepsilon^2}$$

于是可知表示 L 的级数中,剩余不会大于

$$4a \frac{1 \cdot 3 \cdot 5}{2 \cdot 4 \cdot 6 \cdot 8} \cdot \frac{\varepsilon^8}{1 - \varepsilon^2} \int_0^{\frac{\pi}{2}} \cos^8 t \mathrm{d}t$$

$$= 4a \frac{1 \cdot 3 \cdot 5}{2 \cdot 4 \cdot 6 \cdot 8} \cdot \frac{\varepsilon^8}{1 - \varepsilon^2} \cdot \frac{1 \cdot 3 \cdot 5 \cdot 7}{2 \cdot 4 \cdot 6 \cdot 8} \cdot \frac{\pi}{2}$$

$$= \frac{175}{64 \cdot 128} \cdot \frac{\varepsilon^8}{1 - \varepsilon^2} \pi a$$

因此

$$L = 2\pi a \left(1 - \frac{1}{4}\varepsilon^2 - \frac{3}{64}\varepsilon^4 - \frac{5}{256}\varepsilon^6 \right) + R$$

其中 $|R| < 0.022 \dfrac{\varepsilon^8}{1 - \varepsilon^2} \pi a$. 当 ε 值小时,可用这个公式计算出足够准确的椭圆弧长.

最后说一点做引进原版数学书的感受.

黑石集团董事长、首席执行官兼联合创始人苏世民在《新浪财经》中曾说:

> "我一直觉得如果你要做什么事的话,就应该做一些杰出的事情. 因为我们每一个人在生活中只有这么多时间,我们只能把我们的努力放在我们所做的一两件真正伟大的事情上."

笔者认为科技的强大依赖于科学的繁荣,而科学的繁荣不可或缺的是数学的进步. 多样性是保证数学进步的必要条件,能够为中国数学的生态多样性做一点贡献是不是对一个从小热爱数学的编辑来说已然是"真正伟大"的事情了呢?

刘培杰

2020 年 10 月 7 日

于哈工大

复分析入门(英文)

O. 卡鲁斯·麦基希　　著

编辑手记

　　本书是一部版权引进自国外的英文原版大学数学专业课教材,中文书名可译为《复分析入门(英文)》.

　　作者为 O. 卡鲁斯·麦基希(O. Carruth McGehee),他是美国路易斯安那州立大学数学教授.

　　麦基希教授在本书的前言中写了"致学生",关于阅读本书的先决条件,他指出:

　　　　本书主要用于四分之一学期或一学期的本科课程. 此类课程应涵盖从前五章中选择的合理数量的教学材料,以适应学生的背景和兴趣. 阅读本书的先决条件包括掌握标准的微积分序列知识,其中包括带有两个或两个以上实变量函数的微分和积分的相关知识.

　　　　在路易斯安那州立大学教授数学时,我发现我需要为学生复习并重述微积分中的一些必要思想,同时为他们学习复分析的问题和方法奠定理论基础. 本书第1章专门介绍了这方面的准备工作. 我提供了以下备注以及读者需要的特定背景材料.

　　　　1. 从一开始,我假设读者在一定程度上熟悉两个实变量的实值函数的偏导数的相关知识. 1.6 节的多维链式法则在本书中被使用了两次,并给出了几个相关问题.

2. 在 1.2 节中我提出了集合和函数的符号和术语. 所给出的例子利用了实变量的某些实值函数,这应该是大家熟悉的,与读者以前研究的多项式、指数、对数、正弦、余弦、双曲余弦和双曲正弦等都有关系.

3. 在 1.3 节中,我从头开始开发读者需要的少量线性代数知识. 如果你以前处理过有两个未知数的线性方程组,理解一个 2×2 矩阵是如何决定平面的线性变换的,那么这些经历会帮助你阅读本书.

我假设你熟悉一年级微积分中讲授的黎曼积分的内容. 1.5 节总结了你需要的集成理论. 如果你对曲线上的积分和二维、三维上的积分有一定的经验,这将对你有所帮助.

2.4 节和 2.6 节介绍了有关复值序列和级数的所有内容. 如果你花点时间复习一下数列、无穷级数和泰勒级数的内容,你会发现书中的材料会更简单.

有时你可能需要复习或查阅一些你不熟悉的主题,甚至超出了上面的列表中的内容. 在使用先决材料时,我尽量详细地说明我的假设是什么,以及我是如何应用它的.

这本书使用的一些概念也会出现在高级微积分或实变量课程中,但我不假设你已经上过这些课程. 诸如开集、紧集和一致收敛等相关内容对于使复分析变得简单和优雅非常重要. 我会根据需要阐述这些主题.

毫无疑问,所有学过微积分序列的人都对实数系统 $\mathbf{R}$ 有足够的认识. 了解 $\mathbf{R}$ 的完备性,并在使用它时加以识别是有好处的. 在 2.4 节中,我将调用它的这个公式:每一个有上界的非空实数集合都有一个最小上界.

我心目中的听众就是与我在 LSU 教授这门课程时的学生一样的读者. 他们中的大多数人在过去某个

78

时候已经学过微积分. 大多数人还修过其他的数学课程, 比如微分方程. 大约一半的学生主修工程或自然科学; 他们把复分析作为选修课, 或者作为副修或双修的一部分. 他们利用这门课程来解决某些物理和计算问题. 例如, 一些人对来自残差定理的积分方法, 以及解决迪利克雷 (Dirichlet) 问题的保角映射方法有很强的好奇心.

在书的开头, 我试图通过描述我们将获得的一些结果来回应这些学生的好奇心和动机. 我们可以解决一些物理问题. 我简要地介绍了数学模型是如何用物理术语解释的.

本书读者还包括数学专业的学生, 他们的首要任务是掌握理论, 为学习高等数学做准备. 物理学对他们来说也是有益的. 这些应用有助于帮助读者阐明理论, 为他们提供直觉来源、创造历史意识、学习怎样与其他知识建立联系.

自从 20 世纪 60 年代末, 我第一次在加州大学伯克利分校教授复分析课程以来, 我就一直在思考这个项目, 写这本书. 我遇到了很多好书, 有老的也有新的, 可以作为本科教材使用. 不过, 我还是很想写一本新的. 也许挑选教材的老师会很高兴多一个选择. 在最近的几十年里, 我们在如何学习这个主题方面有了新的看法和新的理解, 这些理解需要一本书来展现. 如果我这样做成功了, 那么也许这本书会对我产生很好的影响.

除了我已经说过的以外, 我还对我的这本书做了以下评论.

1. 在 LSU 教授为期一学期的课程时, 我讲授的内容涵盖了本书第 1 ~ 3 章的大部分内容介绍了第 4 章中的积分技巧示例, 并花费了几周的时间仔细地处理了第 5 章中选定的主题. 学生拥有特别良好的背景知识, 可以快速完成第 1 章的学习, 而无须花费其他时间即可完成第 2 章的学习; 然后可以处理第 3 ~ 5

的更多内容.

2. 这本书也适合作为数学研究生学习复分析的第一门课程的教材,这样的课程可能会全面涵盖第 3 章的内容,并且涉及第 6 章的更难的主题.

3. 本书使学生回顾并积极利用他们的微积分背景知识. 第 1 章阐述了典型的边值问题,并根据实变量微积分预览了解决方法. 第 2 章,复值指数、正弦和余弦是根据这些函数的实值版本定义和发展而来的. 我经常在两种当前流行的演算文本中提供对材料的特定页面的引用. 我知道这些版本几年后就会被取代. 但我想说明的一点是,这本书是为了适应和遵循学生们以前学过的东西而设计的.

4. 第 2 章介绍了复数,读者很快就可以清楚地看到,一个有用的额外结构被添加到了他们已经理解的实数设置中. 这本书没有从第一天开始就添加复杂的方法,因为直接添加复杂的方法经常会让学生觉得真实和复杂的方法就像油和水一样,不知道它们是如何混合在一起的.

5. 我定义了线性映射的单独保形性,强调了可近似性的可微性线性映射的性质,我认为这是把神秘复杂与真实函数的可微性从一个平面带到另一个平面的最好的方法,这个问题在学习本书的整个过程中或者之后的几年都会困扰着学生.

6. 这本书通过理论的发展遵循了一条有效的原则. 我已经把我认为对理解和使用很重要的内容都放到书里了,并试着给出简短的证明,这类证明的动机是明确的,而且这些证明中的技巧和推理将在以后对读者有所帮助. 我想在 5.8 节之前,我基本上已经成功地遵循了这个原则.

7. 在我看来,柯西定理的现代同源性(或卷绕数)版本应该成为一门介绍性课程的重点,尤其是一门为学习工程的学生开设的课程的重点内容. 该定理陈述简单,容易理解和证明. 它的功能也非常强大,使用也非常方便. 这本书没有谈到同伦或变形.

8. 我强调可视化. 我经常给读者画个草图, 让他们自己去解答题目. 本书中有很多图形, 可以提供有用的例子, 也可以向读者展示重要的思想. 其中一些需要认真的关注. 我使用 Mathematica 3.0 的图形命令画了所有的图形. 所有这些都精确地显示了实际对象, 但有两个例外: 图5.7-3, 第374页, 是直接的示意图; 图5.8-1, 第376页, 阴影区域是"艺术家的构想".

本书目录:

复分析被人们所珍视不仅是因为它是数学界公认的已经发展完备的优美理论,更是由于其在应用中所具有的强大威力.

关于复数的应用,这里我们可以举一个初等数学的例子,以纪念我国著名数学工作者常庚哲教授. 笔者在中学时代就读过他著的《复数计算与几何证题》(上海教育出版社,1980 年出版,定价仅 0.41 元,但起印数是 100 000 册). 这要从一道国际数学奥林匹克竞赛试题的产生谈起.

在过去 60 年的国际数学奥林匹克竞赛历史长河中,有一道题对我们的意义非常重大. 那就是我国第一道被国际数学奥林匹克竞赛选中的赛题. 1985 年,由共青团中央宣传部、中央电视台和《青年文摘》杂志联合主办的"五四"青年智力竞赛上,北京师范大学的周春荔教授为比赛出了这样一道题:地面上有 A, B, C 三点,一只青蛙恰好位于地面上距点 C 0.27 m 的点 P,青蛙第一步从点 P 跳到关于点 A 的对称点 P_1,第二步从点 P_1 跳到关于点 B 的对称点 P_2,第三步从点 P_2 跳到关于点 C 的对称点 P_3,第四步从点 P_3 跳到关于点 A 的对称点 P_4,……,按这种方式一直跳下去,若青蛙第 1 985 步跳到点 $P_{1\,985}$,问点 P 与点 $P_{1\,985}$ 相距多少厘米?

1986 年 3 月,中国科学技术大学的常庚哲教授和北方工业大学的齐东旭教授在浙江大学参加"计算几何"讨论会时,晚上闲聊时谈到了这道题,下面是两位教授介绍关于这道赛题形成的经过,它的变化和推广的可能性,以及其他有关的事,通过这个介绍,我们可以看到用复数解平面几何题的优点. 复数可以表示点的位置. 复数的加、减法运算正好表达了平面向量的加、减法运算的规律. 用复数还可以表示长度、夹角和面积,这就使得用复数解几何题成了十分自然的事. 通过复数的乘法,还可以十分便利地表示向量的旋转. 也是在这一年,我们第一次正式派 6 人参加国际数学奥林匹克竞赛并取得了总分第四的成绩.

我们用复数来解这道题目,在用复数解题时,任何字母都有双重意义:它既是某些点的标志或名称,同时又是复数,可以接受复数的任何运算.

首先,由于点 A 为点 P 与点 P_1 连线的中点,由定比分点公式 $A = \dfrac{P + P_1}{2}$,也就是 $P_1 = 2A - P$. 同理,我们有一系列等式

$$P_2 = 2B - P_1 = 2B - 2A + P$$
$$P_3 = 2C - P_2 = 2C - 2B + 2A - P$$
$$P_4 = 2A - P_3 = 2B - 2C + P$$
$$P_5 = 2B - P_4 = 2C - P$$
$$P_6 = 2C - P_5 = P$$

规律性已经发现了:青蛙跳到第六步之后,又回到了原来

的出发点 P.

这是一种周期现象,也就是说,在无穷点列
$$P, P_1, P_2, P_3, \cdots, P_n, \cdots$$
中,周期为 6,实际上只有至多不超过六个不同的点. 由于 $1\,985 = 6 \times 330 + 5$,因此 $P_{1\,985} = P_5$,又因点 P_5 与点 P 是关于点 C 对称的两点,所以

点 $P_{1\,985}$ 与点 P 之间的距离 = 2 × (点 P 与点 C 之间的距离)
$$= 2 \times 0.27(\text{m})$$
$$= 54(\text{cm})$$
这就是问题的答案.

不要满足于这个答案,而应当思考更多的问题.

为简单起见,我们称青蛙上述的动作为"对称跳",对称跳的特点是走直线,不拐弯,就像大家玩最普通的"跳棋"一样,如果设想青蛙有更高一点的智商,会拐弯,即从点 P 沿直线到点 A 之后,旋转某一个角度,再往前走一个相等的直线距离. 到达点 P_1,以后仍用这种方式走下去,会有什么结果? 会不会还有周期现象?

现在来回答这一问题,设青蛙到达点 A 后,"向左"旋转一角度 θ(图1),我们称青蛙做"左转 θ 角运动". 这时,由于将向量 $\overrightarrow{PA}$ 左转 θ 角后变成向量 $\overrightarrow{AP_1}$,用复数来表示就是
$$(A - P)\mathrm{e}^{i\theta} = P_1 - A$$
这里 $\mathrm{e}^{i\theta} \equiv \cos\theta + i\sin\theta$,为了记号简单,令 $u = \mathrm{e}^{i\theta}$,我们便有
$$P_1 = (1 + u)A - uP$$
用同样的方法可得以下一系列等式
$$P_2 = (1+u)B - uP_1 = (1+u)(B - uA) + u^2 P$$
$$P_3 = (1+u)C - uP_2 = (1+u)(C - uB + u^2 A) - u^3 P$$
$$P_4 = (1+u)A - uP_3 = (1+u)(A - uC + u^2 B - u^3 A) + u^4 P$$
$$P_5 = (1+u)B - uP_4 = (1+u)(B - uA + u^2 C - u^3 B + u^4 A) - u^5 P$$
$$P_6 = (1 + u)C - uP_5$$
最后一式就是
$$P_6 = (1+u)(C - uB + u^2 A - u^3 C + u^4 B - u^5 A) + u^6 P$$
这个式子是我们进行分析的最重要的依据,如果上式中的第一

84

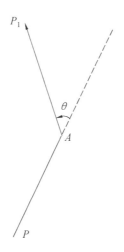

图 1

项为 0,而 $u^6 = 1$,那么就有 $P_6 = P$,出现周期为 6 的周期现象.

方程 $u^6 = 1$ 在复数范围内有 6 个根,叫作 6 次单位根,它们是

$$1, e^{i\frac{\pi}{3}}, e^{i\frac{2\pi}{3}}, -1, e^{i\frac{4\pi}{3}}, e^{i\frac{5\pi}{3}}$$

现在对这些值一一进行讨论.

首先看最平凡的情况:$u = -1$,即 $u = e^{i\pi}$. 这表明青蛙由点 P 到达点 A 之后,旋转 $180°$ 的大弯,也就是掉转头来,再走同一距离,自然回到了点 P,这时,点列 $\{P_n\}$ 的周期为 1,即常驻点列.

再看 $u = 1, e^{i\frac{2\pi}{3}}, e^{i\frac{4\pi}{3}}$ 这三种情况,这时有 $u^3 = 1$. 于是不论 A, B, C 是怎样三个复数,均有

$$C - uB + u^2 A - u^3 C + u^4 B - u^5 A$$
$$= C - uB + u^2 A - C + uB - u^2 A = 0$$

这就是说,青蛙做向左转动 $0°$(即不拐弯,做对称跳),或向左转 $120°$,或向左转 $240°$(即向右转 $120°$),那么不论 A, B, C 三点在平面上的位置如何,六步之后,一定回到原出发点. 由此可见,前面所述的青年智力竞赛的题目,只不过是转角等于 $0°$ 的

85

一种特殊情况.

再讨论 $u = e^{i\frac{\pi}{3}}$ 及 $e^{i\frac{5\pi}{3}}$ 这两种情形,这时 $u^3 = -1$. 因此

$$C - uB + u^2A - u^3C + u^4B - u^5A$$
$$= C - uB + u^2A + C - uB + u^2A$$
$$= 2(C - uB + u^2A)$$

如果让 $C - uB + u^2A = 0$,那么也将得出 $P_6 = P$(请注意前面的 P_3 的表达式,实际上这时将有 $P_3 = P$). 由于

$$(u + 1)(u^2 - u + 1) = u^3 + 1 = 0$$

而 $u + 1 \neq 0$,因此有 $u^2 = u - 1$. 从而

$$C - uB + u^2A = 0$$

也就是

$$C - uB + (u - 1)A = 0$$

由此得

$$u(B - A) = C - A$$

当 $u = e^{i\frac{\pi}{3}} = C - A$ 时,等式 $(B - A)e^{i\frac{\pi}{3}} = C - A$ 表明 $\triangle ABC$ 为一等边三角形,且 $A \to B \to C \to A$ 是沿逆时针方向行进的. 我们称 $\triangle ABC$ 为正向正三角形. 而当 $u = e^{i\frac{5\pi}{3}} = e^{i\frac{\pi}{3}}$ 时,等式

$$(B - A)e^{-i\frac{\pi}{3}} = C - A$$

相当于

$$e^{i\frac{\pi}{3}}(C - A) = B - A$$

也表明 $\triangle ABC$ 为一等边三角形,但 $A \to B \to C \to A$ 是沿顺时针方向行进的,这时称 $\triangle ABC$ 为负向正三角形(图2).

最后两种情况表明:A, B, C 为平面上给定的三个点,如果一只青蛙依次对它们做"60° 的左(右)转弯运动",三步之后回到原出发点,那么 $\triangle ABC$ 必须是一个正(负)向正三角形.

把结论标在六次单位根的图上也许是有意义的(图3).

有了以上的讨论之后,提出以下的命题就是十分自然的了.

在平面上给定三点 A, B, C,一个人从同一平面上的一点 P 出发,直线行进到点 A,向左转 60° 之后继续沿直线前进,走过一相同距离之后,到达一点 P_1. 我们称他关于点 A 做了一次左

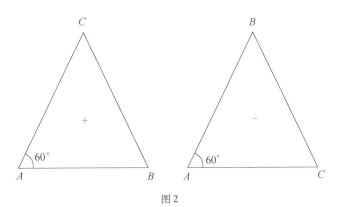

图 2

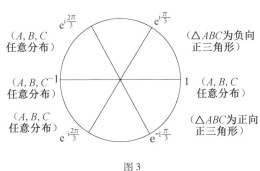

图 3

转 $60°$ 的运动. 接着, 从点 P_1 出发对点 B 做左转 $60°$ 的运动到达点 P_2, 再从点 P_2 出发对点 C 做左转 $60°$ 的运动到达点 P_3, 然后依次对点 $A, B, C, A, B, \cdots$ 做左转 $60°$ 的运动. 经过 1 986 步之后, 此人发现已回到了原出发点 P. 求证: $\triangle ABC$ 必为正向正三角形.

这就是由我国提供的、已被第二十七届国际数学奥林匹克竞赛所采用的题目.

问题到此并未完结, 还有继续讨论的余地.

如果给定的点不只是 3 个, 而是 t 个. 比较方便的记法是 $A_1, A_2, \cdots, A_t$. 出发点 P 记为 P_0. 从点 P_0 对点 A_1 做左转 θ 角的运动到达点 P_1, 又从点 P_1 对点 A_2 做左转 θ 角的运动到达点 P_2, 如此继续下去, 得到点列

$$P_0, P_1, P_2, \cdots, P_n, \cdots$$

我们还是关心这一点列的周期性.

相邻两点 P_{k-1} 与 P_k 的关系是 $P_k - A_k = (A_k - P_{k-1})\mathrm{e}^{\mathrm{i}\theta}$. 仍令 $u = \mathrm{e}^{\mathrm{i}\theta}$, 于是得到"递推公式"

$$P_k = (1 + u)A_k - uP_{k-1} \quad (k = 1, 2, \cdots)$$

注意, 这里点列 A_k 的下标按模 t 取值, 就是说 $A_{t+1} = A_1, A_{t+2} = A_2, \cdots$

反复地利用递推公式, 第 n 步所得的点为

$$\begin{aligned}
P_n &= (1 + u)A_n - uP_{n-1} \\
&= (1 + u)A_n - u[(1 + u)A_{n-1} - uP_{n-2}] \\
&= (1 + u)(A_n - uA_{n-1}) + u^2 P_{n-2} \\
&= (1 + u)(A_n - uA_{n-1}) + u^2[(1 + u)A_{n-2} - uP_{n-3}] \\
&= (1 + u)(A_n - uA_{n-1} + u^2 A_{n-2}) - u^3 P_{n-3}
\end{aligned}$$

继续下去, 一推到底, 便得

$$\begin{aligned}
P_n = (1 + u)[A_n - uA_{n-1} + u^2 A_{n-2} - u^3 A_{n-3} + \cdots + \\
(-u)^{n-1}A_1] + (-u)^n P_0
\end{aligned}$$

上式的规律是十分明显的: 每一项中, u 的方幂和 A 的下标之和都等于 n, 各项前的符号正负交替.

由上式明显看出, 当 $u + 1 = 0$, 即 $u = -1$ 时, 点列 $\{P_n\}$ 实际上是常驻点列 $P_0, P_0, P_0, \cdots$, 即周期为 1 的点列. 因此, 设 $u \neq -1$.

为了构造周期为 t 的点列, 必须且只须令 $P_t = P_0$, 即应令

$$(1 + u)[A_t - uA_{t-1} + u^2 A_{t-2} - \cdots (-u)^{t-1}A_1] + (-u)^t P_0$$
$$= P_0$$

能使上式满足的一种最简单的取法为

$$\begin{cases} (-u)^t = 1 \\ A_t - uA_{t-1} + u^2 A_{t-2} - \cdots + (-u)^{t-1}A_1 = 0 \end{cases}$$

第一个式子表明: $-u$ 应取作任何一个 t 次单位根. 当 u 一旦取定之后, 如果给定的点 $A_1, A_2, \cdots, A_t$ 适合第二式, 那么一定会出现周期现象.

看看 $t = 4$ 的例子. 这时给定的点为 A_1, A_2, A_3, A_4. u 是四次单位根, 因此

$$u = -1, 1, -i, i$$

前面已经说过,当 $u = -1$ 时,将导致周期为 1 的点列,这时对四点 A_1, A_2, A_3, A_4 无任何要求;$u = 1$ 时,这时的动作化为"对称跳",而第二个等式变为

$$A_4 - A_3 + A_2 - A_1 = 0$$

亦即

$$A_2 + A_4 = A_1 + A_3$$

这时 A_1, A_2, A_3, A_4 为一平行四边形的四个顶点(图 4),我们得到下面的命题.

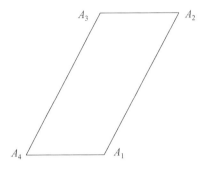

图 4

命题 1　如果 A_1, A_2, A_3, A_4 依次为某一平行四边形的四个顶点,那么由平面的任何一点 P 出发,依次对它们连续做"对称跳",那么四步以后就回到了原地.

这个命题等价于熟知的几何命题:

命题 2　将平面上任意四边形的各边上的中点顺次联结起来,得到的是一个平行四边形.

再看 $u = i$,这时第二个式子给出

$$A_4 - iA_3 - A_2 + iA_1 = 0$$

即 $(A_1 - A_3)i = A_2 - A_4$. 这表明向量 $\overrightarrow{A_3A_1}$ 向逆时针方向旋转一直角时,得到向量 $\overrightarrow{A_4A_2}$(图 5),若取 $u = -i$,则应有 $(A_3 - A_1)i = A_2 - A_4$. 此时四点的分布如图 6 所示.

据此我们可以得出如下命题:

命题 3　如果 $A_1A_2A_3A_4$ 是一个正(负)向的正方形,那么从

89

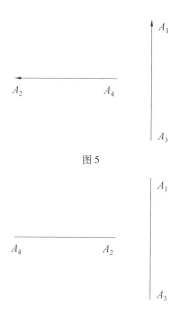

图 5

图 6

平面上任一点出发,依次对这四点做"左(右)转弯$90°$运动",那么所产生的一定是周期为 4 的点列.

类似地,取 $t = 5$ 或 $6, \cdots$,再取 $-u$ 为某些特殊的单位根,可以导出形形色色的几何定理,内容将是十分丰富的.

以 $t = 6$ 为例,六次单位根已在前面写出过了,下面分别予以讨论.

当 $u = 1$ 时,必须有

$$A_1 + A_3 + A_5 = A_2 + A_4 + A_6$$

这就是说,当且仅当 $\triangle A_1 A_3 A_5$ 与 $\triangle A_2 A_4 A_6$ 有相同的重心时,对于 $A_1, A_2, A_3, A_4, A_5, A_6$ 的对称跳将发生周期现象.

当 $u = \mathrm{e}^{\mathrm{i}\frac{\pi}{3}}$ 时,这时 $u^3 = -1$,于是

$$A_6 - u A_5 + u^2 A_4 - u^3 A_3 + u^4 A_2 - u^5 A_1 = 0$$

将变为

$$\left(\frac{A_3 + A_6}{2}\right) - u\left(\frac{A_2 + A_5}{2}\right) + u^2\left(\frac{A_1 + A_4}{2}\right) = 0$$

这表明:当线段 $\overrightarrow{A_1A_4}$ 的中点, $\overrightarrow{A_2A_5}$ 的中点, $\overrightarrow{A_3A_6}$ 的中点组成一正(负)向正三角形时,向左(右)转 $60°$ 运动会发生周期现象. 若 $A_1 = A_4, A_2 = A_5, A_3 = A_6$ 时,分别用 A, B, C 记这三点,因此当 $\triangle ABC$ 为正(负)向正三角形时,对它们做左(右)转 $60°$ 的运动将会产生周期现象. 这已经在前面提到过了.

$u = -1$ 时,不论 $A_1, A_2, \cdots, A_6$ 为什么点,都产生常驻点列.

最后,讨论 $u = e^{i\frac{2\pi}{3}}$ 及 $e^{i\frac{4\pi}{3}}$. 此时 $u^3 = 1$,我们必须有

$$(A_6 - A_3) - u(A_5 - A_2) + u^2(A_4 - A_1) = 0$$

有好多种情况均可使上式成立. 例如说 $A_4 = A_1, A_5 = A_2, A_6 = A_3$ 就是其中之一. 这时实际上只有三个点 A_1, A_2, A_3,对它们已无任何限制. 这样,又一次得到了:如果 A, B, C 为平面上任意给定的三点,依次对它们做左(右)转 $120°$ 的运动,那么 6 次之后一定回到原来的出发点.

今天的图书编辑早已不像三十年前,可以指点江山,启发读者. 在这个资讯发达的互联网时代,编辑更像是一个服务员,在想方设法地取悦读者. 说到餐饮我们不得不推崇韩餐,还没上菜就已经有七碟八碗了,所以即使正餐不太满意也不会有什么影响,因为这些配菜就已经够吃了. 套用此手段,我们也补充若干与本书内容相关但又没写到的课外阅读材料,期望读者有意外收获. 先补充一下奇点、复变函数论在代数和分析上的应用.

§1　整函数及其在无限远点的变化

在全平面上解析的函数,亦即没有一个奇点的函数 $f(z)$ 叫作整函数. 它可以在全平面上表示成一幂级数,这一幂级数对自变量的任何值皆为收敛. 这级数的中心可以随意选取;例如,若取原点为中心,则得表示式

$$f(z) = \sum_{n=0}^{\infty} c_n z^n \qquad ①$$

假若存在数 p,使得当 $n > p$ 时所有的系数 c_n 皆为 0

91

$$c_{p+1} = c_{p+2} = \cdots = 0$$

则函数 $f(z)$ 为一有理整式或多项式

$$f(z) = \sum_{n=1}^{p} c_n z^n$$

若这样的 p 不存在, 则称之为超越整式.

初等函数 $e^z, \cos z, \sin z$ 等就是超越整式的最简单的例子.

我们已经看到, 任何多项式 $f(z)$ 皆具有

$$\lim_{z \to \infty} f(z) = \infty$$

这一性质; 换言之, 无论数 $N(>0)$ 如何大, 皆可得出一个 $R(>0)$, 使得当 $|z| > R$ 时, 有不等式

$$|f(z)| > N$$

但超越整函数则具有一些与此多少有些相反的性质.

它也有一些与多项式多少共同之处, 如:

定理 1　任何不能化为常数的整函数皆不能保持有界, 即对于所有的 z 值, 形如

$$|f(z)| < W \qquad\qquad ②$$

的不等式不能经常成立, 于此 W 为某一正数.

我们来证明更为一般的定理.

定理 2　设 $M > 0, m \geqslant 0$. 若不等式

$$|f(z)| \leqslant M r^m \quad (r = |z|) \qquad\qquad ③$$

对于所有的 z 值皆成立, 则 $f(z)$ 是一次数不超过 m 的多项式.

简言之, 所有的超越整函数比 $|z|$ 的任何方次皆增长得快.

我们只需证明定理 2 即可, 因为定理 1 是它当 $m = 0$ 时的特殊情形.

试注意幂级数 ① 是一泰勒级数, 我们有

$$c_n = \frac{f^{(n)}(0)}{n!}$$

于是, 利用柯西积分, 即得

$$c_n = \frac{1}{2\pi i} \int_{\Gamma} \frac{f(\zeta)\,d\zeta}{\zeta^{n+1}} \qquad ④$$

于此，Γ 为任一包围坐标轴原点的闭曲线. 设这是一个以原点为中心，以 ρ 为半径的圆，则由式④，即得

$$|c_n| \leqslant \frac{1}{2\pi} \cdot 2\pi\rho \cdot \frac{\max\limits_{|\zeta|=\rho}|f(\zeta)|}{\rho^{n+1}}$$

$$= \frac{\max\limits_{|\zeta|=\rho}|f(\zeta)|}{\rho^n}$$

但由不等式③，有 $\max\limits_{|\zeta|=\rho}|f(\zeta)| \leqslant M\rho^m$；因此，若不等式③成立，则由此即得

$$|c_n| < M\rho^{m-n} \quad (n = 0,1,2,\cdots)$$

因为这里的 ρ 可以任意大，故若设 $n > m$ 而对 $\rho \to \infty$ 取极限，我们就会得出结论 $c_n = 0(n = m+1, m+2,\cdots)$，即函数 $f(z)$ 化为一次数小于或等于 m 的多项式.

下述的性质把超越整函数与多项式大大地区别开来.

定理 3　当 $|z|$ 无限增大时，超越整函数 $w = f(z)$ 所取的值在 w 平面上处处稠密；换言之，无论 $\eta(>0)$ 如何小，在 w 平面上不能找出一个圆

$$|w - c| < \eta$$

使得当 $|z|$ 充分大时 $(|z| > r_0)$，函数 $f(z)$ 不取这圆中的任何值.

实际上，若不然，设函数 $f(z)$ 当 $|z| > r_0$ 时满足不等式

$$|f(z) - c| \geqslant \eta$$

则下面人为地制造出来的函数

$$F(z) \equiv \frac{1}{f(z) - c}$$

当 $|z| > r_0$ 时为解析的，因为它的分母在这一条件下为一不取 0 值的解析函数.

至于圆 $|z| \leqslant r_0$，那么方程

$$f(z) - c = 0 \qquad\qquad ⑤$$

在它里面只能有有限个根；否则根所成之集在这圆内有极限点，而这是不可能的，因为解析函数 $f(z) - c$ 的零点都是孤立点.

设方程 ⑤ 在圆 $|z| \leqslant r_0$ 内的根为

$$a, b, \cdots, l$$

其重数分别为

$$\alpha, \beta, \cdots, \lambda$$

令 $\quad P(z) = (z - a)^\alpha (z - b)^\beta \cdots (z - l)^\lambda$ ①

函数

$$\Phi(z) \equiv P(z)F(z) = \frac{P(z)}{f(z) - c}$$

在这种情况下是一整函数，而且没有 0 点；实际上，$F(z)$ 的极点与多项式 $P(z)$ 的零点相互"抵消"了②.

当 $|z| > r_0$ 时，对于函数 $\Phi(z)$ 我们已经得到了估值

$$|\Phi(z)| = \frac{|P(z)|}{|f(z) - c|} < \frac{|P(z)|}{\eta} < Mr^m$$

于此，$m = \alpha + \beta + \cdots + \lambda$，$M$ 为一充分大的数.

在这样情形之下，由定理 2，函数 $\Phi(z)$ 为一次数不大于 m 的多项式；但由前面所说，它没有零点，故（据代数学基本定理）为一常数. 于是

$$\Phi(z) \equiv K(\neq 0), \frac{P(z)}{f(z) - c} \equiv K$$

因而函数

$$f(z) \equiv c + \frac{P(z)}{K}$$

是一有理多项式. 但这与 $f(z)$ 为超越整函数的假定相矛盾.

―――――――――

① 若方程 $f(z) - c = 0$ 没有零点，则 $P(z)$ 即理解为 1.

② 函数 $\Phi(z)$ 在点 $a, b, \cdots, l$ 未"被定义"，但可解析地拓展到这些点.

还有一个深入得多的著名的毕卡定理(1883).

定理4 任一超越整函数 $w = f(z)$ 在半径任意大的圆 $|z| > r_0$ 外所取的值做成的集包括了 w 复平面上所有的点,可能有一点除外.

"除外的毕卡值"是可能有的,这由指数函数 $f(z) = e^z$ 这一最简单的例子即可证明,指数函数无论何时皆不会为 0. 另一方面,另外一个也是由同样简单的例子 $f(z) = \sin z$ 指出的,"除外的值"也可能不存在.

毕卡定理的证明相当复杂,这里不予证明.

§2 单值函数的孤立奇点、极点和本性奇点

我们必须把精力集中在这样一个非常重要的情形,即所论的函数 $f(z)$ 的奇点 a 是孤立的情形,即它具有这样的性质:在点 a 的某一邻域

$$|z - a| < \rho \quad (\rho > 0)$$

内,函数 $f(z)$ 除了点 a 本身之外处处解析.

这时我们要附带说明,读者不要产生这样的一种思想,认为单值函数所有的奇点都必然是孤立奇点. 由初等函数 $f(z) = \tan \dfrac{1}{z}$ 这一例子就足以说明这种想法的错误,对于这个函数,不仅所有形如

$$z = \frac{2}{(2n+1)\pi} \quad (这里的 n 是整数)$$

的点都是奇点,而且它们的极限点 $z = 0$ 也是奇点. 因此,后面这一奇点不是一孤立奇点.

奇点也可以填满整个一条连续曲线,《复变函数论》一书中的 §51 节中所述的就是这样的一个例子(已经不是初等的).

单值函数的孤立奇点可以分成两类:

(1) 若在 $z = a$ 的某一邻域 $|z - a| < \rho(\rho > 0)$ 内,函数 $f(z)$ 可以有形如

$$f(z) = \sum_{n=-p}^{\infty} c_n (z-a)^n$$

$$= \frac{c_{-p}}{(z-a)^p} + \frac{c_{-(p-1)}}{(z-a)^{p-1}} + \cdots +$$

$$\frac{c_{-1}}{z-a} + c_0 + c_1(z-a) + \cdots$$

$$(c_{-p} \neq 0) \qquad ①$$

的解析表示，则点 a 叫作 $f(z)$ 的极点.

这时数 p 叫作极点的次数.

（2）若在 $z = a$ 的某一邻域 $|z-a| < \rho (\rho > 0)$ 内，函数 $f(z)$ 可以解析表示成

$$f(z) = \sum_{-\infty}^{+\infty} c_n (z-a)^n$$

$$= \cdots + \frac{c_{-n}}{(z-a)^n} + \cdots + \frac{c_{-1}}{z-a} + c_0 +$$

$$c_1(z-a) + \cdots + c_n(z-a)^n + \cdots \qquad ②$$

且在系数 $c_{-n}(n > 0)$ 中有无限多个异于 0，则点 a 称为 $f(z)$ 的本性奇点.

在函数 $f(z)$ 的展开式①及②中，所有 $z-a$ 的非负数幂的项做成的和，即

$$\varphi(z) \equiv \sum_{n=0}^{\infty} c_n (z-a)^n$$

$$= c_0 + c_1(z-a) + \cdots + c_n(z-a)^n + \cdots \qquad ③$$

叫作展开式的解析（正则）部分；而所有负数幂的各项所成之和则叫作展开式的主要部分，这在极点的情形，为

$$\psi(z) \equiv \sum_{n=-p}^{-1} c_n (z-a)^n$$

$$= \frac{c_{-p}}{(z-a)^p} + \frac{c_{-(p-1)}}{(z-a)^{p-1}} + \cdots + \frac{c_{-1}}{z-a} \qquad ④$$

而在本性奇点的情形，则为

$$\psi(z) \equiv \sum_{n=-\infty}^{-1} c_n (z-a)^n$$

$$= \cdots + \frac{c_{-n}}{(z-a)^n} + \cdots + \frac{c_{-1}}{z-a} \qquad ⑤$$

下述的定理即谈到了函数在极点的邻域以及在本性奇点的邻域内的变化情形.

定理1 若点 $z = a$ 是函数 $f(z)$ 的一极点,则当 $z \to a$ 时,函数 $f(z)$ 无限增大

$$\lim_{z \to a} f(z) = \infty \qquad \text{⑥}$$

这可从这样的一个事实推出,即在展开式的主要部分式 ④ 中,做变换

$$\frac{1}{z - a} = z'$$

则得一关于新变量 z' 的 p 次多项式

$$\psi(z) = \sum_{n=-p}^{-1} c_n z'^{-n} = \sum_{n=1}^{p} c_{-n} z'^{n}$$

当 $z \to a$,即当 $z' \to \infty$ 时,这个多项式趋于无限. 而展开式的正则部分式 ① 当 $z \to a$ 时趋于 c_0;于是可知,$f(z)$ 的值趋于无限.

由定理1,我们就可叙述下面的规则,用以判定点 $z = a$ 是函数 $f(z)$ 的一个 p 重极点:

点 $z = a$ 是函数 $f(z)$ 的一个 $p(>0)$ 重极点的充分而必要的条件是函数

$$f_1(z) \equiv (z - a)^p f(z) \qquad \text{⑦}$$

在点 $z = a$ 为解析①且异于 0.

实际上,由式 ① 可推出,函数 $f_1(z)$ 在点 a 的邻域内可以表示成级数

$$f_1(z) \equiv c_{-p} + c_{-(p-1)}(z - a) + \cdots \qquad \text{⑧}$$

故在点 a 的邻域内为解析,且有

$$f_1(a) = c_{-p} \neq 0$$

反之,若上面所说的条件成立,即在点 a 的邻域内有形如式 ⑧ 的展式,且 $c_{-p} \neq 0$,则由此可以推知函数 $f(z)$ 在点 a 的邻域内(当 $z \neq a$ 时)可以展开成形如

---

① 函数 $f(z)$ 和 $f_1(z)$ 在点 $z = a$ 的值未经定义,但我们假定函数 $f_1(z)$ 已经解析拓展到该点.

式 ① 的级数.

有时我们简单地说(甚至简写):函数在极点 $z = a$"为无限",或"等于无限"

$$f(a) = \infty$$

关于本性奇点,事情就完全两样.

定理2 若点 $z = a$ 是函数 $f(z)$ 的一个本性奇点,则在这点的任何任意小的邻域 $|z - a| < \rho(\rho > 0)$ 内,函数 $f(z)$ 取与任何预先给定的复数 c 相差任意小的数值.

这个定理原先曾经错误地归功于魏尔斯特拉斯. 事实上,它是属于 IO. B. 索霍茨基的.

假若我们注意一下下述的一个重要事实,我们即可由 §1 推出这一定理:

函数在本性奇点 $z = a$ 的邻域内的展开式的主要部分是变量 $z' = \dfrac{1}{z - a}$ 的一个超越整函数.

这一展开式形如

$$f(z) = \varphi(z) + \psi(z)$$

由此,主要部分 $\psi(z)$ 和正则部分 $\varphi(z)$ 分别由级数 ⑤ 和 ③ 所定义,而根据假定,这两个级数在由关系

$$0 \neq |z - a| < \rho$$

所定义的域内收敛.

我们已经看到,按负数幂展开的级数 ⑤ 一般是在形如 $|z - a| > R'$ 的"圆形域"之内收敛,于此,R' 是一个量,它等于按 z' 的正数幂展开的级数

$$\psi(z') = \psi\left(\frac{1}{z - a}\right) = \sum_{n=1}^{\infty} c_n' z'^n$$

的收敛半径 R 的倒数.

若函数 $\psi(z')$ 不是整函数,则收敛半径 R 是一有限数,这时函数 $\psi(z)$ 的展开式 ⑤ 的收敛半径 R' 也是一有限数,但这与级数对于所有充分小的值 $|z - a|(\neq 0)$ 皆为收敛这一假设相矛盾.

故 $\psi(z)$ 是变量 $z' = \dfrac{1}{z - a}$ 的一整函数.

我们现在回转来证明定理 2.

在式 ③ 中, 函数 $\varphi(z)$ 在点 a 为解析的, 因而为连续, 而且 $\varphi(a) = c_0$. 因此, 无论 $\varepsilon(> 0)$ 如何小, 我们皆可得出一 δ, 使得当 $|z - a| < \delta$ 时, 有

$$|\varphi(z) - c_0| < \varepsilon \qquad ⑨$$

因为函数 $\psi(z')$ 是一超越整函数, 故无论 r_0 如何大, 及 $\eta(> 0)$ 如何小, 根据 §1 定理 3, 当 $|z'| > r_0$ 时, 它取圆 $|w - (c - c_0)| < \dfrac{\eta}{2}$ 内至少一个值. 换言之, 在条件 $|z - a| < \dfrac{1}{r_0}$ 之下, 函数 $\psi(z)$ 在同一圆内至少取一值.

我们现在取 ε 不超过 $\dfrac{\eta}{2}$, 并选取适当的 δ. 在条件: $|z - a|$ 小于 δ 和 $\dfrac{1}{r_0}$ 两者之中的最小者下, 由不等式

$$|\varphi(z) - c_0| < \frac{\eta}{2} \text{ 及 } |\psi(z) - (c - c_0)| < \frac{\eta}{2}$$

即得不等式

$$
\begin{aligned}
|f(z) - c| &= |[\varphi(z) + \psi(z)] - c| \\
&= |[\varphi(z) - c_0] + [\psi(z) - (c - c_0)]| \\
&\leqslant |\varphi(z) - c_0| + |\psi(z) - (c - c_0)| \\
&< \frac{\eta}{2} + \frac{\eta}{2} = \eta
\end{aligned}
$$

即函数 $f(z)$ 取圆 $|w - c| < \eta$ 内的值.

§3　在孤立奇点邻域内的洛朗展开式

当我们在上文中讨论两类孤立奇点(极点和本性奇点) 时, 我们曾经留下一个问题需要解决, 即这两类奇点是否已经把所有的孤立奇点全部包括进去了.

关于这问题的肯定答复, 可以由在环状区域内为解析且单值的函数的洛朗(Laurent) 展开理论得出. 我们现在就来说明这种理论.

定理 1（洛朗） 设函数 $f(z)$ 在某一包含在两个同心圆之间的环状区域

$$(\Gamma_1)\ |z-a|=R_1\ 和(\Gamma_2)\ |z-a|=R_2$$
$$(R_1 < R_2)$$

内为解析且单值，则在这域内 $f(z)$ 可以表示成双边幂级数

$$f(z) = \sum_{-\infty}^{+\infty} c_n(z-a)^n \quad (R_1 < |z-a| < R_2) \quad ①$$

其中系数 c_n 有唯一定义.

我们先证明函数 $f(z)$ 表成形如式①的级数的表示法是可能的.

设 Γ_1' 及 Γ_2' 为两个分别以 a 为圆心，以 R_1' 及 R_2' 为半径的同心圆，其中数 R_1' 和 R_2' 满足不等式

$$R_1 < R_1' < |z-a| < R_2' < R_2 \qquad ②$$

而所论变量 z 的（固定的）值则以文字 z 记之（图 7），因为函数在曲线 $S \equiv KLMNPQK$（沿图中箭头所示方向所引的；假定 $K \equiv P, L \equiv N$）内为解析，故可利用柯西积分

$$f(z) = \frac{1}{2\pi \mathrm{i}} \int_S \frac{f(\zeta)\,\mathrm{d}\zeta}{\zeta - z}$$

沿线段 KL 和 NP 所取的积分（由于函数为单值）相互抵消，留下的就只有沿圆周 Γ_1' 和 Γ_2'，但按相反的方向所取的积分. 于是，最后我们就得到

$$f(z) = \frac{1}{2\pi \mathrm{i}} \int_{\Gamma_2'} \frac{f(\zeta)\,\mathrm{d}\zeta}{\zeta - z} - \frac{1}{2\pi \mathrm{i}} \int_{\Gamma_1'} \frac{f(\zeta)\,\mathrm{d}\zeta}{\zeta - z} \qquad ③$$

（在上式中，两个积分皆是按依正方向绕过原点的道路而取的.）

现在容易证明，前一积分可以展开成 $z-a$ 的正数幂的级数，后一积分可以展开成 $z-a$ 的负数幂的级数.

事实上，若 ζ 在 Γ_2' 上，则（关于 ζ 一致地）有

$$\left| \frac{z-a}{\zeta - a} \right| = \left| \frac{z-a}{R_2'} \right| < 1$$

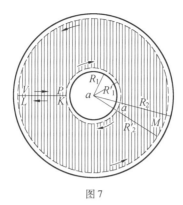

图 7

因而有

$$\frac{1}{\zeta - z} = \frac{1}{(\zeta - a) - (z - a)}$$

$$= \frac{1}{\zeta - a} + \frac{z - a}{(\zeta - a)^2} + \cdots + \frac{(z - a)^n}{(\zeta - a)^{n+1}} + \cdots$$

然后留下的就是求积分.

同理,若 ζ 在 Γ'_1 上,则(也是一致地)有

$$\left| \frac{\zeta - a}{z - a} \right| = \frac{R'_1}{|z - a|} < 1$$

$$\frac{1}{\zeta - z} = \frac{1}{(\zeta - a) - (z - a)}$$

$$= -\frac{1}{z - a} - \frac{\zeta - a}{(z - a)^2} - \cdots -$$

$$\frac{(\zeta - a)^n}{(z - a)^{n+1}} - \cdots$$

留下的就是求积分.

总之,我们就得到了形如 §2 式 ⑤ 的展开式,且不难写出系数 c_n 由 $f(z)$ 表出的表达式. 这个式子(以及式中的积分)与半径 R'_1 和 R'_2 的选取无关,只须不等式 ② 保持有效.

要想证明定理的后一部分,我们现做相反的假定,即设在环

$$R_1 < |z - a| < R_2$$

内,函数 $f(z)$ 有两个互相恒等的展开式

$$\sum_{n=-\infty}^{+\infty} c_n(z-a)^n \equiv \sum_{n=-\infty}^{+\infty} c_n'(z-a)^n \qquad ④$$

于是,令 $c_n - c_n' = d_n(-\infty < n < +\infty)$,则在该环之内,即得恒等式

$$\sum_{-\infty}^{+\infty} d_n(z-a)^n \equiv 0$$

将这一致收敛的级数(预先用 $(z-a)^{-(n+1)}$ 乘上之后)沿以 a 为心,以 $\rho = |z-a|$ 为半径的圆 Γ_ρ 积分,即得

$$d_n = 0$$

而这里的 n 可以是任何的整数.

但这样一来,无论对任何 n,恒等式 ④ 的左、右两边的 $z-a$ 的同次幂的系数 c_n 和 c_n' 相同(这也就是所要证明的).

回过来谈由刚才所证明的定理导出的与我们直接相关的推论,我们要注意,若点 a 是一孤立奇点,则在固定半径 R_2 之后,可以将半径 R_1 无限变小($R_1 \to 0$).

总之,我们可以得出结论:在点 a 的整个邻域

$$|z - a| < R_2$$

(点 a 除外)之内,所得到的展开式 ① 恒成立.

根据 $z-a$ 的负数幂的系数 c_n 只有有限个异于 0,或有无限个异于 0,我们就在点 a 得到了一个极点或本性奇点.

我们要注意(为不放过任何一种可能性),若所有的系数 $c_{-n}(n = 1, 2, 3, \cdots)$ 皆等于 0,则函数 $f(z)$ 在圆 $|z-a| < R_2$(圆心已经除掉!)内可表示成一正则幂级数;因而这个级数就给出了函数 $f(z)$ 在点 a 的解析拓展,同时也就说明了函数 $f(z)$ 在这点为解析的.

于是,单值函数所有的孤立奇点或为极点,或为本性奇点.

我们还要做一点最后的注释:单值函数的孤立奇

点不可能同时是极点和本性奇点.

这不仅可从洛朗展开式定理的第二部分推出,而且也可以从函数在极点的邻域和本性奇点的邻域内的变化情形的不同得出.

§4 柯西留数定理

我们知道,单值函数 $f(z)$ 在孤立奇点 a 的邻域内按 $z - a$ 的幂展开的展开式中 -1 次幂的系数 c_{-1} 叫作函数 $f(z)$ 在点 a 的留数;我们也已经知道了何以这个系数特别重要的原因.

下列属于柯西的相当一般性的留数定理值得特别注意.

设函数 $f(z)$ 在某一域 D 内除有限多个孤立奇点

$$a, b, \cdots, l \qquad ①$$

之外为解析的,在这些奇点分别具有留数

$$A, B, \cdots, L \qquad ②$$

则沿 D 内某一包围式 ① 中所有奇点的闭曲线 Γ 所取的积分

$$J = \frac{1}{2\pi i} \int_{\Gamma} f(z)\,\mathrm{d}z \qquad ③$$

等于相应的留数之和

$$J = A + B + \cdots + L \qquad ④$$

我们将式 ① 中的点分别用小圆

$$\gamma_a, \gamma_b, \cdots, \gamma_l \qquad ⑤$$

围起来,这些小圆的半径取得很小,使得每一小圆只包含式 ① 中的一个点,而且两两之间以及其中每一个与曲线 Γ 之间皆不相交(图8).然后,将 ⑤ 中的每一个圆分别用弧段

$$\delta_a, \delta_b, \cdots, \delta_l \qquad ⑥$$

与曲线 Γ 连接.

设闭曲线 T 是由:

(1) 依正方向所引的曲线 Γ.

(2) 所有用来连接的弧段 ⑥,其中每一个引两

(3)依反方向所引的小圆⑤,所构成的曲线. 我们进而讨论由 T 所围成的域 D'.

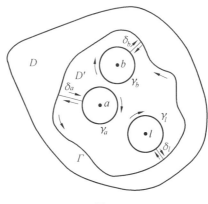

图 8

在这个域 D' 中,函数 $f(z)$ 是解析的,若按柯西基本定理,等式

$$\int_T f(z)\,\mathrm{d}z = 0 \qquad\qquad ⑦$$

成立,或更详言之,有

$$\int_\Gamma f(z)\,\mathrm{d}z + \left[\int_{\gamma_a} f(z)\,\mathrm{d}z + \int_{\gamma_b} f(z)\,\mathrm{d}z + \cdots + \right.$$

$$\left.\int_{\gamma_l} f(z)\,\mathrm{d}z\right] + \sum\int_\delta f(z)\,\mathrm{d}z = 0$$

其中沿⑤中的小圆所取的积分系按反方向而取.

注意一下沿⑥中的弧段所取的积分相互抵消, 我们即可把这等式改写成

$$\int_\Gamma f(z)\,\mathrm{d}z = \int_{\gamma_a} f(z)\,\mathrm{d}z + \int_{\gamma_b} f(z)\,\mathrm{d}z + \cdots + $$

$$\int_{\gamma_l} f(z)\,\mathrm{d}z = 0$$

(本式中沿⑤中的小圆所取的积分已经按正方向而取),或

$$\frac{1}{2\pi i}\int_{\Gamma} f(z)\,dz$$

$$= \frac{1}{2\pi i}\int_{\gamma_a} f(z)\,dz + \frac{1}{2\pi i}\int_{\gamma_b} f(z)\,dz + \cdots +$$

$$\frac{1}{2\pi i}\int_{\gamma_l} f(z)\,dz$$

为计算右边的积分,我们在积分中将函数 $f(z)$ 代以一个与之不同的解析式,即它在相应的奇点的邻域内的双边洛朗级数展开式.

于是就很清楚,每一积分等于函数在相应的点的留数

$$\frac{1}{2\pi i}\int_{\gamma_a} f(z)\,dz = A$$

$$\frac{1}{2\pi i}\int_{\gamma_b} f(z)\,dz = B$$

$$\vdots$$

$$\frac{1}{2\pi i}\int_{\gamma_l} f(z)\,dz = L$$

留下来的事情就是将所得的结果加起来,以得到所要的积分值

$$\frac{1}{2\pi i}\int_{\Gamma} f(z)\,dz = A + B + \cdots + L$$

不妨注意一下,将上述定理包含有下面的结果作为其特殊情形:

(1)关于在复平面上沿闭曲线所取的积分的柯西基本定理,所指的是这样的情形,即在曲线 Γ 内根本没有一个奇点,这时等式 ④ 的右边为 0.

(2)(柯西积分公式)只要将所证明的定理运用于变量 ζ 的函数 $\dfrac{f(\zeta)}{\zeta - z}$ 即可(假设 z 为固定,且在曲线 Γ 之内,并属于函数 $f(\zeta)$ 的解析区域之内).所论的函数在曲线 Γ 内具有唯一的一个奇点 —— 以 $f(z)$ 为留数的极点 z,于是

$$\frac{1}{2\pi i}\int_\Gamma \frac{f(\zeta)}{\zeta - z}d\zeta = f(z) ①$$

§5 沿闭曲线所取的对数导数的积分·
多项式在所与曲线内零点的数目·
代数学的基本定理

我们假定,函数 $f(z)$ 在某一域 D 内,除了极点之外没有别的奇点②.

今考虑沿 D 内某一闭曲线 Γ 所取的积分

$$I = \frac{1}{2\pi i}\int_\Gamma \frac{f'(z)}{f(z)}dz \qquad ①$$

我们并假定 Γ 不穿过函数 $f(z)$ 的零点和极点.

积分 I 的值等于什么,这可立刻从柯西留数定理推出:只须分析一下函数

$$F(z) \equiv \frac{f'(z)}{f(z)}$$

的奇点如何,并计算相应的留数即可.

若函数 $f(z)$ 在某一点 a 为解析的,并在该点不为 0,则函数 $F(z)$ 在该点也为解析的.

若 $f(z)$ 在某一点 a 为解析,并在该点具有 p 重零点,则可证明,恒等式

$$f(z) = (z - a)^p \varphi(z)$$

成立,这里的函数 $\varphi(z)$ 在点 a 也为解析的,且异于 0. 于是容易看出,对数导数

$$\frac{f'(z)}{f(z)} = \frac{p}{z - a} + \frac{\varphi'(z)}{\varphi(z)}$$

在点 a 具有一次极,其留数等于函数 $f(z)$ 在该点的零点的重数 p.

最后,若函数 $f(z)$ 在点 a 具有 p 重极点,则可记为

———————

① 所述的论证系假定 $f(z) \neq 0$,但容易证明. 当 $f(z) = 0$ 时,所得到的公式也同样成立.

② 在这种情形,我们就说函数 $f(z)$ 在域 D 内是半纯的 (meromorphic).

$$f(z) = \frac{\varphi(z)}{(z-a)^p}$$

于此, $\varphi(z)$ 在点 a 为解析的, 且异于 0; 于是, 对数导数

$$\frac{f'(z)}{f(z)} = \frac{-p}{z-a} + \frac{\varphi'(z)}{\varphi(z)}$$

显然在该点具有一次极, 并且有留数 $(-p)$.

试将上面的说明与柯西留数定理比较, 我们即可看到, 积分 I 必然等于函数 $f(z)$ 在 Γ 内的所有零点的重数之和减去该函数在 Γ 内的所有极点的重数之和. 简言之, 所论的积分等于 Γ 内的零点数与极点数之差, 各按重数计算①

$$\frac{1}{2\pi i}\int_\Gamma \frac{f'(z)}{f(z)}\mathrm{d}z = N_\Gamma - P_\Gamma \qquad ②$$

(N_Γ 是 $f(z)$ 在 Γ 内的零点个数, P_Γ 是其极点个数).

特别, 若预先已经知道函数 $f(z)$ 在 Γ 内为解析, 则没有极点, 式 ② 即变成

$$\frac{1}{2\pi i}\int_\Gamma \frac{f'(z)}{f(z)}\mathrm{d}z = N_\Gamma \qquad ③$$

故在这种情形之下, 这积分即给出函数 $f(z)$ 在 Γ 内的零点的个数.

我们将上面所得到的结果运用于函数 $f(z)$ 为多项式 $P(z)$ 的情形, 而曲线 $\Gamma \equiv \Gamma_R$ 则为 (譬如) 以原点为心, 以 R 为半径的圆, 于是得

$$\frac{1}{2\pi i}\int_{\Gamma_R} \frac{P'(z)}{P(z)}\mathrm{d}z = N_{\Gamma_R} \qquad ④$$

要想知道多项式 $P(z)$ 在全平面上零点的总数 N 是多少, 我们只须令 $R \to \infty$ 取极限

$$N = \lim_{R\to\infty} N_{\Gamma_R} = \lim_{R\to\infty} \frac{1}{2\pi i}\int_{\Gamma_R} \frac{P'(z)}{P(z)}\mathrm{d}z \qquad ⑤$$

若多项式 $P(z)$ 的次数 n 为已知, 则不难算出上式右边的极限. 显然有

---

① 视每一零点和每一极点的重数为多少, 即算多少次.

$$P(z) \equiv Az^n + Bz^{n-1} + \cdots + Kz + L$$

$$P'(z) \equiv nAz^{n-1} + (n-1)Bz^{n-2} + \cdots + K$$

$$(A \neq 0)$$

于是最后即得

$$\frac{P'(z)}{P(z)} \equiv \frac{n}{z} \cdot \frac{1 + \dfrac{n-1}{n}\dfrac{B}{A}\dfrac{1}{z} + \cdots + \dfrac{1}{n}\dfrac{K}{A}\dfrac{1}{z^{n-1}}}{1 + \dfrac{B}{A}\dfrac{1}{z} + \cdots + \dfrac{L}{A}\dfrac{1}{z^n}}$$

$$\equiv \frac{n}{z}[1 + \varepsilon(z)]$$

于此,$\varepsilon(z)$ 表示某一函数,它当 $z \to \infty$ 时一致趋于 0.

在这种情形之下,即得

$$\frac{1}{2\pi i}\int_{\Gamma_R} \frac{P'(z)}{P(z)}\mathrm{d}z = \frac{n}{2\pi i}\Big[\int_{\Gamma_R}\frac{\mathrm{d}z}{z} + \int_{\Gamma_R}\frac{\varepsilon(z)\mathrm{d}z}{z}\Big]$$

因当 $R \to \infty$ 时

$$\left|\int_{\Gamma_R}\frac{\varepsilon(z)\mathrm{d}z}{z}\right| \leqslant 2\pi \max_{|z|=R}|\varepsilon(z)| \to 0$$

另一方面,对于任何 $R(>0)$

$$\frac{1}{2\pi i}\int_{\Gamma_R}\frac{\mathrm{d}z}{z} = 1$$

于是易得

$$\lim_{R \to \infty}\frac{1}{2\pi i}\int_{\Gamma_R}\frac{P'(z)}{P(z)}\mathrm{d}z = n \qquad ⑥$$

于是,多项式零点的个数(各按重数计算)等于它的次数.

显而易见,上面的论断可以推出代数学的基本定理("次数大于等于1的多项式至少有一个根");另一方面,众所周知,它又可从代数学的基本定理经过反复运用贝祖(Bezout)定理得出.

但我们最好也注意一下,代数学的基本定理也可直接从柯西基本(积分)定理得出,即不需求助于留数定理.

事实上,设(用"归谬法"来证明)次数 $n(\geqslant 1)$ 的多项式 $P(z)$ 没有零点,则函数 $\dfrac{P'(z)}{P(z)}$ 在全平面上为解

析的,故由柯西定理,对于任何 R,我们有

$$\int_{\Gamma_R} \frac{P'(z)}{P(z)} \mathrm{d}z = 0$$

在这样情形之下,我们有等式

$$\lim_{R\to\infty} \int_{\Gamma_R} \frac{P'(z)}{P(z)} \mathrm{d}z = 0 \qquad\qquad ⑦$$

另一方面(正如上面所指出)

$$\lim_{R\to\infty} \frac{1}{2\pi\mathrm{i}} \int_{\Gamma_R} \frac{P'(z)}{P(z)} \mathrm{d}z = n \qquad\qquad ⑧$$

于是得

$$n = 0$$

这与我们的假设相联系.

§6 高斯 – 卢卡定理

下面的定理,它的内容一半是代数的,一半则是分析的,但最好是用几何术语表出;在这个定理中,我们将重新遇到多项式的对数导数.

这个定理,就它的性质来说,完全是初等的,它涉及多项式 $P(z)$ 的零点和它的导数 $P'(z)$ 的零点在复平面上的相对位置,它可以与实域中相应的众所周知的罗尔(Rolle)定理并提.

我们现在来讨论任一多项式 $P(z)$ 的“零点多角形”. 将 $P(z)$ 写成

$$P(z) \equiv C \prod_{k=1}^{m} (z - a_k) \qquad\qquad ①$$

之形,则所谓 $P(z)$ 的“零点多角形”乃是指包含所有零点 a_k 在它内部(或在边界上)最小凸曲线.

定理说:$P(z)$ 的导数的一切零点包含在多项式 $P(z)$ 的零点多角形内.

我们用“归谬法”来证明. 我们现设 ζ 是导数 $P'(z)$ 的一零点,则

$$P'(\zeta) = 0$$

同样,在以 $z = \zeta$ 代入时,对数导数

$$\frac{P'(z)}{P(z)} = \sum_{k=1}^{n} \frac{1}{z - a_k}$$

亦为零,因而

$$\sum_{k=1}^{n} \frac{1}{\zeta - a_k} = 0 \qquad \text{②}$$

在图 9 中数

$$a_k - \zeta \quad (k = 1, 2, \cdots, n)$$

的辐角由矢量 $\overrightarrow{\zeta a_k}$ 与实轴所形成之角表出. 因为零点多角形是凸的,故所说的一切辐角皆包含在某一小于 π(就量而言) 的角之内(参看图 9 中的虚线). 但在这样的情形之下,关于数 $\zeta - a_k$(它的辐角与数 $a_k - \zeta$ 的辐角相差 π) 以及关于数 $\dfrac{1}{\zeta - a_k}$(它的辐角与数 $\zeta - a_k$ 的辐角相差一符号),同样的命题也成立.

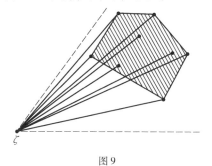

图 9

根据上面所说的辅助定理,这样的数之和必不能为 0.

所得出的矛盾即证明了定理.

若零点多角形"退化"在一线段上,例如全落在实轴上,则定理的结论即化为:导数的零点皆为这线段的内点. 但依照古典的罗尔定理,由所有相邻零点之间的线段所成的 $n-1$ 个区间中,每一区间内至少有 $P'(z)$ 的一个零点,而零点的数目正好等于区间的数目,故在每一区间中正好包含导数 $P'(z)$ 的一个零点.

刚才所证明的定理有许许多多的推广和改进.

§7　几个利用留数计算定积分的例子

1. 正如前面一样,我们假定函数 $f(z)$ 仅有孤立奇点,并假定这个函数的积分是沿一条自身不相交的闭曲线 Γ 而取(绕一次)的. 我们现在来探讨,当曲线 Γ 变化时,这个积分之值如何变化. 根据柯西留数定理,积分

$$\frac{1}{2\pi i}\int_{\Gamma} f(z)\,dz \qquad ①$$

等于曲线 Γ 内奇点的留数之和. 由此可以看出,只要在连续变化过程中,曲线 Γ 不"盖过"奇点,则积分之值不变;但若曲线"盖过"某一奇点(因而这个奇点从曲线内部落到曲线外面,或从外面落入里面),则积分之积即减少或增加相应的留数.

(最简单的例子)积分 $\dfrac{1}{2\pi i}\int_{\Gamma}\dfrac{A}{z-a}dz$ 对于我们已不陌生:根据曲线 Γ 包含点 a 与否,它的可能的数值是 A 或 0.

我们再来看积分

$$\frac{1}{2\pi i}\int_{\Gamma}\left(\frac{A}{z-a}+\frac{B}{z-b}\right)dz \qquad ②$$

由前,根据曲线 Γ 是否包含点 a 与点 b,它的取值可能是

$$0, A, B, A+B$$

之一.

同理,积分

$$\frac{1}{2\pi i}\int_{\Gamma}\left(\frac{A}{z-a}+\frac{B}{z-b}+\frac{C}{z-c}\right)dz \qquad ③$$

可能取八个不同的值

$$0, A, B, C, A+B, B+C, C+A, A+B+C$$

2. 积分

$$I = \int_{\Gamma}\frac{dz}{1+z^2}$$

111

属于式 ② 那一类型,因为在将积分号下的函数分解成初等分式之后,它可以写成

$$I = \frac{1}{2\pi i} \int_{\Gamma} \left(\frac{A}{z - i} + \frac{B}{z + i} \right) dz$$

于此,$A = \pi, B = -\pi$.

在这里,根据曲线 Γ 的位置,只有三种可能的值(因为 $A + B = 0$),即:

(1)$I = 0$,若 Γ 不包含点 $\pm i$ 中的任何一个,或两个同时包含.

(2)$I = \pi$,若 Γ 包含点 i,但不包含点 $-i$.

(3)$I = -\pi$,若 Γ 包含点 $-i$,但不包含点 i.

若曲线 Γ 是由实轴上的直线段 $(-R, +R)$ 及以原点为圆心,以 R 为半径的实轴上方的半圆 Γ_R 所做成(图 10)的,则对任何 $R > 1$,积分皆等于 π.

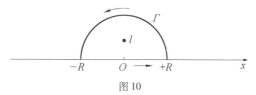

图 10

我们将此写为

$$\int_{-R}^{+R} \frac{dx}{1 + x^2} + \int_{\Gamma_R} \frac{dz}{1 + z^2} = \pi$$

当 $R \to \infty$ 时,沿线段上所取的积分趋于 $\int_{-\infty}^{+\infty} \frac{dx}{1 + x^2}$,而沿半圆上所取的积分则趋于 0. 实际上

$$\left| \int_{\Gamma_R} \frac{dz}{1 + z^2} \right| \leqslant \pi R \cdot \max_{|z| = R} \left| \frac{1}{1 + z^2} \right|$$

$$= \frac{\pi R}{R^2 - 1} \to 0$$

取极限,则得

$$\int_{-\infty}^{+\infty} \frac{dx}{1 + x^2} = \pi$$

3. 若想计算更一般形式的积分

112

$$I_n = \int_\Gamma \frac{\mathrm{d}z}{(z^2 + 1)^{n+1}}$$

(n 为非负整数), 可以重复上段中所做的论证, 不同之处是极点 $\pm\mathrm{i}$ 现在为 n 重极点; 展开式的主要部分应该是由 n 项组成, 但其中只有与极点 i 相应的留数值得我们注意. 实际上, 在半圆 Γ'_R (当 $R > 1$ 时) 中除了点 i 以外, 没有被积分函数的其他零点; 因此, 积分等于与此极点相应的留数和 $2\pi\mathrm{i}$ 之积.

为了要在展开式

$$\frac{1}{(z^2 + 1)^{n+1}} = \frac{c_{-(n+1)}}{(z - \mathrm{i})^{n+1}} + \frac{c_{-n}}{(z - \mathrm{i})^n} + \cdots +$$

$$\frac{c_{-1}}{z - \mathrm{i}} + c_0 + c_1(z - \mathrm{i}) + \cdots$$

中求出留数 c_{-1}, 我们用 $(z - \mathrm{i})^{n+1}$ 乘两边; 于是, 从函数 $\dfrac{1}{(z^2 + 1)^{n+1}}$ 按 $z - \mathrm{i}$ 的非负幂展开的展开式中, 我们即得

$$c_{-1} = \frac{1}{n!} \left[\frac{\mathrm{d}^n}{\mathrm{d}z^n} \frac{1}{(z^2 + 1)^{n+1}} \right]_{z=\mathrm{i}}$$

$$= \frac{1}{2\mathrm{i}} \cdot \frac{(2n)!}{(n!)^2 \cdot 2^{2n}}$$

于是即得

$$I_n = 2\pi\mathrm{i}c_1 = \pi \frac{(2n)!}{(n!)^2 \cdot 2^{2n}}$$

4. 积分

$$I = \int_{-\infty}^{+\infty} \frac{\mathrm{d}x}{x^2 - 2x\cos\omega + 1} \quad (0 < \omega < \pi)$$

可以同样算出.

因为

$$z^2 - 2z\cos\omega + 1 = (z - \mathrm{e}^{\mathrm{i}\omega})(z - \mathrm{e}^{-\mathrm{i}\omega})$$

故在半圆 $\Gamma'_R (R > 1)$ 内, 被积分函数有极点 $\mathrm{e}^{\mathrm{i}\omega}$; 相应的留数等于

$$\frac{1}{\mathrm{e}^{\mathrm{i}\omega} - \mathrm{e}^{-\mathrm{i}\omega}} = \frac{1}{2\mathrm{i}} \cdot \frac{1}{\sin\omega}$$

于是,沿 Γ'_R 求积分并令 R 无限增大,则得

$$I = 2\pi i \frac{1}{2i\sin \omega} = \frac{\pi}{\sin \omega}$$

下面又是另一种形式的例子.

5. 试求积分

$$I = \int_{-\pi}^{+\pi} \frac{d\omega}{x^2 - 2x\cos \omega + 1} \quad (\mid x \mid < 1)$$

我们将 $\cos \omega$ 表示成指数函数,并令

$$e^{i\omega} = z$$

注意当 ω 从 $-\pi$ 增到 $+\pi$ 时,变量 z 沿以 0 为圆心以 1 为半径的圆 Γ 绕过半圆,由此即得

$$I = \int_\Gamma \frac{1}{x^2 - x\left(z + \dfrac{1}{z}\right) + 1} \frac{dz}{iz}$$

$$= -\frac{1}{ix}\int_\Gamma \frac{dz}{(z - x)\left(z - \dfrac{1}{x}\right)}$$

两个极点 x 与 $\dfrac{1}{x}$ 中,只有一个,即 x 落入 Γ 之内,与之

相应的被积函数的留数等于 $\dfrac{1}{x - \dfrac{1}{x}}$. 由此即得

$$I = 2\pi i \cdot \left(-\frac{1}{ix} \right) \cdot \frac{1}{x - \dfrac{1}{x}} = \frac{2\pi}{1 - x^2}$$

6. 我们曾经研究过积分

$$I_n = \int_{-\pi}^{+\pi} \cos^{2n} x\,dx$$

利用变换 $e^{ix} = z$,我们即得下面一种算法

$$I_n = \int_{-\pi}^{+\pi} \left(\frac{e^{ix} + e^{-ix}}{2} \right)^{2n} dx = \frac{1}{2^{2n}i}\int_\Gamma \left(z + \frac{1}{z} \right)^{2n} \frac{dz}{z}$$

因为与被积函数的极点 $z = 0$ 相应的留数为 C_{2n}^n,故得

$$I_n = 2\pi i \cdot \frac{1}{2^{2n}i} \cdot C_{2n}^n = \frac{\pi}{2^{2n-1}}C_{2n}^n$$

最近社会高度关注高校毕业生的质量问题. 有两个名词不胫而走, 一是"内卷化", 二是"小镇做题家". 前者是说高校绩点考核 KPI 制度无以复加的原因是学生向外、向上的空间不足所导致的一种内化的趋向, 后者则是有痛惜从应试泥潭中挣扎出来的学子们除了会考试, 其他一无是处的教育怪状. 以前的高校学生的专业阅读是很广且深的. 多年前笔者曾在南开大学毕业生离校处理旧书时买到了复分析大师阿尔福斯(Ahlfors)的论文集, 因此借此也补充几段读完本书后可以继续深入探讨的东西. 因为复分析过于庞杂, 所以我们仅限于迪利克雷问题. 为增添点可读性, 我们仿中国章回体形式的古典小说加了几个临时标题.

复分析与单叶函数, 多连通与迪氏问题

在单连通区域内单叶函数的研究中, Løwner 参数表示法和席费尔 - 戈卢津(Schiffer-Goluzin) 的变分法是有力的工具. 库法列夫(П. П. Куфарев) 及列别杰夫(Н. А. Лебедев) 分别把变分方法、参数表示法推广到二连通区域. 杨维奇更进一步地把这两种方法扩充到任意有限连通区域. 他还讨论了一类可微泛函的极值问题, 拓广了史利昂斯基(Г. Shlionsky) 的结果. 为了建立变分法和参数表示法的有关定理, 规定 z 平面上的 n 连通区域族 $G(t)$, $a \leqslant t \leqslant b$, 满足以下条件:

(1) $0, \infty \notin G(t)$.

(2) $G(t)$ 的边界 $\Gamma(t)$ 是 n 个互不相交的闭若尔当(Jordan) 曲线 $z = Q_m(\theta, t)$, $\theta \in [0, 2\pi]$, $m = 1, 2, \cdots, n$.

(3) 函数 $Q_m(\theta, t)$ 对 t 在 $t = t_0$ 关于区间 $[0, 2\pi]$ 一致可微, $t_0 \in [a, b]$ 是定值.

(4) n 个曲线 $\Gamma(t)$ 解析.

定义在 $G(t)$ 上的解析单叶函数族 $\omega = F(z, t)$, 假定其像区域族 $B(t)$, $a \leqslant t \leqslant b$ 满足以下条件:

(1) $0, \infty \notin B(t)$.

(2) $B(t)$ 的边界为 n 个解析若尔当曲线 $\omega = $

$\sigma_m(\theta,t), \theta \in [0,2\pi], m = 1,2,\cdots,n.$

（3）函数 $\sigma_m(\theta,t)$ 对 t 在 $t = t_0$ 关于区间 $[0,2\pi]$ 一致可微.

（4）$B(t)$ 是一个 n 连通圆界区域 R_w，其 n 个边界圆周的圆心和半径分别为 $a_m, r_m, m = 1,2,\cdots,n.$

则有下面定理.

定理 1　若单叶解析函数族 $\omega = F(z,t), a \leqslant t \leqslant b$ 的定义域族 $G(t)$ 和像区域族 $B(t)$ 满足约定条件，则函数 $F(z,t)$ 对 t 在 $t = t_0$ 关于 $G(t_0)$ 内闭一致可微，其逆函数 $z = \Phi(\omega,t)$ 在 $t = t_0$ 关于 $B(t_0)$ 内闭一致可微，且有等式

$$\left| \frac{\partial \Phi(\omega,t)}{\partial t} \right|_{t=t_0} = -\omega \frac{\partial \Phi(\omega,t_0)}{\partial \omega} \cdot$$

$$\left(\sum_{m=1}^{n} \frac{1}{2\pi} \int_0^{2n} L_m(\theta) K_m(\omega,\xi_m)\,\mathrm{d}\theta - C + \mathrm{i}D \right) \qquad \text{①}$$

其中，$\xi_m = \alpha_m + r_m \mathrm{e}^{\mathrm{i}\theta}, C, D$ 是实常数，C 的值由以下两式给出，即

$$C = \sum_{m=1}^{n} \alpha_m \beta_{mj} \quad (1 \leqslant j \leqslant n) \qquad \text{②}$$

$$\alpha_m = \frac{1}{2\pi} \int_0^{2\pi} L_m(\theta)\,\mathrm{d}\theta$$

$$\beta_{mj} = \begin{cases} 0, & j = m \\ \mathrm{Re}\, K_m(\zeta_j, \zeta_m), & j \neq m \end{cases}$$

$$L_m(\theta) = \mathrm{Re}\left\{ \frac{\partial}{\partial t}\left(\sigma_m(\theta,t) - \frac{Q_m(\theta,t)}{\xi_m [\partial \Phi(\xi_m,t_0)/\partial \xi_m]} \right) \right\}_{t=t_0}$$

$$\qquad \text{③}$$

而

$$K_j(z,\xi_j) = \pm \frac{\xi_j + z - 2a_j}{\xi_j - z} + \sum_{k=1}^{\infty} b_{jk} \left(\frac{\xi_j - z}{\xi_j + z - 2a_j} \right)^k$$

$$\qquad \text{④}$$

当 $n = 2$ 时，这定理即成为库法列夫与塞穆西纳（H. B. Семухна）的结果.

116

命 $R_w^{(s)}$ 表示 n 连通圆界区域 R_w 内的一个子区域，其差集 $R_w \backslash R_w^{(s)}$ 是 n 个正圆环 Q_k，每个圆环的两个边界圆周间的距离为 ε.

命 $\varphi_k(w,t)(k = 1,2,\cdots,n)$ 表示分别定义于 n 个半闭圆环 Q_k 上的含参数 t 的单叶解析函数，像域的境界曲线记为 $\Gamma_{rk}(t)$ 和 $\Gamma^{(k)}(t)$. 若 n 个圆环的像域彼此无公共点，且 R_w 的 n 个边界圆周所对应的 n 个曲线 $\Gamma_{rk}(t)$ 所围成的 n 连通区域 $G(t)$ 与 $R_w^{(s)}$ 的 n 个边界圆周所对应的 n 个线 $\Gamma^{(k)}(t)$ 围成的 n 连通区域 $G^{(s)}(t)$ 之间恒有 $G^{(s)}(t) \subset G(t)$.

杨维奇建立了以下变分定理.

定理 2 若函数 $f(w)$ 在 R_w 内正则单叶，且函数 $\varphi_k(w,t)$ 当 $T > 0$ 时充分小，当 $t \in [0,T]$ 时在 Q_k 内有展开式

$$\varphi_k(w,t) = f(w) + tg_k(w) + o(t) \quad (k = 1,2,\cdots,n) \quad ⑤$$

$g_k(w)$ 在 $\overline{Q}_k$ 上有定义. 设 $w = F(z,t)$ 单叶保形映射 $G(t)$ 于 $R_w(t)$，$R_w(0) = R_w$，且 $R_w(t)$ 的 n 个边界圆周的圆心和半径 $a_j(t)$，$r_j(t)$，$j = 1,2,\cdots,n$，均在 $t = 0$ 处可微. 用 $\Phi(w,t)$ 表示 $F(z,t)$ 的反函数，则在 $R_w(t)$ 内有展开式

$$\Phi(w,t) = f(w) + twf'(w)P(w) + o(t) \quad ⑥$$

其中

$$P(w) = \sum_{j=1}^{n} \lim_{s \to 0} \frac{1}{2\pi} \int_0^{2\pi} B_j(\xi_j) K_j(w,\xi) \mathrm{d}\theta - C + \mathrm{i}D \quad ⑦$$

$$B_j(\xi_j) = \mathrm{Re}\left(\frac{g_j(\xi_j)}{\xi_j f'(\xi_j)} \right) - \left(\frac{\partial}{\partial t} \log | a_j(t) + r_j(t)\mathrm{e}^{\mathrm{i}\theta} | \right)_{t=0} \quad ⑧$$

这里的函数 $K_i(w,\zeta_j)$ 仍是式 ④ 定义的那样，但这里的区域是 $R_w^{(s)}$，而 ξ_j 是 $R_w^{(s)}$ 的第 j 个边界圆周上的变点，$\arg(\xi_j - a_j) = \theta$，$C,D$ 是实常数，由式 ② 给出. 但

那里的 $L_m(\theta)$ 应换以 $B_m(\xi_m)$.

他还建立了 n 连通区域的参数表示定理.

定理 3 对于任意给定的 z 平面上的 n 连通区域 B 及两个复数 z_0 及 w_0, $z_0 \in B$, $0, \infty \notin B$, B 的边界是 n 组有限条若尔当曲线, 必存在一个 n 连通圆界区域族 $R_w(t)$, $w_0 \in R_w(t)$, $0 \leqslant t \leqslant t_0$, 其边界圆周的圆心 $a_j(t)$ 和半径 $r_j(t)$, $j = 1, 2, \cdots, n$ 是参数 t 的 $2n$ 个不全为常数的可微函数, 使得在 $R_w(t)$ 内满足方程

$$\frac{\partial \Phi}{\partial t} = w \frac{\partial \Phi}{\partial w} \sum_{j=1}^{n} \frac{1}{2\pi} \int_0^{2\pi} (K_j(w, \xi_j) - K_j(w_0, \xi_j)) \mathrm{d}\psi_j(\theta, t)$$
$$(0 \leqslant t \leqslant t_0) \qquad ⑨$$

且使 w_0 对应于 z_0 的单叶保形映射函数 $\Phi(w, t)$ 当 $t \to t_0$ 时的极限函数

$$f(w) = \lim_{t \to t_0} \Phi(w, t) \qquad ⑩$$

实现圆界区域到 B 的单叶保形映射, $f(w_0) = z_0$; 其中 $K_j(w, \xi_j)$ 如式 ④ 所定义, 但此处的区域是 $R_w(t)$, 且 $\xi_j = a_j(t) + r_j(t) \mathrm{e}^{i\theta}$, 而函数

$$\psi_j(\theta, t) = \lim_{\substack{s \to 0 \\ s > 0}} \int_0^\theta \left(\frac{\partial}{\partial t} \log \left| \frac{F(\Phi(\xi_j, t), T)}{\xi_j} \right| \right)_{T=t} \mathrm{d}\theta ⑪$$

ξ_j 是区域 $R_w^{(s)}(t)$ 的第 j 个境界圆周上的变点, 且 $\arg(\xi_j - a_j(t)) = \theta$, $F(z, t)$ 是 $\Phi(w, t)$ 的反函数.

另外他还给出了维拉公式的两个简短的证明, 并扩张到 n 连通区域, 并建立了多连通区域的泊松公式与迪利克雷问题的解.

复变数　　迪氏问题有新意
表积分　　解析函数双周期

解析函数的边值问题是复变函数论中极为重要的分支. 在其中也有所谓迪利克雷边值问题, 武汉大学路见可先生是此领域的大家, 下面是他对此专题的研究.

为了后面的需要, 我们先给出双周期解析函数的

一种积分表示式.

已给 S^- 中的一个双周期解析函数 $\Phi^-(z)$，其边值 $\Phi^-(t) \in H(t \in L)$，我们希望 $\Phi^-(z)$ 有下列积分表示式

$$\Phi^-(z) = \frac{1}{2\pi i}\int_{L_0} \mu(t)(\zeta(t-z) + \zeta(z))\,dt + A$$
$$(z \in S^-) \qquad ①$$

其中，$\zeta(z)$ 是魏尔斯特拉斯 ζ 函数，$\mu(t)$ 是一实值函数，$\mu(t) \in H(L_0)$，而 A 是某复常数.

假设对某一个这种 $\mu(t)$ 以及某常数 A，表示式 ① 成立. 记式 ① 右端的函数当 $z \in S^+$ 时为 $\Phi^+(z)$，则由推广的普勒梅利（Plemelj）公式

$$\Phi^+(t) - \Phi^-(t) = \mu(t) \quad (t \in L) \qquad ②$$

这里 $\mu(t)$ 已在 L 上做双周期延拓. 因此，记 $\Phi^-(t) = \mu(t) + iv(t)$ 时，我们有

$$\mathrm{Re}(-i\Phi^+(t)) = v(t) \quad (t \in L) \qquad ③$$

因为 $v(t) = \mathrm{Im}\,\Phi^-(t) \in H$ 已知，所以，如果限定 $t \in L_0$，那么式 ③ 是 S_0^+ 内解析函数 $-i\Phi^+(z)$ 的迪利克雷问题. 不过要当心，现在 $\Phi^+(z)$ 在 S_0^+ 内可能有一单极点 $z = 0$. 因此，式 ③ 的一般解为

$$-i\Phi^+(z) = (Sv)(z) - i\beta_0 + C_1\omega(z) - \overline{C_1}\frac{1}{\omega(z)} \qquad ④$$

其中，β_0 是一任意实常数，C_1 是一任意复常数，$w = \omega(z)$ 是把 S_0^+ 保形映射到单位圆 $|w| < 1$ 且使 $\omega(0) = 0(\omega'(0) \neq 0)$ 的函数，而 S 是区域 S_0^+ 上的施瓦茨（Schwarz）算子

$$(Sv)(z) = \frac{1}{2\pi}\int_0^{|L_0|} \frac{\partial M(z,t)}{\partial_n}v(t)\,ds \quad (z \in S_0^+) \qquad ⑤$$

S 是 L_0 上 t 处的弧长参数，$M(z,t)$ 是 S_0^+ 的复格林函数，n 是 L_0 在 t_0 处朝向 S_0^+ 的法线方向，$|L_0|$ 是 L_0 的全长. 式 ⑤ 是 S_0^+ 内的全纯函数，具有性质

$$(Sv)^+(t) = (Sv)(t), \mathrm{Re}((Sv)(t)) = v(t) \quad (t \in L_0)$$
$$\textcircled{6}$$

亦即,$(Sv)(z)$ 是 S_0^+ 内其实部边值为 $v(t)$ 的解析函数迪利克雷问题的解. 注意 $\overline{\omega(t)} = \dfrac{1}{\omega(t)}$,故式 ④ 又可写成

$$\Phi^+(z) = \mathrm{i}(Sv)(z) + \beta_0 + \mathrm{Re}(C\omega(z)) \quad \textcircled{7}$$

其中 C 是另一任意常数. 将式 ⑦ 代入式 ② 中,便得

$$\mu(t) = \mu_0(t) + \beta_0 + \mathrm{Re}(C\omega(t)) \quad \textcircled{8}$$

这里已令

$$\mu_0(t) = \mathrm{i}(Sv)(t) - \Phi^-(t) = -\mathrm{Im}(Sv)(t) - u(t)$$
$$\textcircled{9}$$

于是,已给 $\Phi^-(z)$,如果表示式 ① 可能,那么 $\mu(t)$ 必定是式 ⑧ 之形.

现在来证明,由式 ⑧ 中给出的 $\mu(t)$ 构成的函数

$$\Psi^-(z) = \frac{1}{2\pi\mathrm{i}} \int_{L_0} \mu(t)(\zeta(t-z) + \zeta(z))\mathrm{d}t \quad (z \in S^-)$$
$$\textcircled{10}$$

等于 $\Phi^-(z) - A$(A 为某一复常数),从而表示式 ① 确实成立,且 A 可以显式表出. 注意,在证明时,可限定式 ⑩ 中的 $z \in S_0^-$.

首先,我们有

$$\frac{1}{2\pi\mathrm{i}} \int_{L_0} (\zeta(t-z) + \zeta(z))\mathrm{d}t = 0 \quad (z \in S^-) \quad \textcircled{11}$$

$$\frac{1}{2\pi\mathrm{i}} \int_{L_0} \mathrm{Re}(C\omega(t))(\zeta(t-z) + \zeta(z))\mathrm{d}t = 0 \quad (z \in S^-)$$
$$\textcircled{12}$$

式 ⑪ 显然,因为被积式作为 t 的函数在 S_0^+ 内全纯. 为验证式 ⑫,令

$$\omega(z) = a_1 z + a_2 z^2 + \cdots \quad (a_1 \neq 0)$$

由留数定理

$$\frac{1}{2\pi\mathrm{i}} \int_{L_0} \mathrm{Re}(C\omega(t))\mathrm{d}t = \frac{C}{4\pi\mathrm{i}} \int_{L_0} \frac{\mathrm{d}t}{\omega(t)} = \frac{C}{2a_1}$$

另一方面,当 $z \in S^-$ 时

$$\frac{1}{2\pi i}\int_{l_0} \mathrm{Re}(C\omega(t))\zeta(t-z)\,\mathrm{d}t = \frac{C}{4\pi i}\int_{l_0}\frac{\zeta(t-z)}{\omega(t)}\,\mathrm{d}t$$
$$= -\frac{\overline{C}}{2a_1}\zeta(z)$$

这就证实了式 ⑫.

因此,式 ⑩ 实际上可写成

$$\Psi^-(z) = \frac{1}{2\pi i}\int_{l_0}\mu_0(t)(\zeta(t-z)+\zeta(z))\,\mathrm{d}t \quad (z \in S_0^-)$$

⑬

注意到 $(Sv)(t)$ 是 $(Sv)(z)$ 在 S_0^+ 中的边值,故有

$$\frac{1}{2\pi i}\int_{l_0}(Sv)(t)\,\mathrm{d}t = 0$$

$$\frac{1}{2\pi i}\int_{l_0}(Sv)(t)\zeta(t-z)\,\mathrm{d}t = 0 \quad (z \in S^-)$$

因而,由式 ⑧ 与 ⑬,得知

$$\Psi^-(z) = -\frac{1}{2\pi i}\int_{l_0}\Phi^-(t)(\zeta(t-z)+\zeta(z))\,\mathrm{d}t \quad (z \in S_0^-)$$

记基本胞腔 S_0 的边界为 $\Gamma = \gamma_1 + \gamma_2 + \gamma_3 + \gamma_4$.

因为 $\Phi^-(\tau)$ 作为 τ 的函数在 S^- 中为双周期的,故

$$\frac{1}{2\pi i}\int_{\Gamma}\Phi^-(\tau)\,\mathrm{d}\tau = 0$$

因而易于验证

$$\frac{1}{2\pi i}\int_{l_0}\Phi^-(t)\,\mathrm{d}t = 0$$

所以前面的等式可写成

$$\Psi^-(z) = -\frac{1}{2\pi i}\int_{l_0}\Phi^-(t)\zeta(t-z)\,\mathrm{d}t \quad (z \in S_0^-) \quad ⑭$$

再由留数定理,得

$$\Phi^-(z) = \frac{1}{2\pi i}\int_{\Gamma}\Phi^-(\tau)\zeta(\tau-z)\,\mathrm{d}\tau -$$
$$\frac{1}{2\pi i}\int_{l_0}\Phi^-(t)\zeta(t-z)\,\mathrm{d}t \quad (z \in S_0^-)$$

因此,式 ⑭ 可进一步改写为

$$\Psi^-(z) = \Phi^-(z) - \frac{1}{2\pi i}\int_\Gamma \Phi^-(\tau)\zeta(\tau - z)d\tau \quad (z \in S_0^-)$$

这样,我们的目的是要验证

$$A = \frac{1}{2\pi i}\int_\Gamma \Phi^-(\tau)\zeta(\tau - z)d\tau \quad (z \in S_0^-)$$

确实为与 z 无关的常数. 将此式中的积分分解为沿各个 γ_j 上的积分, 并把沿 γ_3, γ_4 上的积分分别转换到 γ_1, γ_2 上, 便知

$$A = \frac{1}{2\pi i}\int_{\gamma_1} \Phi^-(\tau)(\zeta(\tau - z) - \zeta(\tau - z + 2\omega_2))d\tau +$$

$$\frac{1}{2\pi i}\int_{\gamma_2} \Phi^-(\tau)(\zeta(\tau - z) - \zeta(\tau - z + 2\omega_1))d\tau$$

由 $\zeta(z)$ 的性质, 立刻得知

$$A = \frac{\eta_1}{\pi i}\int_{\gamma_2} \Phi^-(\tau)d\tau - \frac{\eta_2}{\pi i}\int_{\gamma_1} \Phi^-(\tau)d\tau \qquad ⑮$$

确为常数. 这样, 我们有以下定理.

定理 1 若 $\Phi^-(z)$ 在 S^- 中双周期全纯, 且 $\Phi^-(t) = u + iv \in H$ 于 L 上, 则它可表示为式 ①, 其中 A 由 $\Phi^-(z)$ 一意确定, 由式 ⑮ 给出, 实函数 $\mu(t)$ 可由 ⑱⑲ 给出, 其中 S 是 S_0^+ 中的施瓦茨算子, β_0 是一任意实常数, C 是任意复常数, 而 $w = \omega_0(z)$ 是 S_0^- 保形变换到 $|w| < 1(\omega(0) = 0)$ 的函数; $\mu(t)$ 中含 $\beta_0 + \mathrm{Re}(C\omega(t))$ 的项对表示式 ② 不起作用.

这样, 已给 $\Phi^-(z)$, 式 ① 中的函数 $\mu(t)$ 并不唯一, 而依赖于三个任意实常数.

积分表示式 ① 可用来解决双周期解析函数的迪利克雷问题, 但它也有独立意义.

现在来考虑双周期(解析函数)迪利克雷问题, 简记为 DD 问题, 即已给 L 上的一个实值双周期连接函数 $f(t)$, 要求在 S^- 中的一双周期解析函数 $\Phi^-(z)$, 使满足边值条件

$$\mathrm{Re}\,\Phi^-(t) = f(t) \quad (t \in L) \qquad ⑯$$

我们恒设 L_0 为一李雅普诺夫曲线, $f(t) \in H$.

如果此问题有解 $\Phi^-(z)$，那么它可表示为

$$\Phi^-(z) = \frac{1}{\pi i}\int_{L_0} \mu(t)(\zeta(t-z) + \zeta(z))\mathrm{d}t + A \quad (z \in S^-)$$

⑰

这里右端已略去因子 $\frac{1}{2}$，它已并入 $\mu(t)$，其中 $A = \alpha + \mathrm{i}\beta$ 为一常数. 显然，β 可以任意，而 α 则由 $\Phi^-(z)$ 唯一确定. 于是，由推广的普勒梅利公式

$$\Phi^-(t_0) = -\mu(t_0) + \frac{1}{\pi i}\int_{L_0} \mu(t)(\zeta(t-t_0) + \zeta(t_0))\mathrm{d}t + A \quad (t_0 \in L)$$

⑱

将其实部代入式⑯，便得

$$-\mu(t_0) + \mathrm{Re}\left(\frac{1}{\pi i}\int_{L_0} \mu(t)(\zeta(t-t_0) + \zeta(t_0))\mathrm{d}t\right)$$

$$= f(t_0) - \alpha \quad (t_0 \in L_0)$$

将 $\zeta(t-t_0)$ 写成

$$\frac{1}{t-t_0} + \zeta_0(t-t_0)$$

这里 $\zeta_0(t-t_0)$ 已在 L_0 上正则，因此上述方程可写成具有双层位势的积分方程

$$K\mu \equiv \mu(t_0) - \frac{1}{\pi}\int_{L_0} \mu(t)\frac{\cos(r,\boldsymbol{n})}{r}\mathrm{d}s -$$

$$\frac{1}{\pi}\int_{L_0} k(t_0,t)\mu(t)\mathrm{d}s$$

$$= -f(t_0) + \alpha \quad (t_0 \in L_0)$$

⑲

其中，$r = |t-t_0|$，$\boldsymbol{n}$ 是 L_0 在 t 处的朝向 S_0^+ 的法线，$(r,\boldsymbol{n})$ 是 $\boldsymbol{n}$ 与向量 $t-t_0$ 间的夹角，而

$$k(t_0,t) = \mathrm{Im}((\zeta_0(t-t_0) + \zeta(t_0))t'(s)) \quad ⑳$$

当 $t,t_0 \in L_0$ 时 $\in H$. 式⑲是弗雷德霍姆积分方程.

先考虑齐次方程 $K\mu = 0$ 的求解. 设 $\mu_1(t)$ 是其一解. 定义

$$\Phi_1^-(z) = \frac{1}{\pi i}\int_{L_0} \mu_1(t)(\zeta(t-z) + \zeta(z))\mathrm{d}t \quad (z \in S^-)$$

㉑

如前所述,立刻知道

$$\mathrm{Re}\ \varPhi_1^-(t) = 0 \quad (t \in L)$$

由 S^- 中的最大模原理,得知

$$\mathrm{Re}\ \varPhi_1^-(z) = 0 \quad (z \in S^-)$$

从而 $\varPhi_1^-(z) = i\gamma$ 是一纯虚常数.又因 $(S\gamma)(t)$ 是一实常数,故由式 ⑧ 知

$$\mu_1(t) = \beta_1 + \mathrm{Re}(C\omega(t))$$

其中,β_1 是一任意实常数,C 是一任意复常数.

定理 2 齐次方程 $K\mu = 0$ 有三个(在实系数域中)线性无关的解

$$1, \mathrm{Re}\ \omega(t), \mathrm{Im}\ \omega(t) \qquad ㉒$$

其中 $\omega(t)$ 如定理 1 中所述.

根据弗雷德霍姆积分方程的一般理论,$K\mu = 0$ 的相联方程

$$K'\nu \equiv \nu(t_0) + \frac{1}{\pi}\int_{L_0} \nu(t) \frac{\cos(r,\boldsymbol{n}_0)}{r}\mathrm{d}s -$$

$$\frac{1}{\pi}\int_{L_0} k(t,t_0)\nu(t)\mathrm{d}s = 0 \qquad ㉓$$

(其中 $\boldsymbol{n}_0$ 是 L_0 在 t_0 处朝向 S_0^+ 的法线)也有三个(实)线性无关的解 $\nu_1(t), \nu_2(t), \nu_3(t)$,且方程 ⑲ 当且仅当下列条件满足时有解

$$\int_{L_0} \nu_j(t)(f(t) - \alpha)\mathrm{d}s = 0 \quad (j = 1,2,3) \qquad ㉔$$

注意,特别地,当 $f(t) = 1, \alpha = 0$ 时,方程 ⑲ 无解.因为,设若它有一解 $\mu_1(t)$,则由式 ㉑ 定义的 $\varPhi_1^-(z)$ 必有 $\mathrm{Re}\ \varPhi_1^-(t) = 1$,于是 $\varPhi_1^-(z) = 1 + i r$.另一方面,对于这个 $\varPhi_1^-(z)$,如果表示为式 ⑰ 的形式,那么

$$\mu(t) = \beta_0 + \mathrm{Re}(C\omega(t))$$

且 $A = 1 + i\gamma$,这与式 ㉑ 矛盾,根据这一事实,由式 ㉔ 得知

$$\nu_j^* = \int_{L_0} \nu_j(t)\mathrm{d}s \quad (j = 1,2,3)$$

必不同时为 0.不妨设 $\nu_3^* \neq 0$.我们可以把 $\nu_1(t)$,

$\nu_2(t)$ 分别换作 $\nu_3(t)$ 的线性组合,仍记为 $\nu_1(t)$,$\nu_2(t)$,使得 $\nu_1^* = \nu_2^* = 0$;我们还可把 $\nu_3(t)$ 除以 ν_3^*,仍得一个解,仍记为 $\nu_3(t)$,使得 $\nu_3^* = 1$. 这样得到的解不妨称为正规化了的. 利用它们,可解条件 ㉔ 就变为

$$\int_{l_0} \nu_j(t) f(t)\,\mathrm{d}s = 0 \quad (j = 1,2) \qquad ㉕$$

而

$$\alpha = \int_{l_0} \nu_3(t) f(t)\,\mathrm{d}s \qquad ㉖$$

这样,原问题 ⑯ 当且仅当式 ㉕ 满足时可解,且 α 由式 ㉖ 唯一确定.

定理 3 在 S^- 中的 DD 问题 ⑯ 当且仅当式 ㉕ 满足时可解,其唯一解由式 ⑰ 给出,其中 $\mathrm{Re}\,A = \alpha$ 由式 ㉖ 确定,而 $\mu(t)$ 是方程 ⑲ 的任一特解;在式 ㉕㉖ 中的 $\nu_j(t)$ $(j = 1,2,3)$ 为方程 ㉓ 的正规解组,满足条件

$$\int_{l_0} \nu_j(t)\,\mathrm{d}s = 0 \quad (j = 1,2)$$

$$\int_{l_0} \nu_3(t)\,\mathrm{d}s = 1$$

以上解决了 DD 问题的求解,但我们限定 L_0 为 S_0 中一条封闭曲线. 如果把 L_0 改为 S_0 中一组互相外离的封闭曲线,即 S_0^- 是基本胞腔中挖掉若干洞的区域,那么相应的 DD 问题一般无解. 这时我们可讨论所谓的双周期变态迪利克雷问题.

一、双准周期解析函数迪利克雷问题

1. 加法双准周期迪利克雷问题

下面将讨论双准周期(解析函数)的迪利克雷问题. 本段中先讨论加法双准周期迪利克雷问题,简记为 AQD 问题. 它可表述如下:在 L_0 上已给一实函数 $f(t) \in H$,求一个在 S^- 中的解析函数 $\Phi^-(z)$,具有加法双准周期性(简记为 AQ 函数)

$$\Phi^-(z + 2\omega_j) = \Phi^-(z) + a_j \quad (j = 1,2) \qquad ㉗$$

125

$(a_1, a_2$ 为两个复常数) 满足边值条件

$$\text{Re}\, \varPhi^-(t) = f(t) \quad (t \in L_0) \qquad ㉘$$

加数 a_1, a_2 可以事先指定或否,但必须先说明.

在讨论此问题之前,我们先建立一个有关 DD 问题的引理,它将在后面的讨论中起作用.

引理 1 设 $C \neq 0$ 是一复常数,则 S^- 中的 DD 问题

$$\text{Re}\, \varPhi^-(t) = \text{Re}(Ct) \quad (t \in L_0) \qquad ㉙$$

无解.

注意问题 ㉙ 实际上是说:在条件 ㉘ 中,对于 $t \in L_0$,有 $f(t) = \text{Re}(Ct)$,而对于 $t \in L, f(t)$ 等于其周期延拓而不再是 $\text{Re}(Ct)$.

证明 设若在 S^- 中存在这样的函数 $\varPhi^-(z) = u(z) + \mathrm{i}v(z)$,则

$$\varPhi^-(t) = \alpha x + \beta y + \mathrm{i}v(t) \quad (t = x + \mathrm{i}y \in L_0) \qquad ㉚$$

这里已记 $C = \alpha - \mathrm{i}\beta(\alpha, \beta$ 不同时为零). 由于 L_0 是一李雅普诺夫曲线,从而 $u'(t)$ 连续,故由解析函数边界性质的一些结果,可以证明,在 L_0 外侧靠近它的平准线 L_ε(即 L_ε 是圆周 $|w| = 1 - \varepsilon$ 在映射 F 下的逆象,这里 F 是把 L_0 所围的外域保形变换到 $|w| < 1$ 上的映射使 $F(\infty) = 0$ 者)上 $\dfrac{\partial t}{\partial s}$ 可连续延拓到 L_0 上的 $\dfrac{\partial u}{\partial s}$. 于是由柯西 – 黎曼方程与格林公式得

$$\left(\int_\varGamma - \int_{L_\varepsilon} \right) v\, \frac{\partial u}{\partial s} \mathrm{d}s = -\iint_{S_\varepsilon^-} \left(\left(\frac{\partial u}{\partial x} \right)^2 + \left(\frac{\partial u}{\partial y} \right)^2 \right) \mathrm{d}x\mathrm{d}y$$

其中, $\varGamma$ 是 S_0 的边界, S_ε^- 是 L_ε 与 $\varGamma$ 间所围的区域. 注意 u, v 是双周期的,令 $\varepsilon \to 0$ 求极限,便得

$$\int_{L_0} v\mathrm{d}u = \iint_{S_0^-} \left(\left(\frac{\partial u}{\partial x} \right)^2 + \left(\frac{\partial u}{\partial y} \right)^2 \right) \mathrm{d}x\mathrm{d}y \geqslant 0 \qquad ㉛$$

另一方面,因为

$$\int_{L_0} \varPhi^-(t)\mathrm{d}t = \int_\varGamma \varPhi^-(\tau)\mathrm{d}\tau = 0$$

易证

$$\int_{L_0} v(t)\,\mathrm{d}t = -\alpha\int_{L_0} x\mathrm{d}y + \beta\mathrm{i}\int_{L_0} y\mathrm{d}x$$
$$= -(\alpha + \mathrm{i}\beta)\mid S_0^+\mid$$

其中 $\mid S_0^+\mid$ 是 S_0^+ 的面积,所以

$$\int_{L_0} v(t)\,\mathrm{d}x = -\alpha\mid S_0^+\mid, \int_{L_0} v(t)\,\mathrm{d}y = -\beta\mid S_0^+\mid$$

因此

$$\int_{L_0} v\mathrm{d}u = \alpha\int_{L_0} v\mathrm{d}x + \beta\int_{L_0} v\mathrm{d}y = -(\alpha^2 + \beta^2)\mid S_0^+\mid < 0$$

此与式 ㉛ 矛盾.

在讨论 AQD 问题式 ㉘ 时,首先注意,在适当选择(复)常数 A, B 后,令

$$\Psi^-(z) = \Phi^-(z) - \mathrm{Re}(A\zeta(z) + Bz) \quad (z \in S^-)$$
㉜

使 $\Psi^-(z)$ 成为 S^- 中的一个双周期解析函数(注意,$\zeta(z)$ 虽在 $z = 0$ 处有奇点,但它不在 S_0^- 中),其中 A, B 与 a_1, a_2 有下列关系式,即

$$A = \frac{1}{\pi\mathrm{i}}(\omega_2 a_1 - \omega_1 a_2), B = \frac{1}{\pi\mathrm{i}}(a_2\eta_1 - a_1\eta_2)$$
㉝₁

或者,完全一样

$$a_j = 2(\eta_j A + \omega_j B) \quad (j = 1,2) \qquad ㉝_2$$

这样,S^- 中 $\Phi^-(z)$ 的 AQD 问题式 ㉘ 就可转化为 S^- 中 $\Psi^-(z)$ 的 DD 问题

$$\mathrm{Re}\Psi^-(t) = f(t) - \mathrm{Re}(A\zeta(t) + Bt) \quad (t \in L_0) ㉞$$

现在来求解 AQD 问题 ㉘ 或 DD 问题 ㉞. 分几种情况讨论.

(1) 设 a_1, a_2 未事先指定,从而常数 A, B 也未指定. 如果对 DD 问题式 ㉞ 求出了解 $\Psi^-(z)$,那么由式 ㉜,问题 ㉘ 的解由下式给出

$$\Phi^-(z) = \Psi^-(z) + A\zeta(z) + Bz \qquad ㉟$$

由定理 3,问题 ㉞ 的可解条件(参照式 ㉛)为

$$\text{Re} \int_{l_0} (A\zeta(t) + Bt) \nu_j(t) \, \mathrm{d}s = \int_{l_0} f(t) \nu_j(t) \, \mathrm{d}s \quad (j = 1, 2)$$

$$\text{\textcircled{36}}$$

记

$$\begin{cases} \displaystyle\int_{l_0} \zeta(t) \nu_j(t) \, \mathrm{d}s = c_{j1} \\[2mm] \displaystyle\int_{l_0} t\nu_j(t) \, \mathrm{d}s = c_{j2} \qquad (j = 1, 2) \qquad \text{\textcircled{37}} \\[2mm] \displaystyle\int_{l_0} f(t) \nu_j(t) \, \mathrm{d}s = \gamma_j \end{cases}$$

于是, $c_{jk}(j, k = 1, 2)$ 是与 $f(t)$ 无关的复常数, 而 γ_j 是由 $f(t)$ 唯一确定的实常数. 为要确定 A, B, 就要求解线性方程组

$$c_{j1}A + c_{j2}B = \gamma_j + \mathrm{i}\delta_j \quad (j = 1, 2) \qquad \text{\textcircled{38}}_1$$

其中, δ_1, δ_2 是两个待定实常数, 应把它们适当选取使得式 $\text{\textcircled{38}}_1$ 可以对 A, B 求解. 一旦求得 A, B, 则由定理3, 问题 $\text{\textcircled{34}}$ 的唯一解由下式给出, 即

$$\Psi^-(z) = \frac{1}{\pi \mathrm{i}} \int_{l_0} \mu(t) (\zeta(t - z) + \zeta(z)) \, \mathrm{d}t + \alpha + \mathrm{i}\beta$$

其中 $\mu(t)$ 是方程

$$K\mu = -f(t) + \text{Re}(A\zeta(t) + Bt) + \alpha$$

的任一解(且不论取哪个解, 前式右端积分是同一函数), 且

$$\alpha = \int_{l_0} (f(t) - \text{Re}(A\zeta(t) + Bt)) \nu_3(t) \, \mathrm{d}s$$

而 β 为任意实常数, 这里 K 为弗雷德霍姆算子, 由式 $\text{\textcircled{19}}$ 左端定义.

在求解式 $\text{\textcircled{38}}_1$ 之前, 我们要证明另一引理.

引理2 式 $\text{\textcircled{37}}$ 中的 c_{12}, c_{22} 不同时为零.

证明 设若 $c_{12} = c_{22} = 0$, 则当 $f(t) = 0$ 从而 $\gamma_1 = \gamma_2 = 0$ 时, 若取 $\delta_1 = \delta_2 = 0$, 则方程组 $\text{\textcircled{38}}_1$ 将有一组解 $A = 0, B = 1$. 与问题 $\text{\textcircled{34}}$ 比较, 这就表明 S^- 的双周期解析函数 $\Psi^-(z)$ 的迪利克雷问题

$$\mathrm{Re}(\varPsi^-(t)) = \mathrm{Re}(-t) \quad (t \in L_0)$$

可解,与引理 1 矛盾.

不失一般性,我们设 $c_{22} \neq 0$. 令

$$\Delta = c_{11}c_{22} - c_{12}c_{21}$$

若 $\Delta \neq 0$,则任取 δ_1, δ_2,式 ㊳$_1$ 对 A, B 恒唯一可解,这时 AQD 问题式 ㉘ 恒可解,且一般解中含有两个任意实常数.

若 $\Delta = 0$,则必存在一复常数 $k = k_1 + iR_2$,使得

$$c_{11}A + c_{12}B = k(c_{21}A + c_{22}B)$$

对任何 A, B 成立. 这样,式 ㊳$_1$ 可改写为

$$k(c_{21}A + c_{22}B) = \gamma_1 + i\delta_1$$
$$c_{21}A + c_{22}B = \gamma_2 + i\delta_2 \qquad ㊳_2$$

我们来证明 $k_2 \neq 0$. 设若不是这样,则 $k = k_1$ 是一实常数. 那么,对于 $f(t) \equiv 0$(从而 $\gamma_1 = \gamma_2 = 0$) 以及任取的 $\delta_2 \neq 0$,我们得到 $A = 0, B = \dfrac{i\delta_2}{c_{22}}$ 是 ㊳$_2$ 中第二个方程的一组解. 于是,若再取 $\delta_1 = k\delta_2$,则它们也是第一个方程的解. 因此,S^- 中的 DD 问题

$$\mathrm{Re}\varPsi^-(t) = \mathrm{Re}\left(\frac{i\delta_2 t}{c_{22}}\right) \quad (t \in L_0) \qquad ㊴$$

可解,这与引理 1 矛盾. 这样,得知 $k_2 \neq 0$.

为要在这种情况下求解式 ㊳$_2$,必须取 δ_1, δ_2 使得

$$k(\gamma_2 + i\delta_2) = \gamma_1 + i\delta_1$$

亦即

$$k_1\gamma_2 - k_2\delta_2 = \gamma_1, \; k_1\delta_2 + k_2\gamma_2 = \delta_1 \qquad ㊵$$

当 $f(t)$ 已给从而 γ_1, γ_2 已知时,因 $k_2 \neq 0$,故 δ_1, δ_2 可由式 ㊵ 确定. 于是式 ㊳$_2$ 的解为

$$B = \frac{1}{c_{22}}(\gamma_2 + i\delta_2 - c_{21}A) \qquad ㊶$$

而 $A = \alpha_1 + i\alpha_2$ 可以任意. 因此得知,AQD 问题式 ㉘ 的一般解中仍含有两个任意实常数 α_1, α_2.

定理 4 当加数 a_1, a_2 未事先指定时,AQD 问题式 ㉘ 恒可解,且一般解中含有两个任意实常数.

（2）设

$$\operatorname{Re} a_j = \varepsilon_j \quad (j = 1,2) \qquad ㊷$$

已事先指定. 换句话说, 已设 $\operatorname{Re} \varPhi^-(t) = f(t)$ 双准周期也给出于 L 上

$$f(t + 2\omega_j) = f(t) + \varepsilon_j \quad (j = 1,2, t \in L)$$

当 $\Delta \neq 0$ 时, 由（1）中的讨论知: A, B 是 $\gamma_1, \gamma_2, \delta_1, \delta_2$ 的齐次线性函数, 令 $A = \alpha_1 + \mathrm{i}\alpha_2, B = \beta_1 + \mathrm{i}\beta_2$ 时, $\alpha_1, \alpha_2, \beta_1, \beta_2$ 将是 $\gamma_1, \gamma_2, \delta_1, \delta_2$ 的实线性组合, 这些组合的系数是与 $f(t)$ 无关的实常数. 另一方面, 易知 $\varepsilon_1, \varepsilon_2$ 是 $\alpha_1, \alpha_2, \beta_1, \beta_2$ 的实线性组合. 因此, 可以写

$$P \begin{pmatrix} \delta_1 \\ \delta_2 \end{pmatrix} = \begin{pmatrix} \varepsilon_1 \\ \varepsilon_2 \end{pmatrix} + Q \begin{pmatrix} \gamma_1 \\ \gamma_2 \end{pmatrix} \qquad ㊸$$

其中, P, Q 是 2×2 实常数矩阵, 其各个元与 $f(t)$ 无关. 今证 $\det P \neq 0$. 当 $f(t) \equiv 0$, 从而 $\gamma_1 = \gamma_2 = 0$, 并给定 $\varepsilon_1 = \varepsilon_2 = 0$ 时, 我们的问题成为 S^- 中 $\varPhi^-(z)$ 的 AQD 问题

$$\operatorname{Re} \varPhi^-(t) = 0 \quad (t \in L_0)$$

且已知 $\operatorname{Re} \varPhi^-(z + 2\omega_j) = \operatorname{Re} \varPhi^-(z)(j = 1,2)$. 因此 $\operatorname{Re} \varPhi^-(z)$ 是 S^- 中一个在 L 上具有零边值的双周期调和函数. 由最大模原理, 可知 S^- 中 $\operatorname{Re} \varPhi^-(z) \equiv 0$. 因此, 在 S^- 中 $\varPhi^-(z) \equiv \mathrm{i}\lambda$ 是一纯虚数. 这样, $\varPhi^-(z)$ 本身已是双周期的. 因此, 一定有 $a_1 = a_2 = 0$. 于是, $A = B = 0$; 再由式 ㊳$_1$ 便知 $\delta_1 = \delta_2 = 0$. 这样, 相应于式 ㊸ 的齐次方程只有平凡解. 这就证明了我们的论断. 因而式 ㊳$_1$ 对任意的 γ_1, γ_2, 以及给定的 $\varepsilon_1, \varepsilon_2$ 一意可解.

若 $\Delta = 0$, 则由式 ㊵, δ_1, δ_2 是 γ_1, γ_2 的实线性组合, 再由式 ㊶, 便知 β_1, β_2 是 $\alpha_1, \alpha_2, \gamma_1, \gamma_2$ 的实线性组合. 于是可以写

$$R \begin{pmatrix} \alpha_1 \\ \alpha_2 \end{pmatrix} = \begin{pmatrix} \varepsilon_1 \\ \varepsilon_2 \end{pmatrix} + S \begin{pmatrix} \gamma_1 \\ \gamma_2 \end{pmatrix} \qquad ㊹$$

其中, R, S 也是 2×2 矩阵, 与上面讲的为同种类型. 如

前同样推理,可证 $\det \boldsymbol{R} \neq 0$. 因此,式 ㊹ 对任意的 γ_1, γ_2 以及 $\varepsilon_1, \varepsilon_2$ 也可解.

定理 5 当加数的实部 $\operatorname{Re} a_j (j = 1, 2)$ 事先指定时,AQD 问题式 ㉘ 恒唯一可解.

(3) 设 a_1, a_2 都事先指定. 因为如前所述,A, B 可唯一地由 γ_1, γ_2 与 $\operatorname{Re} a_1, \operatorname{Re} a_2$ 确定,故由式 ㉝ 知,当且仅当下列两个实的条件

$$\operatorname{Im} a_j = \operatorname{Im}(\eta_j A + \omega_j B) \quad (j = 1, 2) \qquad ㊺$$

成立时,我们的 AQD 问题(唯一)可解. 式 ㊺ 实际上是间接地施加于 $f(t)$ 上的两个条件.

定理 6 当加数 a_1, a_2 事先指定时,AQD 问题式 ㉘ 当且仅当 $f(t)$ 满足两个(实)可解条件时(唯一)可解.

2. 乘法双准周期的齐次迪利克雷问题

我们将讨论乘法双准周期的迪利克雷问题,简记为 MQD 问题,即求 S^- 中的一乘法双准周期解析函数(简记为 MQ 函数)$\Phi^-(z)$,其乘数为 β_1, β_2

$$\Phi(z + 2\omega_j) = \beta_j \Phi^-(z) \quad (\beta_j \neq 0, j = 1, 2, z \in S^-) \qquad ㊻$$

使满足边值条件

$$\operatorname{Re} \Phi^-(t) = f(t) \quad (t \in L_0) \qquad ㊼$$

其中 $f(t) \in H$ 已给予 L_0 上. 我们以后还恒假定 β_1, β_2 是实数,以便 $f(t)$ 易于在 L 上延拓

$$f(t + 2\omega_j) = \beta_j f(t) \quad (t \in L) \qquad ㊽$$

且设 β_1, β_2 不同时为 1,因为否则的话,式 ㊼ 就成为 DD 问题了.

本段将先讨论齐次问题($f(t) \equiv 0$),记为 MQD_0 问题

$$\operatorname{Re} \Phi^-(t) = 0 \quad (t \in L_0) \qquad ㊾$$

自然此式当 $t \in L$ 时也成立.

我们知道,如果 $\Phi^-(z)$ 是双周期的,由最大模原理,立即知道 $\Phi^-(z)$ 是一纯虚常数. 此结论对 MQ 函数 $\Phi^-(z)$ 就不能成立,因为这时 $\Phi^-(z)$ 在 S^- 中一般

131

无界,最大模原理失效. 事实上,问题 ㊾ 也的确可能存在非平凡解的情况.

定理7 在β_1,β_2都事先指定时,齐次MQD_0问题式 ㊾ 只有零解,或者有唯一的非零解(允许有一个任意实常数系数),且它根本无零点.

证明 设此问题有一个非零解$f(z)$,$z \in S^-$. 我们来证明:$f(z)$ 在整个闭区域$\overline{S^-}$上没有零点.

为此,将L_0所围的外域用$z = \varphi(w)$保形映射到单位圆周l:$|w| = 1$的外域,并使无穷远点不变. 于是,$f(\varphi(w)) = F(w)$ 在$|w| > 1$中边界l附近全纯,且在l上其实部为零. 可见$F(w)$可解析延拓到$|w| < 1$的边界l附近,于是$F(w)$在l上解析. 由此可见,如果$F(w)$在l上有零点,其阶数必为正整数,且个数有限. 设其总数(连同阶数计算在内)为M.

基本胞腔S_0的边界Γ和L_0之间所围区域S_0^-在映照$z = \varphi(w)$之下为单位圆周l和Γ的原象γ之间所围区域的象. 设$F(w)$在这区域中零点的总数(连同阶数计算)为N. 不失一般性,可以认为$f(z)$在Γ上无零点,于是$F(w)$在γ上也无零点.

由推广的辐角原理知

$$\frac{1}{2\pi i}\int_{l+\gamma}\frac{F'(w)}{F(w)}dw = \frac{1}{2}M + N \tag{50}$$

但显然

$$\int_{\gamma}\frac{F'(w)}{F(w)}dw = \int_{\Gamma}\frac{f'(z)}{f(z)}dz$$

而$\dfrac{f'(z)}{f(z)}$已是双周期的,因此此积分等于零.

另一方面,如果在l上$F(w)$的每一零点前后各去掉一段充分小弧长ε后余下的部分记为l_ε,那么有

$$\frac{1}{2\pi i}\int_{l}\frac{F'(w)}{F(w)}dw = \lim_{\varepsilon\to 0}\frac{1}{2\pi i}\int_{l_\varepsilon} d\log F(w) \tag{51}$$

在l_ε的每一弧段上,$F(w) \neq 0$,而其实部为0,因此其虚部不变号. 这样,$\arg F(w)$ 在其上为一常数值. 由

此可知,式(51)左边的积分实部必为零.再从式(50)立即可知 $M = N = 0$. 这就证明了 $F(w)$ 在 l 和 γ 间所围的闭区域上没有零点,从而也证明了 $f(z)$ 在 $\overline{S^-}$ 上没有零点.

今若 $g(z)$ 又是原问题的一个非零解,则可知 $\dfrac{g(z)}{f(z)}$ 是 S^- 中的双周期全纯函数,且易见其虚部在 L 上恒等于零,故必为一实常数.这样,原问题的一般解为 $\Phi^-(z) = kf(z)$,其中 k 为一任意实常数.

我们现在要问:β_1,β_2 要满足怎样的条件,才能使原问题有非零解? $f(z)$ 为原问题的一非零解(并不妨设于 L 上 $\mathrm{Im}\, f(t) > 0$),当且仅当

$$\psi(z) = \log[-\mathrm{i}f(z)] \quad (\text{取定一分支})$$

是以 $a_j = \log \beta_j (j = 1,2)$ 为加数(其中对数为某二确定值,不同时为零)的 AQD_0 问题

$$\mathrm{Re}(\mathrm{i}\psi(t)) = 0 \quad (t \in L_0) \tag{52}$$

的解.注意,虽然 β_j 为实数,a_j 仍可为复数;一般,应允许

$$a_j = \log \beta_j = \begin{cases} \ln|\beta_j| + 2k_j\pi \mathrm{i}, & \beta_j > 0 \\ \ln|\beta_j| + (2k_j + 1)\pi \mathrm{i}, & \beta_j < 0 \end{cases} \tag{53}$$

这里 $\ln|\beta_j|$ 已取定为实值,k_j 为整数.记

$$A = \frac{1}{\pi \mathrm{i}}(\omega_2\alpha_1 - \omega_1\alpha_2), B = \frac{1}{\pi \mathrm{i}}(\alpha_2\eta_1 - a_1\eta_2)$$

则由式(38)知(现在 $\gamma_1 = \gamma_2 = 0$),问题(52)的可解条件为

$$\mathrm{Re}(c_{11}A + c_{12}B) = \mathrm{Re}(c_{21}A + c_{22}B) = 0 \tag{54}$$

其中 $c_{jk}(j,k = 1,2)$ 为只与 S^- 的形状有关而与 β_j 或 a_j 无关的复常数.因此,原问题的可解条件为

$$\begin{aligned} &\mathrm{Im}(c'_{11}\log \beta_1 + c'_{12}\log \beta_2) \\ &= \mathrm{Im}(c'_{21}\log \beta_1 + c'_{22}\log \beta_2) = 0 \end{aligned} \tag{55}$$

其中已令

$$\begin{pmatrix} c'_{11} & c'_{12} \\ c'_{21} & c'_{22} \end{pmatrix} = \begin{pmatrix} c_{11} & c_{12} \\ c_{21} & c_{22} \end{pmatrix} \begin{pmatrix} \omega_2 & -\omega_1 \\ -\eta_2 & \eta_1 \end{pmatrix}$$

根据以上讨论,我们得到下面的定理.

定理8 在 β_1, β_2 都事先指定时,AQD_0 问题式 ㊾ 有非零解的充要条件:可以在式 ㊝ 中适当地选择 k_1,k_2,使得满足两个实的条件 ㊳.

有人举出了实例,说明确实有式 ㊾ 存在非零解的情况.

下面来讨论当乘数 β_1,β_2 不事先指定的情况.

这时,在式 ㊝ 中取定 k_1,k_2,然后求解式 ㊳,便可得出一组 $\ln|\beta_1|$,$\ln|\beta_2|$,从而获得原问题的一个解.为了说明在这种情况下一般解的结构,我们进行如下讨论.

先在式 ㊝ 中取定 $k_1 = 1$,$k_2 = 0$. 这时,对于 AQD_0 问题式 ㊼ 来说,相当于已给定 a_1,a_2 的虚部,故由定理5知,可以求出唯一的一组实数 $\ln|\beta'_1|$,$\ln|\beta'_2|$ 使式 ㊴ 或 ㊳ 成立,且这时 AQD_0 问题 ㊼ 有唯一解 $\psi_1(z)$(可相差一任意实常数项). 对于原 MQD_0 问题式 ㊾ 而言,这时有唯一解(可相差一任意实常数因子)

$$f_1(z) = \mathrm{i}\exp(\psi_1(z))$$

其乘数为

$$\beta_1 = -|\beta'_1|, \beta_2 = |\beta'_2|.$$

同样,在式 ㊝ 中取 $k_1 = 0$,$k_2 = 1$,则又可得式 ㊳ 的唯一解组 $\ln|\beta''_1|$,$\ln|\beta''_2|$,相应的 AQD_0 问题有唯一解 $\psi_2(z)$,而原问题有唯一解

$$f_2(z) = \mathrm{i}\exp\{\psi_2(z)\}$$

其乘数为

$$\beta_1 = |\beta''_1|, \beta_2 = -|\beta''_2|$$

因此,原问题的一般解为

$$\Phi^-(z) = D\mathrm{i}\exp(k_1\psi_1(z) + k_2\psi_2(z)) \qquad ㊶$$

其中,k_1,k_2 为任意整数,D 为一任意实常数;这时,乘数为

$$\begin{cases} \beta_1 = (-1)^{k_1}|\beta'_1|^{k_1}|\beta''_1|^{k_2} \\ \beta_2 = (-1)^{k_2}|\beta'_2|^{k_1}|\beta''_2|^{k_2} \end{cases} \qquad ㊷$$

定理 9 齐次 $\mathrm{MQD_0}$ 问题式 ㊾, 如果对 $\varPhi^-(z)$ 的乘数不事先指定, 那么恒可解, 且其一般解由式 ㊶ 给出, 其中除显然有一任意实常数因子外, 还依赖于两个独立的整数, 而 $\varPhi^-(z)$ 的乘数也依赖于这两个整数.

3. 乘法双准周期解析函数的积分表示式

前面我们曾给出双周期解析函数的积分表示式. 由此出发, 乘上一个适当的因子, 就容易得到 MQ 函数的一个积分表示式; 但它对我们以后的讨论并不适用. 我们将导出它的另一种积分表示法.

设 $\varPhi^-(z) = u(z) + iv(z)$ 是 S^- 中一个 MQ 函数, 其乘数为 b_1, b_2, 即

$$\varPhi^-(z + 2\omega_j) = b_j \varPhi^-(z) \quad (b_j \neq 0, j = 1, 2) \quad ㊽$$

我们暂不限定 b_1, b_2 为实数.

对 $\log b_1$ 与 $\log b_2$ 各取一确定值. 定义两个 (复) 常数 λ, z_0, 使满足

$$2\omega_j \lambda - 2\eta_j z_0 = \log b_j \quad (j = 1, 2) \quad ㊾_1$$

λ 与 z_0 是确定的. 为确定起见, 我们要求 $z_0 \in S_0$, 当适当取定 $\log b_j$ $(j = 1, 2)$ 时, 这一定可以做到. 注意, λ 与 z_0 一般说来都是复常数, 即使 b_1, b_2 为实数时也是如此.

以下分两种情况讨论.

(1) $z_0 = 0$. 这时, 对适当选择的 $\log b_1, \log b_2$, 下式成立, 即

$$\omega_2 \log b_1 = \omega_1 \log b_2 \quad ㊾_2$$

且整函数 $\mathrm{e}^{\lambda z}$ 是乘法双准周期的, 也以 b_1, b_2 为乘数.

(2) $z_0 \neq 0$. 令

$$q(z) = \mathrm{e}^{\lambda z} \frac{\sigma(z - z_0)}{\sigma(z)} \quad ㊿$$

它是以 b_1, b_2 为乘数的 MQ 函数, 它在 S^- 内全纯 (虽然 $z = 0 \in S_0^+$ 是其单极点), 在 S_0^- 内有唯一的单零点.

我们要证明下面的定理.

定理 10 如果式 ㊾₂ 对某一组 $\log b_1$ 和 $\log b_2$ 成

135

立,那么 S^- 中 MQ 函数 $\Phi^-(z)$（具有边值 $\Phi^-(t) \in H$）有下列积分表示式

$$\Phi^-(z) = e^{\lambda z}\left(\frac{1}{2\pi i}\int_{L_0}\mu(t)e^{-\lambda t}(\zeta(t-z)+\zeta(z))dt + A\right)$$
$$(z \in S^-) \qquad ⑥1$$

其中 $\mu(t) \in H$ 是 L_0 上的一实函数,除一项 $\beta_0 + \text{Re}(C\omega(t))$ 外一意确定,这里 β_0 与 C 分别为任意的实或复常数,$\omega(z)$ 同本回开始部分所描述,而 A 是由 $\Phi^-(z)$ 唯一确定的常数.

证明 暂设存在 $\mu(t) \in H$ 于 L_0 上以及常数 A 使式 ⑥1 成立. 当 $z \in S_0^+$ 时,将此式右端的函数记为 $\Phi^+(z)$,它在 $z = 0$ 处一般有一单极点. 由普勒梅利公式

$$\Phi^{\pm}(t_0) = \pm\frac{1}{2}\mu(t_0) +$$
$$\frac{1}{2\pi i}\int_{L_0}\mu(t)e^{-\lambda(t-t_0)}(\zeta(t-t_0) +$$
$$\zeta(t_0))dt + Ae^{\lambda t_0} \quad (t_0 \in L_0) \qquad ⑥2$$

由与加法双准周期迪利克雷问题中相同的推理,可知

$$\Phi^+(t) = i(Sv)(t) + \beta_0 + \text{Re}(C\omega(t)) \qquad ⑥3$$

其中 S 是 S_0^+ 的施瓦茨算子:$(Sv)(z)$ 在 S_0^+ 内全纯且具性质

$$\text{Re}((Sv)(t)) = v(t),(Sv)^+(t) = (Sv)(t) \quad (t \in L_0)$$

而 β_0,C 为如定理 10 中描述的常数. 此外,记

$$\mu(t) = \mu_0(t) + \beta_0 + \text{Re}(C\omega(t)) \quad (t \in L_0) \qquad ⑥4$$

其中

$$\mu_0(t) = i(Sv)(t) - \Phi^-(t)$$
$$= -\text{Im}((Sv)(t)) - u(t) \qquad ⑥5$$

由 $\Phi^-(t)$ 唯一确定. 这样,如果前述表示式成立,那么 $\mu(t)$ 必为式 ⑥4 之形. 易见 $\beta_0 + \text{Re}(C\omega(t))$ 不影响其中的积分值.

令

$$\Psi^-(z) = \frac{e^{\lambda z}}{2\pi i}\int_{L_0} \mu_0(t)e^{-\lambda t}(\zeta(t-z)+\zeta(z))\mathrm{d}t \quad (z \in S^-)$$

将式 ㉟ 代入,立得

$$\Psi^-(z) = -\frac{e^{\lambda z}}{2\pi i}\int_{L_0} \Phi^-(z)e^{-\lambda t}\zeta(t-z)\mathrm{d}t$$

$$= \Phi^-(z) - \frac{e^{\lambda z}}{2\pi i}\int_{\Gamma} \Phi^-(\tau)e^{-\lambda t}\xi(\tau-z)\mathrm{d}\tau$$

$$(z \in S_0^-)$$

其中 Γ 为 S_0^+ 的(正向)边界. 我们要证明

$$A = e^{-\lambda z}(\Phi^-(z)-\Psi^-(z))$$

$$= \frac{1}{2\pi i}\int_{\Gamma} \Phi^-(\tau)e^{-\lambda \tau}\zeta(\tau-z)\mathrm{d}\tau \quad (z \in S_0^-)$$

实际上是一常数. 事实上, 利用 $e^{-\lambda \tau}\Phi^-(z)$ 的双周期性, 易见

$$A = \frac{\eta_1}{\pi i}\int_{\gamma_2} e^{-\lambda \tau}\Phi^-(\tau)\mathrm{d}\tau - \frac{\eta_2}{\pi i}\int_{\gamma_1} e^{-\lambda \tau}\Phi^-(\tau)\mathrm{d}\tau \quad ㊺$$

$z_0 \neq 0$, 亦即等式 ㊾$_2$ 不成立. 我们有下面定理.

定理 11 如果式 ㊾$_2$ 对任何 $\log b_1, \log b_2$ 的选取总不成立, 那么 S^- 中的 MQ 函数 $\Phi^-(z)$ 可表示为

$$\Phi^-(z) = \frac{e^{\lambda z}}{\sigma(z_0)}\frac{1}{2\pi i}\int_{L_0} \mu(t)e^{-\lambda t}\frac{\sigma(t-z+z_0)}{\sigma(t-z)}\mathrm{d}t \quad (z \in S^-)$$

$$㊻$$

其中 $\mu(t) \in H$ 为一实函数, 除去一个常数项 β_0 外, 由 $\Phi^-(z)$ 唯一确定.

证明 设式 ㊻ 对某一 $\mu(t) \in H$ 成立. 再把其右端定义为 $\Phi^+(z), z \in S_0^+$, 则有

$$\Phi^\pm(t) = \pm\frac{1}{2}\mu(t_0) + \frac{e^{\lambda t_0}}{\sigma(t_0)}\cdot\frac{1}{2\pi i}\int_{L_0} \mu(t)\cdot$$

$$e^{-\lambda t}\frac{\sigma(t-t_0+z_0)}{\sigma(t-t_0)}\mathrm{d}t \quad (t_0 \in L_0) \quad ㊼$$

与前面同样推理, 但要注意现在 $\Phi^+(z)$ 在 S_0^+ 内全纯, 代替式 ㊿, 我们有

$$\mu(t) = \mu(t_0) + \beta_0 \quad ㊽$$

这里 β_0 又是一个实常数,而 $\mu_0(t)$ 仍以式 ⑥⑤ 给出. β_0 不影响式 ⑥⑦ 中积分的值.

我们必须证明

$$\Phi^-(z) = \frac{e^{\lambda z}}{\sigma(z_0)} \cdot \frac{1}{2\pi i}\int_{l_0}\mu_0(t)e^{-\lambda t}\frac{\sigma(t-z+z_0)}{\sigma(t-z)}dt$$
$$(z \in S^-) \qquad ⑦⓪$$

将式 ⑥⑤ 代入此式,可以看出它等价于

$$\Phi^-(z) = -\frac{e^{\lambda z}}{\sigma(z_0)} \cdot \frac{1}{2\pi i}\int_{l_0}\Phi^-(t)e^{-\lambda t}\frac{\sigma(t-z+z_0)}{\sigma(t-z)}dt$$
$$(z \in S^-)$$

当固定任意 $z \in S_0^-$,式中被积式作为 t 的函数是双周期的,在 S^- 中解析,但在 S_0^- 中以 $t=z$ 为单极点.它沿 Γ 的积分必等于零.因此,在 S_0^- 中应用留数定理,上面等式对 $z \in S_0^-$ 成立,因而对 $z \in S^-$ 也成立.这就是说式 ⑦⓪ 成立.

4. 乘法双准周期的非齐次迪利克雷问题

现在来讨论一般的 MQD 问题:要求一个在 S^- 中的乘法双准周期函数 $\Phi^-(z)$,以二实数 β_1,β_2(不同时为 0,也不同时为 1)为乘数,满足边值条件式 ④⑦,其中 $f(t) \in H$ 为 L_0 上的一已知函数.当 $f(t) \equiv 0$ 时,相应问题 MQD_0 已在乘法双准周期的齐次迪利克雷问题中讨论过.下面设 $f(t) \not\equiv 0$.

沿用上段记号,也分两种情况讨论.

(1)设 $z_0 = 0$.这时如果 MQD 问题 ④⑦ 有一个解 $\Phi^-(z)$,那么它可以表示为式 ⑥①.于是,由式 ⑥② ,我们有(以下,总把 $\mu(t)$ 改为 $2\mu(t)$)

$$-\mu(t_0) + \mathrm{Re}\Big(\frac{1}{\pi i}\int_{l_0}\mu(t)e^{-\lambda(t-t_0)}(\zeta(t-t_0)+\zeta(t_0))dt\Big) +$$
$$\mathrm{Re}(Ae^{\lambda t_0}) = f(t_0) \quad (t_0 \in L_0) \qquad ⑦①$$

易见

$$k(t_0,t) = e^{-\lambda(t-t_0)}(\zeta(t-t_0)+\zeta(t_0)) - \frac{1}{t-t_0} \in H$$
$$⑦②$$

因此式 ⑦ 可改写为

$$K_1\mu \equiv \mu(t_0) - \frac{1}{\pi}\int_{L_0}\mu(t)\frac{\cos(r,\boldsymbol{n})}{r}\mathrm{d}s +$$

$$\int_{L_0}k_1(t_0,t)\mu(t)\mathrm{d}s$$

$$= -f(t_0) + \mathrm{Re}(Ae^{\lambda t_0}) \quad (t_0 \in L_0) \qquad ⑦$$

其中

$$k_1(t_0,t) = \mathrm{Re}\left(\frac{1}{\pi\mathrm{i}}k(t_0,t)\frac{\mathrm{d}t}{\mathrm{d}s}\right) \in H$$

$$\frac{1}{\pi}\int_{L_0}\mu(t)\frac{\cos(r,\boldsymbol{n})}{r}\mathrm{d}s = \mathrm{Re}\left(\frac{1}{\pi\mathrm{i}}\int_L\frac{\mu(t)}{t-t_0}\mathrm{d}t\right) \qquad ⑦$$

这里 $r = |t - t_0|$，$(r,\boldsymbol{n})$ 是向量 $t - t_0$ 与 L_0 上 t 处朝内法线 $\boldsymbol{n}$ 的夹角.

式 ⑦ 是一弗雷德霍姆方程. 考虑其可解性时,又分两种子情况.

（ⅰ）设齐次 MQD_0 问题式 ⑭ 只有平凡解 $\Phi^-(z) = 0$. 因此,由式 ⑥,$A = 0$. 这表明,由定理 10,$K_1\mu = 0$ 有一般解 $\beta_0 + \mathrm{Re}(C\omega(t))$,含三个线性无关解式 ⑱. 沿用那里的记号,设相联方程 $K_1'\nu = 0$ 的三个解为 $\nu_j(t)(j = 1,2,3)$,则方程 ⑦ 当且仅当下列条件满足时可解

$$\mathrm{Re}\left(A\int_{L_0}e^{\lambda t}\nu_j(t)\mathrm{d}s\right) = \int_{L_0}f(t)\nu_j(t)\mathrm{d}s \quad (右端记为 f_j)$$
$$(j = 1,2,3) \qquad ⑦$$

在这一子情况下,我们又可看到,如果 $f(t) = 0$，$A = 1$,那么式 ⑦ 无解. 记

$$\int_{L_j}e^{\lambda t}\nu_j(t)\mathrm{d}s = I_j + \mathrm{i}J_j \quad (j = 1,2,3) \qquad ⑦$$

因此 I_1, I_2, I_3 不能同时为 0,例如 $I_3 \neq 0$. 我们将 $\nu_j(t)$ 正规化,使得

$$I_1 = I_2 = 0, I_3 = 1$$

又记 $A = \alpha + \mathrm{i}\beta$,则式 ⑦ 成为

$$\beta J_j = -f_j \quad (j = 1,2)$$
$$\alpha = f_3 + \beta J_3 \qquad ⑦$$

J_1, J_2 不能同时为 0, 否则的话, 当 $f(t) = 0$ 时, β 可以任意, 因而 $f_j = 0 (j = 1, 2, 3)$, 从而 $A = \alpha + i\beta \neq 0$, 矛盾. 于是, 式 ⑦ 表明一个可解条件, 而 α, β 可一意确定.

注意, 在这种情况下, MQD 问题式 ㊿ 解的(实)广义自由度 $r = l - m = -1$ (l 是其解中所含的任意实常数的个数, m 是其实可解条件的个数), 这里 $l = 0, m = 1$.

(ii) 设 MQD_0 问题式 ㊾ 有唯一的非零解 $\Phi_0^-(z)$ (不计一实常数系数). 记 $\Phi_0^-(z)$ 中相关的常数 $A = A_0$. 又分两种情况.

(a) $A_0 \neq 0$. 这时方程 $K_1\mu = \text{Re}(Ae^{\lambda t})$ 当且仅当 $A = A_0 (\neq 0)$ 时可解, 因此 $K_1\mu = 0$ 仍恰有三个线性无关解如前. 式 ⑦ (对于 $A = \alpha + i\beta$) 的可解条件仍为式 ⑦. 这里必定有 $J_1 = J_2 = 0$, 因为否则的话, 式 ㊾ 将有一解 $\Phi_0^-(z)$ (其中 $A_0 \neq 0$). 这样, 式 ⑦ 成为两个可解条件 $f_1 = f_2 = 0$, β 可以任意, 而 α 由 β 唯一确定

$$\alpha = f_3 + \beta J_3$$

这时, 式 ㊼ 的一般解为

$$\Phi^-(z) = \beta\Phi_0^-(z) + \Phi_1^-(z)$$

其中, β 是一任意实常数, $\Phi_1^-(z)$ 是其一特解, 相应于方程 $K_1\mu = f(t) + \text{Re}(f_3 e^{\lambda t})$ 的解 $\mu = \mu_1(t)$.

在这一情况下, 仍有 $r = -1$ ($l = 1, m = 2$).

(b) $A_0 = 0$. 在这种情况下, $K_1\mu_0 = 0$ 除去前述的三个解以外, 存在着另一线性无关的解 $\mu_0(t)$, 由它得出式 ㊳ 的一个解 $\Phi_0(z) \neq 0$. 这时 $K_1'\nu = 0$ 有 4 个线性无关解 $\nu_j(t), j = 0, 1, 2, 3$. 仍定义 I_j, J_j 如式 ⑦, 但 $j = 0, 1, 2, 3$. 式 ⑦ 的可解条件仍由式 ⑦ 给出, 但 $j = 0, 1, 2, 3$. 我们将证明 $I_j, j = 0, 1, 2, 3$ 不能同时为零. 当 $f(t) \neq 0$ 时, 式 ⑦ 成为

$$\alpha I_j - \beta J_j = 0 \quad (j = 0, 1, 2, 3) \qquad ⑦$$

且 $K_1\mu = \text{Re}(Ae^{\lambda t})$ 当且仅当 $A = 0$, 即 $\alpha = \beta = 0$ 时可

解. 但是, 设若 $I_j = 0, j = 0,1,2,3$, 则式 ⑦⑧ 将有解 $\beta = 0, \alpha$ 可任意, 矛盾. 这样, 我们可以把 $\nu_j(t)$ 正规化如前, 使得

$$I_j = 0 \quad (j = 0,1,2)$$
$$I_3 = 1$$

而式 ⑦⑤ 成为

$$J_j = -f_j \quad (j = 0,1,2)$$
$$\alpha_3 = f_3 + \beta J_3 \tag{⑦⑨}$$

同样道理, 可知 $J_j, j = 0,1,2$ 不能同时为 0, 因此式 ⑦⑨ 降为两个可解条件, 而 $A = \alpha + i\beta$ 一意确定. 当它们满足时, 可得式 ④⑦ 的一般解

$$\Phi^-(z) = D\Phi_0^-(z) + \Phi_1^-(z) \tag{⑧⓪}$$

其中, D 为任意实常数, $\Phi_1^-(z)$ 是它的一个特解, 对应于式 ⑦③ 的特解 $\mu_1(t)$.

在这种情况下, 仍有 $r = -1(l = 1, m = 2)$.

(2) $z_0 \neq 0$. 如果问题有解, 利用式 ⑥⑥⑥⑦($\mu(t)$ 仍改为 $2\mu(t)$), 我们得到

$$-\mu(t_0) + \operatorname{Re}\left(\frac{e^{\lambda t_0}}{\sigma(z_0)} \frac{1}{\pi i} \int_{L_0} \mu(t) e^{-\lambda t} \frac{\sigma(t - t_0 + z_0)}{\sigma(t - t_0)} dt\right)$$
$$= f(t_0) \quad (t_0 \in L_0) \tag{⑧①}$$

易证

$$\frac{e^{-\lambda(t-t_0)}}{\sigma(z_0)} \cdot \frac{\sigma(t - t_0 + z_0)}{\sigma(t - t_0)} - \frac{1}{t - t_0} \in H$$

如前可知, 式 ⑧① 是如下的弗雷德霍姆方程

$$K_2\mu \equiv \mu(t_0) - \frac{1}{\pi}\int_{L_0} \mu(t) \frac{\cos(r,\boldsymbol{n})}{r} ds +$$
$$\int_{L_0} k_0(t_0,t)\mu(t) ds$$
$$= -f(t_0) \quad (t_0 \in L_0) \tag{⑧②}$$

其中 $k(t_0,t) \in H$.

与前一情况相仿, 可证 $K_2\mu = 0$ 只有一个线性无关解 1, 或者还有另一解 $\mu_0(t)$, 视式 ④⑨ 只有平凡解, 或者有一非零解 $\Phi_0^-(z)$.

在前一情况下,$K'_2\nu = 0$ 只有一个解 $\nu(t)$,而式 ⑧ 当且仅当

$$\int_{l_0} f(t)\nu(t)\,\mathrm{d}s = 0 \qquad \text{⑧}$$

时可解,且解唯一(虽然 $\mu(t)$ 可差一实常数项 β_0).

这时广义自由度仍为 $r = -1(l = 0, m = 1)$.

若 $K_2\mu = 0$ 有两个解 1 与 $\mu_0(t)$,则 $K'_2\nu = 0$ 也有两个解 $\nu_1(t), \nu_2(t)$. 于是式 ⑧ 当且仅当

$$f_j = \int_{l_0} f(t)\nu_j(t) = 0 \quad (j = 1, 2) \qquad \text{⑧}$$

满足时可解,而式 ⑧ 有一特解 $\mu_1(t)$,相应于式 ⑰ 的解 $\Phi_1^-(z)$. 其一般解由式 ⑧ 给出.

这时仍有 $r = -1(l = 1, m = 2)$.

于是,我们有下面的定理.

定理 12 MQD 问题解的广义自由度等于 -1,在其一般解中至多有一个实常数.

多复变与泊松核

在 $\mathbf{C}^1$ 空间,若 $f(z) = u + \mathrm{i}v$ 是全纯函数,u 和 v 都满足拉普拉斯方程

$$\frac{\partial^2 u}{\partial z \partial \bar{z}} = 0, \frac{\partial^2 v}{\partial z \partial \bar{z}} = 0$$

或

$$\frac{\partial^2 u}{\partial x^2} + \frac{\partial^2 u}{\partial y^2} = 0, \frac{\partial^2 v}{\partial x^2} + \frac{\partial^2 v}{\partial y^2} = 0$$

即 u, v 为调和函数,其边值问题即所谓迪利克雷问题,在 $\mathbf{C}^1$ 上这个问题有解.

那么,对于 $\mathbf{C}^n(n > 1)$ 空间又是如何呢? 设 u 是域 $D \subset \mathbf{C}^n$ 上全纯函数 $f(z)$ 的实部,即 $u = \dfrac{1}{2}(f + \bar{f})$,于是 u 满足偏微分方程组

$$\frac{\partial^2 u}{\partial z_\alpha \partial \bar{z}_\beta} = 0 \quad (\alpha, \beta = 1, 2, \cdots, n) \qquad \text{①}$$

或者

$$\frac{\partial^2 u}{\partial x_\alpha \partial y_\beta} + \frac{\partial u^2}{\partial y_\alpha \partial y_\beta} = 0, \frac{\partial^2 u}{\partial x_\alpha \partial y_\beta} - \frac{\partial^2 u}{\partial x_\beta \partial y_\alpha} = 0$$
$$(\alpha, \beta = 1, 2, \cdots, n)$$

$(f(z))$ 的虚部 $v = \dfrac{1}{2i}(f - \bar{f})$ 自然亦适合此方程组). 我
们称有二阶连续偏导数的实值函数 $u(x, y)$ 且满足式
① 者为 B 调和函数. 注意 $n = 1$ 时, 就是普通的调和函
数. 反之, 给予一域 D 的调和函数 u, 是否存在另一 B
调和函数 v, 使得 $u + iv$ 在域 D 全纯? 回答是肯定的.
实际上

$$v(x_1, y_1, \cdots, x_n, y_n) = \int_{z_0}^{z} \sum_{\alpha=1}^{n} \left(-\frac{\partial u}{\partial y_\alpha} \mathrm{d}x_\alpha + \frac{\partial u}{\partial x_\alpha} \mathrm{d}y_\alpha \right)$$

就是所需函数(注意 v 一般是非单值函数, 除非 D 是单
连通的). 一个自然的想法是偏微分方程组 ① 的边值
问题应如何提出? 当 $n > 1$ 时, 若给定一域 D 的连续
边界值是否相应地存在唯一的 B 调和函数取已给的
边界值呢? 这个问题一般无解, 例如 $n = 2$ 时, 偏微分
方程组 ① 可写为

$$\frac{\partial^2 u}{\partial z_1 \partial \bar{z}_1} = 0, \frac{\partial^2 u}{\partial z_2 \partial \bar{z}_2} = 0, \frac{\partial^2 u}{\partial z_2 \partial \bar{z}_1} = 0 \qquad ②$$

今在单位双圆柱 $P_2 = \{ |z_1| < 1, |z_2| < 1 \}$ 的特征流
形 $L_2 = \{ |\xi_1| = 1, |\xi_2| = 1 \}$ 上给定连续实值函数
$\varphi(\xi_1, \xi_2)$, 则易知双重泊松积分

$$u(z_1, z_2) = \frac{1}{(2\pi)^2} \int_0^{2\pi} \int_0^{2\pi} \frac{1 - |z_1|^2}{|1 - z_1 e^{-i\theta_1}|^2} \cdot$$

$$\frac{1 - |z_2|^2}{|1 - z_2 e^{-i\theta_2}|^2} \varphi(e^{i\theta_1}, e^{i\theta_2}) \mathrm{d}\theta_1 \mathrm{d}\theta_2$$

在 p_2 中满足方程组 ② 中前两个方程, 取极限后就可
以看出泊松积分所确定的函数 $u(z_1, z_2)$ 在 p_2 上的边
界值已经完全由 $\varphi(\xi_1, \xi_2)$ (注意 $(\xi_1, \xi_2) \in L_2$) 所确
定. 由极值原理知 $u(z_1, z_2)$ 是满足方程组 ② 中前两个
方程的函数, 且是取已给边界值 $\varphi(\xi_1, \xi_2)$ 的唯一解.

因此满足方程组②中前两个方程的函数不能在 p_2 的边界上任意给定连续的边界值. 甚至仅给出特征流形 L_2 上的连续边界值, 也未必有一在 p_2 满足方程组② 的函数, 使得在 p_2 的边界上连续, 且在 L_2 上取已给的边界值. 例如, 在 L_2 上给定连续函数 $\xi_1 \overline{\xi_2} + \overline{\xi_1}\xi_2$, 若方程组②有一解 $u(z_1, z_2)$ 取已给的边界值, 则 u 必满足方程组②的前两个方程, 而由上述知方程组②的前两个方程的解是唯一的, 于是必须有

$$u(z_1, z_2) = z_1 \overline{z_2} + \overline{z_1} z_2$$

但是

$$\frac{\partial^2 u}{\partial z_1 \partial \overline{z_2}} = 1 \neq 0$$

偏微分方程组的研究不仅对于函数论, 而且对于偏微分方程的理论也是十分重要的. 迄今还只有很少的结果. 华罗庚在 20 世纪 50 年代首先考虑具有特征流形的四类典型域, 进而研究在特征流形上给定连续边界值后, 有唯一解的偏微分方程.

关于四类典型域的泊松核如下.

(1) 对于 R_{I}, 我们有

$$p(\mathbf{Z}, \mathbf{V}) = \frac{\det(\mathbf{I} - \mathbf{Z}\overline{\mathbf{Z}'})^n}{V(D_{\mathrm{I}}) \mid \det(\mathbf{I} - \mathbf{Z}\overline{\mathbf{V}'}) \mid^{2n}}$$

此 $\mathbf{V}$ 在 D_{I} 上, 当 $m = n$ 时可以另写为

$$p(\mathbf{Z}, \mathbf{V}) = \frac{\det(\mathbf{I} - \mathbf{Z}\overline{\mathbf{Z}'})^n}{v(D_{\mathrm{I}}) \mid \det(\mathbf{Z} - \mathbf{V}) \mid^{2n}}$$

(2) 对于 R_{II}, 我们有

$$p(\mathbf{Z}, \mathbf{S}) = \frac{\det(\mathbf{I} - \mathbf{Z}\overline{\mathbf{Z}'})^{\frac{1}{2}(n+1)}}{v(D_{\mathrm{II}}) \mid \det(\mathbf{I} - \mathbf{ZS}) \mid^{n+1}}$$

此处 $\mathbf{S}$ 在 D_{II} 上.

(3) 对于 R_{III}, 若 n 为偶数, 则

$$p(\mathbf{Z}, \mathbf{K}) = \frac{\det(\mathbf{I} + \mathbf{Z}\overline{\mathbf{Z}})^{\frac{1}{2}(n-1)}}{v(D_{\mathrm{III}}) \mid \det(\mathbf{I} + \mathbf{Z}\overline{\mathbf{K}}) \mid^{n-1}}$$

若 n 为奇数,则

$$p(\boldsymbol{Z},\boldsymbol{K}) = \frac{\det(\boldsymbol{I} + \boldsymbol{Z}\bar{\boldsymbol{Z}})^{\frac{1}{2}n}}{v(D_{\mathrm{III}}) \mid \det(\boldsymbol{I} + \boldsymbol{Z}\bar{\boldsymbol{K}}) \mid^{n}}$$

此 $\boldsymbol{K}$ 在 D_{III} 上.

(4) 对于 R_{IV}

$$p(\boldsymbol{Z},\boldsymbol{\xi}) = \frac{(1 + \mid \boldsymbol{Z}\boldsymbol{Z}' \mid^{2} - \boldsymbol{Z}\,\bar{\boldsymbol{Z}}\boldsymbol{Z}')^{\frac{1}{2}n}}{v(D_{\mathrm{IV}}) \mid (\boldsymbol{Z} - \boldsymbol{\xi}) \mid \mid (\boldsymbol{Z} - \boldsymbol{\xi})' \mid^{n}}$$

此处 $\boldsymbol{\xi}$ 在 D_{IV} 上.

西格尔与正规对称齐性域

定理 1 设 $K(z,\bar{z})$ 为 C^{n} 中有界域 D 的伯格曼 (Bergman) 核函数,则域 D 关于伯格曼度量

$$\mathrm{d}s^{2} = \sum \frac{\partial^{2} \log K(z,\bar{z})}{\partial z_{i}\partial \bar{z}_{j}} \mathrm{d}z_{i} \otimes \overline{\mathrm{d}z_{j}} = \mathrm{d}z T(z,\bar{z})\,\overline{\mathrm{d}z}' \quad ①$$

的拉普拉斯 – 贝尔特拉米(Laplace-Beltrami)算子为

$$\Delta = \mathrm{tr}\ T(z,\bar{z})^{-1} \frac{\partial^{2}}{\partial z'\partial z} = \sum h^{ij}(z,\bar{z}) \frac{\partial^{2}}{\partial z_{i}\partial z_{j}} \quad ②$$

其中

$$T(z,\bar{z}) = (h_{ij}(z,\bar{z})) = \left(\frac{\partial^{2} \log K(z,\bar{z})}{\partial z_{i}\partial \bar{z}_{j}}\right) \quad ③$$

为伯格曼度量方阵,又

$$T(z,\bar{z})^{-1} = (h^{ij}(z,\bar{z})) \quad ④$$

证明 记

$$x = (\mathrm{Re}(z),\mathrm{Im}(z)) = \left(\frac{1}{2}(z + \bar{z}),\frac{1}{2\sqrt{-1}}(z - \bar{z})\right)$$

则 $\qquad \mathrm{d}x = \frac{1}{2}(\mathrm{d}z,\overline{\mathrm{d}z})\boldsymbol{U}$

其中

$$\boldsymbol{U} = \frac{1}{2}\begin{pmatrix} \boldsymbol{I}^{(n)} & -\sqrt{-1}\boldsymbol{I} \\ \boldsymbol{I} & \sqrt{-1}\boldsymbol{I} \end{pmatrix} \in \boldsymbol{U}(2n)$$

于是伯格曼度量

$$\mathrm{d}s^2 = \mathrm{d}z T(z,\bar{z})\,\overline{\mathrm{d}z}' = \frac{1}{2}(\,\mathrm{d}z,\overline{\mathrm{d}z})\begin{pmatrix} \boldsymbol{0} & \boldsymbol{T} \\ \overline{\boldsymbol{T}} & \boldsymbol{0} \end{pmatrix}(\,\mathrm{d}z,\overline{\mathrm{d}z})'$$

有 $\mathrm{d}s^2 = \mathrm{d}x G(x)\mathrm{d}x'$，其中

$$G(x) = \overline{\boldsymbol{U}}'\begin{pmatrix} \boldsymbol{0} & \boldsymbol{T} \\ \overline{\boldsymbol{T}} & \boldsymbol{0} \end{pmatrix}\overline{\boldsymbol{U}} = (g_{ij})$$

$$G(x)^{-1} = (g^{ij}) = \boldsymbol{U}'\begin{pmatrix} \boldsymbol{0} & \overline{\boldsymbol{T}}^{-1} \\ \boldsymbol{T}^{-1} & \boldsymbol{0} \end{pmatrix}\boldsymbol{U}$$

由微分几何可知，关于黎曼度量

$$\mathrm{d}s^2 = \mathrm{d}x G(x)\mathrm{d}x'$$

的拉普拉斯 - 贝尔特拉米算子为

$$\Delta = \frac{1}{4}(\det G(x))^{-\frac{1}{2}}\cdot$$

$$\sum_{k=1}^{2n}\frac{\partial}{\partial x_k}\Big(\sum_{i=1}^{2n}(\det G(x))^{\frac{1}{2}}g^{ik}(x)\frac{\partial}{\partial x_i}\Big)$$

由于

$$\det G(x) = (\det \overline{\boldsymbol{U}})^2(-1)^{n^2}|\det \boldsymbol{T}(z,\bar{z})|^2 = (\det \boldsymbol{T})^2$$

又由 $\det \boldsymbol{T} > 0$ 及 $\dfrac{\partial}{\partial x} = \sqrt{2}\Big(\dfrac{\partial}{\partial z},\dfrac{\partial}{\partial \bar{z}}\Big)\overline{\boldsymbol{U}}$. 于是

$$\Delta = \frac{1}{2}(\det \boldsymbol{T})^{-1}\Big(\frac{\partial}{\partial z},\frac{\partial}{\partial \bar{z}}\Big)\cdot$$

$$\det \boldsymbol{U}\Big(\begin{pmatrix} \boldsymbol{0} & \overline{\boldsymbol{T}}^{-1} \\ \boldsymbol{T}^{-1} & \boldsymbol{0} \end{pmatrix}\Big(\frac{\partial}{\partial z},\frac{\partial}{\partial \bar{z}}\Big)'\Big)$$

$$= \operatorname{tr} \boldsymbol{T}(z,\bar{z})^{-1}\frac{\partial^2}{\partial z'\partial\bar{z}} + (\det \boldsymbol{T})^{-1}\operatorname{Re}\Big(\frac{\partial}{\partial z}(\det \boldsymbol{T})\overline{\boldsymbol{T}}^{-1}\Big)\frac{\partial'}{\partial\bar{z}}$$

因此为了证明

$$\Delta = \operatorname{tr} \boldsymbol{T}^{-1}\frac{\partial^2}{\partial z'\partial\bar{z}}$$

只要证明

$$\frac{\partial}{\partial z}((\det \boldsymbol{T})\overline{\boldsymbol{T}}^{-1}) = 0$$

就够了. 事实上

$$(\det \boldsymbol{T})^{-1} \left(\frac{\partial}{\partial z} ((\det \boldsymbol{T}) \overline{\boldsymbol{T}}^{-1}) \right) \frac{\partial'}{\partial \bar{z}}$$

$$= (\det \boldsymbol{T})^{-1} \sum_{i,j=1}^{n} \left(\frac{\partial}{\partial z_i} (\det \boldsymbol{T}) h^{ji} \right) \frac{\partial}{\partial \bar{z}_j}$$

$$= \sum \frac{\partial h^{ji}}{\partial z_i} \cdot \frac{\partial}{\partial \bar{z}_j} + \sum_{i,J} \frac{\partial \log (\det \boldsymbol{T})}{\partial z_i} h^{ji} \frac{\partial}{\partial \bar{z}_j}$$

$$= - \sum_{i,J,p,q} h^{jp} \frac{\partial h_{pq}}{\partial z_i} h^{qi} \frac{\partial}{\partial \bar{z}_j} + \sum_{i,J} h^{ji} (\operatorname{tr} \boldsymbol{T}^{-1} \frac{\partial \boldsymbol{T}}{\partial z_i}) \frac{\partial}{\partial \bar{z}_j}$$

$$= - \sum_{i,J,p,q} h^{jp} h^{qi} \frac{\partial^3 \log K(z,\bar{z})}{\partial z_i \partial z_p \partial \bar{z}_p} \cdot \frac{\partial}{\partial \bar{z}_j} +$$

$$\sum_{i,J,p,q} h^{ji} h^{pq} \frac{\partial h_{qp}}{\partial z_i} \cdot \frac{\partial}{\partial \bar{z}_j}$$

$$= - \sum_{i,J,p,q} h^{jp} h^{qi} \frac{\partial h_{iq}}{\partial z_p} \cdot \frac{\partial}{\partial \bar{z}_q} + \sum_{i,J,p,q} h^{ji} h^{pq} \frac{\partial h_{qp}}{\partial z_i} \cdot \frac{\partial}{\partial \bar{z}_j}$$

$$= 0$$

因此证明了断言. 证毕.

定义 1 记 Δ 为有界域 D 上关于伯格曼度量 $\mathrm{d}s^2$ 的拉普拉斯 – 贝尔特拉米算子. 域 D 上的实二阶连续可微函数 $f(z,\bar{z})$ 称为关于拉普拉斯 – 贝尔特拉米算子 Δ 的调和函数, 简称为调和函数, 如果它适合微分方程

$$\Delta f = 0 \qquad\qquad ⑤$$

对域 D 上的全纯自同构群 $\mathrm{Aut}(D)$ 中任一元素 $\sigma : w = f(z)$, 伯格曼度量方阵有

$$\frac{\partial w}{\partial z} \boldsymbol{T}(w,\bar{w}) \frac{\overline{\partial w'}}{\partial z} = \boldsymbol{T}(z,\bar{z}) \qquad ⑥$$

及

$$\frac{\partial^2}{\partial z' \partial \bar{z}} = \frac{\partial w}{\partial z} \cdot \frac{\partial^2}{\partial w' \partial \bar{w}} \frac{\overline{\partial w'}}{\partial z}$$

其中

$$\frac{\partial^2}{\partial z' \partial \bar{z}} = \begin{pmatrix} \dfrac{\partial^2}{\partial z_1 \partial \bar{z}_1} & \cdots & \dfrac{\partial^2}{\partial z_1 \partial \bar{z}_n} \\ \vdots & & \vdots \\ \dfrac{\partial^2}{\partial z_n \partial \bar{z}_1} & \cdots & \dfrac{\partial^2}{\partial z_n \partial \bar{z}_n} \end{pmatrix} \qquad ⑦$$

于是

$$\Delta_z = \operatorname{tr} \boldsymbol{T}(z,\bar{z})^{-1} \frac{\partial^2}{\partial z' \partial \bar{z}}$$

$$= \operatorname{tr} \boldsymbol{T}(w,\bar{w})^{-1} \frac{\partial^2}{\partial w' \partial \bar{w}} = \Delta_w \qquad ⑧$$

这证明了有界域 D 上关于伯格曼度量的拉普拉斯 – 贝尔特拉米算子在全纯自同构群 $\operatorname{Aut}(D)$ 作用下不变.

在域 D 上的所有调和函数构成的集合为线性空间 $B(D)$.

今 $\sigma \in \operatorname{Aut}(D), \sigma : w = f(z)$. 任取函数 $F(z,\bar{z})$, 于是有函数 $\widehat{F}(w,\bar{w}) = \widehat{F}(f(z),\overline{f(z)}) = F(z,\bar{z})$. 由 $F \in B(D)$, 即 $\Delta_z F(z,\bar{z}) = 0$, 则有 $\Delta_w F(z,\bar{z}) = \Delta_w \widehat{F}(w,\bar{w}) = 0$. 这证明了 $F(z,\bar{z}) \in B(D)$, 则 $\widehat{F}(w,\bar{w}) \in B(D)$. 在调和函数空间 $B(D)$ 上引进映射 $F \to \widehat{F}$. 实际上, 此映射为 σ^*, 它是线性空间 $B(D)$ 上的线性同构, 即有 $\sigma^*(B(D)) = B(D)$.

利用线性同构 σ^*, 在 D 为齐性有界域时, 为了验证函数 $F \in B(D)$ 为调和函数, 问题化为计算如下关系: 任取 D 中固定点 z_0, 则

$$\operatorname{tr} \boldsymbol{T}(z_0,\bar{z}_0)^{-1} \frac{\partial^2 F(\sigma^{-1}(z),\sigma^{-1}(z))}{\partial z' \partial \bar{z}} \bigg|_{z=z_0, \bar{z}=\bar{z}_0} = 0 \quad ⑨$$

其中 σ 为全纯自同构, 它将域 D 中点 z_1 映为固定点 z_0.

熟知调和函数论中一个重要问题是给了域 D 的希洛夫 (Shilov) 边界 $S(D)$, 考虑实解析子流形 $S(D)$

上的连续且平方可积函数类

$$C(S(D)) \cap L^2(S(D),\mu)$$

其中可积的含义为对实解析子流形 m 上的一个确定的测度 μ 而言. 且考虑拉普拉斯 – 贝尔特拉米方程

$$\Delta f = 0 \qquad\qquad ⑩$$

的迪利克雷问题, 即给定边值 $f(\xi)$, $\forall \xi \in S(D)$, 是否有适合拉普拉斯 – 贝尔特拉米方程 ⑩ 的解 F 使得

$$\lim_{z \to \xi} F(z) = f(\xi) \quad (\forall \xi \in S(D))$$

现在给出泊松核的定义.

定义 2　实值函数 $P(z, \bar{\xi})$, $\forall z \in D, \xi \in S(D)$ 称为域 D 上的泊松核函数, 如果它适合下面条件:

(1) $P(z, \bar{\xi}) > 0$, $\forall z \in D, \xi \in S(D)$.

(2) 记 $P(z, \bar{\xi})$ 为关于 z 及 $\bar{\xi}$ 的域 $D \times \bar{D}$ 上的全纯函数, 其中 $\bar{D}$ 记作 D 的共轭点集, 即 $\bar{D} = \{\bar{z} \mid z \in D\}$. 又关于 $\operatorname{Re} \xi, \operatorname{Im} \xi$ 为 $D \cup S(D)$ 上的实解析函数;

(3) $\Delta_z P(z, \bar{\xi}) = 0$, $\forall z \in D, \xi \in S(D)$.

(4) 任取 $f(\xi) \in C(S(D)) \cap L^2(S(D), \mu)$.

因此

$$f(z) = \int_{S(D)} P(z, \bar{\xi}) f(\xi) \mu(\xi)$$

为域 D 上的调和函数, 且

$$\lim_{z \to \xi} f(z) = f(\xi) \quad (\forall \xi \in S(D))$$

今任取 $\sigma \in \operatorname{Aut}(D)$, 如果 σ 可开拓到域 D 的希洛夫边界 $S(D)$ 上为实解析自同构, 那么有泊松积分

$$f(z) = \int_{S(D)} P(z, \bar{\xi}) f(\xi) \mu(\xi)$$

$$= \int_{S(D)} P(z, \sigma \overline{(\xi)}) f(\sigma(\xi)) J_\sigma \mu(\xi)$$

其中 J_σ 为 σ 关于测度 $\mu(\xi)$ 的雅可比行列式, 因此有

$$(\sigma^* f)(z) = f(\sigma(z)) = \int_{S(D)} P(\sigma(z), \overline{\sigma(\xi)})$$

$$f(\sigma(\xi) \mid J_\sigma \mid \mu(\xi)) = \int_{S(D)} P(z, \bar{\xi}) f(\sigma(\xi)) \mu(\xi)$$

这证明了

$$\int_{S(D)} (P(\sigma(z),\overline{\sigma(\xi)}) \mid J_\sigma \mid -$$

$$P(z,\overline{\xi})f(\sigma(\xi)))\mu(\xi)$$

$$= 0 \qquad\qquad ⑪$$

如果

$$P(\sigma(z),\overline{\sigma(\xi)}) \mid J_\sigma \mid - P(z,\overline{\xi}) \in C(S(D)) \cap$$

$$L^2(S(D),\mu) \quad (\forall z \in D)$$

取

$$f(\sigma(\xi)) = P(\sigma(z),\overline{\sigma(\xi)}) \mid J_\sigma \mid - P(z,\overline{\xi})$$

那么 $f(\sigma(\xi)) = P(\sigma(z),\overline{\sigma(\xi)}) \mid J_\sigma \mid - P(z,\overline{\xi})$ 关于 ξ 在 m 上几乎处处等于零. 由泊松核的定义条件(2),有 $P(\sigma(z),\overline{\sigma(\xi)}) \mid J_\sigma \mid = P(z,\overline{\xi})$.

引理1 设 D 为 $\mathbf{C}^n$ 中有界域,且 $\sigma \in \mathrm{Aut}(D)$ 诱导了希洛夫边界 $S(D)$ 上的实解析自同构 σ,使得 σ 关于测度 μ 的雅可比行列式 J_σ 属于 $C(S(D)) \cap L^2(S(D))$. 若在有界域 D 上有关拉普拉斯 – 贝尔特拉米算子的泊松核 $P(z,\overline{\xi})$,则有

$$P(\sigma(z),\overline{\sigma(\xi)}) \mid J_\sigma \mid = P(z,\overline{\xi})$$

$$(\forall z \in D, \xi \in S(D)) \qquad ⑫$$

若 D 为齐性有界域,且 $\mathrm{Aut}(D)$ 限制在希洛夫边界 $S(D)$ 上可微,则差一个正实常数,式⑫唯一决定泊松核.

另一方面,若 D 为 $\mathbf{C}^n$ 中有界域,$S(D)$ 为它的希洛夫边界. 若域 D 有柯西 – 塞格(Cauchy-Szegö)核 $S(z,\overline{\xi})$,于是任取 $f(\xi) \in C(S(D)) \cap L^2(S(D),\mu)$,则

$$f(z) = \int_{S(D)} S(z,\overline{\xi})f(\xi)\mu(\xi)$$

在域 D 上全纯,取 $g(\xi) = S(\xi,\overline{z})f(\xi)$,代入有

$$S(z,\overline{z})f(z) = \int_{S(D)} S(z,\overline{\xi})S(\xi,\overline{z})f(\xi)\mu(\xi)$$

由于柯西 – 塞格核 $S(z,\bar{\xi})$ 有

$$S(z,\bar{\xi}) = S(\xi,\bar{z})$$

有

$$S(z,\bar{z})f(z) = \int_{S(D)} |S(z,\bar{\xi})|^2 f(\xi)\mu(\xi)$$

即有

$$f(z) = \int_{S(D)} \frac{|S(z,\bar{\xi})|^2}{S(z,\bar{z})} f(\xi)\mu(\xi)$$

记

$$P(z,\bar{\xi}) = \frac{|S(z,\bar{\xi})|^2}{S(z,\bar{z})}$$

则 $f(\xi) \in C(S(D)) \cap L^2(S(D),\mu)$ 在希洛夫边界 $S(D)$ 上有积分表达式

$$f(z) = \int_{S(D)} P(z,\bar{\xi})f(\xi)\mu(\xi)$$

定义 3　设 D 为 $\mathbf{C}^n$ 中有界域,设 D 上有柯西 – 塞格核 $S(z,\bar{\xi})$,则函数

$$P(z,\xi) = \frac{|S(z,\bar{\xi})|^2}{S(z,\bar{z})} \quad (\forall z \in D, \xi \in S(D)) \quad ⑬$$

称为域 D 的形式泊松核

$$f(z) = \int_{S(D)} P(z,\bar{\xi})f(\xi)\mu(\xi) \quad ⑭$$

称为域 D 的形式泊松积分.

用定义 2 来检验形式泊松核是否为泊松核,这需要验证定义 2 的条件(3). 另一方面,注意到柯西 – 塞格核 $S(z,\bar{\xi})$ 有关系

$$S(\sigma(z),\overline{\sigma(\xi)})J_\sigma = S(z,\bar{\xi}) \quad ⑮$$

这里 J_σ 为关于测度 μ 的雅可比行列式,它是希洛夫边界 $S(D)$ 上的实解析函数,记作 $J_\sigma(\xi)$. 由式 ⑬ 有

$$P(\sigma(z),\sigma(\xi)) = P(z,\xi)|J_\sigma(\xi)|^{-2}J_\sigma(z) \quad ⑯$$

在 $J_\sigma(z) = |J_\sigma(\xi)|$ 时,式 ⑯ 改为式 ⑫.

华罗庚在 1958 年证明了四大类典型域的形式泊

松核为泊松核,且得出了泊松核的明显表达式.在 1965 年,克朗涅(Korànyi)用半单李群的工具,证明了在对称有界域时,形式泊松核为泊松核. 1976 年,Vagi 提出如下猜想:设 D 为齐性有界域,形式泊松核为泊松核当且仅当域对称.其实在 1965 年,陆汝铃已在一个具体的非对称齐性西格尔(Siegel)域的情形,证明了它的形式泊松核不是泊松核.在这里,我们给出 Vagi 猜想的肯定答案.

现在考虑正规西格尔域 $D(V_N,F)$. 由 $D(V_N,F)$ 有柯西 – 塞格核

$$S(z,u;\bar{\xi},\bar{\eta})$$
$$= c_0 \prod_{j=1}^{N} \det C_j \left(\frac{1}{2\sqrt{-1}} (z - \bar{\xi}) - F(u,\eta) \right)^{\lambda_j} \quad ⑰$$

其中

$$\sum_{i=1}^{j} \lambda_i n_{ij} = -\frac{1}{2}(n_j + n'_j + 2m_j) \quad (1 \le j \le N) \quad ⑱$$

于是形式泊松核为

$$P(z,u;\bar{\xi},\bar{\eta})$$
$$= c_0 \frac{\prod_{j=1}^{N} \left| \det C_j \left(\frac{1}{2\sqrt{-1}} (z - \bar{\xi}) - F(u,\eta) \right) \right|^{2\lambda_j}}{\prod_{j=1}^{N} \det C_j (\mathrm{Im}(z) - F(u,u))^{\lambda_j}} \quad ⑲$$

四元数与正则调和

用 $\boldsymbol{x} = x_1 + \boldsymbol{i}x_2 + \boldsymbol{j}x_3 + \boldsymbol{k}x_4$ 表示四维欧氏空间 $\mathbf{R}^4$ 中的点,称为四元数,其中 $\{1,\boldsymbol{i},\boldsymbol{j},\boldsymbol{k}\}$ 为其基,满足条件: $\boldsymbol{i}^2 = \boldsymbol{j}^2 = \boldsymbol{k}^2 = -1, \boldsymbol{ij} = -\boldsymbol{ji} = \boldsymbol{k}, x_1$ 叫作 $\boldsymbol{x}$ 的数量部分, $\boldsymbol{x}_6 = \boldsymbol{i}x_1 + \boldsymbol{j}x_2 + \boldsymbol{k}x_3$ 叫作 $\boldsymbol{x}$ 的向量部分.设 D 是 $\mathbf{R}^4$ 中的一个有界区域,用 $\ddot{\boldsymbol{v}} = u_1 + \boldsymbol{i}u_2 + \boldsymbol{j}u_3 + \boldsymbol{k}u_4$ 表示 D 上的四元函数.如果 $v = v(\boldsymbol{x})$ 的每个分量在 D 内具有二阶连续偏微商,且

$$\partial_x \boldsymbol{v} = (v_{x_1} + i v_{x_2} + j v_{x_3} + k v_{x_4}) = 0 \qquad ①$$

这里微分算子 $\partial x = (\ )_{x_1} + i(\ )_{x_2} + j(\ )_{x_3} + k(\ )_{x_4}$，那么称 $u(\boldsymbol{x})$ 为 D 上的正则函数，式 ① 可改写成一阶椭圆型方程组

$$\begin{cases} u_{1x_1} - u_{2x_2} - u_{3x_3} - u_{4x_4} = 0 \\ u_{1x_2} + u_{2x_1} - u_{3x_4} + u_{4x_3} = 0 \\ u_{1x_3} + u_{2x_4} + u_{3x_1} - u_{4x_2} = 0 \\ u_{1x_4} - u_{2x_3} + u_{3x_2} + u_{4x_1} = 0 \end{cases}$$

又记 $\overline{\partial x} = (\ )_{x_1} - i(\ )_{x_2} - j(\ )_{x_3} - k(\ )_{x_4}$，则 $\partial x \overline{\partial x} = \overline{\partial x} \partial x = (\ )_{x_1^2} + (\ )_{x_2^2} + (\ )_{x_3^2} + (\ )_{x_4^2} = \Delta$ 为拉普拉斯算子. 容易看出：正则函数 $v(\boldsymbol{x})$ 的每个分量 $u_n(\boldsymbol{x})$ 满足拉普拉斯方程，即

$$\sum_{m=1}^{4} u_n x_m^2 = 0 \quad (n = 1, \cdots, 4)$$

因此称 $u_n(x)(n = 1, \cdots, 4)$ 是正则调和函数.

设 D 是 $\mathbf{R}^4$ 中的一个单连通圆柱区域，$D = G_1 \times G_2$，G_1, G_2 分别是 $z_{12} = x_1 + i x_2$，$z_{34} = x_3 + i x_4$ 在复平面上的有界区域，其边界分别为 $\Gamma_1, \Gamma_2 \in C'_\alpha(0 < \alpha < 1)$，不妨设 $z_{12} = 0 \in G_1$，$z_{34} = 0 \in G_2$，考虑区域 D 上四元正则函数的迪利克雷边值问题，即求 D 上的正则函数 $v(x)$，在 $\overline{D}$ 上连续，且满足边界条件

$$U_{12}(x) = \varphi(x) \quad (x \in \Gamma = \partial D) \qquad ②$$

其中，$\varphi(x) = \varphi_1(x) + i\varphi_2(x)$，$\varphi_1(x), \varphi_2(x)$ 是 Γ 上的实值连续函数，且在 D 的特征边界 $\Gamma_0 = \Gamma_1 \times \Gamma_2$（$\Gamma_j = \partial G_j, j = 1, 2$）上具有赫尔德连续偏微商，即 $\varphi_j(x) \in C'_\alpha(\Gamma_0)$ $(0 < \alpha < 1, j = 1, 2)$.

核函数和共形映照

1958 年科学出版社出版了由龚升、陈希孺翻译的

153

施梯芳·伯格曼（Stefan Bergman）的名著《核函数和共形映照》,对迪利克雷积分与迪利克雷边值问题进行了充分的论述.

在这里,我们将引进区域 B 内调和函数的封闭系,它们对于迪利克雷积分

$$D\{\varphi,\psi\} = \iint_B \left(\frac{\partial\varphi}{\partial x} \cdot \frac{\partial\psi}{\partial x} + \frac{\partial\varphi}{\partial y} \cdot \frac{\partial\psi}{\partial y} \right) d\omega$$

是直交的. 为了给这个直交调和函数的理论做一些准备工作,我们给出联系于 B 的典型区域函数以简短的讨论.

我们假设区域 B 具有有限连通数 p,且其边界 b 由闭光滑曲线 $b_1,\cdots,b_p$ 所组成. 我们说一曲线是光滑的,如果它具有连续转动的切线. B 的格林函数 $G(z, \zeta)$ 定义如下:$G(z,\zeta)$ 对于 $z \in B$ 除去点 $z = \zeta$ 外是调和的,而 $G(z,\zeta) + \log|z-\zeta|$ 在点 $z = \zeta$ 处调和,且当 z 趋近于 b 时,$G(z,\zeta)$ 趋向于零. B 的诺依曼（Neumann）函数具有与格林函数相同的对数奇点,且满足条件

$$\frac{\partial N(z,\zeta)}{\partial n_z} = \mathrm{const} \quad (z \in b) \qquad ①$$

$$\int_b N(z,\zeta)\,ds_z = 0 \qquad ②$$

这里 n_z 为 b 在 $z \in b$ 处的内法线.

容易看到,式 ① 中常数的值必须为 $\frac{2\pi}{l}$,这里 l 为 b 的长度. 事实上,设 Γ 为以 $z = \zeta$ 为中心,r 为半径的小圆. 于是按照格林公式

$$\int_b \frac{\partial N}{\partial n_z}ds_z = \int_r \frac{\partial N}{\partial n_z}ds_z = \int_0^{2\pi} \frac{1}{r}r d\theta + O(r)$$
$$= 2\pi + O(r)$$
$$= 2\pi$$

这是因为左边的积分与 r 无关的缘故.

这样,假使我们要求

$$\frac{\partial N(z,\zeta)}{\partial n_z} = c = \mathrm{const} \quad (z \in b)$$

那么我们必须有 $c = \dfrac{2\pi}{l}$.

众所周知,函数 $G(z,\zeta)$ 和 $N(z,\zeta)$ 是存在的. 它们满足对称条件关系式为

$$G(z,\zeta) \equiv G(\zeta,z), N(z,\zeta) = N(\zeta,z) \qquad ③$$

因此它们对于 ζ 也正如对 z 一样的调和的. 我们仅对 N 证此对称性,因为对于 G 的证明是完全相似的. 我们以 Γ^* 记以 $t = z$ 为中心,r 为半径的圆,由式 ① 及式 ②,我们得

$$2\pi(N(z,\zeta) - N(\zeta,z))$$

$$= \lim_{r \to 0}\int_{\Gamma + \Gamma^*} \left(N(t,\zeta)\,\frac{\partial N(t,z)}{\partial n_t} - N(t,z)\,\frac{\partial N(t,\zeta)}{\partial n_t} \right)\,\mathrm{d}s_t$$

$$= \int_b \left(N(t,\zeta)\,\frac{\partial N(t,z)}{\partial n_t} - N(t,z)\,\frac{\partial N(t,\zeta)}{\partial n_t} \right)\,\mathrm{d}s_t$$

$$= \frac{2\pi}{l}\int_b N(t,\zeta)\,\mathrm{d}s_t - \frac{2\pi}{l}\int_b N(t,z)\,\mathrm{d}s_t$$

$$= 0$$

因此式 ③ 得证.

我们以 $\Lambda^2(B)$ 表示在 B 内满足条件

$$D\{\varphi\} = D\{\varphi,\varphi\} < \infty \qquad ④$$

$$\int_b \varphi\,\mathrm{d}s = 0 \qquad ⑤$$

的单值调和函数族. 条件 ⑤ 是有约束的,因为的确存在有调和函数 $\varphi(z)$,它满足条件 ④,但对于它来说条件 ⑤ 没有意义. 以后将指出,条件 ⑤ 可以改为另一不同的形式 —— 公式 ⑭,它可应用于满足条件 ④ 的最普遍的调和函数. 由格林定理,我们有

$$D(N(z,\zeta),\varphi(\zeta))$$

$$= \iint_B \left(\frac{\partial N}{\partial \xi} \cdot \frac{\partial \varphi}{\partial \xi} + \frac{\partial N}{\partial \eta} \cdot \frac{\partial \varphi}{\partial \eta} \right)\,\mathrm{d}\omega$$

$$= + \lim_{r \to 0}\int_{|\zeta - z| = r} \varphi\,\frac{\partial N}{\partial n_\zeta}\mathrm{d}s_\zeta -$$

$$\int_b \varphi\,\frac{\partial N}{\partial n_\zeta}\mathrm{d}s_\zeta$$

155

$$= 2\pi\varphi(z) - \frac{2\pi}{l}\int_b \varphi \mathrm{d}S$$

$$= 2\pi\varphi(z) \qquad\qquad ⑥$$

我们以 $\omega(z,C)$ 记 B 内的有界调和函数, 当 z 趋向于由 b 上的弧所组成的某集合 C 时, 它趋向于 1; 而当 z 趋向于 b 上的其他部分时, 它趋向于 0. $\omega(z,C)$ 称为 C (相对于 B) 在点 z 的调和测度. 若 b 由 p 个互不相连的曲线 $b_1,\cdots,b_p$ 所组成, 则我们将以 ω_v 记 b_v 的调和测度. 由格林公式, 我们有

$$\omega_v(z) = \omega(z,b_v) = \frac{1}{2\pi}\int_b \omega_v(\zeta)\frac{\partial G(z,\zeta)}{\partial n_\zeta}\mathrm{d}s_\zeta$$

因而由 $\omega_v(z)$ 的边界性质有

$$\omega_v(z) = \frac{1}{2\pi}\int_{b_v}\frac{\partial G(z,\zeta)}{\partial n_\zeta}\mathrm{d}s_\zeta \qquad\qquad ⑦$$

若以 $H(\zeta,z)$ 记格林函数 $G(\zeta,z)$ 的共轭调和函数, 则由柯西 - 黎曼方程, 我们有 $\dfrac{\partial G}{\partial n_\zeta} = -\dfrac{\partial H}{\partial s_\zeta}$, 因而

$$\omega_v(z) = -\frac{1}{2\pi}\int_{b_v}\frac{\partial H(\zeta,z)}{\partial s_\zeta}\mathrm{d}s_\zeta = -\frac{1}{2\pi}\int_{b_v}\mathrm{d}H(\zeta,z)$$

这样, 若 ζ 描出边界曲线 b_v, 则 $-2\pi\mathrm{i}\omega_v(z)$ 为解析函数 $P(\zeta,z) = G(\zeta,z) + \mathrm{i}H(\zeta,z)$ 的周期.

容易证明 $\displaystyle\sum_{v=1}^{p}\omega_v(z) = 1$, 但任意 $p-1$ 个调和测度都是线性无关的.

我们以 $\widetilde{\omega}_v(z)$ 记调和测度 $\omega_v(z)$ 的共轭调和函数, 且置

$$F_v(z) = \omega_v(z) + \mathrm{i}\widetilde{\omega}_v(z) \quad (v = 1,\cdots,p)$$

$F_v(z)$ 称为 B 的第一类规格函数, 而 $P(\zeta,z)$ 称为第三类函数.

以 $\mathrm{i}p_{v\mu}$ 记 $F_v(z)$ 对于边界曲线 b_μ 的周期, 我们有

$$p_{v\mu} = \int_{b_\mu}\mathrm{d}\widetilde{\omega}_v(z) = -\int_{b_\mu}\frac{\partial\omega_v}{\partial n}\mathrm{d}s$$

由格林公式

$$\int_b \left(\frac{\partial \omega_\nu}{\partial n} \omega_\mu - \frac{\partial \omega_\mu}{\partial n} \omega_\nu \right) ds = 0$$

我们可以容易地导出对称关系式

$$p_{\nu\mu} = p_{\mu\nu}$$

对于任意不全为零的实数 $\lambda_1, \cdots, \lambda_{p-1}$，我们有

$$
\begin{aligned}
\sum_{\nu,\mu=1}^{p-1} \lambda_\nu \lambda_\mu p_{\mu\nu} &= - \sum_{\nu=1}^{p-1} \sum_{\mu=1}^{p-1} \lambda_\nu \mu_\mu \int_{b_\mu} \frac{\partial \omega_\nu}{\partial n} ds \\
&= - \sum_{\nu=1}^{p-1} \sum_{\mu=1}^{p-1} \lambda_\nu \lambda_\mu \int_b \omega_\mu \frac{\partial \omega_\nu}{\partial n} ds \\
&= - \int_b \left(\sum_{\nu=1}^{p-1} \sum_{\mu=1}^{p-1} \lambda_\nu \lambda_\mu \omega_\mu \frac{\partial \widetilde{\omega_\nu}}{\partial n} \right) ds \\
&= - \int_b \left(\sum_{\nu=1}^{p-1} \lambda_\nu \frac{\partial \omega_\nu}{\partial n} \right) \left(\sum_{\mu=1}^{p-1} \lambda_\mu \omega_\mu \right) ds \quad \text{⑧}
\end{aligned}
$$

因为 $\omega_\nu (1 \leqslant \nu \leqslant p - 1)$ 是线性无关的，应用格林公式，我们有

$$\sum_{\nu,\mu=1}^{p-1} \lambda_\nu \lambda_\mu p_{\mu\nu} = D \left(\sum_{\nu=1}^{p-1} \lambda_\nu \omega_\nu \right) > 0$$

因而行列式 $\mid (p_{kl})^{(p-1)\times(p-1)} \mid$ 不为零.

这样，我们可以将任意一个在 B 内的单值解析函数 $f(z)$ 的积分表为一单值函数与 $F_1, \cdots, F_p$ 之一适当的线性组合之和. 事实上，假设函数 $\int_{z_0}^{z} f(z) dz$ 对于以围绕 b_ν 的周期为 $a_\nu (\nu = 1, \cdots, p)$. 我们建立形如

$$F(z) = \sum_{j=1}^{p-1} \mu_j F_j(z)$$

的函数，使其具有周期 a_ν，这是可能的，因为行列式 $\mid (p_{kl})^{(p-1)\times(p-1)} \mid$ 不为零，因而方程组

$$i \sum_{j=1}^{p-1} \mu_j p_{js} = a_s \quad (s = 1, \cdots, p-1)$$

有一解. 函数 $\int_{z_0}^{z} f(z) dz - F(z)$ 显然没有周期，而 $f(z)$ 可写为形式

$$\int_{z_0}^{z} f(z)\,\mathrm{d}z = g(z) + \sum_{j=1}^{p-1} \mu_j F_j(z) \qquad \text{⑨}$$

这里 $g(z)$ 在 B 内是单值的.

函数 $F_\nu(z)$ 之所以被称为第一类函数,是因为在许多方面它与系数为 $p-1$ 的闭黎曼曲面上的第一类阿贝尔积分相似. 由于相似的理由,我们称函数 $P(z, \zeta)$(它的实部为格林函数 $G(z, \zeta)$)为第三类函数. 追随这个相似性,自然要在 B 内定义第二类函数. $S(z) = \sigma(z) + \mathrm{i}\tau(z)$ 称为在 B 内的第二类函数,如果它在 B 内除有限多个极点外是正则的,且其实部在每一 b_ν 上为常数. 第二类函数最简单的例子乃是第三类函数 $P(z, \zeta)$ 对其参数的实部的微商 $\dfrac{\partial(P(z, \zeta))}{\partial \xi}$

$(\zeta = \xi + \mathrm{i}\eta)$. 容易验证, $\dfrac{\partial(P(z, \zeta))}{\partial \xi}$ 在 $z = \zeta$ 处有一留数为 1 的极点,且对于 $z \in b$

$$\mathrm{Re}\left(\frac{\partial}{\partial \xi}(P(z, \zeta)) \right) \equiv 0$$

为了引进直交调和函数的封闭系,我们来定义族 $\pounds^2(B)$ 的子族 $l^2(B)$,它由 $\pounds^2(B)$ 中那些具有单值不定积分的函数的全体所组成. 我们可以在 $l^2(B)$ 族中引进直交函数的封闭系 $\{g_\nu(z)\}$. 我们用通常的方法来定义这个新系的核函数

$$\widetilde{K}_B(z, \overline{\zeta}) = \sum_{\nu=1}^{\infty} g_\nu(z)\, \overline{g_\nu(\zeta)} \qquad \text{⑩}$$

现在转向于调和函数的情形,使这个理论基于迪利克雷积分

$$D\{\varphi, \psi\} = \iint_B \left(\frac{\partial \varphi}{\partial x} \cdot \frac{\partial \psi}{\partial x} + \frac{\partial \varphi}{\partial y} \cdot \frac{\partial \psi}{\partial y} \right) \mathrm{d}w$$

所引进的度量上,这是自然的.

我们定义族 $\Lambda^2(B)$,它在 B 内满足条件 ⑤,且由具有有限迪克雷积分

$$D\{\varphi\} = D\{\varphi, \varphi\} < \infty$$

的全体调和函数所组成;我们必须证明,对于族

$\Lambda^2(B)$,存在一封闭系$\{\varphi_\nu\}$,它对于迪利克雷积分是直交的,亦即

$$D\{\varphi_\nu,\varphi_\mu\} = \delta_{\nu\mu}, \delta_{\nu\nu} = 1, \delta_{\nu\mu} = 0 \quad (\nu \neq \mu) \quad ⑪$$

设$\varphi \in \Lambda^2(B)$有一单值的共轭调和函数ψ,与前相同以$\omega_\nu(z)$记b_ν的调和测度,假设$\dfrac{\partial\varphi}{\partial n}$在$b$上有定义而且连续,则由格林定理我们有

$$D\{\varphi,\omega_\nu\} = -\int_b \omega_\nu \frac{\partial\varphi}{\partial n}\mathrm{d}s = -\int_{b_\nu}\frac{\partial\varphi}{\partial n}\mathrm{d}s$$

$$= \int_{b_\nu}\frac{\partial\psi}{\partial s}\mathrm{d}s = \int_{b_\nu}\mathrm{d}\psi(s) = 0 \quad ⑫$$

若这后一条件不满足,则借助于下述技巧,我们仍可证明$D\{\varphi,\omega_\nu\} = 0$. 以$B_\varepsilon$记由调和测度$\omega_\nu$的阶层曲线$\omega_\nu(z) = \varepsilon$及$\omega_\nu(z) = 1 - \varepsilon(\varepsilon > 0)$所围成的$B$的子区域,则曲线$\omega_\nu(z) = 1 - \varepsilon$在$B_\varepsilon$内的调和测度显然由

$$\omega_\nu(z,\varepsilon) = \frac{\omega_\nu(z) - \varepsilon}{1 - 2\varepsilon}$$

给出. 因为$\dfrac{\partial\varphi}{\partial n}$在$B_\varepsilon$的边界上有定义而且连续,由式⑫我们有

$$\iint_{B_\varepsilon}\left(\frac{\partial\varphi}{\partial x}\cdot\frac{\partial\omega_\nu(z,\varepsilon)}{\partial x} + \frac{\partial\varphi}{\partial y}\cdot\frac{\partial\omega_\nu(z,\varepsilon)}{\partial y}\right)\mathrm{d}\omega = 0$$

所以

$$\iint_{B_\varepsilon}\left(\frac{\partial\varphi}{\partial x}\cdot\frac{\partial\omega_\nu}{\partial x} + \frac{\partial\varphi}{\partial y}\cdot\frac{\partial\omega_\nu}{\partial y}\right)\mathrm{d}\omega = 0$$

令ε趋于0,我们获得$D\{\varphi,\omega_\nu\} = 0$.

现在让我们重新考虑$\varphi \in \Lambda^2(B)$且其共轭函数ψ可能是多值的一般情形. 因为迪利克雷积分$D\{\varphi, \psi\}$仅与φ和ψ的微商有关,且我们希望把$D\{\varphi,\varphi\}$规范化,使其当且仅当φ恒等于0时才等于0,我们必须置一附加的规范化条件于函数族$\Lambda^2(B)$. 这个可以用若干方法完成之,此处选择一个便于引向最简单的公式的方法,但它有着不能在共形变换下保持不变性的

缺点.

在 $\varphi(z)$ 具有连续边界值的情形,$\varphi(z)$ 将以条件

$$\int_b \varphi(z)\,\mathrm{d}s_z = 0 \qquad \text{⑬}$$

规范化. 若此积分无定义,则式⑬将以

$$D\{N(z,\zeta_0),\varphi\} = 2\pi\varphi(\zeta_0) \qquad \text{⑭}$$

代替之. 这里 $N(z,\zeta_0)$ 为 B 的诺依曼函数,以固定点 $\zeta_0(\zeta_0 \in B)$ 为其奇点. 当式⑬有定义时,此二条件是等价的,因为按格林公式

$$D\{N(z,\zeta),\varphi\} = -\int_b \varphi \frac{\partial N(z,\zeta)}{\partial n_z}\mathrm{d}s_z +$$
$$\lim_{r \to 0}\int_{C_r} \varphi \frac{\partial N(z,\zeta)}{\partial n_z}\mathrm{d}s_z$$

这里 C_r 为圆周 $|z - \zeta| = r$,所以

$$D\{N(z,\zeta),\varphi\} = -\frac{2\pi}{l}\int_b \varphi\mathrm{d}s_z + 2\pi\varphi(\zeta)$$
$$= 2\pi\varphi(\zeta)$$

以前曾经证明,对于任意的 $\varphi \in \Lambda^2(B)$,$\varphi(z) + \mathrm{i}\psi(z)$ 可表为 F_ν 的一线性组合加上一个单值函数. 因此

$$\varphi(z) = \mathrm{Re}\left(\sum_{\nu=1}^{\infty} a_\nu \int^z g_\nu(t)\mathrm{d}t + \sum_{\nu=1}^{p-1} \mu_\nu F_\nu(z) \right)$$

这里 $g(t) \in l^2(B)$.

我们若将 $\int^z g_\nu(t)\mathrm{d}t$ 的实部与虚部分出

$$\int^z g_\nu(t)\mathrm{d}t = \varphi_\nu(z) + \mathrm{i}\psi_\nu(z)$$

且选择积分常数使得 $\varphi_\nu \in \Lambda^2$,$\psi_\nu \in \Lambda^2$,则将有关系式

$$J_B(g_\nu,\overline{g_\mu}) = D\{\varphi_\nu,\varphi_\mu\} - \mathrm{i}D\{\varphi_\nu,\psi_\mu\}$$
$$= D\{\psi_\nu,\psi_\mu\} + \mathrm{i}D\{\psi_\nu,\varphi_\mu\}$$
$$= \delta_{\nu\mu}$$

因为任一单值调和函数必为一个具有虚周期的解析函数的实部,那么显然,联合函数 $\varphi_1,\psi_1,\varphi_2,$

$\psi_2,\cdots$ 以及函数 ω_ν $(\nu = 1,\cdots,p - 1)$ 可以作为 $\Lambda^2(B)$ 之一的封闭系,因为 μ_ν 都是实数,在做成此系时并不必须应用函数 $\widetilde{\omega}_\nu$. 我们只须规范直交化 $\omega_\nu, \nu = 1,\cdots,p - 1$.

由核函数 $\widetilde{K}_B(z,\overline{\zeta})$ 的收敛性我们得出调和核函数

$$k_B(z,\zeta) = \sum_{\nu = 1}^{\infty} (\varphi_\nu(z)\varphi_\nu(\zeta) + \psi_\nu(z)\psi_\nu(\zeta)) + \sum_{\nu,\mu = 1}^{p-1} C_{\nu\mu}\omega_\nu(z)\omega_\mu(\zeta)$$

的收敛性. 这里 $C_{\nu\mu}$ 为将 ω_ν 规范直交化所产生的常数,而 $C_{\nu\mu} = C_{\mu\nu}$. $k_B(z,\zeta)$ 具有性质

$$k_B(z,\zeta) = k_B(\zeta,z) \qquad ⑮$$

$$\varphi(z) = D\{k_B(z,\zeta),\varphi(\zeta)\} \quad (\varphi \in \Lambda^2) \qquad ⑯$$

这表示出它的唯一性.

因此

$$k \equiv k_B(z,\zeta) = \sum_{\nu = 1}^{\infty} \varphi_\nu(z)\varphi_\nu(\zeta) \qquad ⑰$$

对于 Λ^2 中任一封闭直交系 $\{\varphi_\nu\}$ 成立,而核函数仅仅依赖于区域 B.

由恒等式

$$D\{k + \varphi\} = D\{k\} + 2D\{k,\varphi\} + D\{\varphi\}$$

及式 ⑯ 推出函数

$$m(z,\zeta) = \frac{k(z,\zeta)}{k(\zeta,\zeta)}$$

是 $\Lambda^2(B)$ 内所有满足条件 $\varphi(\zeta) = 1$ 的调和函数中使迪利克雷积分 $D\{\varphi\}$ 的值成为最小的函数.

下面我们将证明核函数 $k(z,\zeta)$,格林函数 $G(z,\zeta)$ 以及诺依曼函数是由简单的关系式

$$k(z,\zeta) = \frac{1}{2\pi}(N(z,\zeta) - G(z,\zeta)) \qquad ⑱$$

联系的.

式 ⑱ 的右边代表一个 $\Lambda^2(B)$ 内的调和函数,如果能够证明这个函数具有核函数的特征性质式 ⑯,那么恒等式 ⑱ 将被建立. 因此,我们下一步的工作就在于对所有的 $\varphi(z) \in \Lambda^2$ 来计算纯量积 $D\{N(z,\zeta),\varphi\}$ 及 $D\{G(z,\zeta),\varphi\}$.

若 $\varphi(z)$ 具有连续边界值,则由式 ⑭ 我们有
$$D\{N(z,\zeta),\varphi(z)\} = 2\pi\varphi(\zeta) \qquad ⑲$$
对每一 $\zeta \in B$. 同样,若 $\dfrac{\partial\varphi}{\partial n}$ 在 b 上连续
$$D\{G(z,\zeta),\varphi(z)\} = -\int_b G(z,\zeta)\,\frac{\partial\varphi}{\partial n}\mathrm{d}s_z +$$
$$\lim_{r\to 0}\int_{C_r} G(z,\zeta)\,\frac{\partial\varphi}{\partial n}\mathrm{d}s_z$$
这里 C_r 为圆周 $|z-\zeta| = r$,因为 $G(z,\zeta)$ 在 b 上等于 0,且第二个积分显然趋向于 0,我们有
$$D\{G(z,\zeta),\varphi(z)\} = 0 \qquad ⑳$$

若 $\dfrac{\partial\varphi}{\partial n}$ 在 b 上不连续,我们亦能证明式 ⑳ 成立. 为此我们只要用由阶层曲线 $G(z,\zeta) = \varepsilon$ 围成的区域 B_ε 来逼近 B,且以与证明式 ⑫ 相同的方式来进行之.

对于 $\Lambda^2(B)$ 内不在 b 上连续的函数 $\varphi(z)$,式 ⑲ 的证明较为困难,因而我们把它详细写出来. 由族 $\Lambda^2(B)$ 的定义,式 ⑭ 对固定的点 $\zeta_0 \in B$ 成立. 因此,如果我们证明了
$$D\{N(z,\zeta) - N(z,\zeta_0),\varphi(z)\}$$
$$= 2\pi(\varphi(\zeta) - \varphi(\zeta_0)) \qquad ㉑$$
那么式 ⑲ 将得证. 函数
$$N \equiv N(z;\zeta,\zeta_0) = N(z,\zeta) - N(z,\zeta_0)$$
显然有在 b 上等于零的法微商. 虽然 $N(z;\zeta,\zeta_0)$ 的共轭调和函数 $\widetilde{N}(z;\zeta,\zeta_0)$ 在围绕点 ζ,ζ_0 时具有周期 $\pm 2\pi$,但是它沿边界曲线 b 是没有周期的. 更有甚者,在每一 b_ν $(\nu = 1,\cdots,p)$ 上,$\widetilde{N}$ 为常数,姑且记之为

$$c_\nu : \widetilde{N} = c_\nu.$$

当 N 由 $-\infty$ 变到 $+\infty$ 时,阶层曲线 $\widetilde{N} = c_\nu \pm \varepsilon$ 由 ζ_0 出发,逼近边界 b_ν 的一部分而以 ζ 为终点. 这样,我们可以用四段阶层曲线

$$\widetilde{C}_{\varepsilon,\nu} : \widetilde{N} = c_\nu + \varepsilon, \alpha_\nu \leqslant N \leqslant \beta_\nu$$

$$C_{\varepsilon,\nu} : N = \beta_\nu, c_\nu - \varepsilon \leqslant \widetilde{N} \leqslant c_\nu + \varepsilon$$

$$\widetilde{C}_{\varepsilon,\nu+p} : \widetilde{N} = c_\nu - \varepsilon, \alpha_\nu \leqslant N \leqslant \beta_\nu$$

$$C_{\varepsilon,\nu+p} : N = \alpha_\nu, c_\nu - \varepsilon \leqslant \widetilde{N} \leqslant c_\nu + \varepsilon$$

来包围边界 b_ν. 这里 α_ν 小于 N 在 b_ν 上的最小值,而 β_ν 大于 N 在 b_ν 上的最大值. 以 $\widetilde{C}_\varepsilon$ 及 C_ε 分别记曲线 $\widetilde{C}_{\varepsilon,i}$ 及 $C_{\varepsilon,i}$ 的全体,我们得到在 B 内以 $\widetilde{C}_\varepsilon$ 及 C_ε 为边界的渐近区域 B_ε(参看图 11,那里 $\widetilde{C}_\varepsilon$ 和 C_ε 皆以实线标出). 这样我们有

$$\iint\limits_B \left(\frac{\partial N(z;\zeta,\zeta_0)}{\partial x} \cdot \frac{\partial \varphi}{\partial x} + \frac{\partial N(z;\zeta,\zeta_0)}{\partial y} \cdot \frac{\partial \varphi}{\partial y} \right) \mathrm{d}x\mathrm{d}y$$

$$= \lim_{\varepsilon \to 0} \iint\limits_{B_\varepsilon} \left(\frac{\partial N(z;\zeta,\zeta_0)}{\partial x} \cdot \frac{\partial \varphi}{\partial x} + \frac{\partial N(z;\zeta,\zeta_0)}{\partial y} \cdot \frac{\partial \varphi}{\partial y} \right) \mathrm{d}x\mathrm{d}y$$

$$= 2\pi(\varphi(\zeta) - \varphi(\zeta_0)) - \lim_{\varepsilon \to 0} \int_{C_\varepsilon} \varphi \frac{\partial N(z;\zeta,\zeta_0)}{\partial n} \mathrm{d}s -$$

$$\lim_{\varepsilon \to 0} \int_{\widetilde{C}_\varepsilon} \varphi \frac{\partial N(z;\zeta,\zeta_0)}{\partial n} \mathrm{d}s$$

当 $z \in \widetilde{C}_\varepsilon$ 时

$$\frac{\partial N}{\partial n} = -\left(\frac{\partial \widetilde{N}}{\partial s} \right) = 0$$

当 $z \in C_\varepsilon$ 时,因为 C_ε 上的点与 b 的距离有一正的最小值,所以

$$\left| \int_{C_\varepsilon} \varphi \frac{\partial N}{\partial n} \mathrm{d}s \right| \leqslant M \left| \int_{C_\varepsilon} \frac{\partial \widetilde{N}}{\partial s} \mathrm{d}s \right| = 4Mp\varepsilon$$

这样当 $\varepsilon \to 0$,我们得到恒等式 ㉑. 这就完成了式 ⑲ 的证明.

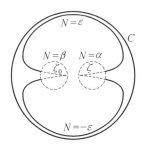

图 11

结合式 ⑲ 及式 ⑳ 我们得到

$$D\left(\frac{1}{2\pi}(N(z,\zeta) - G(z,\zeta)),\varphi(z)\right) = \varphi(\zeta) \qquad ㉒$$

这证明了函数

$$\frac{1}{2\pi}(N(z,\zeta) - G(z,\zeta))$$

具有核函数的特征性质,恒等式 ⑱ 得证.

恒等式 ⑱ 指出,势论的第一和第二边值问题可借助核函数得到解决. 第一边值问题(迪利克雷问题)在于寻求在 B 内的调和函数,在 b 上取给定的边值 $u(\zeta)(\zeta \in b)$,按格林公式,此问题的解 $u(z)$ 有形式

$$u(z) = \frac{1}{2\pi}\int_b u(\zeta)\,\frac{\partial G(z,\zeta)}{\partial n_\zeta}\mathrm{d}s_\zeta$$

由式 ⑱,在 b 上我们有

$$\begin{aligned}\frac{\partial k(z,\zeta)}{\partial n_\zeta} &= \frac{1}{2\pi}\,\frac{\partial N(z,\zeta)}{\partial n_\zeta} - \frac{1}{2\pi}\,\frac{\partial G(z,\zeta)}{\partial n_\zeta}\\ &= \frac{1}{l} - \frac{1}{2\pi}\,\frac{\partial G(z,\zeta)}{\partial n_\zeta} \quad (\zeta \in b)\end{aligned}$$

因此

$$u(z) = -\int_b u(\zeta)\,\frac{\partial k(z,\zeta)}{\partial n_\zeta}\mathrm{d}s_\zeta + \frac{1}{l}\int_b u(\zeta)\mathrm{d}s_\zeta \qquad ㉓$$

在边值函数满足简单条件 $\int_b u(\zeta)\mathrm{d}\zeta = 0$ 的情形,我们有

$$u(z) = -\int_b u(\zeta) \frac{\partial k(z,\zeta)}{\partial n_\zeta} \mathrm{d}s_\zeta \qquad ㉔$$

类似地我们可以解决第二边值问题（诺依曼问题）. 这个问题在于寻求在 B 内调和的函数 $u(z)$, 其法微商 $\frac{\partial u(\zeta)}{\partial n_\zeta}$ ($\zeta \in b$) 在 b 上取给定的值. 我们注意, 按高斯定理, 此给定的值必须满足条件

$$\int_b \frac{\partial u(\zeta)}{\partial n_\zeta} \mathrm{d}s_\zeta = 0$$

由格林公式推知, 诺依曼问题的一个解由

$$u(z) = \frac{1}{2\pi}\int_b \frac{\partial u(\zeta)}{\partial n_\zeta} N(z,\zeta) \mathrm{d}s_\zeta \qquad ㉕$$

给出. 必须注意, 诺依曼问题的条件仅仅确定 $u(z)$ 有可加常数项. 在解式 ㉕ 中, 此常数显然已如此选择, 使得 $u(z)$ 在 $\Lambda^2(B)$ 内.

诺依曼问题亦可借助核函数解决. 由式 ⑱, 对 $\zeta \in b$ 我们有

$$k(z,\zeta) = \frac{1}{2\pi} N(z,\zeta)$$

以此代入式 ㉕, 我们得

$$u(z) = \int_b \frac{\partial u(\zeta)}{\partial n_\zeta} k(z,\zeta) \mathrm{d}s \qquad ㉖$$

这样我们看到, 当核函数 $k(z,\zeta)$ 已知时, 迪利克雷问题与诺依曼问题都能获得解决.

作为式 ㉓ 的一个应用, 我们得到调和测度 $\omega_\nu(z)$ 通过核函数的表达式. 我们有

$$\omega_\nu(z) - \frac{l_\nu}{l} = -\int_{b_\nu} \frac{\partial k(z,\zeta)}{\partial n_\zeta} \mathrm{d}s_\zeta \qquad ㉗$$

这里 l_ν 为 b_ν 的长度.

设 $k^*(z,\zeta)$ 为 $k(z,\zeta)$ 对于 ζ 的共轭调和函数. 由柯西 - 黎曼方程及式 ㉗, 我们有

$$\omega_\nu(z) - \frac{l_\nu}{l} = \int_{b_\nu} \frac{\partial k^*(z,\zeta)}{\partial s_\zeta} \mathrm{d}s_\zeta = \int_{b_\nu} \mathrm{d}k^*(z,\zeta)$$

因为 $k(z,\zeta)$ 在 B 内是单值的, 我们有

$$\int_{b_\nu} \mathrm{d}k(z,\zeta) = 0$$

所以

$$\omega_\nu(z) - \frac{l_\nu}{l} = \int_{b_\nu} \mathrm{d}(k^*(z,\zeta) + \mathrm{i}k(z,\zeta))$$

$$= \mathrm{i}\int_{b_\nu} \mathrm{d}(k(z,\zeta) - \mathrm{i}k^*(z,\zeta))$$

显然，$k(z,\zeta) - \mathrm{i}k^*(z,\zeta)$ 为 $\bar{\zeta}$ 的解析函数. 故

$$\omega_\nu(z) - \frac{l_\nu}{l} = \mathrm{i}\int_{b_\nu} \frac{\partial}{\partial\bar{\zeta}}(k(z,\zeta) - \mathrm{i}k^*(z,\zeta))\mathrm{d}\bar{\zeta}$$

$$= 2\mathrm{i}\int_{b_\nu} \frac{\partial k(z,\zeta)}{\partial\bar{\zeta}}\mathrm{d}\bar{\zeta}$$

应用运算子 $\dfrac{\partial}{\partial z}$，我们最后得到

$$F'_\nu(z) = 4\mathrm{i}\int_{b_\nu} \frac{\partial^2 k(z,\zeta)}{\partial z\partial\bar{\zeta}}\mathrm{d}\bar{\zeta} \qquad \text{㉘}$$

作为公式 ㉓ 的第二个应用，我们通过核函数来推导格林函数的一个表达式. 应用式 ㉓ 于调和函数 $G(z,\zeta) + \log|z - \zeta|$，我们得

$$G(z,\zeta) + \log|z - \zeta|$$

$$= -\int_b \log|\zeta - t|\frac{\partial k(z,t)}{\partial n_t}\mathrm{d}s_t +$$

$$\frac{1}{l}\int_b \log|\zeta - t|\mathrm{d}s_t$$

这也可以写为

$$G(z,\zeta) = \log\frac{1}{|z - \zeta|} + \lambda(\zeta) +$$

$$D\left\{k(z,t), \log\frac{1}{|t - \zeta|}\right\}$$

这里

$$\lambda(\zeta) = \frac{1}{l}\int_b \log|\zeta - t|\mathrm{d}s_t$$

在这一回的结尾，我们来推导若干联系函数 $G(z, \zeta), N(z,\zeta), k(z,\zeta), K(z,\bar{\zeta})$ 以及 $\tilde{K}(z,\bar{\zeta})$ 的有趣恒等

166

式. 在前面我们曾借函数族 $l^2(B) \subset \pounds^2(B)$ 的封闭直交系 $\{g_\nu(z)\}$ 来定义核函数 $\widetilde{K}(z,\bar{\zeta})$. 曾求得, 若

$$\int^z g_\nu(t)\,\mathrm{d}t = \varphi_\nu(z) + \mathrm{i}\psi_\nu(z) \quad (\nu = 1,2,\cdots)$$

则 $k(z,\zeta)$ 由

$$k(z,\zeta) = \sum_{\nu=1}^{\infty} (\varphi_\nu(z)\varphi_\nu(\zeta) + \psi_\nu(z)\psi_\nu(\zeta)) + \sum_{\nu,\mu=1}^{p-1} C_{\nu\mu}\omega_\nu(z)\omega_\mu(\zeta) \qquad ㉙$$

给出. 现在我们有

$$\varphi_\nu(z)\varphi_\nu(\zeta) + \psi_\nu(z)\psi_\nu(\zeta)$$
$$= \frac{1}{2}\left(\int^z g_\nu(t)\,\mathrm{d}t \cdot \overline{\int^\zeta g_\nu(t)\,\mathrm{d}t} + \overline{\int^z g_\nu(t)\,\mathrm{d}t} \cdot \int^\zeta g_\nu(t)\,\mathrm{d}t\right)$$
$$(\nu = 1,2,\cdots)$$

因此我们可将基本恒等式 ⑱ 写为形式

$$\frac{1}{2\pi}(N(z,\zeta) - G(z,\zeta))$$
$$= \frac{1}{2}\sum_{\nu=1}^{\infty}\left(\int^z g_\nu(t)\,\mathrm{d}t \cdot \overline{\int^\zeta g_\nu(t)\,\mathrm{d}t} + \right.$$
$$\left. \overline{\int^z g_\nu(t)\,\mathrm{d}t} \cdot \int^\zeta g_\nu(t)\,\mathrm{d}t\right) +$$
$$\sum_{\nu,\mu=1}^{p-1} C_{\nu\mu}\omega_\nu(z)\omega_\mu(z) \qquad ㉚$$

分别对 $z, \bar{z}$ 及 ζ 微分式 ㉚, 我们可以得到恒等式. 回忆运算子 $\dfrac{\partial}{\partial z}, \dfrac{\partial}{\partial \zeta}$ 的定义, 按柯西 – 黎曼方程, 我们有

$$\frac{1}{2\pi}\left(\frac{\partial^2 N}{\partial z\partial \zeta} - \frac{\partial^2 G}{\partial z\partial \zeta}\right) = \frac{\partial^2 k(z,\zeta)}{\partial z\partial \zeta}$$
$$= \frac{1}{2}\sum_{\nu=1}^{\infty}\left(g_\nu(z)\frac{\partial}{\partial \zeta}\overline{\int^\zeta g_\nu(t)\,\mathrm{d}t} + g_\nu(\zeta)\frac{\partial}{\partial z}\overline{\int^z g_\nu(t)\,\mathrm{d}t}\right) +$$
$$\sum_{\nu,\mu=1}^{p-1} C_{\nu\mu}\frac{\partial\omega_\nu(z)}{\partial z} \cdot \frac{\partial\omega_\mu(\zeta)}{\partial \zeta}$$

$$= \frac{1}{4} \sum_{\nu,\mu=1}^{p-1} C_{\nu\mu} F'_{\nu}(z) F'_{\mu}(z) \tag{31}$$

这样,上面给出的格林函数与诺依曼函数的二级微商仅仅相差一个由第一类函数的微商 $F'_1, \cdots, F'_{p-1}$ 做成的二次形式. 同样,按 $\widetilde{K}(z, \bar{\zeta})$ 的定义,我们求得

$$\frac{1}{2\pi} \left(\frac{\partial^2 N}{\partial z \partial \bar{\zeta}} - \frac{\partial^2 G}{\partial z \partial \bar{\zeta}} \right)$$

$$= \frac{\partial^2 k(z, \zeta)}{\partial z \partial \bar{\zeta}}$$

$$= \frac{1}{2} \sum_{\nu=1}^{\infty} g_{\nu}(z) \overline{g_{\nu}(\zeta)} +$$

$$\frac{1}{4} \sum_{\nu,\mu=1}^{p-1} C_{\nu\mu} F'_{\nu}(z) \overline{F'_{\mu}(\zeta)}$$

$$= \frac{1}{2} \widetilde{K}(z, \bar{\zeta}) +$$

$$\frac{1}{4} \sum_{\nu,\mu=1}^{p-1} C_{\nu\mu} F'_{\nu}(z) \overline{F'_{\mu}(\zeta)} \tag{32}$$

这样我们看到,核函数 $\widetilde{K}$ 和 k 是紧密地关联着的;我们将在下面对 K 导出一个类似的关系式.

我们曾在前面指出,附加函数 $F'_1, \cdots, F'_{p-1}$ 于族 $l^2(B)$ 的结果得出族 $\pounds^2(B)$. 设 $g(z)$ 为 $l^2(B)$ 内任一函数,且设

$$\int^z g(z) \mathrm{d}z = \varphi(z) + \mathrm{i}\psi(z)$$

那么

$$J(g, \overline{F'_{\nu}})$$

$$= \iint_B \left(\left(\frac{\partial \varphi}{\partial x} + \mathrm{i} \frac{\partial \psi}{\partial x} \right) \frac{\partial \omega_{\nu}}{\partial x} + \mathrm{i} \left(\frac{\partial \psi}{\partial y} - \mathrm{i} \frac{\partial \varphi}{\partial y} \right) \frac{\partial \omega_{\nu}}{\partial y} \right) \mathrm{d}\omega$$

$$= \iint_B \left(\frac{\partial \varphi}{\partial x} \cdot \frac{\partial \omega_{\nu}}{\partial x} + \frac{\partial \varphi}{\partial y} \cdot \frac{\partial \omega_{\nu}}{\partial y} \right) \mathrm{d}\omega +$$

$$\mathrm{i} \iint_B \left(\frac{\partial \psi}{\partial x} \cdot \frac{\partial \omega_{\nu}}{\partial x} + \frac{\partial \psi}{\partial y} \cdot \frac{\partial \omega_{\nu}}{\partial y} \right) \mathrm{d}\omega$$

$$= D\{\varphi, \omega_{\nu}\} + \mathrm{i}D\{\psi, \omega_{\nu}\} \tag{33}$$

又我们有
$$D\{\varphi,\omega_\nu\} = D\{\psi,\omega_\nu\} = 0$$
因而
$$J(g,\overline{F'_\nu}) = 0, g \in l^2(B) \quad (\nu = 1,\cdots,p-1)$$

这样,为了获得族 $\pounds^2(B)$ 的一个封闭直交系,我们仅须直交化 $F'_1,\cdots,F'_{p-1}$,而将其结果附加到函数系 $\{g_\nu(z)\}$.

按照式 ㉝ 中应用的手续,我们得到
$$J(F'_\nu,\overline{F'_\mu}) = D\{\omega_\nu,\omega_\mu\} + iD\{\overline{\omega}_\nu,\omega_\mu\}$$
依格林定理和柯西 – 黎曼方程
$$D\{\overline{\omega}_\nu,\omega_\mu\} = -\int_b \omega_\mu \frac{\partial\overline{\omega}_\nu}{\partial n}ds = \int_b \omega_\mu \frac{\partial\omega_\nu}{\partial s}ds$$
因为 ω_ν 在 b 的每一组成部分上为常数,故后一表达式为零,所以
$$J(F'_\nu,\overline{F'_\mu}) = D\{\omega_\nu,\omega_\mu\}$$
因此,应用格拉姆 – 施密特(Gram-Schmidt)手续于函数 $F'_\nu(z)$ 而得到的直交化常数与相对于迪利克雷积分我们将调和测度 $\omega_1,\cdots,\omega_{p-1}$ 直交化所得到的常数相同. 规范直交化的调和测度的核等于
$$\sum_{\nu,\mu=1}^{p-1} C_{\nu\mu}\omega_\nu(z)\omega_\mu(\zeta)$$
因而规范直交化的函数 $F'_\nu(z)$ 的核是
$$\sum_{\nu,\mu=1}^{p-1} C_{\nu\mu}F'_\nu(z)\overline{F'_\mu(\zeta)}$$
由此推出,核函数 $K(z,\overline{\zeta})$ 和 $\widehat{K}(z,\overline{\zeta})$ 以恒等式
$$K(z,\overline{\zeta}) = \widehat{K}(z,\overline{\zeta}) + \sum_{\nu,\mu=1}^{p-1} C_{\nu\mu}F'_\nu(z)\overline{F'_\mu(\zeta)} \quad ㉞$$
相关联. 结合式 ㉜ 及式 ㉞,我们得到
$$\frac{\partial^2 k(z,\zeta)}{\partial z\partial\overline{\zeta}} = \frac{1}{2}K(z,\overline{\zeta}) - \frac{1}{4}\sum_{\nu,\mu=1}^{p-1} C_{\nu\mu}F'_\nu(z)\overline{F'_\mu(\zeta)} \quad ㉟$$

在结束这一回时我们愿意指出,除了产生族 $\Lambda^2(B)$ 的规范化以外,引进其他的规范化也可能是有

169

益的,它们在有些情形之下使得我们的结果能够比较容易地表述出来.

设 ζ_0 为 B 的一点. 我们引进满足条件

$$D\{\varphi,\varphi\} < \infty$$
$$\varphi(\zeta_0) = 0$$

的调和函数族 $\Lambda_0^2(B)$. 读者可以没有困难地验证,族 $\Lambda_0^2(B)$ 的核函数 $k_0(z,\zeta)$ 以恒等式

$$k_0(z,\zeta) = k(z,\zeta) - k(\zeta,\zeta_0) = k(\zeta,z) - k(\zeta,\zeta_0) \quad ㊱$$

与族 $\Lambda^2(B)$ 的核函数 $k(z,\zeta)$ 联系着. 我们注意,与 $k(z,\zeta)$ 相反,核函数 $k_0(z,\zeta)$ 在共形映照下是不变的.

将格林定理通过微分算子

$$\frac{\partial}{\partial z} = \frac{1}{2}\left(\frac{\partial}{\partial x} - \mathrm{i}\,\frac{\partial}{\partial y}\right), \frac{\partial}{\partial \bar{z}} = \frac{1}{2}\left(\frac{\partial}{\partial x} + \mathrm{i}\,\frac{\partial}{\partial y}\right)$$

表述出来是有用的. 设 $f(z)$ 和 $g(z)$ 是实变数 x 与 y $(z = x + \mathrm{i}y)$ 的复函数,它们都在 $B + b$ 上连续且在 B 内具有一级连续偏微商,则

$$\iint_B f\frac{\partial g}{\partial z}\mathrm{d}\omega = -\frac{1}{2\mathrm{i}}\int_b fg\mathrm{d}\bar{z} = -\iint_B g\frac{\partial f}{\partial z}\mathrm{d}\omega \quad ㊲_1$$

$$\iint_B f\frac{\partial g}{\partial \bar{z}}\mathrm{d}\omega = \frac{1}{2\mathrm{i}}\int_b fg\mathrm{d}z - \iint_B g\frac{\partial f}{\partial \bar{z}}\mathrm{d}\omega \quad ㊲_2$$

因为这两个公式是等价的,我们可以仅限于证明式 $㊲_1$.

取 $u = f \cdot g$,式 $㊲_1$ 可以写为

$$\iint_B \frac{\partial u}{\partial z}\mathrm{d}\omega = -\frac{1}{2\mathrm{i}}\int_b u\mathrm{d}\bar{z}$$

我们来计算上式的左边. 按格林定理

$$\iint_B \frac{\partial u}{\partial z}\mathrm{d}\omega = \frac{1}{2}\iint_B \left(\frac{\partial u}{\partial x} - \mathrm{i}\,\frac{\partial u}{\partial y}\right)\mathrm{d}\omega$$

$$= \frac{1}{2}\int_b (u\mathrm{d}y + \mathrm{i}u\mathrm{d}x)$$

$$= -\frac{1}{2\mathrm{i}}\int u(\mathrm{d}x - \mathrm{i}\mathrm{d}y)$$

$$= -\frac{1}{2\mathrm{i}}\int u\mathrm{d}\bar{z}$$

我们现在将建立 B 的核函数与格林函数之间的关系式

$$K(z,\bar{\zeta}) = -\frac{2}{\pi}\frac{\partial^2 G(z,\zeta)}{\partial z \partial \zeta} \qquad \text{㊳}$$

因为在 B 经过共形映照之后,式㊳的右边服从与核函数相同的变换规律,我们只要就解析曲线围成的区域来证明式㊳. 因为任一单叶有限连通区域可以映照于另一由解析曲线围成的单叶区域. 事实上,若 $b_1,\cdots,$ b_p 为 b 的组成部分,我们首先映照 B 的外边界(不妨设为 b_1)的内部于一圆周的外部. 这个映照将曲线 $b_2,\cdots,b_p$ 映照为曲线 $b'_2,\cdots,b'_p$. 我们现在映照 b'_2 的外部于一圆周的内部. 区域 B 在这两次映照之下的象的边界至少有两个解析的组成部分,它们就是相应于 b_1 和 b_2 的那两部分. 继续这个步骤,结果我们得到 B 的一个共形映照,其象域由解析曲线围成. 因此在证明式㊳时,不失普遍性,我们可以假定 B 由解析曲线围成.

考虑积分

$$I(z) = \iint\limits_{B} \frac{\partial^2 G(z,\zeta)}{\partial z \partial \bar{\zeta}} f(\zeta)\,\mathrm{d}\omega$$

这里 $f(\zeta)$ 为 $\pounds^2(B)$ 中任一具有连续边值的函数. 在算子 $\dfrac{\partial^2}{\partial z \partial \bar{\zeta}}$ 的作用下,函数 $G(z,\zeta)$ 的奇点消失,因而 $I(z)$ 有意义. 以 B_ε 记从 B 除去小圆 $|\zeta - z| < \varepsilon$ 后所得的区域,而以 b_ε 记其边界. 由式㊲$_2$,我们有

$$I(z) = \lim_{\varepsilon \to 0} \iint\limits_{B_\varepsilon} \frac{\partial^2 G(z,\zeta)}{\partial z \partial \bar{\zeta}} f(\zeta)\,\mathrm{d}\omega$$

$$= \lim_{\varepsilon \to 0}\left(\frac{1}{2\mathrm{i}} \int_{B_\varepsilon} \frac{\partial G(z,\zeta)}{\partial z} f(\zeta)\,\mathrm{d}\zeta - \right.$$

$$\left. \iint\limits_{B_\varepsilon} \frac{\partial G(z,\zeta)}{\partial z} \cdot \frac{\partial f(\zeta)}{\partial \bar{\zeta}}\,\mathrm{d}\omega \right)$$

因为 B 的边界 b 由解析曲线组成,且 $G(z,\zeta)$ 在 b 上为零,$G(z,\zeta)$ 在 b 上调和,因而在该处具有各级微

商. 因此, 在计算 $I(z)$ 时应用式 $㊲_2$ 是合法的. 因为 $\dfrac{\partial f(\zeta)}{\partial \bar{\zeta}}$ 按柯西 – 黎曼方程等于零. 我们求得

$$I(z) = \lim_{\varepsilon \to 0} \left(\frac{1}{2\mathrm{i}} \int_b \frac{\partial G(z,\zeta)}{\partial z} f(\zeta) \,\mathrm{d}\zeta - \right.$$

$$\left. \frac{1}{2\mathrm{i}} \int_{|\zeta - z| = \varepsilon} f(\zeta) \left(\frac{1}{2(\zeta - z)} + H(z,\zeta) \right) \mathrm{d}\zeta \right)$$

这里 $H(z,\zeta)$ 为一有界函数. 因为

$$G(z,\zeta) \equiv 0 \quad (\zeta \in b, z \in B)$$

我们有

$$\frac{\partial G(z,\zeta)}{\partial z} \equiv 0 \quad (\zeta \in b)$$

因此

$$\int_b \frac{\partial G(z,\zeta)}{\partial z} f(\zeta) \,\mathrm{d}\zeta$$

等于零. 这样

$$I(z) = \iint_B \frac{\partial^2 G(z,\zeta)}{\partial z \partial \bar{\zeta}} f(\zeta) \,\mathrm{d}\omega = -\frac{\pi}{2} f(z)$$

这指明了 $-\dfrac{2}{\pi} \dfrac{\partial^2 G(z,\zeta)}{\partial z \partial \bar{\zeta}}$ 相对于函数 $f(z) \in \pounds^2(B)$ 具有核函数的再生性质. 现在可得出恒等式 $㊳$. 因为式 $㉟ f(\zeta) = K(\zeta, \bar{t})$ 在 b 上连续, 而我们有

$$\iint_B \left(-\frac{2}{\pi} \frac{\partial^2 G(\zeta, z)}{\partial \zeta \partial \bar{z}} \right) K(\zeta, \bar{t}) \,\mathrm{d}\omega = K(z, \bar{t})$$

另一方面, 由 $K(z, \bar{t})$ 的再生性质有

$$\iint_B K(t, \bar{\zeta}) \left(-\frac{2}{\pi} \overline{\frac{\partial^2 G(\zeta, z)}{\partial \zeta \partial \bar{z}}} \right) \mathrm{d}\omega = -\frac{2}{\pi} \frac{\partial^2 G(t, z)}{\partial t \partial \bar{z}}$$

但显然

$$\iint_B \left(-\frac{2}{\pi} \overline{\frac{\partial^2 G(z,\zeta)}{\partial z \partial \bar{\zeta}}} \right) \overline{K(\zeta, \bar{t})} \,\mathrm{d}\omega$$

$$= \iint_B K(t, \bar{\zeta}) \left(-\frac{2}{\pi} \frac{\partial^2 G(\xi, z)}{\partial \xi \partial \bar{z}} \right) \mathrm{d}\omega$$

因而

$$k(z,\bar{t}) = -\frac{2}{\pi}\overline{\frac{\partial^2 G(t,z)}{\partial t\partial \bar{z}}} = -\frac{2}{\pi}\frac{\partial^2 G(z,t)}{\partial z\partial \bar{t}}$$

对于族 $l^2(B)$ 的核函数可获得一类似的公式. 事实上,将式 ㊳ 代入式 ㉟,我们有

$$\frac{\partial^2 k(z,\zeta)}{\partial z\partial \bar{\zeta}} = -\frac{1}{\pi}\frac{\partial^2 G(z,\zeta)}{\partial z\partial \bar{\zeta}} -$$

$$\frac{1}{4}\sum_{\nu,\mu=1}^{p-1}C_{\nu\mu}F'_{\nu}(z)\overline{F'_{\mu}(\zeta)}$$

与式 ⑱ 相结合,给出

$$\frac{2}{\pi}\frac{\partial^2 G(z,\zeta)}{\partial z\partial \bar{\zeta}} + \frac{2}{\pi}\frac{\partial^2 N(z,\zeta)}{\partial z\partial \bar{\zeta}} +$$

$$\sum_{\mu,\nu=1}^{p-1}C_{\nu\mu}F'_{\nu}(z)\overline{F'_{\mu}(\zeta)} = 0 \qquad ㊴$$

再一次应用式 ㊳ 及式 ㉞,我们最后得到

$$\widetilde{K}(z,\bar{\zeta}) = \frac{2}{\pi}\frac{\partial^2 N(z,\zeta)}{\partial z\partial \bar{\zeta}} \qquad ㊵$$

作为式 ㊳ 的一个应用,我们来证明公式

$$F'_{\nu}(z) = i\int_{b_{\nu}}K(z,\bar{\zeta})d\bar{\zeta} \qquad ㊶$$

由式 ⑦,我们有

$$\omega_{\nu}(z) = \frac{1}{2\pi}\int_{b_{\nu}}\frac{\partial G(z,\zeta)}{\partial n_{\zeta}}ds_{\zeta}$$

由于是在式 ㉘ 的推导中用过的一个变换,我们亦可写成

$$\omega_{\nu}(z) = \frac{1}{2\pi}\int_{b_{\nu}}\frac{\partial G(z,\zeta)}{\partial \bar{\zeta}}d\bar{\zeta}$$

施行运算 $\frac{\partial}{\partial z}$,我们获得式 ㊶.

为了参考的方便,我们将本回的主要结果汇集如下:

在 B 的各种区域函数中,我们有公式

$$k_B(z,\zeta) = (2\pi)^{-1}(N(z,\zeta) - G(z,\zeta))$$

173

$$K_B(z,\bar{\zeta}) = -\frac{2}{\pi}\frac{\partial^2 G(z,\zeta)}{\partial z \partial \bar{\zeta}}$$

$$\widetilde{K}_B(z,\bar{\zeta}) = \frac{2}{\pi}\frac{\partial^2 N(z,\zeta)}{\partial z \partial \bar{\zeta}}$$

$$F'_\nu(z) = \mathrm{i}\int_{b_\nu} K_B(z,\bar{\zeta})\,\mathrm{d}\bar{\zeta}$$

$$\frac{2}{\pi}\left(\frac{\partial^2 N(z,\zeta)}{\partial z \partial \zeta} - \frac{\partial^2 G(z,\zeta)}{\partial z \partial \zeta}\right)$$

$$= \sum_{\mu,\nu=1}^{p-1} C_{\nu\mu} F'_\nu(z) F'_\mu(\zeta)$$

$$\frac{2}{\pi}\left(\frac{\partial^2 N(z,\zeta)}{\partial z \partial \bar{\zeta}} + \frac{\partial^2 G(z,\zeta)}{\partial z \partial \bar{\zeta}}\right)$$

$$= -\sum_{\mu,\nu=1}^{p-1} C_{\nu\mu} F'_\nu(z) \overline{F'_\mu(\zeta)}$$

单复变分析作为数学中少数具有完美体系的数学分支早已成为近代数学的入门券,可以归入古典数学之列,而在数学研究前沿活跃的则是多复变分析,而多复变则绝不是简单的可以从单复变的结论就可以推广过去的. 比如本书的倒数第二节的那个黎曼映射定理在多复变中就没有. 而最后一节的卡拉泰奥多里(Carathéodory)定理也不可以将证明简单修改一下就推广到多复变. 因此,从某种意义上说,学会了多复变才敢说自己真正懂了单复变. 我们以"复分析中的映射问题和 $\bar{\partial}$ 问题"为例.

《卡拉维拉斯县驰名的跳蛙》是马克·吐温(Mark Twain)最著名的短篇小说,在他生前,这篇小说被翻译成包括法语在内的多种语言,但法国人并不认为这篇小说很有趣. 马克·吐温为了弄清楚这到底是由于法国人缺乏什么,或是由于它的法文译文失去了原著的狂欢情趣,他就让人把法文译文又逐词逐句地译成英文,结果发现法国人是无辜的,问题在于它的法文译文无味. 在这里,将把单复变中的一些结果翻译成多复变的语言,然后再译回到单复变的情形.我们将会发现其最终结果与最初结果有所差异.希望这种新看法会丰富我们对最初结果的理解,而不是相反.

把单复变的结果翻译成多复变的语言决不像说句"现在,设 $n > 1$"那样简单省事.事实上,单复变中许多结论都依赖于复平面上的调和函数和全纯函数之间的特殊联系.在多复变中,调和函数可没有这样高的地位,相反地,它几乎不被人提及.因此在多复变中,我们就应该找出拉普拉斯算子及其核的替代物,通常我们用 $\bar{\partial}$ 算子代替拉普拉斯算子.在单个复变数时, $\bar{\partial}$ 算子即为 $\dfrac{\partial}{\partial \bar{z}} = \dfrac{1}{2}\left(\dfrac{\partial}{\partial x} + \mathrm{i}\,\dfrac{\partial}{\partial y}\right)$. 利用 $\bar{\partial}$ 技巧证明单复变中经典结果的一本极好参考书是赫尔曼德尔的关于多复变函数论的第一章.例如在那里我们会见到米塔 – 列夫勒(Mittag-Leffler)定理的一个短短三两句话的证明,该证明基于下面事实:对任何给定的在域 Ω 上 C^∞ 函数 α,存在一个函数 $v \in C^\infty(\Omega)$ 使得 $\dfrac{\partial v}{\partial \bar{z}} = \alpha$. 实际上,假若 $a_i, i = 1,2,\cdots$,是由 Ω 中不同的点组成的点列,并且在 Ω 内无极限点.又若 $P_i(z)$ 为某个亚纯函数在点 a_i 的主要部分,取 $D_i \subset \Omega$ 为不相交的圆盘序列,使得 $a_i \in D_i$,再取函数 $\phi_i \in C_0^\infty(D_i)$, ϕ_i 在 a_i 的某个小邻域内恒为 1,则函数 $u = \displaystyle\sum_{i=1}^{\infty} \phi_i P_i \in C^\infty(\Omega - \{a_i\}_{i=1}^{\infty})$,并且 u 有 correct 主部,但 u 不是 $\Omega - \{a_i\}_{i=1}^{\infty}$ 上的全纯函数.为了找到一个全纯解,命 v 为 $\bar{\partial}$ 方程 $\dfrac{\partial v}{\partial \bar{z}} = \alpha$ 的 C^∞ 的解,其中 α 为 C^∞ 函数,α 在 $\Omega - \{a_i\}_{i=1}^{\infty}$ 上等于 $\dfrac{\partial u}{\partial \bar{z}}$,在每个点 a_i 上等于 0. 那么 $u - v$ 就是米塔 – 列夫勒定理的一个解.除了调和函数外,多复变函数论还缺少共形映射的概念.

我们大都同意这样的看法:复平面中域之间的共形映射是一个神奇美妙的课题.由于共形映射理论中许多优美漂亮的定理在多复变中没有明显类似的对应物,因此人们就不指望 $\mathbf{C}^n$ 中域之间的全纯映射会有类似于单复变的一些经典结论和性质.这里要讲如何理解看待单复变中某些我们欣赏的定理,以便得到一些多复变中有趣的结果,特别地,想考虑多复变中一些根植于单复变黎曼映射定理的问题.

§1 多复变中无①黎曼映射定理

庞加莱发现 $\mathbf{C}^n$ 中单位球与单位多圆盘不双全纯等价,即不存在从单位球到单位多圆盘的 1 – 1 全纯映射.因此多复变中黎曼映射定理的陈述将非常不同于单变数的情况.由于这个事实我们发现两个复变数的映射问题要比单复变数的映射问题有趣得多.

定理 1 $\mathbf{C}^n$ 中的单位球与单位多圆盘不双全纯等价.

证明 对于 $r \in \mathbf{R}_+, a \in \mathbf{C}^n$,我们用 $P(a;r)$ 记
$$\{z \in \mathbf{C}^n \mid |z_i - a_i| < r; i = 1, \cdots, n\}$$
用 $B(a;r)$ 记
$$\left\{ z \in \mathbf{C}^n \;\middle|\; \sum_{i=1}^{n} |z_i - a_i|^2 < r^2 \right\}$$
假若存在双全纯映射 $f : P(0;1) \to B(0;1)$.一个经典的结论说:f 的逆也是全纯的.我们可以假设 $f(0) = 0$,事实上由于单位圆盘的麦比乌斯变换的笛卡儿积是多圆盘自己到自己的双全纯映射.因此,我们可以用 f 复合一个合适的积映射使得原点为其不动点.

---

① 这里的无字是英文前缀 non,在本节的标题上用到它,但很难确切地说明它的含意.用它加在定理两字前将是一个很好的多复变讲义题目.

设 $u = \det\left(\dfrac{\partial f_i}{\partial z_j}\right)$ 为映射 f 的复雅可比行列式. 我们以自然方式可以把 f 看作 $\mathbf{R}^{2n}$ 到 $\mathbf{R}^{2n}$ 的映射, 由柯西 – 黎曼方程知: $|u|^2$ 等于 f 的实雅可比行列式. 另外, 由于 f^{-1} 全纯, 因此 u 在 $P(0;1)$ 上恒不等 0. 记 $F = f^{-1}$, $U = \det\left(\dfrac{\partial F_i}{\partial z_j}\right)$. 由经典的变数变换公式得

$$\int_{P(0;1)} |u(z)|^2 |\phi(f(z))|^2 \mathrm{d}V_z$$
$$= \int_{B(0;1)} |\phi(w)|^2 \mathrm{d}V_w$$

其中 $\mathrm{d}V$ 为 $\mathbf{R}^{2n}$ 中的勒贝格测度. 因此, 若 $\phi \in L^2(B(0;1))$, 则 $u(\phi \circ f) \in L^2(P(0;1))$. 这里 $u(\phi \circ f)$ 表示 u 乘上 ϕ 与 f 的复合.

类似地利用变数变换公式, 我们有下面恒等式

$$\int_{P(0;1)} u(z)\phi(f(z))\overline{\psi(z)}\,\mathrm{d}V_z$$
$$= \int_{B(0;1)} \phi(w)U(w)\overline{\psi(F(w))}\,\mathrm{d}V_w$$

对所有 $\phi \in L^2(B(0;1))$ 和所有 $\psi \in L^2(P(0;1))$ 成立.

事实上, 为了证明这个恒等式, 我们首先假定 ϕ, ψ 均有紧支集. 由 $u(z)U(f(z)) = 1$, 我们有

$$u(\phi \circ f)\overline{\psi} = |u|^2(\phi \circ F)\overline{((U(\psi \circ F)) \circ f)}$$

再由经典变数变换公式即可得所要证的恒等式. 对一般情形 $\phi \in L^2(B(0;1))$, $\psi \in L^2(P(0;1))$, 我们利用标准稠密性度和极限过程的讨论即可. 对于域 $\Omega \subset \mathbf{C}^n$, 我们用 $\langle\ ,\ \rangle_\Omega$ 记 $L^2(\Omega)$ 的内积, 那么上面的恒等式可简写为

$$\langle u(\phi \circ f), \psi \rangle_{P(0;1)} = \langle \phi, U(\psi \circ F) \rangle_{B(0;1)} \qquad ①$$

由于多圆盘上任何一个全纯函数都有幂级数展开, 并且单项式 z^α 在 $L^2(P(0;1))$ 内是互相正交的, 因此集合 $\{z^\alpha \mid |\alpha| \geqslant 0\}$ 构成单位多圆盘上 L^2 全纯函数空间 $H^2(P(0;1))$ 的正交基. 对于单位球亦有同样结论. 把

函数 $h \in H^2(B(0;1))$ 展成泰勒级数可得

$$\langle h, z^\alpha \rangle_{B(0;1)} = c_\alpha \frac{\partial^\alpha h}{\partial z^\alpha}(0)$$

其中 c_α 为常数①.

下面要证明 f 必为线性的. 首先证明 u 为常数. 利用恒等式 ① 的共轭恒等式, 我们有

$$\langle z^\alpha, u \rangle_{P(0;1)} = \langle UF^\alpha, 1 \rangle_{B(0;1)} = c_0 U(0)F(0)^\alpha$$

由于 $F(0) = 0$, 若 $|\alpha| > 0$, 因此上面最后一等式的右端为零. 于是 u 的幂级数展开式中仅有一非零常数项. 现在要证明 f 为线性的. 注意到

$$\langle z^\alpha, uf_i \rangle_{P(0;1)} = \langle UF^\alpha, z_i \rangle_{B(0;1)} = c_i \frac{\partial}{\partial z_i}\{UF^\alpha\}(0)$$

若 $|\alpha| > 0$, 则最后一项等于零, 这表明 uf_i 的幂级数展开式中仅有线性项, 又因为 u 为非零常数, 所以推得 f 为线性映射. 显然不可能存在这样的函数 f, 故定理证毕.

上面的证明不是庞加莱的原始证明. 他原先给的证明涉及要明确算出球的自同构群(是李群)和多圆盘的自同构群(李群) 的维数. 我们所给的证明有个好处是可以用来证明嘉当(Cartan) 引理. 它能叙述如下:

设 Ω_1, Ω_1 为 $\mathbf{C}^n$ 中包含原点的有界圆形域(一个域 Ω 称为圆形域, 若对任何 $z \in \Omega$ 有 $e^{i\theta}z \in \Omega$ 对任何 $\theta \in \mathbf{R}$ 成立). 设 $f: \Omega_1 \to \Omega_2$ 为双全纯映射, 并且 $f(0) = 0$, 则 f 必为线性映射.

§2 双全纯映射的边界状态

多圆盘拓扑等价于球, 但它们却不全纯等价, 由此我们有理由猜测这个问题, 可能在于球有 C^∞ 光滑边界, 而多圆盘的边界却有"角点". 事实上, 我们研究

---

① $\alpha = (0, \cdots, 0)$ 时 $z^\alpha = 1$, 公式变为 $\langle h, 1 \rangle_{B(0;1)} = c_0 h(0)$.

$\mathbf{C}^n$ 中两个域是否双全纯等价时,考虑域的边界性质的确是个极好的想法. 这些边界性质不仅仅指光滑性,而比它更精细. 上节所给的庞加莱定理的证明只要做些小小的修改就可以证明:球 $B(0;1) \subset \mathbf{C}^2$ 与复椭球 $E = \{(z,w) \in \mathbf{C}^2 \mid |z|^2 + |w|^4 < 1\}$ 不双全纯等价. 这是因为如果它们双全纯等价,那么双全纯映射必为线性的,这显然是不可能的. 球与复椭球的边界皆为 C^∞ 光滑,区别它们的一个关键性质是它们边界的拟凸程度不同. 球是强拟凸域的最基本的一个例子,而 E 是弱拟凸域的最简单的例子. 这里不打算定义拟凸性,只简单地说它是个微分几何性质就行了. 决定域的双全纯等价类的正是这种域的边界的微分几何性质,而不是域内部的拓扑性质. 事实上,基于庞加莱和嘉当的开拓性工作,陈省身和莫泽(Moser)建立了一整套微分几何的边界不变量,这些不变量在强拟凸域之间的双全纯映射下保持不变.

为了理解陈 - 莫泽不变量在双全纯映射下的不变性,重要的是要知道强拟凸域间的双全纯映射可以 C^∞ 延拓到边界. 这个结果是费弗曼(C. Fefferman)证明的. 这里想讨论全纯映射具有好的边界状态这件事是如何与一些经典的单复变结果相联系的. 首先我们证明一个古典事实:复平面上有 C^∞ 边界的单连通域的黎曼映射函数可以 C^∞ 延拓到边界. 这个定理是潘勒韦(Painlevé) 1897 年首次给出证明的. 有趣的是,潘勒韦关于光滑延拓的结果远早于卡拉泰奥多里的连续延拓定理.

定理 1 复平面上具有 C^∞ 光滑边界的有界单连通域到单位圆盘的双全纯映射可以 C^∞ 延拓到边界.

证明 设 Ω 为复平面上具有 C^∞ 光滑边界的有界单连通域. f 为 Ω 到单位圆盘上的双全纯映射. 设 $a \in \Omega$,若 $f(a) = 0$,则容易知道 Ω 的格林函数 $G(z, a)$ 等于 $-\log|f(z)|$,$z \in \Omega$. 实际上 $G(z,a)$ 作为 $z \in \Omega - \{a\}$ 的连续函数由下面条件唯一地确定,即它在

179

Ω 的边界上为 0，使得 $G(z,a)+\log|z-a|$ 延拓成 $z\in\Omega$ 的调和函数. 若我们对恒等式 $-\log|f(z)|=G(z,a)$ 关于 z 微分，我们有

$$\frac{\partial}{\partial z}\Big(\frac{1}{2}\log|f(z)|^2\Big)=\frac{f'(z)}{2f(z)}=-\frac{\partial}{\partial z}G(z,a)$$

即有

$$f'(z)=-2f(z)\,\frac{\partial}{\partial z}G(z,a) \qquad\qquad ①$$

拉普拉斯经典的椭圆理论告诉我们，作为 z 的函数 $G(z,a)\in C^\infty(\overline{\Omega}-\{a\})$. 为了弄清楚这一点，注意到

$$G(z,a)=-\log|z-a|-u(z)$$

$u(z)$ 为调和函数并且是边值问题

$$\begin{cases}\Delta u=0, & \text{在 }\Omega\text{ 内}\\ u=-\log|z-a|, & \text{在 }\Omega\text{ 的边界上}\end{cases}$$

由于 $-\log|z-a|$ 在边界上 C^∞ 光滑，因此该边值问题的解 u 可以 C^∞ 延拓到边界.

卡拉泰奥多里定理说：$f(z)$ 连续到边界. 由式 ① 知 $f'(z)$ 亦连续到边界. 对式 ① 关于 z 依次微分下去，容易推出 $f(z)$ 的所有阶导数都可以连续地延拓到边界，定理证毕.

人们喜欢把这个简单证明修改一下推广到多复变，然而有两个障碍将会出现. 首先，$\mathbf{C}^n$ 中域的格林函数与全纯函数没有什么关系. 在单复变中调和函数局部地都是全纯函数的实部，而在多复变中，扮演这个角色的是多重调和函数，而多重调和函数的迪利克雷问题也没有好的陈述与研究. 其次，由于多复变中没有黎曼映射定理，因此 $\mathbf{C}^n$ 中的球作为定理中一般域的双全纯映射的象域是不够格的. 现在我要说明如何把定理 2 的证明中依赖于单位圆盘和调和函数的那部分内容去掉，代之以它和 $\bar{\partial}$ 问题相联系，以便得到一个便于推广到多复变的新证明.

假设 f 是复平面上单连通域 Ω 的黎曼映射函数，即 f 为 Ω 到单位圆盘的双全纯映射. 共形映射理论中

有个把域 Ω 的伯格曼核函数与映射函数 f 联系起来的经典公式. 若 $f(a) = 0$, $f'(a) > 0$, $a \in \Omega$, 则 $f'(z) = cK(z,a)$, 其中 $c = \pi^{1/2}K(a,a)^{-1/2}$, $K(z,w)$ 记为 Ω 的伯格曼核函数. 于是, 只要我们能证明域的伯格曼核函数 C^∞ 光滑到边界, 我们就能证明 $f(z)$ 是 C^∞ 光滑到边界. 我们将会看到, 伯格曼核函数有个好处是它直接联系着 $\bar{\partial}$ 问题.

定理 2 设 Ω 为复平面上具有 C^∞ 边界的有界域. 对于每个固定的 $w \in \Omega$, 作为变元 z 的函数 $K(z,w)$ 属于函数空间 $C^\infty(\bar{\Omega})$.

证明 为了研究伯格曼核函数, 我们首先必须定义伯格曼投影. 设 $L^2(\Omega)$ 为 Ω 上关于 $\mathbf{R}^{2n}$ 中测度的通常 L^2 空间, 内积为标准内积 $\langle , \rangle_\Omega$. 由于在闭圆盘上的解析函数在原点达到它的平均值, 因此我们推出若全纯函数列在 $L^2(\Omega)$ 中收敛, 则必在 Ω 的任何紧子集上一致收敛. 于是 Ω 上的 $L^2(\Omega)$ 全纯函数空间 $H^2(\Omega)$ 是 $L^2(\Omega)$ 的一个闭子空间. 现在我们可以定义 $L^2(\Omega)$ 到 $H^2(\Omega)$ 上的正交投影算子 P, 算子 P 称为 Ω 上的伯格曼投影.

用 φ 记具有紧支集的实值 C^∞ 函数, 并且满足于点 $w \in \Omega$ 径向对称和 $\int_\Omega \phi = 1$. 由全纯函数的平均值性质得

$$\langle h, \phi \rangle_\Omega = h(w)$$

对 Ω 上任何全纯函数 h 成立. 如果把 φ 投影到 $H^2(\Omega)$ 内, 我们得一个全纯函数 $k = P\varphi$, k 具有性质: 对所有 $h \in H^2(\Omega)$ 有

$$\langle h, k \rangle_\Omega = \langle h, \varphi \rangle_\Omega = h(w)$$

其中 $K(z,w) = k(z)$ 为域 Ω 的伯格曼核函数.

伯格曼投影与 $\bar{\partial}$ 问题通过下面斯潘塞 (Spencer) 公式联系起来

$$Pv = v - 4\frac{\partial}{\partial z}G\frac{\partial}{\partial \bar{z}}v$$

其中 G 记 Ω 的经典格林算子,即 $G\psi$ 是迪利克雷问题

$$\begin{cases} \Delta(G\psi) = \psi \\ G\psi\mid_{\partial\Omega} = 0 \end{cases}$$

的解. 我们对 $V \in C^\infty(\overline{\Omega})$ 来证明斯潘塞公式. 为了理解斯潘塞公式,我们要研究算子 $\Lambda\psi = 4\dfrac{\partial}{\partial z}G\psi$. 我们断言,对于 $\psi \in C^\infty(\overline{\Omega})$,$u = \Lambda\psi$ 是 $\overline{\partial}$ 问题; $\dfrac{\partial}{\partial\overline{z}}u = \psi$,$u$ 正交于 $H^2(\Omega)$ 的解,并且 $u \in C^\infty(\overline{\Omega})$. 事实上,$G$ 把 $C^\infty(\overline{\Omega})$ 映到自身是个经典结论,因而 $u \in C^\infty(\overline{\Omega})$. 由于 $4\left(\dfrac{\partial}{\partial\overline{z}}\right)\left(\dfrac{\partial}{\partial z}\right) = \Delta$,显然有 $\dfrac{\partial}{\partial\overline{z}}u = \psi$. 又因为 $G\psi\mid_{\partial\Omega} = 0$,由分部积分得

$$\langle h, \Lambda\psi \rangle_\Omega = -\left\langle \dfrac{\partial h}{\partial\overline{z}}, 4G\psi \right\rangle_\Omega = 0$$

对任何 $h \in H^2(\Omega)$ 成立. $u = \Lambda\psi$ 是 $\overline{\partial}$ 问题的解. (为了指出解是唯一的,令 u_1, u_2 是 $\overline{\partial}$ 问题的两个解,则 $u_1 - u_2 \in H^2(\Omega)$,并且 $u_1 - u_2$ 正交于 $H^2(\Omega)$,因此必有 $u_1 - u_2 \equiv 0$.)

我们现在证明斯潘塞公式. 设 $v \in C^\infty(\overline{\Omega})$,注意到 $v - \Lambda\dfrac{\partial v}{\partial\overline{z}}$ 是全纯函数,因为 $\dfrac{\partial}{\partial\overline{z}}v - \dfrac{\partial}{\partial\overline{z}}\Lambda\dfrac{\partial}{\partial\overline{z}}v = 0$. 再由 $\Lambda\dfrac{\partial v}{\partial\overline{z}}$ 正交于 $H^2(\Omega)$,因此 $P\Lambda\dfrac{\partial v}{\partial\overline{z}} = 0$,于是我们得

$$Pv = Pv - P\Lambda\dfrac{\partial v}{\partial\overline{z}} = P\left(v - \Lambda\dfrac{\partial v}{\partial\overline{z}}\right) = v - \dfrac{\partial v}{\partial\overline{z}}$$

至此斯潘塞公式得证.

由于 G 把 $C^\infty(\overline{\Omega})$ 映到自身,因此由斯潘塞公式知伯格曼投影亦有此性质. 因为伯格曼核函数是某个(如前定义)函数 $\varphi \in C^\infty(\overline{\Omega})$ 的伯格曼投影 $P_\varphi = K(z, w)$,故对于任何给定的 $\omega \in \Omega$,作为 z 的函数 $K(z, \omega) \in C^\infty(\overline{\Omega})$,这就证明了定理.

注 证明定理2的工具可以用来很容易地证明:黎曼映射函数 f 满足恒等式 $f'(z) = cK(z,a)$, c 为常数. 事实上, 若 f 把 Ω 映射到单位圆盘 D_1 上, 并且 $f(a) = 0$, 则我们有类似上一节公式 ① 的公式

$$\langle f'(\Phi \circ f), \psi \rangle_{\Omega} = \langle \phi, F'(\psi \circ F) \rangle_{D_1}$$

若取 $\Phi = 1, \psi = h \in H^2(\Omega)$, 并把上面公式两边取共轭得

$$\langle h, f' \rangle_{\Omega} = \langle F'(h \circ F), 1 \rangle_{D_1}$$
$$= \pi F'(0) h(F(0))$$
$$= ch(a)$$

这样就有 $\langle h, f' \rangle_{\Omega} = \langle h, cK(z,a) \rangle_{\Omega}$, 对任何 $h \in H^2(\Omega)$ 成立. 并且由于 $f' \in H^2(\Omega)$, 故 $f' = cK(z,a)$.

我们将要说明黎曼映射函数光滑性的第二个证明如何经过修改就可以运用到多复变中去. 理解这个证明并不要求读者有多复变的特殊知识. 事实上, 由于许多人偏爱 $\mathbf{C}^1$ 的可靠性, 并且这个结论又不依赖于利用多复变特有的东西. 因此在证明下面定理的某些地方, 就假设 $n = 1$ 以便简化. 在陈述定理之前, 让我们谈谈 $\mathbf{C}^n$ 中域 Ω 的伯格曼投影, 它的定义与单复变的定义完全一致, 定义为 $L^2(\Omega)$ 到 $H^2(\Omega)$ 的正交投影算子. $H^2(\Omega)$ 记 Ω 上的所有平方可积全纯函数空间.

定理3 设 Ω_1, Ω_2 为 $\mathbf{C}^n$ 中有 C^{∞} 光滑边界的有界拟凸域, $f: \Omega_1 \to \Omega_2$ 为双全纯映射. 若 Ω_1 的伯格曼投影和 Ω_2 的伯格曼投影分别保持 $C^{\infty}(\overline{\Omega}_1)$ 和 $C^{\infty}(\overline{\Omega}_2)$ 不变, 则 f 可以延拓为 $\overline{\Omega}_1 \to \overline{\Omega}_2$ 的 C^{∞} 微分同胚.

这个定理是费弗曼定理的推广, 我们用 P_1, P_2 分别表示 Ω_1, Ω_2 的伯格曼投影. 像证明庞加莱定理那样, 我们用 u 记 f 的全纯雅可比行列式, $F = f^{-1}, U$ 记 F 的全纯雅可比行列式. 上一节公式 ① 变为

$$\langle u(\Phi \circ f), \psi \rangle_{\Omega_1} = \langle \varphi, U(\psi \circ F) \rangle_{\Omega_2} \qquad ②$$

对所有 $\varphi \in L^2(\Omega_2)$, $\psi \in L^2(\Omega_1)$. 利用公式 ②, 我们可以证明在双全纯映射下的伯格曼投影的变换公式

$$P_1(u(\Phi \circ f)) = u((P_2\phi) \circ f)$$

事实上, 设 $\phi \in L^2(\Omega_2)$, $h \in H^2(\Omega_1)$, 由公式 ② 得

$$\langle u(\phi \circ f), \psi \rangle_{\Omega_1} = \langle \phi, U(\psi \circ F) \rangle_{\Omega_2}$$
$$= \langle P_2\phi, U(h \circ F) \rangle_{\Omega_2}$$
$$= \langle u((P_2\phi) \circ f, h) \rangle_{\Omega_1}$$

这里我们用了 $U(h \circ f) \in H^2(\Omega_2)$ 这个事实. 这个事实容易从经典的变数变换公式以及 $|U|^2$ 等于 F 的实雅可比行列式推出. 现在由于 $u(\varphi \circ f)$ 与任何 h 的内积等于 $u((P_2\phi) \circ f)$ 与 h 的内积, $h \in H^2(\Omega_1)$, 因此我们推出

$$P_1(u(\phi \circ f)) = P_1(u((P_2\phi) \circ f)) = u((P_2\phi) \circ f)$$

变换公式证毕.

以下我们的目的是要找出一个命题能够替代单复变情形证明时所用的伯格曼核是某个具有紧支集的 C^∞ 函数的投影. 下面的引理正好能用于这个目的.

引理 1　设 $\Omega \subseteq \mathbf{C}^n$ 为具有 C^∞ 边界的有界域, h 为 Ω 上的全纯函数, 并且 $h \in C^\infty(\overline{\Omega})$, 则存在函数 $\phi \in C^\infty(\overline{\Omega})$, 它的直至无穷阶的导数在 Ω 的边界上均为零, ϕ 的伯格曼投影等于 h.

这个引理在单复变的情形看来并非是已知的. 它能用来简化许多关于单复变的全纯函数和调和函数的边界正则性的讨论.

证明　为了说明方法, 这里我们假定 Ω 具有实解析边界, 并且设 h 在 $\overline{\Omega}$ 的某个邻域内全纯. 柯西 - 柯瓦列夫斯卡娅定理告诉我们: 下述柯西问题有解 $\Delta \Psi = h$, 在 Ω 的边界上有 $\Psi = 0$ 和 $\nabla \Psi = 0$.

解函数 Ψ 是定义在 Ω 的边界某个领域内的实解析函数. 取 $\chi \in C^\infty(\mathbf{C}^n)$, 并且 χ 在 $\partial\Omega$ 的某个邻域内取值 1, χ 的支集包含在 Ψ 的定义域内. 我们断定 $\phi = h -$

$\Delta(\chi\Psi)$ 满足 $P\phi = h$ 及 $\phi \in C_0^\infty(\Omega)$. $\phi \in C_0^\infty(\Omega)$ 是显然的. 为了理解 $P\phi = h$, 注意到由格林恒等式可推得 $\Delta(\chi\Psi)$ 正交于 $H^2(\Omega)$. 事实上, 由于 $\chi\Psi$ 及 $\nabla(\chi\Psi)$ 在 Ω 的边界均为 0, 因此在格林恒等式中含边界积分的项不出现, 故有

$$\int_\Omega \Delta(\chi\Psi)\bar{g}\mathrm{d}V = \int_\Omega \chi\Psi \cdot \Delta\bar{g}\mathrm{d}V = 0$$

对全纯函数 g 成立, 因为全纯函数为调和函数. (以前我们说过多复变中调和函数几乎不提.) 因此有

$$P(\Delta(\chi\Psi)) = 0$$

和

$$h = Ph = Ph - P(\Delta(\chi\Psi)) = P\phi$$

对于边界为实解析和函数 h 在 $\overline{\Omega}$ 上全纯的情形, 引理证毕.

为了证明引理的一般情况, 我们尝试完全按上面办法去做. 这时在由柯西 - 柯瓦列夫斯卡娅定理产生问题的那些点上, 我们必须用另外一种形式的柯西 - 柯瓦列夫斯卡娅定理. 我们称之为 "C^∞ 形式的柯西 - 柯瓦列夫斯卡娅定理". 在边界上无穷阶导数为 0 的模函数可能是柯西问题: $\Delta\Psi = h$, 在 Ω 的边界上 $\Psi = 0$, $\nabla\Psi = 0$ 的解, 即存在函数 $\Psi \in C^\infty(\overline{\Omega})$, 满足边界条件, 并且使得 $h - \Delta\Psi$ 在 $\partial\Omega$ 上直到无穷阶导数均为 0. 显然我们可取 $\phi = h - \Delta\Psi$. 引理证毕.

现在我们可利用这个引理以及在双全纯映射下伯格曼投影的变换公式来证明定理 3. 设 h 为全纯函数, 并且 $h \in C^\infty(\overline{\Omega_2})$, 取 $\phi \in C^\infty(\overline{\Omega_2})$, 在 $\partial\Omega_2$ 上 ϕ 的直到无穷阶导数为 0, 并且满足 $P_2\phi = h$. 我们有下面结论.

结论 设 $\phi \in C^\infty(\overline{\Omega_2})$, 在 $\partial\Omega_2$ 上 ϕ 的无穷阶导数均为 0, 则 $u(\phi \circ f) \in C^\infty(\overline{\Omega_1})$.

我们暂时承认这个结论, 利用它我们来完成定理

的证明. 由伯格曼投影的变换公式得

$$u(h \circ f) = u((P_2\phi) \circ f) = P_1(u(\phi \circ f))$$

由于 $u(\phi \circ f) \in C^\infty(\overline{\Omega_1})$,并且因 P_1 保持此函数类不变,因此推出 $u(h \circ f) \in C^\infty(\overline{\Omega_1})$. 若取 $h = 1$,则得 $u \in C^\infty(\overline{\Omega_1})$. 若取 $h = Z_i$,则得 $uf_i \in C^\infty(\overline{\Omega_1})$. 这样 f 可以 C^∞ 延拓到接近 $u \neq 0$ 点的边界点. 但是 u 在边界恒不为 0,事实上,对逆映射 F 利用同样的推理可将 U 光滑地开拓到 Ω_2 的边界. 由 $U(f(z)) = \dfrac{1}{u(z)}$,此处 U 是有界的,故 u 在 $\overline{\Omega_1}$ 处处不为 0. 这样就完成了定理的证明.

结论的证明   为了使你信服这个结论的正确性,暂时假定 $n = 1$. 对于任何内切于 $\partial\Omega_2$ 的圆盘和在圆盘上全纯的有界函数 h,应用经典的柯西估计得

$$\left| \frac{\mathrm{d}^k h}{\mathrm{d}z^k} \right| \leqslant C d_1(z)^{-k} \qquad ③$$

其中 $d_1(z)$ 记 z 到 Ω_1 边界的距离. C 为与 z 无关的常数. 我们以后将证明 f 满足下面估计

$$d_2(f(z)) \leqslant c d_1(z) \qquad ④$$

其中 $d_2(z)$ 记从 z 到 $\partial\Omega_2$ 的距离. 先假定这个估计成立,我们就可以完成上面结论的证明. 事实上,函数 $u(\phi \circ f)$ 的某个导数是形如

$$(D^\alpha u)((D^\beta \phi) \circ f) \prod_\gamma D^\gamma f$$

的有限和,其中 D 表示任意的实偏导数. 由 f 满足式 ③ 推得

$$\left| \frac{\mathrm{d}^k u}{\mathrm{d}z^k} \right| \leqslant C d_1(z)^{-k-1}$$

因此项 $(D^\alpha u) \prod_\gamma D^\gamma f$ 可由 $d_1(z)^{-m}$ 的常数倍控制,这里 $m = |\alpha| + 1 + \prod_\gamma |\gamma|$. 由于 ϕ 的直到无穷阶导数的边界为 0,因此对任何给定的正整数 m,能够找到

常数 k 使得 $|(D^\beta \varphi)(z)| \leqslant k d_2(z)^m$ 对所有 $z \in \Omega_2$ 成立. 利用式 ④ 可推得

$$|(D^\beta \varphi) \circ f| \leqslant C d_1(z)^m \quad (C \text{ 为常数})$$

于是我们得知: $u(\varphi \circ f)$ 的任何导数在 Ω_1 上有界, 因而 $u(\varphi \circ f) \in C^\infty(\overline{\Omega_1})$. 为了完成该结论的证明, 现在证明式 ④. 设 λ 为迪利克雷问题

$$\begin{cases} \Delta \lambda = 1, \text{在 } \Omega_1 \\ \lambda \mid_{\partial \Omega_1} = 0 \end{cases}$$

的一个解. 注意到 λ 的 Ω_1 上的一个次调和 (subharmonic) 函数. 次调和函数的最大值原理蕴含着 λ 在 Ω_1 上为负的. 因此 $\lambda \circ F$ 为 Ω_2 上负的次调和函数, 并且 $\lambda \circ F$ 可以连续延拓到 $\overline{\Omega_2}$ 上去, 在 $\partial \Omega_2$ 上和 $\lambda \circ F$ 取 0 值. 适当地取正实数 R, 使得以 R 为半径的圆盘在 Ω_2 内沿边界 $\partial \Omega_2$ 转动时与边界接触不多于一点. 用 $P(z, \zeta)$ 记内切 $\partial \Omega_2$ 于点 p 半径为 R 的圆盘的泊松核. 确切地说, 我们记该圆盘的圆心为 W, 则

$$P(z, \zeta) = \frac{R^2 - |z - W|^2}{2\pi R |\zeta - z|^2}$$

假若 ζ 在该圆盘的边界 S(是个圆周) 上, z 位于边界 $\partial \Omega_2$ 的在点 p 的内法线上, 注意到

$$P(z, \zeta) \geqslant \frac{(R - |z - W|)(R + |z - W|)}{2\pi R (2R)^2}$$

$$\geqslant C d_2(z)$$

其中 $C = \frac{1}{8} \pi R^2$. 像证明经典的霍普夫 (Hopf) 引理那样, 我们可得: 正的上调和函数 $-\lambda \circ F$ 满足下面不等式

$$(-\lambda \circ F)(z) \geqslant \int_S P(z, \zeta)(-\lambda \circ F)(\zeta) d\sigma_\zeta$$

$$\geqslant C d_2(z) \int_S -\lambda \circ F d\sigma$$

其中 $d\sigma$ 记 S 上的弧长. 这个不等式包含式 ④. 实际上, 最后一个积分 $\int_S -\lambda \circ F d\sigma$ 可用一个与 p 无关的正

常数为下界. 而且由于 $\lambda \in C^\infty(\overline{\Omega}_2)$, 因此

$$- \lambda(w) \leqslant (\text{常数}) d_1(w)$$

由此可见

$$d_1(F(z)) \geqslant (\text{常数})(-\lambda(F(z))) \geqslant (\text{常数}) d_2(z)$$

用 $f(z)$ 代 z, 即得式 ④.

对 $n = 1$ 的情形结论证毕. 证明中唯一用到单复变的地方是构造次调和函数 λ. 在多复变中, 某个特殊的多重次调和函数可以起到 λ 的同样作用, 构造这样多重次调和函数的可能性等价于拟凸性.

定理 3 已经推广到了仅仅逆紧的全纯映射上.

§3 多复变中的 $\overline{\partial}$ 问题

为了导出复平面上具有 C^∞ 光滑边界的有界域 Ω 的伯格曼投影保持空间 $C^\infty(\overline{\Omega})$ 不变, 我们需要知道 $\overline{\partial}$ 问题: $\dfrac{\overline{\partial}}{\delta z}(\Lambda\Psi) = \Psi, \Lambda\Psi \perp H^2$ 的解算子 Λ 的一些性质. 单复变数时, 由于 Λ 可由经典格林算子表示 $\Lambda = 4\left(\dfrac{\partial}{\partial z}\right) G$, 在多复变中, 这个问题是比较困难的.

设 $\Omega \subseteq \mathbf{C}^m$ 是具有 C^∞ 光滑边界的有界域. 若 $v \in C^1(\Omega)$, 则 $\overline{\partial} v = \displaystyle\sum_{i=1}^{n} \left(\dfrac{\partial v}{\partial \overline{z_i}}\right) \mathrm{d}\overline{z_i}$ 是一个 1 - 微分形式. 为了使本节更初等些, 我们把 $\overline{\partial} v$ 看作一个 n 维向量, 其第 i 个分量为 $\dfrac{\partial v}{\partial \overline{z_i}}$. 类似于单复变, Ω 的伯格曼投影 P 亦可表示为 $Pv = v - \Lambda\overline{\partial} v$, 其中 Λ 记 $\overline{\partial}$ 问题的解算子. 不过这时 $\overline{\partial}$ 问题为次之比较复杂的形式.

$\overline{\partial}$ 问题   设 n 维向量函数 $\boldsymbol{\alpha} = (\alpha_1, \cdots, \alpha_n), \alpha_i \in C^\infty(\overline{\Omega}), i = 1, \cdots, n$, 满足相容性条件, $\dfrac{\partial \alpha_i}{\partial \overline{z_j}} = \dfrac{\partial \alpha_j}{\partial \overline{z_i}}$, 对任何 $i \neq j$, 则 $\Lambda\boldsymbol{\alpha}$ 为 Ω 上的函数并且是 $\overline{\partial}$ 问题:

$$\frac{\partial}{\partial \bar{z}_j}(\Lambda \alpha) = \alpha_i, i = 1, \cdots, n, \Lambda \alpha \perp H^2(\Omega) \text{ 的解.}$$

要决定何时算子 Λ 保持函数空间 $C^\infty(\bar{\Omega})$ 不变是个很困难的问题. 事实上, 若 Ω 不是拟凸域的情形, 算子 Λ 甚至就不存在. 在这种情况下, 巴雷特(Barrett)证明了伯格曼投影不保持 $C^\infty(\bar{\Omega})$ 不变. 然而在强拟凸域条件下, 科恩(Kohn)证明了 Λ 保持 $C^\infty(\bar{\Omega})$ 不变. 科恩的证明利用了 Λ 与 $\bar{\partial}$- 诺伊曼算子 N 的联系, $\bar{\partial}$- 诺伊曼算子类似于多变数中的格林算子. 对于弱拟凸域情况, 最好的结果是由卡特林(Catlin)证明的, 他利用了丹赫洛(D'Angelo)的工具去度量拟凸的程度. 在此不打算深入讨论.

§4 多复变中的布拉施克乘积

正像其他许多生长于单变数结果的多变数论题一样, 多复变数的布拉施克乘积的概念是很有趣的, 原因在于很容易说明单复变中的布拉施克乘积到多复变的平凡推广是没有什么意思的. (最近约翰·丹赫洛证明了只要象域的维数与原象域的维数允许不同, 多变数的布拉施克乘积是有意义的.) 单变数时, 布拉施克乘积的集合恰好就是圆盘到自身的全纯逆紧映射全体. 一个映射称为逆紧的, 若对任何紧子集 $K, f^{-1}(K)$ 亦为紧集. 逆紧映射把趋于边界的点列映为趋于边界的点列. 对于 $n > 1$, 我们的问题是 $\mathbf{C}^n$ 中单位球到自身的逆紧全纯映射是些什么样的映射, 除了双全纯映射外还有没有其他逆紧全纯映射? 亚历山大(Alexander)定理形象地说:$n > 1$ 时, $\mathbf{C}^n$ 中所有布拉施克乘积就是麦比乌斯变换. 我们要用 §2 中发展的方法来证明亚历山大定理.

定理1(亚历山大) 设 $n > 1, f$ 是 $\mathbf{C}^n$ 中单位球到它自身的全纯逆紧映射, 则 f 有全纯逆映射存在, 即 f 必为双全纯映射.

证明 鲁丁（Rudin）曾给出这个定理的一个很
漂亮的证明. 这里要给出另外一个不依赖于球的特殊
性质的证明, 这个证明可以用来研究更一般的域之间
的逆紧映射.

$\mathbf{C}^n$ 中域间的逆紧全纯映射的性质类似于 1 维情
形. 设 $\mathbf{C}^n$ 中的有界域 $\Omega_1, \Omega_2, f: \Omega_1 \to \Omega_2$ 是一个逆紧全
纯映射, 则 f 为映射, 并且存在数 m（称为映射 f 的重
数）和子集 V_1, V_2, 使得 f 为 $\Omega_1 - V_1$ 到 $\Omega_2 - V_2$ 上的
m - 叶覆盖映射. 集合 V_1, V_2 都很小, 它们等于一些
不恒等于 0 的全纯函数的零点集.（单变数时, 它们皆
为有限集, 多变数时, 它们都是 $n-1$ 维复解析簇.）

我们这个亚历山大定理的证明依赖于逆紧全纯
映射下的伯格曼投影变换公式. 这个公式在单变数时
也成立, 不过以前可能不知道.

引理 1 设 $\Omega_1, \Omega_2 \subseteq \mathbf{C}^n, n \geqslant 1$ 为有界域, $f: \Omega_1 \to
\Omega_2$ 为逆紧全纯映射. u 为 f 的全纯雅可比列式, P_1,
P_2 分别记域 Ω_1, Ω_2 的伯格曼投影, 则对所有 $\phi \in
L^2(\Omega_2)$ 有
$$P_1(u(\phi \circ f)) = u((P_2\phi) \circ f)$$

由于这个公式与双全纯映射情形下的变换公式
完全一致, 并且双全纯映射的情形不能直接推广到逆
紧全纯映射的情形, 因此这个变换公式是很有意
义的.

引理的证明 我们将需要下面的事实, 它是 L^2
形式的黎曼可去奇点定理.

事实 若 h 为 $\Omega_1 - V_1$ 上的全纯函数, 并且 $h \in
L^2(\Omega_1 - V_1)$, 其中 V_1 是一个非恒等于 0 的全纯函数的
零点集, 则 h 可延拓为 Ω_1 上的全纯函数.

我们将证明 $n=1$ 时的特殊情形, 多变数的证明
要用到复解析簇的一些初等性质, 这里不打算叙述.
显然这个事实是局部的. 我们可以假设 Ω_1 为单位圆
盘, h 在单位圆盘除去原点为全纯. 设 $0 < \varepsilon < 1$, 用 A_ε
记圆环 $|z|\varepsilon < |z| < 1$. 由于任何在 A_ε 内全纯的函

数均可展为洛朗级数, 并且函数 $z^N, N \in \mathbf{Z}$ 在 $L^2(A_\varepsilon)$ 中正交, 因此函数值 $\{z^N \mid N \in \mathbf{Z}\}$ 构成 $H^2(A_\varepsilon)$ 的正交基. 用 $\| \cdot \|_\varepsilon$ 记 $L^2(A_\varepsilon)$ 中的范数, h 的洛朗展开为 $\sum\limits_{n=-\infty}^{+\infty} a_n z^n$. 由

$$\| h \|_\varepsilon = \sum_{n=-\infty}^{+\infty} | a_n | \, \| z^n \|_\varepsilon$$

我们知道当 $\varepsilon \to 0$ 时

$$\sum_{n=-\infty}^{+\infty} | a_n | \, \| z^n \|_\varepsilon$$

趋于一个有限数. 另一方面, 对 $N < 0$, $\| z^N \|_\varepsilon \to \infty$ ($\varepsilon \to 0$). 因此, 我们得 $a_n = 0, n < 0$. 这样就完成了事实的证明.

现在我们可以证明这个引理了. 由于 f 为 $\Omega_1 - V_1$ 到 $\Omega_2 - V_2$ 上的 m - 叶覆盖映射, 因此局部地我们可以定义 m 个从 $\Omega_2 - V_2$ 到 $\Omega_1 - V_1$ 的全纯映射 $F_1, \cdots, F_m$, 它们是 f 的局部逆映射. 用 $U_1, \cdots, U_m$ 分别记 $F_1, \cdots, F_m$ 的全纯雅可比行列式. 对于逆紧全纯映射 f, 有类似于 §2 式 ② 的公式

$$\langle u(\phi \circ f), \Psi \rangle_{\Omega_1} = \langle \phi, \sum_{k=1}^{m} U_k(\Psi \circ F_k) \rangle_{\Omega_2} \qquad ①$$

为了证明公式 ①, 我们必须验证对于 $\phi \in L^2(\Omega_2)$ 有 $u(\phi \circ f) \in L^2(\Omega_1)$, 以及对于 $\psi \in L^2(\Omega_1)$, 有

$$\sum_{k=1}^{m} U_k(\Psi \circ F_k) \in L^2(\Omega_2)$$

首先注意到

$$\int_{\Omega_1 - V_1} | u |^2 | \phi \circ f |^2 \mathrm{d}V = m \int_{\Omega_2 - V_2} | \phi |^2 \mathrm{d}V$$

这是因为 f 为 $\Omega_1 - V_1$ 到 $\Omega_2 - V_2$ 上的 m - 叶覆盖映射, 并且 $| u |^2$ 等于 f 的实雅可比行列式能视为 $\mathbf{R}^{2n}$ 到自身的映射. 由于 V_1, V_2 均为零测集, 因此有

$$\| u(\phi \circ f) \|_{\Omega_1} = \sqrt{m} \, \| \phi \|_{\Omega_2}$$

注意到 $\sum\limits_{k=1}^{m} U_k(\Psi \circ F_k)$ 作为一个对称函数在 $\Omega_2 - V_2$ 上是定义好了的,而且由于

$$\Big| \sum_{i=1}^{m} a_i \Big|^2 \leqslant m \sum_{i=1}^{m} \mid a_i \mid^2$$

故有

$$\int_{\Omega_2 - V_2} \Big| \sum_{k=1}^{m} U_k(\Psi \circ F_k) \Big|^2 \mathrm{d}V$$

$$\leqslant m \int_{\Omega_2 - V_2} \sum_{k=1}^{m} \mid U_k \mid^2 \mid (\Psi \circ F_k) \mid^2 \mathrm{d}V$$

而最后一个积分等于 $\int_{\Omega_1 - V_1} \mid \psi \mid^2 \mathrm{d}V$. 因此

$$\Big\| \sum_{k=1}^{m} U_k(\psi \circ k) \Big\|_{\Omega_2} \leqslant \sqrt{m} \, \| \psi \|_{\Omega_1}$$

若把 Ω_1, Ω_2 分别换成 $\Omega_1 - V_1, \Omega_2 - V_2$,公式 ① 显然成立. 但是 V_1, V_2 均为零测度集,因此式 ① 得证.

现在我们可以利用公式 ① 及上面所给的事实去证明引理. 设 $h \in H^2(\Omega_1)$,则 $\sum\limits_{k=1}^{m} U_k(h \circ F_k)$ 为 $\Omega_2 - V_2$ 上的一个全纯函数,并且属于 $L^2(\Omega_2 - V_2)$. 这样前面所给的那个事实蕴含着 $\sum\limits_{k=1}^{m} U_k(h \circ F_k)$ 可以延拓成 Ω_2 上的一个全纯函数,并且属于 $H^2(\Omega_2)$. 对于 $\phi \in H^2(\Omega_2)$,$h \in H^2(\Omega_1)$,由公式 ① 得

$$\begin{aligned} \langle u(\phi \circ f), h \rangle_{\Omega_1} &= \Big\langle \phi, \sum_{k=1}^{m} U_k(h \circ F_k) \Big\rangle_{\Omega_2} \\ &= \Big\langle P_2\phi, \sum_{k=1}^{m} U_k(h \circ F_k) \Big\rangle_{\Omega_2} \\ &= \langle u((P_2\phi) \circ f), h \rangle_{\Omega_1} \end{aligned}$$

由于 $u(\phi \circ f)$ 和 $u((P_2\phi) \circ f)$ 与 $H^2(\Omega_1)$ 中的任意函数 h 之配对有相同的值,因此这两个投影是相同的函数,但第二个函数已是全纯函数,故引理证毕.

假设 $f : B(0;1) \to B(0;1)$ 为单位球到自身的逆

紧全纯映射. 我们希望证明 f 为双全纯映射. 为此只要证明 f 的雅可比行列式 u 处处不为 0 即可. (由此可推出 f 的单叶覆盖映射, 由拓扑知识即可得我们的结论.) 证明的第一步是用引理 1 来证明 f 可全纯开拓过球的边界.

用 P 记单位球的伯格曼投影. 容易证明单位球的伯格曼核函数为

$$K(z, w) = c(1 - z\overline{w})^{-n-1}$$

其中 $z \cdot \overline{w} = \sum_{i=1}^{n} z_i \overline{w}_i$, $\dfrac{1}{c}$ 等于球的欧氏体积. 从 §2 引理 1 的证明中我们知道存在单位球上的具有紧支集的 C^∞ 函数 ϕ_α, 使得 $P\phi_\alpha = z^\alpha$. 现在由引理 1 得

$$U(f^\alpha) = u((P\phi_\alpha) \circ f) = P(u(\phi \circ f))$$

这表明 $u(f^\alpha)$ 是某个 $C_0^\infty(B(0;1))$ 中函数的投影. 球的伯格曼核的显式表达式蕴含着 $u(f^\alpha)$ 可以全纯开拓过球的边界. 上面这个论断对任何多重指标 α 成立, 包括 $\alpha = (0, \cdots, 0)$. 现在我们可以断言 f 本身也可以全纯开拓过球的边界. 为了证明它, 我们要用到在某点的全纯函数芽环是唯一分解整环这一经典事实. 设 $Z_0 \in \partial B(0, 1)$, 取 $\alpha = (0, \cdots, 0)$, 我们得知 u 可以开拓为 Z_0 附近的一个全纯函数. 而且由于 u 恒不为 0, 因此 u 在点 Z_0 的全纯函数芽环 $\mathbf{R}$ 中有一个非平凡分解. 设 $u = \prod_{i=1}^{r} W_i^{p_i}$ 为 u 在 $\mathbf{R}$ 中的分解

$$uf_k = \prod_{j=1}^{s} V_j^{q_j}$$

为 uf_k 的分解. 由于对任何 m, $u(f_k)^m \in \mathbf{R}$, 我们可推得 u^{m-1} 在 $\mathbf{R}$ 中可整除 $(uf_k)^m$, 对于任何正整数 m 成立. 因此可得集合 $\{W_1, \cdots, W_r\}$ 为 $\{V_1, \cdots, V_s\}$ 的一个子集. 对 $\{V_1, \cdots, V_s\}$ 重新排序编号使得 u 可表为

$$u = \prod_{i=1}^{r} V_i^{p_i}$$

因为对每个 m, u^{m-1} 在 $\mathbf{R}$ 中可整除 $(uf_k)^m$, 所以可得到

$(m-1)p_i \leqslant mq_i$,对所有 m 及 $1 \leqslant i \leqslant r$ 成立. 由此推出 $p_i \leqslant q_i$. 现在我们得到 u 在 $\mathbf{R}$ 中整除 uf_k,由此可知 $f_k \in \mathbf{R}$,即 f_k 可以在点 Z_0 附近越过 $B(0;1)$ 的边界开拓成一个在点 Z_0 附近全纯的函数. 故 f 可以全纯开拓过 $B(0;1)$ 的边界.

下面我们需证明 f 在边界上保持法向量. 确切地说我们希望证明:若 r 在 $\mathbf{C}^n$ 上是 C^∞ 函数,并且在 $B(0;1)$ 的边界上 $r=0$ 和 $\mathrm{d}r \neq 0$,则 $B(0;1)$ 的边界上有 $\mathrm{d}(r \circ f) \neq 0$. 要证明这个结论对所有这样的函数 r 成立,仅对其中之一 r 证明即可,因为若 r_1, r_2 为满足上述条件的函数,则存在一个在 $B(0;1)$ 的边界的某个邻域上不为 0 的 C^∞ 函数 X 使得 $r_1 = Xr_2$.(这可从隐函数定理推得.) 我们将对 $r(z) = |z|^2 - 1$ 来证明这个结论,这里我们用了标准记号 $|z|^2 = \sum_{i=1}^{n} |z_i|^2$. 显然 r 满足前面的假设条件. 我们须证明函数 $|f|^2 - 1$ 的法向导数不为 0. 为此我们注意到 $|f|^2 - 1$ 是一个在 $\mathbf{R}^{2n}$ 中闭单位球的一邻域中的次调和函数,而且 $|f|^2 - 1$ 在这个闭球的边界上每点达到它的最大值 0,因此由经典的霍普夫引理知函数 $|f|^2 - 1$ 的法向导数不为 0.(经典的霍普夫引理的证明非常类似于我们在 §2 所给的不等式 ④ 的证明.)

现在我们知道 $\rho(z) = |z|^2 - 1$,即所谓单位球的定义函数. 意思是球上 ρ 小于零,在边界上 $\mathrm{d}\rho \neq 0$,球是个几何凸域,事实上它是一个强凸域. 我们希望用解析对象刻画凸性,以便导出一些关于 f 的边界性质的结果. 仅仅在本节中,我们采用些特殊记号,用下标 j 表示关于 $\bar{z}_j$ 的微分,用下标 i 表示关于 z_i 的微分. 这样 ρ_{ij} 就表示 $\dfrac{\partial^2 \rho}{\partial z_i \partial z_j}$. 用 H_ρ 记 ρ 的增广霍辛(Hossian)行列式,即

$$H_\rho = \det \begin{pmatrix} 0 & \rho_j \\ \rho_i & \rho_{ij} \end{pmatrix}$$

194

其中矩阵为 $(n+1) \times (n+1)$ 矩阵. 一个一般性事实是由 ρ 定义的域为强凸域蕴含着 H_ρ 在域的边界不为 0. 这里我将证明一个我们用到的特殊情形. 事实上, 若 $r(z) = |z|^2 - 1$, 一个具体明了的计算表明 H_r 在球的边界上不为 0. 现在由于 r, ρ 均为单位球的定义函数, 则存在一个在单位球的边界某个邻域内不为 0 的函数 χ, 使得 $r = \chi\rho$. 经过具体计算得 $H_r = \chi^{n+1} H_\rho$ 在球的边界上成立, 因此 H_ρ 在边界上不为 0. 用 J_f 表示 f 的雅可比矩阵. 由链式法则得

$$\begin{pmatrix} 0 & \rho_j \\ \rho_i & \rho_{ij} \end{pmatrix} = \begin{pmatrix} 1 & 0 \\ 0 & J_f \end{pmatrix}^{\mathrm{T}} \begin{pmatrix} 0 & r_j \\ r_i & r_{ij} \end{pmatrix} \circ f \begin{pmatrix} 1 & 0 \\ 0 & \bar{J_f} \end{pmatrix}$$

两边取行列式得

$$H_\rho = |\det J_f|^2 H_r \circ f$$

现在由于 H_ρ 与 H_r 在球的边界均不为 0, 并且由于 f 把边界映到边界, 我们即推出 $u = \det J_f$ 在边界上不为 0. 由哈托格斯(Hartogs)定理得 u 在单位球内部也不为 0. 事实上哈托格斯定理是说: 若函数 g 在球的边界的某个邻域内全纯, 则 g 可以延拓成在整个球全纯 (因此多复变数全纯函数无孤立奇点). 对 $\dfrac{1}{u}$ 应用哈托格斯定理, 我们有 $\dfrac{1}{u}$ 在整个单位球上全纯, 这就推出 u 在单位球内无零点. 至此我们证明了 f 是球到自身的非分支覆盖映射, 因此 f 为球到自身的双全纯映射. 这样即完成了定理的证明.

在证明亚历山大定理之前, 我们说过所用的这个办法可以推广. 现在就说明如何推广. 首先球可换为具有 C^∞ 边界的有界域. 可以证明这种域自己到自身的逆紧全纯映射可以 C^∞ 延拓到边界. 上面证明用到的函数 $r = |z|^2 - 1$ 需换为所谓的强多重次调和定义函数. 利用霍普夫引理可以证明 $r \circ f$ 也是该域的定义函数. 最后, 由强凸性所得到的一些结果也可由强拟凸性推出. 理论上这些结论应该完全一致. 关于不存

195

在域到自身的逆紧全纯映射的最一般结果是由平库克(Pincuk)得到的,他证明了强拟凸性域到自身的逆紧全纯映射必为双全纯映射.

对于 $\mathbf{C}^n$ 中域之间的逆紧全纯映射研究中的主要问题,贝福德(Beford)的综述性文章已给出了很出色的描述.

§5　$\mathbf{C}^n$ 中两个肯定的黎曼映射定理

前面我们可能已使你相信多复变中黎曼映射定理的想法是荒谬的. 现在我要说明情况并非完全如此. 单复变中,我们知道一个不是整个复平面的单连通域 Ω 和单位圆盘是一样的. Ω 有一个很大的双全纯自映射群和单位圆盘的麦比乌斯变换群对应. 事实上,Ω 的自同构群是可递的,即对任何 $z, w \in \Omega$,存在 Ω 的一个双全纯自映射把 z 映为 w. 这条性质刻画了平面中那些和单位圆盘双全纯等价的域. 因此黎曼映射定理的另外一个平凡方式的陈述:复平面中不等于整个平面的域,若它的自同构群是可递的,则它双全纯等价于单位圆盘. 而 $\mathbf{C}^n$ 中的类似陈述却是不平凡的. 在强拟凸的情形下,王琥证明了下一个定理,后来罗赛(Rosay)把该定理推广为如下形式:

定理 1　$\mathbf{C}^n$ 中具有 $\mathbf{C}^2$ 光滑边界的有界域 Ω,若它的自同构群可递,则它双全纯等价于 $\mathbf{C}^n$ 中的单位球.

除了这个定理外,还有一个定理宣称为 $\mathbf{C}^n$ 中的黎曼映射定理,它就是弗里德曼(Fridman)定理.

定理 2　设 D 微分同胚于 $\mathbf{C}^n$ 中的单位球. 对任何 $\varepsilon > 0$,存在域 Ω_1 和 Ω_2 分别含于 D 和单位球,使得 Ω_1 的边界到 D 的边界,以及 Ω_2 的边界到单位球的边界之距离小于 ε,并且 Ω_1 与 Ω_2 双全纯等价.

实际上,弗里德曼定理最好看作是逼近型的黎曼映射定理.

§6　一些未解决的问题

$\mathbf{C}^2$ 中的单位多圆盘有许多非双全纯的逆紧全纯

自映射,事实上,它的逆紧全纯自映射全体刚好是由形如 $f(z_1,z_2) = T(B_1(z_1),B_2(z_2))$ 的映射全体组成的集合,其中 B_1,B_2 均为单位圆盘上的有限布拉施克乘积,T 是恒等映射,或者是把第一个变量与第二个变量互换的映射.单位多圆盘无光滑边界.平库克定理说:具有光滑边界的强拟凸域没有非双全纯的逆紧全纯自映射.问题:是否存在具有光滑边界的域 $\Omega \subseteq \mathbf{C}^n$ 有非双全纯的逆紧全纯映射?

域的自同构群称为非紧的,若在域内存在点 z_0 和一列自同构 Φ_j 使得当 j 趋于 ∞ 时,$\Phi_j(z_0)$ 趋于域的边界.显然具有可递自同构群的域有非紧自同构群.格林(Greene)和克兰茨(Krantz)发现 $\mathbf{C}^2$ 中具有光滑边界和非紧自同构群的已知域具有形式 $E^p = \{(z, w) \in \mathbf{C}^2 \mid |z|^2 + |w|^{2p} < 1\}$,其中 p 为正整数.于是他们猜想 $\mathbf{C}^2$ 中具有非紧自同构群的光滑域必双全纯等价于某个 E^p,并且在某些特殊情形下,他们证明了这个猜想.最近,贝福德和平库克对于具有实解析边界的拟凸域证明了格林－克兰茨猜想.对于边界不是实解析的情形,这个猜想还远未解决.

如我们所知,知道了 $\bar{\partial}$ 问题的解的边界正则性与数据的边界正则性一样好,这个事实是很重要的,它在全纯映射的边界正则性问题有很重要的应用.本节中,我们只在 C^∞ 范畴内讨论这个想法.

在单复变中,我们有施瓦茨反射原理.它的表述如下:

设 γ 为复平面内的一个过原点的实解析曲线.设 D_ε 为以原点为圆心的小圆盘,使得 $D_\varepsilon-\gamma$ 恰好只有两个连通分支.若映射 f 在 D_ε 内 γ 的一侧全纯并连续到 γ,并且若 γ 在 f 映射下的象为另外一个实解析曲线,则 f 可以全纯开拓过 γ.施瓦茨反射原理的经典证明要用到调和函数的一些事实,因此不能推广到多变数的情形,我们需要它的一个用 $\bar{\partial}$ 问题的证明.我们将给出一个较弱的结论的 $\bar{\partial}$ 技巧证明，来说明用 $\bar{\partial}$ 技巧证明施瓦茨反射原理的可能性.

定理 1 设 f 在上半平面内的单位圆盘内全纯，并且 f 可以 C^1 开拓到上半单位圆盘的闭包上. 若实轴在 f 映射下的象还是实轴，则 f 可全纯开拓过实轴.

证明 用 D_+ 记上半单位圆盘，P 记 D_+ 的伯格曼投影，设 z_0 为实轴上的点并且满足 $-1 < \operatorname{Re} z_0 < 1$. 再设 $\phi \in C^\infty(\mathbf{C})$，并且在 z_0 附近有 $\dfrac{\partial \phi}{\partial z} = 1$，在实轴上 $\phi = 0$.（ϕ 的存在性可由柯西 – 柯瓦列夫斯卡娅定理推出，对于眼前这种简单情形，取 $\phi(z) = 2i\operatorname{Im} z$ 即可.）又设 $\chi \in C^\infty(\mathbf{C})$，并且 χ 在 z_0 的某个邻域内为 1，χ 的紧支集包含在单位圆盘内. 这里论证的思想来源于 §4 中所给的单位球的逆紧全纯映射的可延拓性的证明. 设 $\Psi = \dfrac{\partial(\chi\phi)}{\partial z}$，注意到在点 z_0 的某个邻域内 Ψ 等于 1.

我们打算证明 f' 等于一个函数的伯格曼投影，此函数在点 z_0 附近等于 0. 通过利用关于格林算子的一个论断知：f 可以全纯开拓过点 z_0. 我们断言 $f'(\Psi \circ f)$ 正交于在上半单位圆盘内的全纯函数. 为了弄清这点，注意到 $f'(\Psi \circ f) = \partial((\chi\phi) \circ f)/\partial z$，因此由分部积分得

$$\int_{D_+} f'(\Psi \circ f)\bar{h}dv = -\int_{D_+} ((\chi\phi) \circ f) \frac{\partial \bar{h}}{\partial z}dv = 0$$

对 $h \in H^2(D_+)$ 成立. 因此有 $P(f'(\Psi \circ f)) = 0$. 现在我们可记

$$f' = p(f'((1 - \Psi) \circ f)) = P\theta$$

其中 $\theta \in C(\overline{D}_+)$，并且 z_0 附近为 0. 于是 f 的可延拓性可由伯格曼投影的下列性质推出，该性质被称为 Q 条件.

Q 条件 设 Ω 为复平面中的有界域，并且 Ω 的边

界在边界点 z_0 附近是条实解析曲线. 又若 $\theta \in L^2(\Omega)$, 并且 f 由 Ω 除去点 z_0 支撑,则 $P\theta$ 可全纯开拓过点 z_0.

这个性质是由 §2 公式 ① 及关于拉普拉斯方程格林算子是局部解析的亚椭圆算子这个事实推出的.

这个证明产生两个问题:(1) 如何把关于可 $\mathbf{C}^1$ 光滑延拓到曲线上的假设换成仅仅可连续延拓到曲线上? (2) 这个论证如何用到多复变中? 最后,把施瓦茨反射原理推广到多复变中.

刘培杰

2020 年 9 月 23 日

于哈工大

为有天分的新生准备的
分析学基础教材（英文）

彼得·M.卢西
吉多·L.外斯　著
史蒂芬·S.萧

编辑手记

　　本书是一本引进版权的国外数学英文原版教材,中文书名可译为《为有天分的新生准备的分析学基础教材(英文)》.本书的作者有三位:第一位是彼得·M.卢西,美国圣文森特山学院教授;第二位是吉多·L.外斯,圣路易斯华盛顿大学教授;第三位是史蒂芬·S.萧,圣路易斯华盛顿大学教授.

　　本书篇幅很小,但内容很丰富,可视为一本简明版的数学分析教程.本书目录:

正如本书作者在前言中所介绍:

　　本书来源于吉多·L. 外斯多年来教授的一门课程的一套笔记, 该课程受众为圣路易斯华盛顿大学的一群才华横溢的新生. 这门课每年秋季学期都有大约 20 名新生参加, 其中大多数人选择了数学专业, 后来成了数学家. 本课程专为数学能力较强的学生设计, 以提高他们对高等数学的理解.

　　我们合作将课程笔记转变成书本形式. 本书有三章: 第一章由吉多·L. 外斯和彼得·M. 卢西撰写, 第二章和第三章由吉多·L. 外斯和史蒂芬·S. 萧撰写, 并由彼得·M. 卢西录入电脑.

　　我们假设使用本书的学生已经接触过微积分, 因为在本书中我们将利用微积分的知识.

　　我们的目的不是通过"第一原理"和"数学公理"来呈现这些概念. 我们会非常严格地向你们介绍这些证明以及产生它们的思想. 我们也会为你们学习本书中的知识提供相当大的动力.

　　让我们讲一些你们熟悉的概念, 这些概念对于理解一维或多维微积分很重要. 你们知道一些关于实数集 **R** 和复数集 **C** 的事实. 它们都包含自然数集 $\mathbf{N} = \{1, 2, 3, \cdots\}$, 整数集 $\mathbf{Z} = \{\cdots, -2, -1, 0, 1, 2, \cdots\}$ 和

有理数集 $\mathbf{Q} = \left\{ \dfrac{m}{n} \middle| m, n \in \mathbf{Z}, n \neq 0 \right\}$. 你知道当且仅

当 $qm = pn$, 且 $n, q \neq 0$ 时, $\dfrac{m}{n}$ 与 $\dfrac{p}{q}$ 相等. 你也熟悉集

合和大量关于集合理论运算的知识: 并集 $S \cup T$, 两个
集合 S 和 T 的交集 $S \cap T$.

函数 $f: S \to T$ 被定义为笛卡儿乘积 $S \times T = \{(s,$
$t) \mid s \in S, t \in T\}$ 的子集, 这样 $(s, t) \in f$, 当且仅当
$f(s) = t$, 且每一个 $s \in S$, 那么存在一个唯一的 $t \in T$
使 $t = f(s)$. 对于一个函数 $f: S \to T$, 集合 S 被称为 f 的
定义域, 范围是所有 $t \in T$ 的集合满足某些 $s(f$ 的范围
包含在 T 中, 但也可能是 T 的一个子集) 的 $f(s) = t$ 的
性质.

我们将使用许多数学符号, 并在下面列出其中一
些. 我们期望学生完全熟悉这些符号及其含义.
(表 1)

表 1

符号	含　义
$\in$	如果 S 是一个集合, 那么 $x \in S$ 表示 x 是这个集合的一个元素
$\subset$	如果 S 和 T 是集合, 那么 $S \subset T$, 意味着 S 的每一个元素也都是 T 的一个元素
$\exists$	存在
$\exists !$	存在唯一
iff	当且仅当
$p \Rightarrow q$	p 蕴含 q
$p \Leftarrow q$	q 蕴含 p
$p \Leftrightarrow q$	p 当且仅当 q

续表1

符号	含　　义
$\ni$	如此 …… 以致
N	自然数集：$\{1,2,3,\cdots\}$
Z	整数集：$\{\cdots,-3,-2,-1,0,1,2,3,\cdots\}$
Q	有理数集：由分数 $\dfrac{m}{n}$ 表示的数，其中 m 和 n 是整数，n 是非零的
R	实数集：显然 $\mathbf{N}\subset\mathbf{Z}\subset\mathbf{Q}\subset\mathbf{R}$
$f\colon S\to T$	定义域为 S，范围为 $f(S)\subset T$ 的函数，f 是 $S\times T$ 的子集
$f\colon S\to T$ 是内射的（或者 $1:1$ 或一对一）	$f(s)=f(s')$ 蕴含 $s=s'$
$f\colon S\to T$ 是满射的（或映射）	每个 $t\in T$，都存在 $s\in S$，因此 $f(s)=t$ 或者 $f(S)=T$
$f\colon S\to T$ 是双射的或一一对应	f 是内射又是满射的
$\varnothing$	空集
LUB	最小上界
GLB	最大下界
$:=$	等于：例如 $f'(x):=\lim\limits_{h\to0}\dfrac{f(x+h)-f(x)}{h}$

（HW）表示"家庭作业".

我们能给你的最重要的建议是：仔细阅读这些页面，不要落后于这门课的进度. 如果你努力学习并遵循我们的建议,在本课程结束时,你将会了解初级分析学课程中的大部分内容.此外,你将接触到一种思考数学的方法,这种方法会使你更容易学习这门学科.

这篇引言(或前言)、本书的三章内容和索引不仅代表了关于 $\mathbf{R}$ 和 $\mathbf{R}^n$ 微积分的相关资料,而且也为本科生学习其他课程做了很好的铺垫.

数学分析其实就是微积分的专业称谓.讲授方法可通俗,可专业.网上有恶搞段子:

$$包子 \underset{\substack{馅\\面}\to 0}{=} 馒头$$

$$包子 \underset{\substack{馅\\面}\to \infty}{=} 肉丸子$$

这虽然搞笑,但是会使你略懂极限的大致意思.但对于想掌握这门学科体系的人来讲是旁门左道,要想将来有所建树还是应该选一本优秀的教程,或由名师讲授,或自学精读、细读,按部就班,脚踏实地,一步一个脚印循序渐进,方能修成正果.

笔者非常欣赏的一位高校数学教师朱浩楠老师曾给出过一个数学水平公式

$$\nabla = ka^n + c$$

其中,k 为天赋和热爱,a 为基本功,n 为智商,c 为技巧.

窃以为这是目前笔者所见过最为精细的模型,没有之一.

如果非要说本书有点什么不符合中国特色的话,那就是练习题太少,高难度的习题更少,也就是 a 和 c 值太小,故在此不顾狗尾续貂之嫌补充若干习题于下.

1. 设 K 是柯西 $\mathbf{Q}$ – 序列集合 E 的一个子集. 我们称 K 是一个理想,当且仅当下述条件满足:

① $\forall \langle r_n \rangle, \langle s_n \rangle \in K, \langle r_n \rangle + \langle s_n \rangle \in K.$

② $\forall \langle a_n \rangle \in E, \forall \langle r_n \rangle \in K, \langle a_n \rangle \cdot \langle r_n \rangle \in K.$

我们称 K 是 E 的极大理想,当且仅当 E 的所有包含 K 的理想是 E 和 K.

（1）证明：$K = \{\langle r_n \rangle \in E \mid \lim\limits_{n \to +\infty} r_n = 0\}$ 是 E 的一个理想.

（2）设 A 是 E 的一个理想使得 $K \subset A, K \neq A$. 设 $\langle s_n \rangle \in A - K$，证明：

① 存在 $\langle r_n \rangle \in E$ 使得 $\langle r_n \rangle + \langle s_n \rangle \in A$ 且 $\forall n \in \mathbf{N}, r_n + s_n \neq 0, \langle \dfrac{1}{r_n + s_n} \rangle \in E$.

② 常数序列 $\langle 1_n \rangle (\forall n \in \mathbf{N}, 1_n = 1) \in A$.

③ K 是 E 的一个极大理想.

证明　（1）略.

（2）设 A 是 E 的一理想使得 $K \subset A$ 且 $K \neq A$.

① 设 $\langle s_n \rangle \in A - K$，那么 $\langle s_n \rangle \notin K$，从而 $\lim\limits_{n \to +\infty} s_n \neq 0$. 于是 $\exists \varepsilon_0 > 0$，使得 $\forall n \in \mathbf{N}, \exists k_n \geqslant n$ 有 $|s_{k_n}| \geqslant \varepsilon_0$. 另一方面，由于 $\langle s_n \rangle$ 是柯西序列，故对此 $\varepsilon_0 > 0$，$\exists N \in \mathbf{N}, \forall n, m \geqslant N, |s_n - s_m| < \dfrac{\varepsilon_0}{2}$. 因此 $|s_n - s_{k_N}| < \dfrac{\varepsilon_0}{2}$.

假设 $s_{k_N} > \varepsilon_0$，否则可以考虑 $\langle -s_n \rangle$，因此
$$\forall n \geqslant N$$
$$s_n - s_{k_N} > -\frac{\varepsilon_0}{2}$$
$$\Rightarrow s_n > s_{k_N} - \frac{\varepsilon_0}{2} \geqslant \varepsilon_0 - \frac{\varepsilon_0}{2} = \frac{\varepsilon_0}{2}$$

现设 $\langle \mu_n \rangle \in K$. 于是 $\lim\limits_{n \to +\infty} \mu_n = 0$，从而 $\exists N_0 \in \mathbf{N}, N_0 > N$ 使得
$$\forall n \in \mathbf{N}, n \geqslant N_0 \Rightarrow \mu_n > -\frac{\varepsilon_0}{4}$$

因此 $\forall n \geqslant N_0, \mu_n + s_n > -\dfrac{\varepsilon_0}{4} + \dfrac{\varepsilon_0}{2} = \dfrac{\varepsilon_0}{4}$. 我们定义 $\mathbf{Q}$ - 序列 $\langle r_n \rangle$ 如下
$$\forall n = 0, 1, 2, \cdots, N_0 - 1, r_n \in \mathbf{Q}$$
且

$$r_n + s_n > \frac{\varepsilon_0}{4}$$

$$\forall n \geqslant N_0, r_n = \mu_n$$

那么$\langle r_n \rangle \in A$,并且$\langle r_n \rangle + \langle s_n \rangle \in A$(因$A$是理想),并且$\forall n \in \mathbf{N}, r_n + s_n > \frac{\varepsilon_0}{4} > 0$.

$\forall n, m \in \mathbf{N}$,有

$$\left| \frac{1}{r_n + s_n} - \frac{1}{r_m + s_m} \right|$$

$$= \left| \frac{r_m + s_m - r_n - s_n}{(r_n + s_n)(r_m + s_m)} \right|$$

$$\leqslant \frac{16}{\varepsilon_0^2}(|r_n - r_m| + |s_n - s_m|)$$

由于$\langle r_n \rangle$与$\langle s_n \rangle$都是柯西序列,故$\forall \varepsilon > 0, \exists N_1 \in \mathbf{N}$,有

$$\forall n, m \in \mathbf{N}, n, m \geqslant N_1 \Rightarrow |r_n - r_m| < \frac{\varepsilon_0^2}{32}\varepsilon$$

$$|s_n - s_m| < \frac{\varepsilon_0^2}{32}\varepsilon$$

由此推得

$$\forall n, m \geqslant N_1$$

$$\left| \frac{1}{r_n + s_n} - \frac{1}{r_m + s_m} \right| < \frac{16}{\varepsilon_0^2}\left(\frac{\varepsilon_0^2}{32}\varepsilon + \frac{\varepsilon_0^2}{32}\varepsilon \right) = \varepsilon$$

此即证明了$\left\langle \frac{1}{r_n + s_n} \right\rangle \in E$.

② 由于A是理想,故

$$\langle 1_n \rangle = \left\langle \frac{1}{r_n + s_n} \right\rangle, \langle r_n + s_n \rangle \in A$$

③ 设$\langle a_n \rangle \in E$. 由于$\langle 1_n \rangle \in A$,故

$$\langle a_n \rangle = \langle a_n \rangle \cdot \langle 1_n \rangle \in A \Rightarrow E \subset A \Rightarrow A = E$$

此即表明K是E的一个极大理想.

2. 设$\langle x_n \rangle$是一$\mathbf{R}$ - 序列,$\alpha > 0$. 令

$$y_n = \frac{1}{n}(x_1 + x_2 + \cdots + x_n), z_n = \alpha x_n + (1 - \alpha)y_n$$

证明:若 $\lim\limits_{n\to+\infty} z_n = 0$,则 $\lim\limits_{n\to+\infty} x_n = 0$. 为此:

(1) 验证若 $x_n \leqslant y_n$,则 $y_{n-1} \geqslant y_n$;若 $x_n \geqslant y_n$,则 $y_{n-1} \leqslant y_n$.

(2) 证明 $\varlimsup\limits_{n\to+\infty} y_n \in \mathbf{R}$, $\varliminf\limits_{n\to+\infty} y_n \in \mathbf{R}$.

(3) 证明 $\varlimsup\limits_{n\to+\infty} y_n = \varliminf\limits_{n\to+\infty} y_n$,并由此推出结论.

证明 (1) 证明从略.

(2) 用反证法. 假设 $\varlimsup\limits_{n\to+\infty} y_n = +\infty$. 根据上极限性质,对 $M = 1$,$\exists k_1 \in \mathbf{N}$ 使得 $y_{k_1} > 1$.

若 $x_{k_1} \geqslant y_{k_1}$,则
$$z_{k_1} = \alpha x_{k_1} + (1-\alpha)y_{k_1}$$
$$\geqslant \alpha y_{k_1} + (1-\alpha)y_{k_1}$$
$$= y_{k_1} > 1$$

若 $x_{k_1} < y_{k_1}$,则
$$y_{k_1-1} \geqslant y_{k_1}$$

如果 $x_{k_1-1} \geqslant y_{k_1-1}$,那么
$$z_{k_1-1} = \alpha x_{k_1-1} + (1-\alpha)y_{k_1-1}$$
$$\geqslant \alpha y_{k_1-1} + (1-\alpha)y_{k_1-1}$$
$$= y_{k_1-1} \geqslant y_{k_1} > 1$$

如果 $x_{k_1-1} < y_{k_1-1}$,可以考虑 y_{k_1-2} 等. 由于 $x_1 = y_1$,故必存在 $l_1 \in [1, k_1]$ 使得 $x_i < y_i$($\forall i = l_1 + 1, \cdots, k_1$) 而 $x_{l_1} \geqslant y_{l_1}$. 因此由(1) 知
$$y_{l_1} \geqslant y_{l_1+1} \geqslant \cdots \geqslant y_{k_1} > 1 \Rightarrow z_{l_1} > 1$$

同理对 $M = 2$,$\exists k_2 \in \mathbf{N}$ 使得 $y_{k_2} > 2$. 重复上述步骤,可断定存在 $l_2 \in [1, k_2]$ 使得 $x_i < y_i$($\forall i = l_2 + 1, \cdots, k_2$),而 $x_{l_2} \geqslant y_{l_2}$,因此
$$y_{l_2} \geqslant y_{l_2+1} \geqslant \cdots \geqslant y_{k_2} > 2 \Rightarrow z_{l_2} > 2$$

将上述过程无限继续下去,可得到一自然数序列 $\langle l_n \rangle$ 使得 $\forall n \in \mathbf{N}, z_{l_n} > n$. 显然集合 $\{ l_n \mid n \in \mathbf{N} \}$ 是无

限集,否则存在一子序列$\langle l_{s_n} \rangle$及$n_0 \in \mathbf{N}$使得$\forall n \in \mathbf{N}$, $l_{s_n} = n_0$,从而$z_{l_{s_n}} = z_{n_0} > s_n \to +\infty$,这是矛盾的. 因此通过选取一个子序列,可以假定序列$\langle l_n \rangle$是严格单调上升的,从而$\lim\limits_{n \to +\infty} z_{l_n} = +\infty$. 这又与假设$\lim\limits_{n \to +\infty} z_n = 0$矛盾,因此$\varlimsup\limits_{n \to +\infty} y_n = +\infty$ 不可能.

假设$\varlimsup\limits_{n \to +\infty} y_n = -\infty$,那么$\lim\limits_{n \to +\infty} y_n = -\infty$,类似可证,将得到$\langle z_n \rangle$的一个子序列$\langle z_{s_n} \rangle$使得

$$\lim_{n \to +\infty} z_{s_n} = -\infty$$

因此必有$\varlimsup\limits_{n \to +\infty} y_n \in \mathbf{R}$. 由于

$$\varliminf_{n \to +\infty} y_n = -\varlimsup_{n \to +\infty} (-y_n)$$

故$\varliminf\limits_{n \to +\infty} y_n \in \mathbf{R}$.

(3) 由于$\varlimsup\limits_{n \to +\infty} y_n \in \mathbf{R}$, $\varliminf\limits_{n \to +\infty} y_n \in \mathbf{R}$,故序列$\langle y_n \rangle$是有界的.

① 若$\exists N \in \mathbf{N}$使得$\forall n \geqslant N, x_n \leqslant y_n$,则$y_{n-1} \geqslant y_n$,从而序列$\langle y_n \rangle (n \geqslant N)$是单调下降有下界的,故$\lim\limits_{n \to +\infty} y_n = \lambda \in \mathbf{R}$. 由表达式$z_n = \alpha x_n + (1-\alpha) y_n$知序列$\langle x_n \rangle$收敛. 根据切萨罗(Cesàro)平均

$$\lim_{n \to +\infty} y_n = \lim_{n \to +\infty} x_n$$

由于$z_n \to 0 (n \to +\infty)$,故$\lambda = 0$,即$\lim\limits_{n \to +\infty} x_n = 0$.

若$\exists N \in \mathbf{N}$使得$\forall n \geqslant N, x_n \geqslant y_n$,则同理可证也有$\lim\limits_{n \to +\infty} y_n = \lim\limits_{n \to +\infty} x_n = l$且$\lim\limits_{n \to +\infty} x_n = 0$.

② 若不存在这样一个$N \in \mathbf{N}$使得$\forall n \geqslant N, x_n \leqslant y_n$或$\forall n \geqslant N, x_n \geqslant y_n$,则不妨假设存在这样一个严格单调上升的自然数序列$\langle k_n \rangle$使得

$$\forall n \in [1, k_1 - 1], x_n \leqslant y_n$$
$$\forall n \in [k_1, k_2 - 1], x_n \geqslant y_n \qquad (*)$$
$$\forall n \in [k_2, k_3 - 1], x_n \leqslant y_n$$

$$\forall n \in [k_3, k_4 - 1], x_n \geqslant y_n$$
$$\vdots$$

由于 $\lim\limits_{n \to +\infty} z_n = 0$，故

$$\forall \varepsilon > 0, \exists N_0 \in \mathbf{N}, \forall n \geqslant N_0 \Rightarrow -\varepsilon < z_n < \varepsilon$$

取 $N \in \mathbf{N}$ 充分大使得 $k_N \geqslant N_0 + 1$，由此推得

$$\forall i \geqslant N, -\varepsilon < z_{k_i} < \varepsilon$$

现在根据式 $(*)$，有

$$x_{k_{2N}-1} \geqslant y_{k_{2N}-1}$$
$$\Rightarrow z_{k_{2N}-1} = \alpha x_{k_{2N}-1} + (1-\alpha) y_{k_{2N}-1} \geqslant y_{k_{2N}-1}$$
$$\Rightarrow y_{k_{2N}-1} < \varepsilon$$
$$\forall n \in [k_{2N}, k_{2N+1} - 1]$$
$$x_n \leqslant y_n$$
$$\Rightarrow y_{n-1} \geqslant y_n$$
$$\Rightarrow y_{k_{2N}-1} \geqslant y_{k_{2N}} \geqslant y_{k_{2N+1}} \geqslant \cdots \geqslant y_{k_{2N+1}-1}$$
$$x_{k_{2N+1}-1} \leqslant y_{k_{2N+1}-1}$$
$$\Rightarrow z_{k_{2N+1}-1} = \alpha x_{k_{2N+1}-1} + (1-\alpha) y_{k_{2N+1}-1} \leqslant y_{k_{2N+1}-1}$$

因此

$$-\varepsilon < z_{k_{2N+1}-1} \leqslant y_{k_{2N+1}-1} \leqslant \cdots$$
$$\leqslant y_{k_{2N+1}} \leqslant y_{k_{2N}} \leqslant y_{k_{2N}-1} < \varepsilon$$
$$\forall n \in [k_{2N+1}, k_{2(N+1)} - 1]$$
$$x_n \geqslant y_n$$
$$\Rightarrow y_{n-1} \leqslant y_n$$
$$\Rightarrow y_{k_{2N+1}-1} \leqslant y_{k_{2N+1}} \leqslant \cdots \leqslant y_{k_{2(N+1)}-1}$$
$$x_{k_{2(N+1)}-1} \geqslant y_{k_{2(N+1)}-1}$$
$$\Rightarrow z_{k_{2(N+1)}-1} = \alpha x_{k_{2(N+1)}-1} + (1-\alpha) y_{k_{2(N+1)}-1}$$
$$\geqslant y_{k_{2(N+1)}-1}$$

因此

$$-\varepsilon < y_{k_{2N+1}} \leqslant y_{k_{2N+1}+1} \leqslant \cdots \leqslant y_{k_{2(N+1)}-1}$$
$$\leqslant z_{k_{2(N+1)}-1} < \varepsilon$$

由归纳法,可证

$$\forall i \geqslant N$$

$$-\varepsilon < y_{k_{2i+1}-1} \leqslant y_{k_{2i+1}-2} \leqslant \cdots \leqslant y_{k_{2i}} < \varepsilon$$

$$-\varepsilon < y_{k_{2i+1}} \leqslant y_{k_{2i+1}+1} \leqslant \cdots \leqslant y_{k_{2(i+1)}-1} < \varepsilon$$

此即表明 $\lim\limits_{n \to +\infty} y_n = 0$,从而 $\lim\limits_{n \to +\infty} x_n = 0$.

3. 设 $\langle x_n \rangle$ 是一有界 **R** - 序列,证明: $\langle x_n \rangle$ 的所有极限点在下列两情形之一形成 **R** 的一个闭区间.

(1) $\lim\limits_{n \to +\infty} (x_{n+1} - x_n) = 0$.

(2) 存在一个 **R**$_+$ - 序列 $\langle \varepsilon_n \rangle$ 使得 $\lim\limits_{n \to +\infty} \varepsilon_n = 0$,并且 $\forall n \in \mathbf{N}, x_{n+1} - x_n > -\varepsilon_n$.

证明 (1) 由于 $\langle x_n \rangle$ 是有界的,故 $\langle x_n \rangle$ 的极限点集非空. 若 $E = \{x\}$,则 $\{x\}$ 就是 **R** 的闭区间. 若 E 不是单点集,首先证明: $\forall x, y \in E, x < y, [x, y] \subset E$.

用反证法. 假设存在 $x, y \in E, x < y$ 及 $z \in (x, y)$ 使得 $z \notin E$,于是

$$\exists \varepsilon_0 > 0 (\exists N_1 \in \mathbf{N}, \forall n \in \mathbf{N}$$

$$\text{且 } n \geqslant N_1) \Rightarrow |x_n - z| \geqslant \varepsilon_0 \qquad \text{①}$$

假设 $\varepsilon_0 > 0$ 充分小使得 $x < z - \varepsilon_0 < z + \varepsilon_0 < y$.

另一方面,由于 $\lim\limits_{n \to +\infty} (x_{n+1} - x_n) = 0$,故对此 $\varepsilon_0 > 0, \exists N_2 \in \mathbf{N}$ 使得

$$\forall n \in \mathbf{N}, n \geqslant N_2 \Rightarrow |x_{n+1} - x_n| < 2\varepsilon_0 \qquad \text{②}$$

现在由于 $x, y \in E$,故存在 $\langle x_n \rangle$ 的两个子序列 $\langle x_{k_n} \rangle$ 及 $\langle x_{s_n} \rangle$ 使得 $\lim\limits_{n \to +\infty} x_{k_n} = x, \lim\limits_{n \to +\infty} x_{s_n} = y$,由此得到

$$\exists N_3 \in \mathbf{N}, \forall n \in \mathbf{N}, n \geqslant N_3$$

$$\Rightarrow x_{k_n} < z - \varepsilon_0 < z + \varepsilon_0 < x_{s_n} \qquad \text{③}$$

令 $N = \max\{N_1, N_2, N_3\}$,那么 $\forall n \in \mathbf{N}, n \geqslant N_3$,上述关系式①②③都成立. 如果 $\forall n \geqslant N, x_{k_n}, x_{k_n+1}, x_{k_n+2}, \cdots, x_{k_{n+1}} - 1 < z - \varepsilon_0$,那么这将与式③矛盾,从而 $\exists n_0 \geqslant N, \exists i \in \mathbf{N}$,且 $0 \leqslant i < k_{n_0+1} - k_{n_0} - 1$ 使得

$$x_{k_{n_0}}, x_{k_{n_0}+1}, \cdots, x_{k_{n_0}+i} < z - \varepsilon_0, x_{k_{n_0}+i+1} \geqslant z + \varepsilon_0$$

由此推得

$$x_{k_{n_0}+i+1} - x_{k_{n_0}+i} > 2\varepsilon_0$$

这与式②矛盾. 因此 $\forall z \in (x, y), z \in E$, 即 $[x, y] \subset E$. 换句话说, E 是 **R** 的一个区间.

最后, 证明 E 是闭集. 设 $x \in \mathbf{R} - E$. 于是

$$\exists \varepsilon_0 > 0, \exists N \in \mathbf{N}, \forall n \in \mathbf{N}$$

$$\text{且 } n \geq N \Rightarrow x_n \notin (x - \varepsilon_0, x + \varepsilon_0)$$

由此推得 $(x - \varepsilon_0, x + \varepsilon_0) \subset \mathbf{R} - E$, 因此 **R** $- E$ 是开集, 从而 E 为 **R** 的闭集.

(2) 证明与(1)类似. 用反证法. 于是上述关系式 ① 仍然成立. 由于 $\varepsilon_n \to 0$ $(n \to +\infty)$, 并且 $x_{n+1} - x_n \geq -\varepsilon_n$, 因此

$$\exists N_2 \in \mathbf{N}, \forall n \in \mathbf{N}, n \geq N_2 \Rightarrow \varepsilon_n < \varepsilon_0$$

$$x_{n+1} - x_n \geq -\varepsilon_n > -\varepsilon_0 \qquad ②'$$

上述关系式③仍然成立. 若令 $N = \max\{N_1, N_2, N_3\}$, 并且如果

$$\forall n \geq N, x_{s_n}, x_{s_n+1}, \cdots, x_{s_{n+1}} > z + \varepsilon_0$$

成立, 则这与关系式③矛盾. 因此必存在 $n_0 \geq N$ 及 $i \in \mathbf{N}, 0 \leq i \leq s_{n_0+1} - s_{n_0} - 2$ 使得

$$x_{s_{n_0}+i+1} < z - \varepsilon_0 < z + \varepsilon_0 < x_{s_{n_0}+i}$$

由此推得

$$x_{s_{n_0}+i+1} - x_{s_{n_0}+i} < z - \varepsilon_0 - z - \varepsilon_0 = -2\varepsilon_0$$

这与关系式②′矛盾, 因此 E 是 **R** 的一个闭区间.

4. 设 $\langle x_n \rangle$ 与 $\langle y_n \rangle$ 是两个 **R** - 序列.

(1) 假设 $\lim\limits_{n \to +\infty} x_n = +\infty$, $\lim\limits_{n \to +\infty} y_n = +\infty$ 且 $\lim\limits_{n \to +\infty} (x_{n+1} - x_n) = 0$, 证明: 集合 $A = \{x_n - y_m \mid n, m \in \mathbf{N}\}$ 在 **R** 中稠密.

(2) 假设 $\lim\limits_{n \to +\infty} x_n = +\infty$, $\lim\limits_{n \to +\infty} (x_{n+1} - x_n) = 0$, 证明: 集合 $B = \{x_n - [x_n] \mid n \in \mathbf{N}\}$ 在 $[0, 1]$ 中稠密, 并且序列 $\langle \sin x_n \rangle$ ($\langle \cos x_n \rangle$) 的极限点集合等

于 $[-1,1]$.

证明 (1) 用反证法. 假设 $A = \{x_n - y_m \mid n, m \in \mathbf{N}\}$ 不在 $\mathbf{R}$ 中稠密, 那么 $\exists x_0 \in \mathbf{R}$, $\exists \varepsilon_0 > 0$ 使得
$$A \cap (x_0 - \varepsilon_0, x_0 + \varepsilon_0) = \varnothing$$
现在由于 $\lim\limits_{n \to +\infty} (x_{n+1} - x_n) = 0$, 对此 $\varepsilon_0 > 0$, $\exists N \in \mathbf{N}$ 使得
$$\forall n \in \mathbf{N}, n \geqslant N \Rightarrow |x_{n+1} - x_n| < 2\varepsilon_0 \qquad ①$$
令 $A_N = \{x_n - y_m \mid n \geqslant N, m \geqslant N\}$, 那么
$$A_N \cap [x_0 - \varepsilon_0, x_0 + \varepsilon_0] = \varnothing$$
定义两个集合 E 与 G 如下
$$E = \{(n, m) \in \mathbf{N} \times \mathbf{N} \mid x_n - y_m \in A_N \cap [x_0 + \varepsilon_0, +\infty)\}$$
$$G = \{(n, m) \in \mathbf{N} \times \mathbf{N} \mid x_n - y_m \in A_N \cap (-\infty, x_0 - \varepsilon_0]\}$$
那么
$$E \neq \varnothing, G \neq \varnothing$$
$$E \cup G = \{n \in \mathbf{N} \mid n \geqslant N\} \times \{m \in \mathbf{N} \mid m \geqslant N\}$$
$$E \cap G \neq \varnothing$$
令
$$E_1 = \{n \in \mathbf{N} \mid \exists m \in \mathbf{N} \text{ 使得} (n, m) \in E\}$$
$$\forall n \in E_1, E_1^{(n)} = \{m \in \mathbf{N} \mid (n, m) \in E\}$$
那么 $E_1 \neq \varnothing$, 并且由于 $y_m \to +\infty$ $(m \to +\infty)$, $\forall n \in E_1$, 集合 $E_1^{(n)}$ 是有限集.

现在设 $k \in E_1$. 证明 $k + 1 \in E_1$. 事实上, 若 $k + 1 \notin E_1$, 则
$$\forall m \in E_1^{(k)}, (k+1, m) \notin E$$
$$\Rightarrow (k+1, m) \in G, (k, m) \in E$$
即
$$x_k - y_m \geqslant x_0 + \varepsilon_0, x_{k+1} - y_m \leqslant x_0 - \varepsilon_0$$
由此推得
$$x_{k+1} - x_k \leqslant x_0 - \varepsilon_0 - (x_0 + \varepsilon_0) = -2\varepsilon_0$$
这与式 ① 矛盾, 因此 $k + 1 \in E_1$.

下面证明 $E_1^{(k+1)} = E_1^{(k)}$. 事实上,若 $E_1^{(k+1)} \neq E_1^{(k)}$,则有

$$E_1^{(k+1)} \not\subset E_1^{(k)}$$

或 $$E_1^{(k)} \not\subset E_1^{(k+1)}$$

① 若 $E_1^{(k+1)} \not\subset E_1^{(k)}$,则 $\exists m \in E_1^{(k+1)}$,但 $m \notin E_1^{(k)}$,因此

$$(k+1, m) \in E, (k, m) \in G$$
$$\Rightarrow x_{k+1} - y_m \geq x_0 + \varepsilon_0$$
$$x_k - y_m \leq x_0 - \varepsilon_0$$

由此得

$$x_{k+1} - x_k \geq x_0 + \varepsilon_0 - (x_0 - \varepsilon_0) = 2\varepsilon_0$$

这与式 ① 矛盾.

② 若 $E_1^{(k)} \not\subset E_1^{(k+1)}$,则 $\exists m \in E_1^{(k)}$,但 $m \notin E_1^{(k+1)}$,从而

$$(k, m) \in E, (k+1, m) \in G$$
$$\Rightarrow x_k - y_m \geq x_0 + \varepsilon_0$$
$$x_{k+1} - y_m \leq x_0 - \varepsilon_0$$

由此得

$$x_{k+1} - x_k \leq x_0 - \varepsilon_0 - (x_0 + \varepsilon_0) = -2\varepsilon_0$$

这也与式 ① 矛盾,因此 $E_1^{(k+1)} = E_1^{(k)}$. 由归纳法可证 $\forall s \in \mathbf{N}, k + s \in E_1$ 且 $E_1^{(k+s)} = E_1^{(k)}$,由于 $E_1^{(k)}$ 是有限集,故 $\exists m \in \mathbf{N}$ 使得 $m \notin E_1^{(k)}$,由此推得

$$\forall s \in \mathbf{N}, m \notin E_1^{(k+s)}$$

即 $$\forall s \in \mathbf{N}, (k+s, m) \notin E$$

因此

$$(k+s, m) \in G$$
$$\forall s \in \mathbf{N}, x_{k+s} - y_m \leq x_0 - \varepsilon_0$$

令 $s \to +\infty$,注意到 $\lim\limits_{s \to +\infty} x_{k+s} = +\infty$,那么得出一个矛盾: $+\infty \leq x_0 - \varepsilon_0$,因此 A 在 $\mathbf{R}$ 中稠密.

(2) 令 $y_n = m (\forall n \in \mathbf{N})$,那么 $y_n \to +\infty (n \to +\infty)$. 根据(1),集合 $A = \{x_n - m \mid n, m \in \mathbf{N}\}$ 在 $\mathbf{R}$ 中稠密,因此 $\forall x, y \in [0,1]$ 且 $x < y$, $\exists n, m \in \mathbf{N}$ 使得

$x < x_n - m < y$. 由于 $0 < x_n - m < 1$,有 $m = [x_n]$,此即表明集合 $B = \{x_n - [x_n] \mid n \in \mathbf{N}\}$ 在 $[0,1]$ 中稠密.

对于序列 $\langle \sin x_n \rangle$. 由于 $\forall x \in [-1,1]$,$\exists$ 唯一的 $\theta \in \left[-\dfrac{\pi}{2}, \dfrac{\pi}{2} \right]$ 使得 $\sin \theta = x$. 考虑到 $y_n = 2\pi n$,$y_n \to +\infty \, (n \to +\infty)$. 根据(1),集合 $A = \{x_n - 2\pi m \mid n,m \in \mathbf{N}\}$ 在 $\mathbf{R}$ 中稠密,因此存在序列 $\langle x_{k_n} - 2\pi s_n \rangle$ 使得

$$\lim_{n \to +\infty} (x_{k_n} - 2\pi s_n) = \theta$$

由此得

$$x = \sin \theta = \lim_{n \to +\infty} \sin (x_{k_n} - 2\pi s_n)$$
$$= \lim_{n \to +\infty} \sin x_{k_n}$$

此即表明 x 是序列 $\langle \sin x_n \rangle$ 的极限点,因此 $\langle \sin x_n \rangle$ 的极限点集等于 $[-1,1]$,同理可证序列 $\langle \cos x_n \rangle$ 的极限点集也等于 $[-1,1]$.

5. 设 G 是一非空集合. 称 G 是加群 $(\mathbf{R}, +)$ 的子群,当且仅当 G 具有下列两个性质:① $\forall x,y \in G, x + y \in G$. ② $\forall x \in G, -x \in G$.

(1) 证明:$\mathbf{Z}$ 是 $(\mathbf{R}, +)$ 的子群,并且 $\forall a \in \mathbf{R}, a\mathbf{Z}$ 也是 $(\mathbf{R}, +)$ 的子群.

(2) 证明:$\forall a,b \in \mathbf{R}, G(a,b) = a\mathbf{Z} + b\mathbf{Z}$ 是 $(\mathbf{R}, +)$ 的子群.

(3) 设 G 是 $(\mathbf{R}, +)$ 的子群并且 $G \neq \{0\}$,令 $G^* = \{x \in G \mid x > 0\}$,$\alpha = \inf G^*$.

① 证明:$G^* \neq \varnothing$.

② 证明:若 $\alpha > 0$,则 $\alpha \in G^*$ 并且 $G = \alpha \mathbf{Z}$.

③ 证明:若 $\alpha = 0$,则 G 在 $\mathbf{R}$ 中稠密.

(4) 证明:若 F 是 $(\mathbf{R}, +)$ 的一闭子群并且 $F \neq \mathbf{R}$,则存在 $\alpha \in \mathbf{R}$ 使得 $F = \alpha \mathbf{Z}$.

(5) 证明:若 E 是 $(\mathbf{R}, +)$ 的非闭子群,则 E 在 $\mathbf{R}$

中稠密.

(6) 证明: $\forall a, b \in \mathbf{R} - \{0\}$ 且 $\dfrac{b}{a} \notin \mathbf{Q}$, 子群 $G(a, b) \neq \mathbf{R}$ 且在 $\mathbf{R}$ 中稠密.

(7) 由此推出集合 $\{\sin n \mid n \in \mathbf{Z}\}$ 与集合 $\{\cos n \mid n \in \mathbf{Z}\}$ 都在 $[-1, 1]$ 中稠密.

证明 (1)(2) 证明从略.

(3)① 由于 $G = (G \cap \mathbf{R}^{+}) \cup (G \cap \mathbf{R}^{-})$ 且 $G \neq \{0\}$, 故

$$G \cap \mathbf{R}^{+} \neq \{0\}$$

或 $$G \cap \mathbf{R}^{-} \neq \{0\}$$

若 $G \cap \mathbf{R}^{+} \neq \{0\}$, 则

$$\exists x \in G \cap \mathbf{R}^{+}, x \neq 0, x \in G^{*}$$

若 $G \cap \mathbf{R}^{-} \neq \{0\}$, 则

$$\exists x \in G \cap \mathbf{R}^{-}, x \neq 0, -x \in G^{*}$$

因此 $G^{*} \neq \varnothing$.

② 设 $\alpha = \inf G^{*} > 0$, 若 $\alpha \notin G^{*}$, 则 $\exists x, y \in G^{*}$, 使得 $0 < \alpha < x < y < 2\alpha$. 由于 $y - x \in G, 0 < y - x$, 故 $y - x \in G^{*}$ 且 $0 < y - x < \alpha$, 这与 α 的定义矛盾, 从而 $\alpha \in G^{*}$.

现在设 $n \in \mathbf{N}$, 则

$$n\alpha = \alpha + \alpha + \cdots + \alpha \in G$$

从而 $$(-n)\alpha = -(n\alpha) \in G$$

因此 $\alpha \mathbf{Z} \subset G$. $\forall x \in (\alpha, 2\alpha)$, 必有 $x \notin G$, 否则若 $\exists x \in (\alpha, 2\alpha)$, 使得 $x \in G$, 则 $x - \alpha \in G$ 且 $0 < x - \alpha < \alpha$, 于是 $x - \alpha \in G^{*}$, 这又与 α 的定义矛盾.

同理可证, $\forall x \in (n\alpha, (n+1)\alpha)(n \in \mathbf{Z})$, $x \notin G$, 因此 $G = \alpha \mathbf{Z}$.

③ 设 $\alpha = 0$, 那么由下确界性质, $\forall \varepsilon > 0, \exists x \in G^{*}$ 使得 $0 < x < \varepsilon$. 设 $a \in \mathbf{R}$, 那么 $a = nx + \gamma$, 这里 $n \in \mathbf{Z}, 0 \leqslant \gamma < x$. 由此得: $nx \in G$ 且 $0 < a - nx = \gamma < x < \varepsilon \Rightarrow nx \in (a - \varepsilon, a + \varepsilon)$, 此即表示 G 在 $\mathbf{R}$ 中稠密.

(4) 设 F 是 $(\mathbf{R}, +)$ 的闭子群并且 $F \neq \mathbf{R}$. 若 $F =$

$\{0\}$,则 $F = 0\mathbf{Z}$. 假设 $F \neq \{0\}$,根据 (3),若 $\alpha = \inf F^* = 0$,则 F 在 $\mathbf{R}$ 中稠密,从而 $\overline{F} = \mathbf{R}$,但 $F = \overline{F}$,故 $F = \mathbf{R}$,这与假设矛盾,故 $\alpha = \inf F^* > 0$. 由 (3) 知,$F = \alpha\mathbf{Z}$.

(5) 设 E 是 $(\mathbf{R}, +)$ 的非闭子群. 显然 $E \neq \{0\}$,并且 $\alpha = \inf E^* = 0$,否则由 (3) 知 $E = \alpha\mathbf{Z}$ 为闭子群. 这与已知条件矛盾,故 $\alpha = 0$. 根据 (3),E 在 $\mathbf{R}$ 中稠密.

(6) $\forall a,b \in \mathbf{R} - \{0\}$ 且 $\dfrac{b}{a} \notin \mathbf{Q}$,$G(a,b) \neq \{0\}$. 若 $\alpha = \inf G(a,b)^* > 0$,则由 (3) 知,$G(a,b) = \alpha\mathbf{Z}$. 由于 $a,b \in G(a,b)$,故 $a = \alpha x, b = \alpha y, x, y \in \mathbf{Z}$,从而 $\dfrac{b}{a} = \dfrac{y}{x} \in \mathbf{Q}$. 这与假设 $\dfrac{b}{a} \in \mathbf{Q}$ 矛盾,因此 $\alpha = 0$. 根据 (3),$G(a,b)$ 在 $\mathbf{R}$ 中稠密.

(7) 为了证明集合 $\{\sin n \mid n \in \mathbf{Z}\}$ 在 $[-1,1]$ 中稠密,任取 $x,y \in [-1,1]$ 且 $x < y$,于是 $\exists \theta, \varphi \in \left[-\dfrac{\pi}{2}, \dfrac{\pi}{2} \right]$ 使得 $x = \sin \theta, y = \sin \varphi$. 由于 $G(1,2\pi)$ 在 $\mathbf{R}$ 中稠密,故 $\exists n, m \in \mathbf{Z}$ 使得 $\theta < n + 2\pi m < \varphi$,由此得

$$x = \sin \theta < \sin(n + 2\pi m) < \sin \varphi = y$$
$$\Leftrightarrow \sin n < y$$

此即表明 $\{\sin n \mid n \in \mathbf{Z}\}$ 在 $[-1,1]$ 中稠密. 同理可证 $\{\cos n \mid n \in \mathbf{Z}\}$ 在 $[-1,1]$ 中稠密.

6. (1) 若 $\left\{ \dfrac{p_n}{q_n} \right\}$ 收敛于一个无理数 α,而 $p_n \in \mathbf{Z}$,$q_n \in \mathbf{N}$,则 $\{p_n\}$ 与 $\{q_n\}$ 是定发散的①.

---

① 如果对于一个任意(大的)正数 G,总存在一个数 n_0,使得对于一切 $n > n_0$,有 $a_n > G$(或 $a_n < -G$),那么数列 $\{a_n\}$ 叫作是定发散的.

(2) α 是一个无理数,如果存在一个如此的递增的整数数列 $\{q_n\}$,使得诸 $q_n\alpha$ 没有一个是整数,可是 $\{q_n\alpha - p_n\}$ 是一个零数列,其中 p_n 是离 $q_n\alpha$ 最近的整数.

证明 (1) 设 $\left\{\dfrac{p_n}{q_n}\right\}$ 收敛于无理数 α,$q_n \in \mathbf{N}, p_n \in \mathbf{Z}$.

如果 $\{q_n\}$ 不是定发散的,那么存在一个常数 K,使得 $0 < q_n < K$. 由收敛性,$\dfrac{p_n}{q_n} \to \alpha$,推得:对于 $\varepsilon = 1$,存在一个 n_ε,当 $n > n_\varepsilon$ 时,有 $\left|\dfrac{p_n}{q_n} - \alpha\right| < 1$. 于是只有有限多个 $\dfrac{p_n}{q_n} (n \leqslant n_\varepsilon)$ 落在 $|x - \alpha| < 1$ 之外. 可是,在这个长度为 2 的区间里,由于 $0 < q_n < K$,也只可能有有限多个不同的 $\dfrac{p_n}{q_n}$. 因为只可能有有限多个 p_n,所以

$$m = \min\left\{\left|\alpha - \dfrac{p_n}{q_n}\right| \,\middle|\, \left|\alpha - \dfrac{p_n}{q_n}\right| < 1\right\}$$

是存在的,又对于 $\varepsilon = \dfrac{m}{2}$,不存在 $\bar{n}_\varepsilon$,使得对于一切 $n > \bar{n}_\varepsilon$,有 $\left|\alpha - \dfrac{p_n}{q_n}\right| < \dfrac{m}{2}$. 这就是说,$\{q_n\}$ 是定发散的. 如果 p_n 是有界的,界为 K',那么 $\left|\dfrac{p_n}{q_n}\right| \leqslant \dfrac{K'}{q_n} \to 0$. 因为 0 是有理数,这是不可能的,所以 p_n 不是有界的. 因为 $\alpha \neq 0$,对于 $\varepsilon = |\alpha|$,存在一个 n_0,使得 $\left|\alpha - \dfrac{p_n}{q_n}\right| < |\alpha|$,所以,对于 $n > n_0$ 有 $\operatorname{sign}\dfrac{p_n}{q_n} = \operatorname{sign}\alpha$,因此有 $\operatorname{sign} p_n = \operatorname{sign}\alpha$,$\{p_n\}$ 是定发散的.

(2) 按假设,存在一个由整数 q_n 组成的数列,它们对于 $n = 0, 1, 2, \cdots$ 有 $q_n < q_{n+1}$,而且对于上述的整数数列 $\{p_n\}$,有 $\alpha q_n \notin \mathbf{Z}, q_n\alpha - p_n \to 0$.

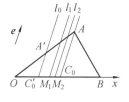

如果 $\alpha = \dfrac{r}{s}$,其中,$r \in \mathbf{Z}$,$s \in \mathbf{N}$,$(r,s) = 1$(互为质数),那么必然有

$$\alpha \cdot q_n = \frac{r \cdot q_n}{s} \notin \mathbf{Z}$$

于是,对于一切 $m \in \mathbf{Z}$,有

$$\mid \alpha q_n - m \mid = \left\lvert \frac{r}{s} q_n - m \right\rvert \geqslant \frac{1}{s}$$

因为 $\dfrac{rq_n}{s}$ 的既约分母总是不大于 s,因此做不出一个由整数 p_n 组成的数列,使得

$$\alpha q_n - p_n \to 0$$

所以 α 是无理数.

7. 给定平面上一个三角形,求证:在任意方向上都存在一条直线,能将三角形分成面积相等的两部分.

证法 1 设已给出面积为 S 的三角形和三角形所在平面上的任一方向 e,则沿 e 方向的直线至少与三角形的两条边或其延长线相交,取其中任一条边记为 OB,并以 OB 作为数轴 Ox(图 1).记三角形的另一顶点为 A,则或过 A 与 e 平行的直线与 OB 相交,或过 B 与 e 平行的直线与 OA 相交.不妨设是前一种情形,设过 A 与 e 平行的直线交 OB 于 C_0,则或者 $\triangle AOC_0$ 的面积 $S_{\triangle AOC_0} > \dfrac{1}{2}S$,或者 $S_{\triangle AOC_0} < \dfrac{1}{2}S$,或者 $S_{\triangle AOC_0} = \dfrac{1}{2}S$. 对于最后这种情形,这条直线即为所求,故只要讨论前两种情形.不妨设 $S_{\triangle AOC_0} > \dfrac{1}{2}S$(在相反的情况下,可类似地分). 首先过

图 1

218

$\overline{OC_0}$ 的中点 C_0' 作 $l_0 \parallel e$，交 OA 于 A'，易知 $\triangle A'OC_0'$ 的面积 $S_{\triangle A'OC_0'} < \dfrac{1}{2}S$. 在不致引起混乱的情况下，$\overline{OC_0}$ 上点 M 同时也用来表示 M 的坐标值，过 M 而与 e 平行的直线截 $\triangle AOC_0$ 所得三角形面积以 $S(M)$ 表示之，则 $C_0' < C_0$ 且

$$S(C_0') < \frac{1}{2}S < S(C_0)$$

再过 $\overline{C_0'C_0}$ 的中点 M_1 作 $l_1 \parallel e$，或者 $S(M_1) > \dfrac{1}{2}S$，或者 $S(M_1) < \dfrac{1}{2}S$，或者 $S(M_1) = \dfrac{1}{2}S$，对于最后这一情形，过 M_1 所做的平行于 e 的直线即为所求，因此只要讨论前两种情形.

如 $S(M_1) > \dfrac{1}{2}S$，记 $C_1 = M_1, C_1' = C_0'$；

如 $S(M_1) < \dfrac{1}{2}S$，记 $C_1' = M_1, C_1 = C_0$.

因此，总有 $[C_1', C_1] \subset [C_0', C_0]$，且

$$S(C_1') < \frac{1}{2}S < S(C_1)$$

$$\rho([C_1, C_1']) = \frac{1}{2}\rho([C_0', C_0])$$

再过 $\overline{C_1'C_1}$ 的中点 M_2 作 $l_2 \parallel e$，或者 $S(M_2) > \dfrac{1}{2}S$，或者 $S(M_2) < \dfrac{1}{2}S$，或者 $S(M_2) = \dfrac{1}{2}S$. 最后的情况下，过 M_2 的直线 l_2 即为所求，故只要讨论前两种情况. 如 $S(M_2) > \dfrac{1}{2}S$，记 $C_2 = M_2, C_2' = C_1'$；如 $S(M_2) < \dfrac{1}{2}S$，记 $C_2' = M_2, C_2 = C_1$. 因此，总有

$$[C_2', C_2] \subset [C_1', C_1]$$

且

$$S(C_2') < \frac{1}{2}S < S(C_2)$$

219

$$\rho([C'_2, C_2]) = \frac{1}{2}\rho([C'_1, C_1])$$

假如已做出了 $[C'_n, C_n] \subset [C'_{n-1}, C_n]$,且 $S(C'_n) <$ $\frac{1}{2}S < S(C_n)$,$\rho([C'_n, C_n]) = \frac{1}{2}\rho([C'_{n-1}, C_n])$,则取 $\overline{C'_n C_n}$ 的中点 M_{n+1} 作 $l_{n+1} /\!/ e$,同样分三角形面积 S 为三种情形. 当 $S(M_{n+1}) = \frac{1}{2}S$ 时,l_{n+1} 即为所求;当 $S(M_{n+1}) > \frac{1}{2}S$ 时, 记 $C_{n+1} = M_{n+1}, C'_{n+1} = C'_n$;当 $S(M_{n+1}) < \frac{1}{2}S$ 时,记 $C'_{n+1} = M_{n+1}, C_{n+1} = C_n$. 则总有

$$[C'_{n+1}, C_n] \subset [C'_n, C_n]$$

且

$$S(C'_{n+1}) < \frac{1}{2}S < S(C_{n+1})$$

$$\rho([C'_{n+1}, C_{n+1}]) = \frac{1}{2}\rho([C_n, C'_n])$$

总之,或者有限次后我们做出了所求直线,则证明已告完毕. 或者得出了一串区间 $\{[C'_n, C_n]\}$ 满足下列条件:

(1) $[C'_n, C_n] \subset [C'_{n-1}, C_{n-1}]$ $(n = 1, 2, \cdots)$.

(2) $\rho([C'_n, C_n]) = \frac{1}{2}\rho([C'_{n-1}, C_n])$ $(n = 1, 2, \cdots)$.

(3) $S(C'_n) < \frac{1}{2}S < S(C_n)$ $(n = 0, 1, 2, \cdots)$.

依(1)(2) 知 $\{[C'_n, C_n]\}$ 构成一区间套序列,因此存在一点 $C \in \bigcap\limits_{n=1}^{+\infty} [C'_n, C_n]$,使

$$\lim_{n \to +\infty} C'_n = \lim_{n \to +\infty} C_n = C$$

$$S(C'_n) < S(C) < S(C_n) \qquad ①$$

又 $S(C_n) - S(C'_n)$ 等于 $\triangle AOC_0$ 被过 C'_n 与 C_n 且平行于 e 的两条直线所界定的梯形面积,因此

$$S(C_n) - S(C_n') < \overline{AC_0} \cdot (C_n - C_n')$$

或即

$$S(C_n) - S(C_n') < \overline{AC_0} \cdot \frac{1}{2^n}(C_0 - C_0')$$

因此

$$\lim_{n \to +\infty} S(C_n) = \lim_{n \to +\infty} S(C_n') = \frac{1}{2}S$$

在式 ① 中令 $n \to +\infty$，有

$$S(C) = \frac{1}{2}S$$

就是说，过 C 而平行于 e 的直线 l 截 $\triangle AOB$ 所得三角形面积为所给 $\triangle AOB$ 面积之半，即平行于 e 的直线 l 把 $\triangle AOB$ 分为面积相等的两部分，故命题为真.

注 由证明过程可以看出，本题用区间套定理来处理时虽然思路自然，容易理解，但叙述却很烦琐. 下面再给出几种其他证法.

证法 2 设已给 $\triangle ABC$ 的面积为 S，存在矩形 $DEFO$ 包含 $\triangle ABC$，且可使其一个边与所给方向 e 平行，不妨设 $OD \parallel e$，那么以 OD 为 y 轴，OF 为 x 轴建立直角坐标系 xOy，如图 2 所示. 以 $S(x)$ 表示过 x 轴而平行于 y 轴的直线截

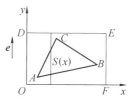

图 2

取 $\triangle ABC$ 所得位于直线左边区域的面积(如所论区域为空集，就记 $S(x) = 0$). 因为

$$| S(x) - S(x') | \leqslant \overline{OD} \cdot | x - x' |$$

所以 $S(x)$ 满足李普希兹(Lipschitz) 条件，从而是连续函数.

设 $A(a, a'), B(b, b'), C(c, c')$，且

$\min\{a, b, c\} = a, \max\{a, b, c\} = b$ （其他情况类似）

则 $S(a) = 0, S(b) = S$. 由连续函数介值可知，必存在

$\xi \in [a, b]$, 使 $S(\xi) = \dfrac{1}{2}S$. 就是说, 过 ξ 而与 e 平行的直线为所求.

证法 3　假设 ED 为所求, 延长 BD 至 F, 使 $DF = BD$, 则

$$S_{\triangle BEF} = 2S_{\triangle BDE} = S_{\triangle ABC}$$

从而

$$\frac{1}{2}\sin B \cdot BE \cdot BF = \frac{1}{2}\sin B \cdot BA \cdot BC$$

或

$$BE \cdot BF = BA \cdot BC \qquad\qquad ③$$

记 $BD = x$. 作 $AG \,/\!/\, ED$, 则

$$BE = \frac{x}{BG} \cdot AB \qquad\qquad ④$$

因 $BF = 2x$, 代入式 ③ 得

$$2x^2 = BG \cdot BC$$

$$x^2 = \frac{BG \cdot BC}{2}$$

按上面推理, 可得几何作图法. 请读者自己完成.

注　这是一个只用到平面几何基本知识的初等解法.

8. 在平面上给定两个三角形, 试证: 至少存在一条直线同时将此两三角形分成面积相等的两部分.

证明　在平面上引入直角坐标系, 使两三角形 $\triangle_1$, $\triangle_2$ 均位于第一象限, 并从坐标原点出发作诸射线 l. 假设它们与 Ox 轴正向间的夹角为 θ, 以逆时针方向为正. 因而只要考虑 $-\dfrac{\pi}{2} \leqslant \theta \leqslant \dfrac{\pi}{2}$ 的情形, 并设 $-\dfrac{\pi}{2} < \theta < \dfrac{\pi}{2}$ 时, 直线 l 的上方为正侧, 下方为负侧. 当 $\theta = -\dfrac{\pi}{2}$ 时, 直线的右方为正侧, 左方为负侧. 而当 $\theta = \dfrac{\pi}{2}$ 时, 直线的左方为正侧, 右方为负侧. 存在一

条与 Oy 轴正向同方向的直线 $l^{(1)}$ 等分 $\triangle_1$，$l^{(1)}$ 可能平分 $\triangle_2$，也可能不平分 $\triangle_2$。对于前者，$l^{(1)}$ 即为所求，不必再讨论。对于后一种情形，设 $l^{(1)}$ 分 $\triangle_2$ 为两部分：$\triangle_2^{(1)}$，$\triangle_2^{(1)'}$。这里规定 $\triangle_2$ 在 $l^{(1)}$ 正侧的那部分图形为 $\triangle_2^{(1)}$，在负侧部分的图形为 $\triangle_2^{(1)'}$（今后用类似的记法）。并分别记它们的面积为 $S(\triangle_2^{(1)})$，$S(\triangle_2^{(1)'})$（如 $\triangle_2$ 完全位于 $l^{(1)}$ 的一侧，则记另一侧的面积为零）。由同样的道理，存在一条与 Ox 轴正向同方向的直线 $l^{(2)}$ 等分 $\triangle_1$，$l^{(2)}$ 可能等分 $\triangle_2$，也可能不等分 $\triangle_2$。同样，对于前者，不再讨论（今后对这种情况不再叙述了）。对后一种情形，设 $l^{(2)}$ 分 $\triangle_2$ 为 $\triangle_2^{(2)}$，$\triangle_2^{(2)'}$ 两部分（它们分别为 $\triangle_2$ 在 $l^{(2)}$ 正侧及负侧的那两部分，对类似的记号，以下不再说明）。其面积分别为 $S(\triangle_2^{(2)})$ 与 $S(\triangle_2^{(2)'})$。此时不外乎 $S(\triangle_2^{(2)}) < S(\triangle_2^{(2)'})$ 与 $S(\triangle_2^{(2)}) > S(\triangle_2^{(2)'})$ 两种情况。但不论何种情况，当 $l^{(1)}$ 与 $l^{(2)}$ 相交（交点在 $\triangle_1$ 内）后将平面划分为右上方、左上方、右下方、左下方四部分。如 $\triangle_2$ 在右上方或左下方中的图形部分面积较大，应取 $l^{(2)}$ 与 $l^{(1)}$（即 Ox 轴正向与 Oy 轴正向）间的射线方向，例如 $\theta = \dfrac{\pi}{4}$ 的射线方向，否则应取 $\theta = -\dfrac{\pi}{4}$ 的射线

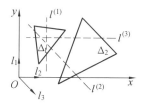

图 3

方向。如图 3，应取 $\theta = -\dfrac{\pi}{4}$ 的射线方向。存在与 $\theta = -\dfrac{\pi}{4}$ 的射线同方向的直线 $l^{(8)}$ 平分 $\triangle_1$。若 $l^{(2)}$ 不等分 $\triangle_2$，而是分 $\triangle_2$ 为 $\triangle_2^{(3)}$，$\triangle_2^{(3)'}$，其面积分别为 $S(\triangle_2^{(3)})$，$S(\triangle_2^{(3)'})$。若

$$S(\triangle_2^{(3)}) < S(\triangle_2^{(3)'})$$

则可取方向为 $\theta = -\dfrac{\pi}{4}$ 的射线与 Oy 轴负向间角的平分线，即取 $\theta = -\dfrac{3}{8}\pi$ 的射线方向．否则，当 $S(\triangle_2^{(3)}) > S(\triangle_2^{(3)'})$ 时，取 $\theta = -\dfrac{\pi}{8}$ 的射线方向……如此，可以得一系列的区间．以上面图形所示的情况为例，有

$$\left[-\frac{\pi}{2}, \frac{\pi}{2}\right] \supset \left[-\frac{\pi}{2}, 0\right] \supset \left[-\frac{\pi}{4}, 0\right] \supset \cdots$$

且区间的长度将随次数的增大而趋于零．这里每一条 $l^{(n)}(n = 1,2,\cdots)$ 均平分 $\triangle_1$，并分 $\triangle_2$ 为 $\triangle_2^{(n)}$，$\triangle_2^{(n)'}(n = 1,2,\cdots)$ 两部分，且 $\dfrac{1}{2}S(\triangle_2)$ 总介于 $S(\triangle_2^{(n)})$ 与 $S(\triangle_2^{(n)'})$ 之间．

现在证 $\lim\limits_{n\to+\infty} S(\triangle_2^{(n)})$ 及 $\lim\limits_{n\to+\infty} S(\triangle_2^{(n)'})$ 存在．事实上，这两个三角形总可安放在某个矩形中，设矩形的对角线长为 d．由于 $l^{(n)}$ 与 $l^{(n+1)}$ 都平分 $\triangle_1$，并且 $l^{(n)}$ 与 $l^{(n+1)}$ 互不平行，设其夹角为 α_n（交点在 $\triangle_1$ 内），此时由几何知识易知

$$|S(\triangle_2^{(n)}) - S(\triangle_2^{(n)'})| < 2d\sin\alpha_n \cdot \cos\alpha_n$$
$$(n = 1,2,\cdots)$$

由于我们的作法，当 $n\to+\infty$ 时，$\alpha_n\to 0$，因此

$$|S(\triangle_2^{(n+1)}) - S(\triangle_2^{(n)})| \to 0, n\to+\infty$$

即 $\lim\limits_{n\to+\infty} S(\triangle_2^{(n)})$ 存在，同样 $\lim\limits_{n\to+\infty} S(\triangle_2^{(n)'})$ 存在．还由于在我们的作法中 $S(\triangle_2^{(n)})$ 与 $S(\triangle_2^{(n)'})$ 的大小关系经常变化，并迭次出现此大于彼或彼大于此，因此这两个极限必然相等，即

$$\lim\limits_{n\to+\infty} S(\triangle_2^{(n)}) = \lim\limits_{n\to+\infty} S(\triangle_2^{(n)'}) = \frac{1}{2}S(\triangle_2)$$

另一方面，由于我们做出的区间序列为一区间套，故存在 $\theta = \theta_0$ 属于一切区间，此时必存在与 $\theta = \theta_0$ 的射线同向的直线 l_0，它既平分 $\triangle_1$，同时又平分 $\triangle_2$．命题

224

证毕.

9. 设 $f:[0,+\infty) \to (-\infty,+\infty)$ 是可测函数. 如果 $p > 1$, 当 $x \to \infty$ 时, $f(x) - \int_0^x |f|^p \mathrm{d}t$ 是否可能 $\to +\infty$?

解 回答是不可能. 甚至也不可能有存在 $x \geqslant x_0 \geqslant 0$ 成立

$$|f(x)| \geqslant \int_0^x |f|^p \mathrm{d}t \qquad (*)$$

除非在 $(x_0,+\infty)$ 上几乎处处 $f = 0$.

假设式 $(*)$ 成立, f 在 $(x_0,+\infty)$ 不是几乎处处为零的. 设

$$G(x) = \int_0^x |f| \mathrm{d}t$$

那么对某个 $x_1 \geqslant x_0$, $G(x_1) > 0$, 并且在 $(x_0,+\infty)$ 上几乎处处成立 $G'(x) = |f(x)|^p$. 因此由式 $(*)$, 在 $(x_0,+\infty)$ 上几乎处处成立 $G'(x) \geqslant G^p(x)$. 在 $[x_1,y]$ 上积分 $\dfrac{G'}{G^p}$, 我们得出对所有 $y > x_1$, 有

$$\frac{G^{1-p}(x_1) - G^{1-p}(y)}{p-1} \geqslant y - x_1$$

矛盾.

10. 设 $0 < h, A \subset [a,b]$, A 可测, 证明

$$\frac{1}{2h}\int_a^b m[A \cap (x-h,x+h)]\mathrm{d}x \leqslant m(A)$$

证明 设 $\chi_A(t)$ 表示 A 的特征函数, 那么, 我们有

$$\int_a^b m[A \cap (x-h,x+h)]\mathrm{d}x$$

$$= \int_a^b \mathrm{d}x \int_{|x-t|<h} \chi_A(t)\mathrm{d}t$$

对上式右边的二重积分应用富比尼(Fubini)定理, 我们看出它显然小于或等于

$$\int_{-\infty}^{+\infty} \chi_A(t)\,\mathrm{d}t \int_{|x-t|<h} \mathrm{d}x = 2hm(A)$$

这就证明了所要的结果.

11. 证明：对 $0 < x < 1$ 和所有的正整数 n，成立不等式

$$\sum_{j=1}^n \left(\frac{1 + x + x^2 + \cdots + x^{j-1}}{j} \right)^2 <$$
$$(4\ln 2)(1 + x^2 + x^4 + \cdots + x^{2n-2})$$

且常数 $4\ln 2$ 是最好的.

证明　我们看出，对 $0 < x < 1$ 和正整数 n，有

$$\int_x^1 \int_x^1 \frac{1 - (st)^n}{1 - st}\,\mathrm{d}s\,\mathrm{d}t = \sum_{j=1}^n \int_x^1 \int_x^1 (st)^{j-1}\,\mathrm{d}s\,\mathrm{d}t$$
$$= \sum_{j=1}^n \left(\frac{1 - x^j}{j} \right)^2$$

我们可以把要证的不等式重写成

$$\int_x^1 \int_x^1 \frac{1 - (st)^n}{1 - x^{2n}} \cdot \frac{\mathrm{d}s\,\mathrm{d}t}{1 - st} < (4\ln 2)\frac{1 - x}{1 + x}$$

而这个不等式显然又可从不等式

$$\int_x^1 \int_x^1 \frac{\mathrm{d}s\,\mathrm{d}t}{1 - st} < (4\ln 2)\frac{1 - x}{1 + x} \quad (0 < x < 1)$$

得出. 为了证明上式，我们考虑二重积分

$$\int_x^1 \int_x^1 \frac{\mathrm{d}s\,\mathrm{d}t}{1 - st} = \int_x^1 \left[-\frac{1}{t}\ln(1 - st) \right]\Big|_{s=x}^{s=1}\,\mathrm{d}t$$
$$= -\int_x^1 \ln(1 - t)\frac{\mathrm{d}t}{t} + \int_{x^2}^x \ln(1 - t)\frac{\mathrm{d}t}{t}$$
$$= -2\int_x^1 \ln(1 - t)\frac{\mathrm{d}t}{t} + \int_{x^2}^1 \ln(1 - t)\frac{\mathrm{d}t}{t}$$

在后一积分中作代换 $t = \tau^2$，并注意

$$\ln(1 - \tau^2) = \ln(1 - \tau) + \ln(1 + \tau)$$

就可把式

$$\int_x^1 \int_x^1 \frac{\mathrm{d}s\,\mathrm{d}t}{1 - st} < (4\ln 2)\frac{1 - x}{1 + x} \quad (0 < x < 1)$$

变为

$$\int_x^1 \ln(1+t) \frac{\mathrm{d}t}{t} < (2\ln 2) \frac{1-x}{1+x} \quad (0 < x < 1)$$

通过对 t 求导可知对 $t \in (0,1)$，$\dfrac{\ln(1+t)}{t}$ 是递减函数，而 $\left(1 + \dfrac{1}{t}\right) \ln(1+t)$ 是递增函数. 因此对 $0 < x < 1$，我们有

$$\int_x^1 \ln(1+t) \frac{\mathrm{d}t}{t} < (1-x) \frac{\ln(1+x)}{x}$$

$$= \frac{1-x}{1+x}\left(1 + \frac{1}{x}\right) \ln(1+x) < 2\ln 2 \frac{1-x}{1+x}$$

这就证明了

$$\int_x^1 \ln(1+t) \frac{\mathrm{d}t}{t} < (2\ln 2) \frac{1-x}{1+x} \quad (0 < x < 1)$$

假设在结论中可把 $4\ln 2$ 换成常数 c，让 $n \to \infty$ 并取极限就得出

$$2\int_x^1 \ln(1+t) \frac{\mathrm{d}t}{t} = \int_x^1 \int_x^1 \frac{\mathrm{d}s\mathrm{d}t}{1-st}$$

$$\leqslant c \frac{1-x}{1+x} \quad (0 < x < 1)$$

在

$$\frac{2}{1-x}\int_x^1 \ln(1+t) \frac{\mathrm{d}t}{t} \leqslant \frac{c}{1+x}$$

中令 $x \to 1$ 就得出 $2\ln 2 \leqslant \dfrac{c}{2}$ 或 $c \geqslant 4\ln 2$，这就说明常数 $4\ln 2$ 是最好的.

12. $\displaystyle\sum_{n=1}^{\infty} \frac{1}{n}\sin\frac{x}{n}$ 是否在整个直线上都是 x 的有界函数？

解 所说的函数不是在整条直线上有界的函数.

设 $f(x) = \displaystyle\sum_{n=1}^{\infty} \frac{1}{n}\sin\frac{x}{n}$，此函数在每个有限区间上是一致收敛的，但并不在整条直线上一致收敛. 此级数的导数的级数 $\displaystyle\sum_{n=1}^{\infty} \frac{1}{n^2}\cos\frac{x}{n}$ 在整条直线上是一

致收敛的,它的和函数 $\varphi(x)$ 作为一个一致收敛级数的极限是一个几乎周期(almost periodic)函数. 因此如果 $f(x)$ 在整条直线上是有界的,那么 $f(x) = \int_0^x \varphi(x)\mathrm{d}x$ 将也是几乎周期的,因而存在平均值

$$T = \lim_{n \to \infty} \frac{1}{2t} \int_{-t}^t f(x)\mathrm{d}x$$

但是另一方面

$$T = \lim_{t \to \infty} \frac{1}{t} \int_0^t f(x)\mathrm{d}x = \lim_{t \to \infty} \frac{1}{t} \sum_{n=1}^{\infty} \left(1 - \cos\frac{t}{n}\right)$$

$$= \lim_{t \to \infty} \frac{2}{t} \sum_{n=1}^{\infty} \sin^2\frac{t}{2n} = \lim_{t_k \to \infty} \frac{2}{t_k} \sum_{n=1}^{\infty} \sin^2\frac{t_k}{2n}$$

令 $t_k = k\pi(k = 1,2,\cdots)$,则

$$T = \lim_{k \to \infty} \frac{2}{k\pi} \sum_{n=1}^{\infty} \sin^2\frac{k\pi}{2n}$$

对固定的 k,若 $n > k$,则 $\sin\frac{k\pi}{2n} > \frac{k}{n}$,因此

$$\sum_{n=1}^{\infty} \sin^2\frac{k\pi}{2n} > \sum_{n=k+1}^{2k} \frac{k^2}{n^2} > \frac{k}{4}$$

这又说明 T 不可能是有限的,所得的矛盾就说明函数 $f(x)$ 不可能在全直线上有界.

13. 证明:如果 $f(x) \geqslant 0$ 是凸的,那么

$$\int_0^{+\infty} f^2 \mathrm{d}x \leqslant \frac{2}{3}\max f \int_0^{+\infty} f\mathrm{d}x$$

其中 $\frac{2}{3}$ 是最佳常数.

证明 本题的结果是下面的更一般的命题的特例

$$\int_0^{+\infty} f^{\alpha+\beta}(x)\mathrm{d}x \leqslant \frac{\alpha+1}{\alpha+\beta+1}\max f^{\alpha} \int_0^{+\infty} f^{\beta}(x)\mathrm{d}x$$

而上面这个命题又是下面的更一般的命题的特例.

设 f 是正、凸的,又设 F,L 在 $[0, +\infty)$ 上递增,绝对连续,$F(0) = 0$,$G = F \cdot L$,那么

$$\int_0^{+\infty} G'(f(x)) \, \mathrm{d}x \leqslant L(\max f) \int_0^{+\infty} F'(f(x)) \, \mathrm{d}x$$

如果 $F'(0) = 0$,对 $x > 0$,$F'(x) > 0$,那么当且仅当对某个 $a, b > 0$ 有

$$f(x) = \begin{cases} b\left(1 - \dfrac{x}{a}\right), & 0 \leqslant x \leqslant a \\ 0, & x > a \end{cases}$$

时,有限的等式成立.

为证明这一结果,我们有

$$F(f(t)) = -\int_t^{+\infty} F'(f(u))f'(u) \, \mathrm{d}u$$

$$\leqslant -f'(t)\int_t^{+\infty} F'(f(u)) \, \mathrm{d}u$$

将上式两边乘以 $L'(f(t))$ 然后加上 $L(f(t))F'(f(t))$ 就得出

$$G'(f(t)) = L(f(t))F'(f(t)) + L'(f(t))F(f(t))$$

$$\leqslant L(f(t))F'(f(t)) -$$

$$L'(f(t))f'(t)\int_t^{+\infty} F'(f(u)) \, \mathrm{d}u$$

两边从 0 到 $+\infty$ 积分得出

$$\int_0^{+\infty} G'(f(t)) \, \mathrm{d}t$$

$$\leqslant -\int_0^{+\infty}\left(L(f(t))\int_t^{+\infty} F'(f(t_1)) \, \mathrm{d}t_1\right)' \mathrm{d}t$$

$$\leqslant L(\max f)\int_0^{+\infty} F'(f(t)) \, \mathrm{d}t$$

14. 证明:$(1)\displaystyle\int_0^{+\infty} \mathrm{e}^{-x}\ln^2 x \, \mathrm{d}x = \gamma^2 + \dfrac{\pi^2}{6}$.

$(2)\ K - \dfrac{5}{2} < \displaystyle\int_0^{+\infty} \mathrm{e}^{-x}\ln^3 x \, \mathrm{d}x < K - \dfrac{9}{4}$.

其中 $K = -\gamma\left(\gamma^2 + \dfrac{\pi^2}{2}\right)$,$\gamma$ 是欧拉常数.

证明   由

$$\Gamma(z) = \int_0^{+\infty} \mathrm{e}^{-x}x^{z-1} \, \mathrm{d}z, \int_0^{+\infty} \mathrm{e}^{-x}\ln^2 x \, \mathrm{d}x = \Gamma''(1)$$

$$\int_0^{+\infty} e^{-x} \ln^3 x \, dx = \Gamma'''(1)$$

从

$$\ln \Gamma(z) = -\gamma z - \ln z + \sum_{n=1}^{\infty} \left(\frac{z}{n} - \ln\left(1 + \frac{z}{n}\right) \right)$$

我们得出

$$\frac{\Gamma'(z)}{\Gamma(z)} = -\gamma - \frac{1}{z} + \sum_{n=1}^{\infty} \left(\frac{1}{n} - \frac{1}{n+z} \right)$$

$$\Gamma'(1) = -\gamma$$

$$\frac{\Gamma(z)\Gamma''(z) - (\Gamma'(z))^2}{(\Gamma(z))^2} = \frac{1}{z^2} + \sum_{n=1}^{\infty} \frac{1}{(n+z)^2}$$

因此 $\Gamma''(1) = \gamma^2 + \dfrac{\pi^2}{6}$.

类似地,我们再次微分并解出 $\Gamma'''(1)$ 就得出

$$\Gamma'''(1) = -\gamma\left(\gamma^2 + \frac{\pi^2}{2}\right) - 2\zeta(3)$$

因此从

$$\frac{9}{8} = 1 + \frac{1}{2^3} < \zeta(3) < 1 + \frac{1}{2^3} + \int_2^{+\infty} \frac{dx}{x^3} = \frac{5}{4}$$

就得出(2).

注　上述过程可继续下去而用

$$\gamma, \zeta(2), \zeta(3), \cdots, \zeta(n)$$

来估计 $\displaystyle\int_0^{+\infty} e^{-x} \ln^n x \, dx$.

15. (1) 设 $D = \{x \in \mathbf{R}^n \mid \|x\| < 1\}$ 是单位球,并且设 $f: D \to D$ 是 D 上的微分同胚,使得:

① 对每个 $x \in D$ 成立 $f(f(x)) = x$, 即 $f \circ f = id$.

② 在 D 中存在一个 0 点的邻域 U, 使得 $f|_U = id$.

证明: $f = id$.

(2) 如果 f 不是微分同胚,而只是一个同胚,上述结果是否仍然成立?

解　从下面将要证明的引理可以得出对(2)的回答是:正确的. 设 Σ 是所有 D 中的勒贝格可测集的

集合，并用 m 表示 D 上的正规勒贝格测度，即 $m(D) = 1$.

引理 设 $T: D \to D$ 是连续函数，使得：

（1）对某个整数 $r \geqslant 2, T^r = id$.

（2）存在集合 $A \in \Sigma$ 使得 $m(A) > 0$，并且 $T|_A = id$.

那么 $T = id$.

引理的证明 从（1）容易得出，T 是一个满射，因此是双方连续的．其次 T 满足古兹曼（Guzman）定理的条件，这个定理阐述了若 $V \in \Sigma$，则存在一个在 V 上可积和非负的函数 J，使得 $m(TV) = \int_V J(y) \mathrm{d}y$. 因此如果 $m(TV) > 0$，那么 $m(V) > 0$，并且从（1）得出当且仅当 $m(T^{-1}V) > 0$ 时，$m(V) > 0$. 在 $L_1 = L_1(D, \Sigma, m)$ 对 $g \in L_1$，通过 $Pg = g \circ T$ 定义一个算子 P. 那么 (D, Σ, m, P) 是一个马尔科夫过程．此外，这个过程是守恒的．否则就存在一个集合 $B \in \Sigma, T^{-1}B \subset B$，并且 $m(B - T^{-1}B) > 0$，使得

$$B = T^{-r}B \subset T^{-r+1}B \subset \cdots \subset T^{-1}B \subset B$$

这与 $m(B - T^{-1}B) > 0$ 矛盾．现在设

$$g^*(\boldsymbol{x}) = \sum_{j=0}^{\infty} (P^j g)\boldsymbol{x} \quad (\boldsymbol{x} \in D)$$

如果 $0 \leqslant g \in L_\infty(D, \Sigma, m)$，那么或者在 D 上，几乎处处 $g^*(\boldsymbol{x}) = 0$，或者在 D 上，几乎处处 $g^*(\boldsymbol{x}) = \infty$. 取

$$g(\boldsymbol{x}) = \sum_{j=0}^{r-1} |T^{j+1}(\boldsymbol{x}) - T^j(\boldsymbol{x})| \quad (\boldsymbol{x} \in D)$$

我们就得出 $(Pg)(\boldsymbol{x}) = g(\boldsymbol{x})$，以及在 A 上 $g(\boldsymbol{x}) = 0$. 因此在一个正测度集 A 上 $g^*(\boldsymbol{x}) = 0$. 因此在 D 上，几乎处处 $g^*(\boldsymbol{x}) = 0$，因而在 D 上，几乎处处 $g(\boldsymbol{x}) = 0$，由 T 的连续性就得出在 D 上，$|T(\boldsymbol{x}) - \boldsymbol{x}| = 0$，即 $T = id$.

16. 证明：对于任何函数 $f \in C^2(\mathbf{R})$

$$\left(\sup_{x \in \mathbf{R}} | f'(x) | \right)^2$$

$$\leqslant 2 \sup_{x \in \mathbf{R}} | f(x) | \cdot \sup_{x \in \mathbf{R}} | f''(x) |$$

并且右边的常数 2 不能用更小的数代替.

证明 (1) 令

$$\alpha = \sup_{x \in \mathbf{R}} | f(x) |, \beta = \sup_{x \in \mathbf{R}} | f''(x) |$$

我们可以认为 α, β 都是有限的(不然题中不等式已成立). 并且若 $\beta = 0$, 则 $f'(x) = c, f(x) = cx + d$ (c, d 是常数). 但因为 α 有限, 所以 $c = 0$, 从而 $f'(x) = 0$. 因此, 此时题中不等式也已成立, 于是我们下面设 $\beta > 0$. 由泰勒(Taylor) 公式, 对于任何 $x \in \mathbf{R}$ 及 $y > 0$, 存在 $\xi_{x,y} \in (0, y)$ 使得

$$f(x + y) = f(x) + f'(x) y + f''(\xi_{x,y}) \frac{y^2}{2}$$

类似地, 对于上述 x, y, 存在 $\eta_{x,y} \in (-y, 0)$, 使得

$$f(x - y) = f(x) - f'(x) y + f''(\eta_{x,y}) \frac{y^2}{2}$$

由上面两式推出

$$f(x + y) - f(x - y)$$
$$= 2f'(x) y + (f''(\xi_{x,y}) - f''(\eta_{x,y})) \frac{y^2}{2}$$

因此

$$2y | f'(x) |$$
$$= \left| f(x + y) - f(x - y) - (f''(\xi_{x,y}) - f''(\eta_{x,y})) \frac{y^2}{2} \right|$$
$$\leqslant 2\alpha + \beta y^2$$

由此可得

$$\sup_{x \in \mathbf{R}} | f'(x) | \leqslant \frac{\alpha}{y} + \frac{\beta y}{2}$$

最后, 注意上式右边当 $y = \sqrt{\dfrac{2\alpha}{\beta}}$ 时达到最小值 $\sqrt{2\alpha\beta}$, 从而得到要证的不等式.

(2) 为证明不等式右边常数的最优性, 我们首先

定义下列阶梯偶函数

$$\phi''(x) = \begin{cases} 0, & |x| > 2 \\ 1, & 1 \leqslant |x| \leqslant 2 \\ -1, & |x| < 1 \end{cases}$$

于是

$$\phi'(x) = \int_{-2}^{x} \phi''(t)\,\mathrm{d}t$$

是分片线性的奇连续函数,而且

$$\phi(x) = \int_{-2}^{x} \phi'(t)\,\mathrm{d}t - \frac{1}{2}$$

是 $C^1(\mathbf{R})$ 中的一个偶函数. 函数 $|\phi(x)|$, $|\phi'(x)|$, $|\phi''(x)|$ 在 $\mathbf{R}$ 上的最大值分别是 $1/2, 1, 1$. 因此对于本例,题中的不等式成为等式. 不过,我们例中的函数 $\phi(x)$ 不属于 $C^2(\mathbf{R})$. 为弥补这个缺陷,只要对 ϕ'' 做微小的修改,可使它在 ϕ'' 的两个不连续点的长度为 $\varepsilon > 0$ 的邻域内连续,而对于 ϕ 和 ϕ' 的影响可任意小. 将这样得到的属于 $C^2(\mathbf{R})$ 的函数记作 $f(x)$,那么

$$\sup_{x \in \mathbf{R}} |f(x)| = \sup_{x \in \mathbf{R}} |\phi(x)| + O(\varepsilon) = \frac{1}{2} + O(\varepsilon)$$

$$\sup_{x \in \mathbf{R}} |f'(x)| = \sup_{x \in \mathbf{R}} |\phi'(x)| + O(\varepsilon) = 1 + O(\varepsilon)$$

$$\sup_{x \in \mathbf{R}} |f''(x)| = \sup_{x \in \mathbf{R}} |\phi''(x)| + O(\varepsilon) = 1 + O(\varepsilon)$$

将(1)中证明的结果应用于上面构造的函数 $f(x)$,我们有

$$(1 + O(\varepsilon))^2 \leqslant 2\left(\frac{1}{2} + O(\varepsilon)\right)(1 + O(\varepsilon))$$

由此可见常数 2 不可换为任何更小的数.

17. 设 $f(x) \in C[0,1]$,对于某个 $c \in (0,1)$,极限

$$\lim_{\substack{h \to 0 \\ h \in \mathbf{Q}, h \neq 0}} \frac{f(c + x) - f(c)}{h}$$

存在,则 $f(x)$ 在 $x = c$ 可微.

这里给出两个证法,它们思路一样,但细节处理不同.

233

证法 1 (1) 记题中的极限为 L. 那么对于任何给定的 $\varepsilon > 0$, 存在 $\delta_0 = \delta_0(\varepsilon) > 0$, 使当任何 $h \in \mathbf{Q}$, $0 < |h| < \delta_0$ 时

$$\left| \frac{f(c+x) - f(c)}{h} - L \right| < \frac{\varepsilon}{2}$$

现在证明上述不等式对于 h 不是有理数的情形也成立.

(2) 记 $\tau = \min\{c, 1-c\}$, 定义集合

$$A = \{x \mid x \in (-\tau, \tau), x \neq 0\}$$

那么由题设可知函数

$$\frac{f(c+x) - f(c)}{h} \quad (x \in A)$$

连续. 于是对于任何 $r \notin \mathbf{Q}, r \in A$, 以及任意给定的 $\varepsilon > 0$, 存在 $\delta_1 > 0$, 使对任何满足 $|r - r'| < \delta_1$ 的实数 $r' \in A$ 有

$$\left| \frac{f(c+r) - f(c)}{r} - \frac{f(c+r') - f(c)}{r'} \right| < \frac{\varepsilon}{2}$$

(3) 现在任取 $r \notin \mathbf{Q}$, 并且满足 $0 < |r| < \min\{\tau, \delta_0/2\}$, 于是 $r \in A$. 依有理数集合在 $\mathbf{R}$ 中的稠密性, 我们可取 $r'_0 \in \mathbf{Q} \cap A$ 满足 $|r - r'_0| < \min\{\delta_0/2, \delta_1\}$. 于是由 (2) 可知

$$\left| \frac{f(c+r) - f(c)}{r} - \frac{f(c+r'_0) - f(c)}{r'_0} \right| < \frac{\varepsilon}{2}$$

并且由 $0 < |r'_0| \leqslant |r| + |r - r'_0| < \delta_0/2 + \delta_0/2 = \delta_0$, $r'_0 \in \mathbf{Q}$ 以及 (1) 得知

$$\left| \frac{f(c+r'_0) - f(c)}{r'_0} \right| < \frac{\varepsilon}{2}$$

因此我们有

$$\left| \frac{f(c+r) - f(c)}{r} - L \right|$$

$$\leqslant \left| \frac{f(c+r'_0) - f(c)}{r'_0} - L \right| +$$

$$\left| \frac{f(c+r) - f(c)}{r} - \frac{f(c+r'_0) - f(c)}{r'_0} \right|$$

$$< \frac{\varepsilon}{2} + \frac{\varepsilon}{2} = \varepsilon$$

于是(1)中的不等式对于 h 不是有理数的情形也成立,也就是说

$$\lim_{\substack{h \to 0 \\ h \in \mathbf{Q}, h \neq 0}} \frac{f(c+h) - f(c)}{h} = L$$

与题设条件合起来,我们得到

$$\lim_{h \to 0} \frac{f(c+h) - f(c)}{h} = L$$

于是 $f(x)$ 在 $x = c$ 可微.

证法2 (1)记题中的极限为 L. 由极限的存在性可知,对于任意给定的 $\varepsilon > 0$,存在 $\delta_0 = \delta_0(\varepsilon) > 0$,使当所有 $h \in \mathbf{Q}, 0 < |h| < \delta_0$,有

$$\left| \frac{f(c+h) - f(c)}{h} - L \right| < \frac{\varepsilon}{3}$$

我们只要证明上述不等式对于 h 不是有理数的情形也成立.

(2)任何 $r \notin \mathbf{Q}, 0 < |r| < \delta_0/2$,并固定. 由 $f(x)$ 的连续性,存在 $\delta_1 = \delta_1(\varepsilon, r)$ 使对任何满足 $|r - r'| < \delta_1$ 的实数 r' 有

$$| f(c+r) - f(c+r') | < \frac{|r| \varepsilon}{3}$$

特别,由于有理数集合在 $\mathbf{R}$ 中的稠密性,我们可取 $r_0' \in \mathbf{Q}, r_0' \neq 0$ 满足

$$|r - r_0'| < \min \left\{ \delta_1, |r|, \frac{|r| \varepsilon}{3L + \varepsilon} \right\}$$

于是 $|r - r_0'| < \delta_1$,可知

$$| f(c+r) - f(c+r_0') | < \frac{|r| \varepsilon}{3}$$

并且由 $|r_0'| \leqslant |r| + |r - r_0'| < 2|r| < \delta_0$,以及(1)得知

$$\left| \frac{f(c+r_0') - f(c)}{r_0'} - L \right| < \frac{\varepsilon}{3}$$

(3)对于上述 $r \notin \mathbf{Q}, 0 < |r| < \delta_0/2$,我们有

$$\frac{f(c+r)-f(c)}{r}-L$$

$$=\frac{f(c+r)-f(c+r_0')}{r}+$$

$$\left(\frac{f(c+r_0')-f(c)}{r_0'}-L\right)+$$

$$\left(\frac{f(c+r_0')-f(c)}{r_0'}\right)\left(\frac{r_0'-r}{r}\right)$$

因此

$$\left|\frac{f(c+r)-f(c)}{r}-L\right|$$

$$\leqslant\left|\frac{f(c+r)-f(c+r_0')}{r}\right|+$$

$$\left|\frac{f(c+r_0')-f(c)}{r_0'}-L\right|+$$

$$\left|\frac{f(c+r_0')-f(c)}{r_0'}\right|\left|\frac{r_0'-r}{r}\right|$$

$$\leqslant\frac{|r|\varepsilon}{3}\cdot\frac{1}{|r|}+\frac{\varepsilon}{3}+$$

$$\left(\frac{\varepsilon}{3}+L\right)\cdot\frac{|r|\varepsilon}{3L+\varepsilon}\cdot\frac{1}{|r|}$$

$$=\varepsilon$$

于是(1)中的不等式对于 $h\notin\mathbf{Q}$ 也成立,从而本题得证.

18.(1) 证明积分

$$I(x)=\int_0^\pi\log(1-2x\cos\theta+x^2)\mathrm{d}\theta$$

对变量 x 的一切值(包含 ±1)都存在,并且是 $\mathbf{R}$ 上的连续函数.

(2) 证明

$$I(x)=\begin{cases}0, & \text{当}|x|\leqslant1\\2\pi\log|x|, & \text{当}|x|\geqslant1\end{cases}$$

证明 (1)① 当 $0\leqslant\theta\leqslant\pi$ 时,x 的二次三项式

$$1 - 2x\cos\theta + x^2$$

的判别式

$$4\cos^2\theta - 4 = 4(\cos^2\theta - 1) \leqslant 0$$

并且当判别式为零时它有零点 ± 1. 因此,当 $|x| \neq 1$, $0 \leqslant \theta \leqslant \pi$ 时

$$1 - 2x\cos\theta + x^2 > 0$$

从而当 $|x| \neq 1$ 时,积分 $I(x)$ 存在.

设 $x = 1$,此时函数

$$1 - 2x\cos\theta + x^2 = 2(1 - \cos\theta) = 4\sin^2\frac{\theta}{2}$$

因为 $4\sin^2\dfrac{\theta}{2} \sim \theta^2 (\theta \to 0)$,所以 $I(x)$ 与积分

$$\int_0^\pi \log\theta^2 \mathrm{d}\theta \ \text{或} \int_0^\pi \log\theta \mathrm{d}\theta$$

有相同的收敛性;而上述积分存在,因此 $I(1)$ 存在. 同理,$I(-1)$ 也存在.

② 下面我们证明当 $x \in \mathbf{R}$ 时,$I(x)$ 是 x 的连续函数. 除去 $|x| = 1$,被积函数 $\log(1 - 2x\cos\theta + x^2)$ 是 x 和 θ 的连续函数,因此 $I(x)$ 在任何 $x \neq \pm 1$ 处连续.

现在考虑 $x = 1$ 的情形. 此时 $\theta = 0$ 是被积函数的奇点. 我们限定 $x \in [1 - \delta, 1 + \delta]$(其中 $0 < \delta < 1$ 固定). 首先将 $I(x)$ 作如下变形

$$I(x) = \int_0^\pi \log\left(2x\left(\frac{1 + x^2}{2x} - \cos\theta\right)\right)\mathrm{d}\theta$$

$$= \pi\log(2x) + \int_0^\pi \log\left(\frac{1 + x^2}{2x} - \cos\theta\right)\mathrm{d}\theta$$

对上式右边第二项进行分部积分,得到

$$I(x) = \pi\log(2x) + \pi\log(z + 1) -$$

$$\int_0^\pi \frac{\theta\sin\theta}{z - \cos\theta}\mathrm{d}\theta$$

$$= 2\pi\log(x + 1) - \int_0^\pi \frac{\theta\sin\theta}{z - \cos\theta}\mathrm{d}\theta$$

$$= 2\pi\log(x + 1) - \int_0^\pi F(\theta, x)\mathrm{d}\theta$$

237

其中已令

$$z = z(x) = \frac{1+x^2}{2x}, F(\theta, x) = \frac{\theta \sin \theta}{z - \cos \theta}$$

因为当 $x \in [1-\delta, 1+\delta]$ 时 $z(x)$ 有最小值 1,所以 $x \to 1$ 时,$z(x)$ 单调递减地趋于 1,从而当 $\theta \in (0, \alpha]$(其中 $0 < \alpha \leqslant \pi$),$x \in [1+\delta, 1+\delta]$ 时 $F(\theta, x)$ 非负,并且

$$[F(\theta, x)] = \frac{\theta \sin \theta}{z - \cos \theta} \leqslant \frac{\theta \sin \theta}{1 - \cos \theta} = \phi(\theta)$$

因为 $\phi(\theta)$ 与 x 无关,而且由

$$I(1) = 2\pi \log 2 - \int_0^\pi \frac{\theta \sin \theta}{1 - \cos \theta} d\theta$$

$$= 2\pi \log 2 - \int_0^\pi \phi(\theta) d\theta$$

得知 $\int_0^\pi \phi(\theta) d\theta$ 存在,从而 $\phi(\theta)$ 在 $[0, \alpha]$ 上可积,所以积分

$$\int_0^\pi \frac{\theta \sin \theta}{z - \cos \theta} d\theta$$

对于 $x \in [1-\delta, 1+\delta]$ 一致收敛. 又因为当 $\theta \in (0, \pi]$,$x \in [1-\delta, 1+\delta]$ 时 $F(\theta, x)$ 连续,因此函数 $I(x)$ 在 $[1-\delta, 1+\delta]$ 上连续,从而在 $x = 1$ 处连续.

还要注意,在积分 $I(-x)$ 中令 $t = \pi - \theta$ 可知 $I(-x) = I(x)$,由此及 $I(x)$ 在 $x = 1$ 处的连续性可推出它在 $x = -1$ 处的连续性.

(2)① 上面已经证明 $I(x) = I(-x)$. 类似地,我们由

$$I\left(\frac{1}{x}\right) = \int_0^\pi \log\left(1 - \frac{2}{x}\cos \theta + \frac{1}{x^2}\right) d\theta$$

$$= \int_0^\pi \log(x^2 - 2x\cos \theta + 1) d\theta +$$

$$\int_0^\pi \log \frac{1}{x^2} d\theta$$

可以推出

$$I\left(\frac{1}{x}\right) = I(x) - 2\pi \log |x| \quad (x \neq 0)$$

然后由

$$2I(x) = I(x) + I(-x)$$

$$= \int_0^\pi \log(1 - 2x^2\cos 2\theta + x^4)\,d\theta$$

$$= \frac{1}{2}\int_0^{2\pi} \log(1 - 2x^2\cos \phi + x^4)\,d\phi$$

$$= \frac{1}{2}\int_0^\pi \log(1 - 2x^2\cos \phi + x^4)\,d\phi +$$

$$\frac{1}{2}\int_\pi^{2\pi} \log(1 - 2x^2\cos \phi + x^4)\,d\phi$$

$$= \frac{1}{2}I(x^2) + \frac{1}{2}I(-x^2)$$

$$= I(x^2)$$

得到

$$I(x) = \frac{1}{2}I(x^2)$$

② 据此,由数学归纳法得到

$$I(x) = \frac{1}{2^n}I(x^2) \quad (n \in \mathbf{N})$$

若 $|x| \le 1$,则 $|x|^{2^n} \le 1$. 因为 $I(x)$ 在 $[-1, +1]$ 上连续,所以在 $[-1, +1]$ 上有上界 M,于是

$$|I(x)| = \frac{1}{2^{2^n}}M,\ \text{当}\ |x| \le 1$$

令 $n \to \infty$,即得 $I(x) = 0(|x| \le 1)$.

③ 若 $|x| \ge 1$,则 $|1/x| \le 1$,由

$$0 = I\left(\frac{1}{x}\right) = I(x) - 2\pi\log|x|$$

推出 $I(x) = 2\pi\log|x|$.

    注   在 Г. M. 菲赫金哥尔茨的《微积分学教程》(第二卷,第 8 版,高等教育出版社,北京,2006) 中,多次用不同的方法给出 $I(x)$ 当 $|x| \ne 1$ 时的值,但没有考虑在 $|x| = 1$ 的值(实际上,他没有涉及 $I(x)$ 在 $\mathbf{R}$ 上的连续性).

19. 求出所有正整数 n 和正实数 α 使得积分

$$I(\alpha,n) = \int_0^{+\infty} \log\left(1 + \frac{\sin^n x}{x^\alpha}\right) \mathrm{d}x$$

收敛.

证明 （1）我们首先证明：对于任何实数 $A > 0$（例如 $A = 1$）积分

$$I_1(\alpha,n) = \int_0^1 \log\left(1 + \frac{\sin^n x}{x^\alpha}\right) \mathrm{d}x$$

总是(绝对)收敛的. 事实上

$$\lim_{x \to 0} \log\left(1 + \frac{\sin^n x}{x^\alpha}\right) = \begin{cases} 0, & \text{当 } \alpha < n \\ \log 2, & \text{当 } \alpha = n \end{cases}$$

因此积分下限不是被积函数的奇点. 当 $\alpha > n$ 时

$$I_1(\alpha,n) = \int_0^1 \log\left(x^{\alpha-n} + \frac{\sin^n x}{x^\alpha}\right) \mathrm{d}x + \int_0^1 \log x^{n-\alpha} \mathrm{d}x$$

右边第一个积分显然收敛, 第二个积分等于 $\alpha - n$（由分部积分可知）. 因此我们只要考虑 $I(\alpha,n)$ 在 ∞ 处的收敛性.

（2）现在证明：当 $\alpha > 1$ 时, 对所有正整数 n, 积分 $I(\alpha,n)$（绝对）收敛. 为此, 依（1）的结论, 我们只要证明下列积分（绝对）收敛

$$J(\alpha,n) = \int_\pi^{+\infty} \log\left(1 + \frac{\sin^n x}{x^\alpha}\right) \mathrm{d}x$$

令 $L(t) = \log(1 + t)$, 以及

$$J_k(\alpha,n) = \int_{k\pi}^{(k+1)\pi} L\left(\frac{\sin^n x}{x^\alpha}\right) \mathrm{d}x \quad (k \geqslant 1)$$

那么

$$J(\alpha,n) = \sum_{k=1}^\infty J_k(\alpha,n)$$

因为

$$L(t) = t + O(t^2) \quad (t \to \infty)$$

所以存在某个 $\delta > 0$, 使得当 $|t| < \delta$ 时, $|t|/2 \leqslant |L(t)| \leqslant 2|t|$, 于是当 k 充分大（亦即 $|\sin^n x|/x^\alpha$ 足够小）时

$$\int_{k\pi}^{(k+1)\pi} \left| L\left(\frac{\sin^n x}{x^\alpha}\right) \right| dx \leqslant 2\int_{k\pi}^{(k+1)\pi} \frac{|\sin^n x|}{x^\alpha}dx$$

$$\leqslant 2\int_{k\pi}^{(k+1)\pi} \frac{dx}{x^\alpha}$$

$$\leqslant \frac{2\pi^{\alpha-1}}{k^\alpha}$$

因为 $\alpha > 1$，所以 $\sum_{k=1}^{\infty} 1/k^\alpha$ 收敛，因而由

$$\int_{\pi}^{\infty} \left| L\left(\frac{\sin^n x}{x^\alpha}\right) \right| dx = \sum_{k=1}^{\infty} \int_{k\pi}^{(k+1)\pi} \left| L\left(\frac{\sin^n x}{x^\alpha}\right) \right| dx$$

$$\leqslant 2\pi^{\alpha-1} \sum_{k=1}^{\infty} \frac{1}{k^\alpha}$$

得知积分 $J(\alpha,n)$ 绝对收敛，从而积分 $I(\alpha,n)$ 也绝对收敛.

（3）下面证明：当 $\alpha \leqslant 1$ 而 n 为偶数时，积分 $I(\alpha, n)$ 发散. 事实上，因为 n 为偶数，所以 $\sin^n x$ 和 $J_k(\alpha,n)$ 非负. 并且依上述，当 $|t|$ 足够小时 $|L(t)| \leqslant |t|/2$，因此当 k 充分大时

$$J_k(\alpha,n) \geqslant \frac{1}{2}\int_{k\pi}^{(k+1)\pi} \frac{\sin^n x}{x^\alpha}dx$$

$$\geqslant \frac{1}{2(k+1)^\alpha \pi^\alpha}\int_{k\pi}^{(k+1)\pi} \sin^n x\,dx$$

$$= \frac{C}{(k+1)^\alpha}$$

其中 $C(>0)$ 是一个常数. 于是由

$$J(\alpha,n) = \sum_{k=1}^{\infty} J_k(\alpha,n) \geqslant C\sum_{k=1}^{\infty} \frac{1}{(k+1)^\alpha}$$

及 $\alpha \leqslant 1$ 推出积分 $J(\alpha,n)$ 发散，从而 $I(\alpha,n)$ 也发散.

（4）最后考虑当 $\alpha \leqslant 1$ 而 n 为奇数的情形. 首先，我们断言：积分

$$\int_{0}^{+\infty} \left(\frac{\sin^n x}{x^\alpha}\right) dx$$

收敛. 事实上，我们记 $u(x) = \int_{\pi}^{x} \sin^n t\,dt$，并设 $N > \pi$，

那么由分部积分,我们有

$$\int_\pi^N \frac{\sin^n x}{x^\alpha}\mathrm{d}x = \int_\pi^N \frac{\mathrm{d}u(x)}{x^\alpha} = \frac{u(N)}{N^\alpha} + \alpha\int_\pi^N \frac{u(x)}{x^{\alpha+1}}\mathrm{d}x$$

由于(注意 n 为奇数)

$$u(x+2\pi) - u(x)$$
$$= \int_x^{x+2\pi} \sin^n t\mathrm{d}t$$
$$= \int_x^{x+\pi} \sin^n t\mathrm{d}t + \int_{x+\pi}^{x+2\pi} \sin^n t\mathrm{d}t$$
$$= \int_x^{x+\pi} \sin^n t\mathrm{d}t + (-1)^n\int_x^{x+\pi} \sin^n t\mathrm{d}t$$
$$= 0$$

因此,$u(x)$ 是周期函数(周期为 2π),从而在 $[\pi, +\infty)$ 上有界,于是积分

$$\int_\pi^{+\infty}\left(\frac{u(x)}{x^{\alpha+1}}\right)\mathrm{d}x$$

收敛,因此由前式推出积分 $\int_\pi^{+\infty}\left(\frac{\sin^n x}{x^\alpha}\right)\mathrm{d}x$ 收敛.

现在我们令

$$M(t) = t - L(t) = t - \log(1+t)$$

则有

$$J(\alpha,n) = \int_\pi^{+\infty}\frac{\sin^n x}{x^\alpha}\mathrm{d}x - \int_\pi^{+\infty}M\left(\frac{\sin^n x}{x^\alpha}\right)\mathrm{d}x$$

于是当且仅当积分

$$Q(\alpha,n) = \int_\pi^{+\infty}M\left(\frac{\sin^n x}{x^\alpha}\right)\mathrm{d}x$$

收敛时,积分 $J(\alpha,n)$(因而 $I(\alpha,n)$)收敛.

因为 $M(t) = t^2/2 + O(t^3)$ $(t\to0)$,所以存在 $\delta_1 > 0$,使得当 $|t| < \delta_1$ 时,$t^3/3 \leq M(t) \leq t^2$. 由此可知当 U 足够大时

$$\int_U^{+\infty}M\left(\frac{\sin^n x}{x^\alpha}\right)\mathrm{d}x \leq \int_U^{+\infty}\left(\frac{\sin^{2n} x}{x^{2\alpha}}\right)\mathrm{d}x \leq \int_U^{+\infty}\frac{\mathrm{d}x}{x^{2\alpha}}$$

因而当 $\alpha > 1/2$ 时积分 $Q(\alpha,n)$ 收敛,从而 $J(\alpha,n)$ 收敛,于是 $I(\alpha,n)$ 也收敛.

242

但若 $\alpha \leq 1/2$, 则类似于 (3), 我们有

$$Q(\alpha, n) = \sum_{k=1}^{\infty} Q_k(\alpha, n)$$

其中

$$Q_k(\alpha, n) = \int_{k\pi}^{(k+1)\pi} M\left(\frac{\sin^n x}{x^\alpha}\right) dx$$

依上述不等式 $M(t) \geq t^2/3 (|t| < \delta_1)$ 可知: 当 k 充分大时

$$Q_k(\alpha, n)$$

$$\geq \frac{1}{3} \int_{k\pi}^{(k+1)\pi} \frac{\sin^{2n} x}{x^{2\alpha}} dx \frac{1}{3(k+1)^{2\alpha} \pi^{2\alpha}} \int_0^\pi \frac{\sin^{2n} x}{x^{2\alpha}} dx$$

于是 $Q(\alpha, n) = \sum\limits_{k=1}^{\infty} Q_k(\alpha, n)$ 发散, 从而 $I(\alpha, n)$ 也发散.

（5）总之, 由 (1) 和 (3), 以及 (2) 和 (4) 得知, 当且仅当 $\alpha > 1$（若 n 为偶数）, 以及 $\alpha > 1/2$（若 n 为奇数）时, 积分 $I(\alpha, n)$ 收敛.

数学分析的好题妙解非常多. 摘录这 19 个小问题肯定是挂一漏万, 好在是抛砖引玉之用, 还请读者自己去多找些题来练习. 本书也可供中学教师和奥林匹克竞赛选手使用, 一是他们有旺盛的求知欲; 二是许多数学分析的方法在解决初等数学问题时也会有帮助.

比如利用定积分概念与柯西 - 施瓦茨不等式联合也可以证明一些有趣的不等式, 下面举两个例子:

例 1 设 x_i 为正实数, $i = 1, 2, \cdots, n$, 且 $\sum\limits_{i=1}^{n} \dfrac{1}{1 + x_i} = \dfrac{n}{2}$, 则有 $\sum\limits_{1 \leq i, j \leq n} \dfrac{1}{x_i + x_j} \geq \dfrac{n^2}{2}$.

证明 令 $f(t) = \sum\limits_{i=1}^{n} t^{x_i}$, 则易知 $\int_0^1 f(t) dt = \dfrac{n}{2}$, 经过简单的计算

$$\sum_{1 \leq i, j \leq n} \frac{1}{x_i + x_j} = \int_0^1 \frac{f^2(t)}{t} dt$$

只要证明

$$\int_0^1 \frac{f^2(t)}{t}\mathrm{d}t \geqslant 2\left(\int_0^1 f(t)\,\mathrm{d}t\right)^2$$

$$\Leftrightarrow \int_0^1 t\mathrm{d}t \int_0^1 \frac{f^2(t)}{t}\mathrm{d}t \geqslant \left(\int_0^1 f(t)\,\mathrm{d}t\right)^2$$

而这由柯西 – 施瓦茨不等式可以得到.

例 2 设 x_i 为正实数,$i = 1,2,\cdots,n$,则有

$$\sum_{i,j=1}^n \frac{ij}{i+j-1}x_i x_j \geqslant \left(\sum_{i=1}^n x_i\right)^2$$

证明 令 $f(t) = \sum_{i=1}^n x_i t^i$,易知

$$\sum_{i,j=1}^n \frac{ij}{i+j-1}x_i x_j = \sum_{i,j=1}^n i x_i x_j \int_0^1 x^{i+j-2}\mathrm{d}x = \int_0^1 (f'(x))^2\mathrm{d}x$$

只要证明

$$\int_0^1 (f'(x))^2\mathrm{d}x \geqslant (f(1))^2$$

利用柯西 – 施瓦茨不等式可知

$$(f(1))^2 = \left(\int_0^1 f'(x)\,\mathrm{d}x\right)^2 \leqslant \int_0^1 1^2\mathrm{d}x \int_0^1 (f'(x))^2\mathrm{d}x$$

$$= \int_0^1 (f'(x))^2\mathrm{d}x$$

即得证.

而这两个不等式单用初等方法是不太容易证明的.

编辑手记从文体上分可以归入到随笔一类. 随笔与传记作家王进文(笔名止庵)曾说:"我对随笔写作的体会,可以总结成四句话 —— 好话好说,合情合理,非正统,不规矩." 窃以为似乎对编辑手记也适用.

刘培杰

2020 年 11 月 7 日

于哈工大

酉反射群(英文)

古斯塔夫·I.莱勒

唐纳德·E.泰勒 著

编辑手记

最近有古生物专家研究说:鸟类是恐龙中的幸存者进化而来,吃炒鸡也可以说是在吃炒恐龙肉,这在科学上没有问题.

当有人站在一个实用主义者的角度询问专家,恐龙离我们那么遥远,研究它对于人类有什么样的意义,专家立刻纠正了我们无聊的看法.

专家说:"恐龙是非常重要的一瞬间."专家的语气少有的认真,它们在地球上生活了 16 亿年,是最好的材料来研究生命的演化.人类虽然已存在了几百万年,但与恐龙相比却是非常短的瞬间,知道它们曾经如何生活,也许就能回答人类将以什么样的方式延续.

人类逐渐认识到,在漫长的生物进化史中,人类并非理所应当地永久生存,我们的短视最终会害了我们.

像恐龙一样,本书是一部离很多人生活很远,甚至是学数学的学生都可能接触不到的专著,但它的内容是很重要的.

本书是版权引进自英国剑桥大学出版社的一本英版著作.中文书名可译为《酉反射群(英文)》.作者是古斯塔夫·I.莱勒(Gustav I. Lehrer)和唐纳德·E.泰勒(Donald E. Taylor),他们都是悉尼大学数学及统计学系的教授.

正如本书作者在概述中所描述:

在实欧几里得空间中,反射是一个正交变换,它固定某超平面的每一个向量,比如余维 1 的子空间. 因此,一个实反射必然是二阶的. 由实向量空间中的反射产生的有限群已经得到了深入的研究,它们在数学的许多分支中发挥着重要作用,特别是在李群和李代数的理论中,其中许多都以"外尔群"的形式出现. 它们被认为是连接费力克斯·克莱茵的埃朗根方案的离散和连续的线,通过有关空间的对称性的群来研究几何. 对这些群的日常工作是布尔巴基于 1968 年发表的论文[33],在汉弗莱斯的专著[119]中有最近的记载. 参照文献[110],可以了解该论文到 1977 年的应用调查情况.

1951 年谢泼德(Shephard)(见文献[191]和[192])将反射的概念扩展到具有厄米特内积的复向量空间. 反射(有时称为伪反射)是有限阶的线性变换,它固定超平面的点态. 很快,谢泼德和托德(Todd)的文献[193]在 20 世纪许多作者的著作基础上,获得了由(单一)反射产生的有限群的完整分类. 这些群包括欧几里得反射群,当我们考虑在实空间复化的子空间上的某些子群和子商上作用时,这些群就自然而然地产生了. 这些更普遍的"酉反射群"有广泛的应用,包括:

约化代数群的结构与表示理论

赫克代数

纽结理论

模空间

低维的代数拓扑

不变量理论与代数几何

微分方程

数学物理学

在写这本书时,我们有四个主要目标. 第一,虽然谢泼德 - 托德分类距今已有半个多世纪,但文献中仍没有完整连贯的以书的形式对该分类进行论述,虽然也有一些研究文章,如文献[5,54],已经谈到了这个主题,这与实反射群的情况形成了鲜明的对比. 实反射群正是有限的考克斯特群(见文献[209]的附录,定理 38),其分类一般通过根系的分类进行,这在文献中很容易找到. 考虑到最初的谢泼德 - 托德分类本身取决于早期文献的大量内容,并且该分类已被广泛使用和引用,因此我们认为对酉反射群的分类提供完整的处理方法是有用的.

对于任意酉反射群 G, 在环境复空间 V 中存在相应的线集, 通过取与 G 的反射超平面正交的线而得到, 我们称这种集合为"直线系统", 我们对酉反射群的分类的处理可以归结为对直线系统的分类. 各种不可约反射群之间存在着相互关系, 可以通过它们的直线系统之间的关系来研究. 我们的分类方法有一个结果, 即我们能够系统地阐明这些内容. 本书中特别指出了任何不可约群的所有最大反射子群, 提供了每个不可约群的反射子群的完整列表. 关于实群的类似信息的经典引用为文献 [31, 92, 90]. 更广泛地说, 我们设法提供有关个别群的大量细节. 在适当的情况下, 我们还给出了有限域上不可约群与线性群的识别.

我们的第二个目标与酉反射群的不变理论有关. 这是谢泼德和托德研究的一个美丽的结果. 在所有复线性群中, 酉反射群的特征是其不变量的代数是自由的, 或者等效的, 在它们作用的向量空间 V 上具有平滑的轨道变化. 这是最简单的暗示, 表明酉反射群的不变理论有一个丰富的研究脉络. 在本书中, 我们从多个角度发展了这一理论. 对于任何 G – 模 M, 我们对 G 的 M 指数给出完整的处理. 这包括通常的指数和最近的"共指数", 它们与 G 的反射超平面的补体 M_C 的拓扑密切相关. 这些思想被用来研究抛物子群, 即 V 的点(或子空间)的稳定化子. 我们特别给出了抛物子群是反射群的斯坦伯格定理的一个简单证明.

我们给出了不变理论方法在施普林格和莱勒 – 施普林格特征空间理论中的应用. 这就排除了交集理论的需要, 只要仿射代数几何的基本概念就可以, 附录 A 中提供了这些概念. 我们的叙述包括有关反射群元素集中的材料, 认为这是理论的一个组成部分. 在一个相关的思想圈中, 通过多项式函数与微分算子之间的对偶性来研究 V 上的调和多项式函数. 这两个主题在上协变代数结构的应用中是统一的. 我们证明了它的模结构与 G 的抛物子群的模结构有关这一结果.

第三, 在对反射群的研究中, 即使将注意力限制在实群中, 考虑环境空间 V 存在线性变换 γ 的情况也很重要, V 使反射群 G

正常化. 例子包括抛物子群的标准化, 在还原性群的表示理论中出现的分歧群, 以及附录 C 中概述的许多领域中的应用. 鉴于此, 我们定义了"反射陪集" γ^G, 并在第 12 章中给出了这类陪集的"扭不变量理论". 该定理与非扭案例特别接近, 这个理论非常接近于无扭曲的情况, 只有一组确定的根, 每个 $\langle \gamma, G \rangle$ - 模 M 的 M 因子进入画面. 这些研究与上面提到的特征空间理论非常吻合.

最后, 尽管本书的目的是为反射群的核心材料中提供背景知识, 但我们意识到, 对该主题的兴趣来自于将其应用于许多不同的数学分支, 包括上面列出的那些分支. 因此, 我们在附录 C 中提供了有关本书主题如何适用于各个领域的简要概述. 我们试图以这样一种方式来撰写本书内容, 以便在不同领域中工作的人们都可以应用它. 本附录还包含许多问题, 包括一些开放性问题, 适合作为研究主题.

读者可以参考附录以获取详细信息, 在这里我们仅就这些应用的产生方式进行以下说明. 将反射群理论与其他领域联系起来的一个关键是任何酉反射群 G 都有一个重要的拓扑空间, 即它的相关超平面补集 (元) M_G, 定义为 V 在 G 的无反射超平面上的点集. 当 G 为对称群 $\mathrm{Sym}(n)$ 时, M_G 为有序构型空间 (z_1, $z_2, \cdots, z_n$) 的不同点 $z \in \mathbf{C}$. 现在 M_G 及其商 X_G 比 G 具有复解析流形的结构, 但也可看作数域上代数格式的复点的变种. 而且, X_G 有一个有趣的基本群, 在 $\mathrm{Sym}(n)$ 的示例中为经典的阿廷辫群. 因此, 可以考虑针对 X_G 上的函数的微分方程, 或针对不同环上的点的几何性. 此外, 其基本群的群代数具有商, 这些商在归化群的表示理论中以各种方式出现. 正是这些关于 M_G, X_G 和相关空间的方式导致了它们在数学的许多不同领域中的应用.

在第 1 章中, 我们介绍了这门学科的基本概念, 并定义了任何一元反射群的根、根系和嘉当矩阵的基本概念. 这些将在后面的分类中使用. 在第 2 章中, 我们对非本原群 $G(m, p, n)$ 进行了相当详细的研究. 谢泼德 - 托德分类显示, 任何不可约的单一反射群都是这些群之一, 或者是文献 [193] 中表示为 G_4, $G_5, \cdots, G_{37}$ 的 34 个"例外群"之一, 这是今天仍然普遍使用的一种表示法. 其中 19 个是二维的, 第 5 章和第 6 章专门对它们进行了描述和分类.

第 3 章和第 4 章提供了反射群的特征,这些群具有不变量的自由代数. 前者对不变理论和多线性代数做了一般介绍,并首次介绍了余不变子代数. 第 4 章使用庞加莱级数来完成对谢泼德 — 托德特征的证明.

在第 7 章和第 8 章中完成了不可约幺正反射群的分类. 首先,在第 7 章中,对直线系统进行了详细的定义和研究,解释了如何扩展及限制条件. 在第 8 章中,给出了所有可允许直线系统的完整分类,以及它们之间的相互关系,这可用于完成分类. 我们开发的一个有趣的附加结果是,任何反射群都可以写在由其定义表示的字符值生成的字段中的整数环上,我们称它为 G 的定义环,并证明它在描述反射子群和直线子系统方面起着重要作用.

接下来的两章,第 9 章和第 10 章,提供了对 G 的结构和表示之间关系,以及它的不变理论的更深入的研究. 第 9 章研究了轨道图 $V \to V/G$,并利用它证明了斯坦伯格不动点定理和 G 的半不变量. 通过对偶性和微分算子引入 G – 调和函数空间. 第 10 章研究了 G 的各种表示以及 G 协变空间的结构,M 指数也被定义了. 通常的指数和共指数作为特殊情况处理,结构定理在这里被翻译成关于双变量的庞加莱级数的陈述. 在第 11 章中,所有这些可应用于给出完整的处理施普林格和莱勒 – 施普林格的特征空间理论,包括有关 G 元素中心化子的相关材料.

第 12 章给出了上面提到的反射陪集的扭曲理论.

本书适合具有本科代数背景的研究生学习. 朗的文献 [142] 和阿蒂亚 – 麦克唐纳的文献[8] 可以满足我们的目的,但我们不假定他们的内容. 在需要更多背景知识的少数情况下,我们通常会参考这些资料. 附录 A 和附录 B 包含了一些必要的背景材料的文本证明. 第一部分包含一些初等仿射代数几何的知识,它们需要在物质空间理论的表述中体现. 第二部分包含了一些关于旋量范数的材料,该旋量范数用于将有限域上的一些反射群识别为线性群.

附录 C 提供了在这本书中对代数、拓扑和数学物理的不同领域阐述的理论的一些应用的介绍,并包含了进一步阅读的一些建议. 它还包含建议性的研究项目. 最后, 附录 D 包含了与不可约有限西反射群相关的各种性质和不变量的表格.

　　本书是由第一作者多年来在悉尼大学为荣誉学生和研究生开设的几门课程的经验总结. 第一次课程是在 1995 年春季, 感谢那些班级的学生为本书提出的思想的形成所做出的贡献. 也感谢米歇尔·布如意 (Michel Broué) 和珍·米歇尔 (Jean Michel) 对西反射群的广泛讨论, 特别是它们在表征理论、赫克代数和相关几何主题中的应用.

　　各章之间的逻辑相互依存关系如图 1 所示. 从该图可以清楚地看到, 本书有两个主要的发展方向, 一个是各种群的分类和特定性质, 另一个为不变理论的思想及其在特征空间理论中的应用. 其中任何一种都适合研究生一学期的课程; 另外, 也可以在图 1 上方处理这些章节的子集, 仅确保如果课程包含一章, 那么该课程也应在图中包含上一章的内容.

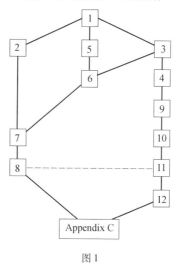

图 1

本书目录:

至于为什么要引进这部著作. 虽然它是一部优秀的著作,但这不构成引进的充分条件. 剑桥大学出版社所出版的数学类图书可谓字字珠玑,篇篇锦绣,但总要有所取舍. 说实话真正打动笔者的是两个人名. 一个是泰勒,一个是赫克. 本以为本书作者的这个泰勒是当年怀尔斯与之合写论文弥补费马猜想证明漏洞的那个泰勒,样书寄来才发现不是.

本书作者是唐纳德·E. 泰勒,而与怀尔斯合作那个是理查德·泰勒. 之所以产生误会是因为他们都是赫克代数的专家,而赫克代数又正是证明费马大定理中不可或缺的手段,这个20世纪末国际数学界发生的最轰动的事件又恰恰发生在剑桥,所以看似误会,实则必然. 让我们一起回顾一下那段激动人心的岁月. (专业人士请自动闭眼,这只不过是一些数学爱好者的自嗨)

光阴似白驹过隙,世界的脚步似乎在加快,时间以前所未有的速度奔向 20 世纪末,又一场百年大戏即将落幕,到了该压轴戏上场的时候了.数学界突然热闹非凡,精彩纷呈,使人颇有目不暇接之感.其中最引人注目的一场上演在英国的剑桥大学.

剑桥大学是英国最古老的大学之一.1984 年,剑桥大学中最古老的彼得豪斯学院已建立 700 周年.现代的剑桥大学是一所多学科综合性大学,采取院系两级体制,有 31 所学院,62 个系所,其中 29 个属理工科,33 个属文科.

剑桥大学以其杰出的科研队伍和丰硕的科研成果闻名于世.讲到剑桥人文会想到密尔顿、徐志摩;讲到自然科学,就自然会想到哈代、李特伍德、罗素以及卡文迪许实验室.特别是,最近几年来风靡中国的被人誉为继爱因斯坦之后的最伟大的物理学家霍金,他以仅能动弹的三根手指,敲打出通俗的语言,向人们讲述了最艰深的理论物理、天文学的问题.有人说,从这里培养出来的和在这里工作过的诺贝尔奖获得者,比法国全国的获奖者还多.20 世纪初,卡文迪许实验室在原子模型、晶体构造的研究中,有许多重大突破.第二次世界大战中,这里的科学家们在雷达、电子学、电讯等方面的研究中,发挥了主导作用.第二次世界大战后,卡文迪许实验室又在分子生物学和射电天文学等领域取得了举世瞩目的成就.一登龙门,身价百倍,在英国和全世界,不少青年以能获得剑桥大学的文凭而感到骄傲.就连在剑桥大学工作过一段时间,也成了学者学术生涯中的一段光荣史.多少年来,不少人前往剑桥大学参观游览,以一睹这所古老的高等学府为快.仅 1983 年,去剑桥旅游的人就使这座大学城获得 31 亿英镑以上的收入.

1993 年 6 月 23 日星期三是一个永载数学史册的日子.在位于英格兰剑桥市(在加拿大安大略省和美

国马里兰州、马萨诸塞州、俄亥俄州也都有剑桥市）卡姆河畔的剑桥大学,举行了一次自该校1209年建校以来最著名的数学演讲. 熟悉数学史的人都会记得1669年艾萨克·牛顿曾来此讲授数学,使剑桥大学成为当时世界数学中心. 18世纪剑桥大学学生坐三条腿板凳进行首次荣誉学位考试时,其主科就是数学. 而此次讲演从某种意义上说则更令人瞩目. 主讲人是一位拔顶、消瘦的中年人,他就是当年40岁的英国数学家安德鲁·怀尔斯. 他是美国新泽西州普林斯顿大学的教授,此刻他站在写满数论公式的硕大黑板前意气风发,因为他刚刚作完题为《椭圆曲线,模形式和伽罗瓦表示》的报告. 在讲演的最后,怀尔斯宣布了一个震惊世界的结论:他征服了困扰国际数学界长达350年之久,悬赏100 000金马克之巨的世界最著名猜想 —— 费马大定理.

就在怀尔斯的讲演结束几分钟之后,这一消息就立即通过各种现代化通信设备传播到世界各大学及研究中心,其速度不亚于里根被刺杀等重大事件传播的速度,因为它表明了一个时代的结束.

1993年6月,英国剑桥牛顿(Issac Newton)数学科学研究所举行了关于岩坡(Iwasawa)理论、自守形式和p-adic表示的一个讨论会. 会上美国普林斯顿大学的安德鲁·怀尔斯教授做了一系列演讲,共由三个演讲组成. 作为一系列演讲的结论,他推出了上述形式的费马大定理. 他给他的这一系列演讲起了一个启发性的而且雄心勃勃的题目 ——《椭圆曲线,模形式和伽罗瓦表示》,以致没有给听众任何迹象,谁也无法猜到这些演讲会怎样结束,这颇有些像一部煽情的电视剧. 人们焦急地等待着结果. 连日来持续的传闻在与会数论专家中流传着,随着这一系列演讲的进行,形势越发明朗. 随之紧张的情绪也在不断增长. 第三个演讲共有60多位数学家出席,他们之中有相当多的人带了照相机去记录这一事件.

　　终于,在最后一个演讲里,怀尔斯既出乎意料而又在情理之中地宣布,他对于 **Q** 上一大类椭圆曲线证明了谷山猜想 —— 算术代数几何中一个极为重要的猜想. 这类椭圆曲线就是所谓的"半稳定"(semistable) 椭圆曲线,即没有平方导子(square-free conductor) 的椭圆曲线. 在场的听众中大多数人都知道,费马大定理是这一结果的推论. 虽然许许多多业余爱好者和职业数学家都深深地迷上了费马大定理,可是在近代数论中谷山猜想却有更为重大的意义. 这如同在一场足球赛上,业余的人爱看临门一脚,而球迷们却着眼于过程.

　　谷山猜想,它的大意是 **Q** 上的每条椭圆曲线都是模曲线,这是在 20 世纪 50 年代中期首先在 Tokyo-Nikko 会议上以某种不太明确的形式提出来的. 通过志村和韦尔的努力,使它的陈述变得精练了,因此它也被称为韦尔猜想,或谷山 – 志村猜想,等等. 在这个猜想通常的陈述中,它把表示论的对象(模形式) 和代数几何的对象(椭圆曲线) 联系了起来. 它是说,**Q** 上一条椭圆曲线的 L – 级数(它测量对所有素数 p 曲线 mod p 的性质) 可以和从一个模形式导出的傅里叶级数的积分变换等同. 谷山猜想是"朗兰兹(Langlands) 纲领"的一个特例,后者是由朗兰兹和他的同事们提出来的互相关联的一个猜想网.

　　虽然要想陈述朗兰兹的那些猜想,必须要有自守函数的基础,但是却还另有一种方式来陈述谷山猜想,其中只有复解析映射这一概念出现. 我们来考查 **Q** 上的椭圆曲线,但对 $\overline{\mathbf{Q}}$ – 同构的椭圆曲线不加区别:他们是亏格(Genus)1 的可以用有理系数多项式方程定义的那些紧黎曼曲面. 谷山猜想说,对于每个这种曲面 S,都有 $SL(2, \mathbf{Z})$ 的一个同余子群 Γ 和一个不等于常数映射的解析映射 $\Gamma/H \to S$,这里 H 是复上半平面.

1985 年,弗雷(G. Frey) 在 Oberwolfach 所做的一个演讲中首先指出了费马大定理和谷山猜想的联系.他指出,利用 $a^p + b^p = c^p$(p 是奇素数)的一组非平凡解可以写出一条不适合谷山猜想的半稳定椭圆曲线.弗雷的曲线是由特别简单的三次方程 $y^2 = x(x - a^p)(x + b^p)$ 所定义的椭圆曲线 E(在写下这个曲线之前可能需要对 (a,b,c) 作初步调整),他在 Oberwolfach 散发了一份打字稿,在其中他给出了他的曲线不是模曲线(即"谷山猜想 $\Rightarrow$ 费马猜想"这一蕴含关系)的一个不完整证明的大纲.他期望他的证明能被模曲线理论方面的专家来完整化.

弗雷开始观察到,一旦 E 是模曲线,那它的 p - 除法点(p -division points) 的群 $E[p]$ 也是,这就是说,把 $E[p]$ 看作 $\mathbf{Q}$ 上的代数群,可以把它嵌入与一个适当的商 Γ/H 典范相伴的 $\mathbf{Q}$ 上的代数曲线的雅可比之中.塞尔在知道了弗雷的构造以后,陈述了两个猜想,它们蕴含 $E[p]$ 与 $SL(2, \mathbf{Z})$ 的一个特定的同余子群 $\Gamma_0(2)$ 相伴.因为 $\Gamma_0(2)/H$ 的雅可比等于零,所以这是荒谬的.

从塞尔的两个猜想里,瑞贝特认识到,在他读梅热的论文时所提出的一个问题可以推广.1986 年 7 月,大约在塞尔的两个猜想提出一年之后,瑞贝特证明了它们,他宣布,他证明了"谷山猜想 $\Rightarrow$ 费马猜想",这使数学界相信费马大定理一定成立:几乎所有的数论专家们都期待着有一天谷山猜想会成为一个定理.然而这毕竟是一个美好的愿望.对于真正了解其难度的人来说一般都接受这一看法,即现在距谷山猜想证明的出现还很遥远.

但是怀尔斯对谷山猜想的证明还不可能出现的看法并不以为然,在他了解到费马大定理是这一猜想的推论后,立即开始了他的庞大谷山猜想的证明.这个证明用到了他以前工作中(包括他和梅热合作的工作中)以及法尔廷斯、格林伯格、哈蒂、柯罗亚金等人

（这里仅引几个名字）工作中的结果和技巧. 在怀尔斯收到菲舍的一篇预印本之后,一块主要的绊脚石被搬掉了.

在下面几段里我们转引西瑞贝特所介绍的怀尔斯的证明概述.

为了证明一条半稳定椭圆曲线 $E/\mathbf{Q}$ 是模曲线,怀尔斯固定一个奇素数 l, 实际上取作 3 或 5. 考查 $\mathrm{Gal}(\overline{\mathbf{Q}}/\mathbf{Q})$ 在 E 的 l - 幂可除点 (l-power division points) 上的作用,就得到与 E 相伴的 l-adic 表示 ρ_l: $\mathrm{Gal}(\overline{\mathbf{Q}}/\mathbf{Q}) \to GL(2, \mathbf{Z}_l)$. 椭圆曲线 E 适合谷山猜想,当且仅当 ρ_l 在如下意义下是"模的"(modular),即它在通常方式下与一个权 2 的尖(cuspidal) 本征形式相伴. 表示 ρ_l,"看上去并且感觉是"模的是指它有右行列式并且在 l 和其他分歧素数处适合某些必要的局部条件.

粗略地说,怀尔斯证明了像 ρ_l 这样的一个表示是模的. 如果它"看上去并感觉是"模的,并且它 mod l 约化成一个表示 $\overline{\rho}_l$; $GL(\overline{\mathbf{Q}}/\mathbf{Q}) \to GL(2, F_l)$, 而 $\overline{\rho}_l$ 是: (1) 映上的;(2) 本身是模的. 条件(2) 的意思是,$\overline{\rho}_l$ 可以提升成某个模表示;换言之,我们希望 $\overline{\rho}_l$ 和某个模表示同余. (在许多情况下,在研究 $\overline{\rho}_l$ 时,我们可以用"不可约"来代替"映上")

怀尔斯的证明是用梅热的形变理论(deformation theory) 的语言来表达的. 怀尔斯考查了适合条件(1) 和(2) 的表示 $\overline{\rho}_l$ 的形变,并局限他的注意力于那些似乎能够与权 2 尖形式相伴的形变(他要求形变的行列式是分圆特征标,并且在素数 l 处加了一个局部条件. 例如,如果 $\overline{\rho}$ 超奇异(supersingular),他要求形变与贝巴斯特 - 塔特(Barsotti-Tate) 群局部地在 l 处相伴). 怀尔斯证明了凡有的这种形变是模的,由此验证了梅热的一个猜想. 为了证明这一点,他必须证明,局部环的某个结构映射(structural map)φ,若是映上的,则事实上就是同构. 在这里怀尔斯用了梅热等许多人的思想. 这证明φ是满射,怀尔斯研究了对于ρ的一个模提升$\bar{\rho}$的对称平方(symmetric square of a modular lift)的经典塞尔默(Selmer)群的一个类比,并且柯罗亚金和菲舍的那些技巧导出的技巧给出它的界(在许多情形下,怀尔斯确切地计算了这个塞尔默群的阶).

怀尔斯证明了这个关键定理之后,接着就去证明E是模曲线. 他先研究$l = 3$的情形. 利用滕内尔(J. Tunnell)的一条定理,再加上 H. Saito-T. Shintani 和朗兰兹的一些结果,他证明$\bar{\rho}_3$适合条件(2)当且仅当它适合条件(1). 由此推出,当$\bar{\rho}_3$是满射时,E是模曲线.

怀尔斯在他的第二讲结束的时候,提出了一个诱人的问题,即当$\bar{\rho}_3$不是满射时,情况怎样? 例如,假定$\bar{\rho}_3$可约,我们是否仍能达到目的? 怀尔斯在第三讲中解释了他对这个问题的惊奇解答. 他利用希尔伯特不可约定理和格布塔叶夫(Gebotarev)密度定理,造了一个辅助性的半稳定椭圆曲线E',它的 mod 3 表示适合条件(1)而它的 mod 5 表示和$\bar{\rho}_5$同构. 因为模曲线$X(5)$的亏格等于 0,所以这个构造成功了. 运用一次他的关键定理,怀尔斯就证明了E'是模曲线. 因为$\bar{\rho}_5$可以看作从E'来的,所以它是模的. 怀尔斯再一次运用它的关键定理,这次是用到$\bar{\rho}_5$上,他就推出E是模曲线.

谷山猜想的怀尔斯证明是近代数学的一大里程碑. 一方面,它戏剧性地说明了在我们处理具体的丢番图方程时积累起来的抽象"工具"的威力. 另一方面,它使我们大大接近把自守表示和代数簇联成一体的目标.

为了理解怀尔斯的证明思路,我们先介绍一个描述数学家思维的比喻. 英国数学家、哲学家诺莎曾形象地打了一个比喻,使我们可以窥见数学家独特的思维方式之一斑.她说:"现在有一位数学家和一位物理学家利用煤气和水壶去烧开水,当水壶是空的时候数学家和物理学家行动方式一样,都是先将水壶灌满水,然后放到煤气灶上,打开火.如果再去烧开已经灌满水的一壶水时,物理学家会直接将水壶放到煤气灶上,然后打开;而数学家的做法也许有些出人意料,他会将已经灌满水的壶倒空,然后他说:'空壶的情况我已经处理过了.'"

这种思维的实质是化归原则,即将要证明的未知的猜想通过一定的方法巧妙地归结到一个已经证明的定理上.这样,此定理的真实性便建立在彼定理的真实性基础之上.

这个故事最有趣的部分是从 1982 ~ 1986 年弗雷的工作开始的.弗雷是一位椭圆曲线方面的专家,他证明了由费马方程的非平凡解会得到很特殊的一类椭圆曲线,即所谓的弗雷曲线.这种曲线的重要性在于椭圆曲线理论是现代数论一个很大而且重要的分支,更为重要的是关于椭圆曲线的一系列标准猜想均可推出弗雷曲线不可能存在.

如果 $a^p + b^p = c^p$ 为费马方程的一组解,那么

$$y^2 = x(x + b^p)(x + c^p)$$

便是一条弗雷曲线.像通常那样,我们假定 a,b,c 是互素的非零整数,而 p 为奇素数,和费马所考虑的 $y^2 = x^3 - 2$ 一样,这是一条有理数域 $\mathbf{Q}$ 上的椭圆曲线.一般地,$\mathbf{Q}$ 上的椭圆曲线由形如

$$y^2 = ax^3 + bx^2 + cx + d$$

的方程给出,其中 a,b,c,d 为有理数,并且方程右边关于 x 的三次多项式没有重根.

实际上,在构造弗雷曲线时还需要小心一些.由于 p 为奇数,由解 $a^p + b^p = c^p$ 还可给出解 $b^p + a^p = c^p$ 和 $a^p + (-c)^p = (-b)^p$.因此,我们总可使 b 为奇数而 $c \equiv 1(\mathrm{mod}\ 4)$.这些条件是为了使弗雷曲线为半稳定

的,然后我们再假定 $p > 3$.

在 20 世纪 80 年代末期,国际数论界一共流行有三种方法由弗雷曲线加上一些标准的猜想可以证明费马大定理,这些方法所用的标准猜想分别如下.

(1) 关于算术曲面的 Bogomolov – 宫冈洋一 – Miyaoka – 丘成桐(BMY) 不等式,它给出与定义在整数上的曲线的各种不变量的联系.这个不等式是复曲面上一个熟知不等式的算术模拟.根据帕希恩的一个定理可知,这个不等式可推出斯皮罗(Szpiro) 猜想(它叙述椭圆曲线的最小判别式和导子的关系.判别式和导子是椭圆曲线两个不变量,我们将在后面给出定义).最后,由斯皮罗猜想可以推出费马大定理对于充分大的 p 均成立.

(2) 关于整数上定义的曲线上诸点(对于正则类) 的高度的沃伊塔(Vojta) 猜想,这个猜想可推出莫德尔猜想,它也可推出费马大定理对充分大的指数 n 成立.

(3) 谷山 – 志村猜想(是说所有椭圆曲线均是模曲线.我们今后再给出更精细的叙述),由它再加上塞尔关于伽罗瓦模表示的水平约化的一个猜想,可以推出费马大定理对所有 p 均成立.

1988 年,宫冈洋一(BMY 中的 M) 在波恩的一次演讲中宣布他证明了算术 BMY 不等式,从而延用上述方法对充分大的 p 证明了费马大定理.演讲后的几天之内,报纸上大肆宣扬,遗憾的是在一周之后他要回了他的证明,因为在推理中发现错误.

沃伊塔猜想至今未能被证明,它是一大类猜想和问题的代表.这些猜想和问题主要研究具有整数解的某些方程的有理解的大小和位置.(*Number Theory Ⅲ* : *Diophantine Geometry*(Springer,1991)).特别在该书第 63 ~ 64 页讨论沃伊塔猜想和费马大定理.这方面的进一步结果可见朗(S. Lang) 的书《数论 Ⅲ》.

我们现在要讲的是通往费马大定理的第 3 条路

上发生的故事. 1985 年, 弗雷试图证明由谷山－志村猜想可推出费马大定理, 但是他的证明有许多漏洞, 不少人试图修补弗雷的推理, 但只有塞尔看出, 利用某些伽罗瓦模表示关于水平约化的一个猜想可以修补弗雷的漏洞. 因此, 弗雷和塞尔一起证明了: 将谷山－志村猜想和塞尔的水平约化猜想加在一起可以推出费马大定理.

到了 1986 年, 里伯特在通往费马大定理的这条路上迈出了重要的一步, 他证明了塞尔猜想. 于是, 费马大定理成了谷山－志村猜想的推论. 在这一进展的激励之下, 怀尔斯开始研究谷山－志村猜想. 7 年后, 他宣布证明了谷山－志村猜想对于半稳定的椭圆曲线是正确的. 我们在下面将会看到, 这对于证明费马大定理已经足够了. 当时, 据说在怀尔斯证明的初稿还没有拿出来以前, 他的证明加起来有200 多页, 但是数学界许多人士相信证明是经得起仔细审查的.

有趣的是, 弗雷不是看出费马大定理与椭圆曲线有联系的第一位. 过去的联系多为用关于费马大定理的已知结果来证明椭圆曲线的定理. 但是, 1975 年赫勒高戈 (Hellegouareh) 于文章"椭圆曲线的 $2p^h$ 阶点"(*Acta Arith.* 20 (1975) ,253-263) 的第 262 页给出了对于 $n = 2p^h$ 的费马方程解的弗雷曲线. 不容置疑, 弗雷第一个猜出由谷山－志村猜想可推出弗雷曲线是不存在的.

为了解释清楚谷山－志村猜想, 我们首先需要知道什么是模函数.

定义 1　上半平面 $\{x + iy \mid y > 0\}$ 上的函数 $f(z)$ 叫作水平 N 的模函数, 是指:

(1) $f(z)$ (包括在尖点处) 是亚纯的 (这是复变函数可微性的模拟).

(2) 对每个方阵 $\begin{pmatrix} a & b \\ c & d \end{pmatrix}$, 其中, $ad - bc = 1, a, b, c, d \in \mathbf{Z}$ 并且 $N \mid c$, 有

$$f\left(\frac{az+b}{cz+d}\right) = f(z)$$

猜想(谷山 - 志村) 给了 **Q** 上一条椭圆曲线 $y^2 = ax^3 + bx^2 + cx + d$,必存在水平均为 N 的两个不为常数的模函数 $f(z)$ 和 $g(z)$,使得

$$f(z)^2 = ag(z)^3 + bg(z)^2 + cg(z) + d$$

谷山 - 志村猜想是说:**Q** 上的椭圆曲线均可由模函数来参数化. 即 $\begin{cases} x = g(z) \\ y = f(z) \end{cases}$ 这样的椭圆曲线叫作模曲线. 怀尔斯对一半稳定的椭圆曲线证明了这个猜想. 值得指出的是,我们对这一猜想的叙述是非常狭义的,而且也是不完全的,还必须要求这类参数化在某种意义下"定义于 **Q** 上". 实际上,数学家们工作时是采用模曲线的其他一些定义方式.

除了模函数之外,我们还需要知道什么是权 2 的模形式. 给出这种模形式的最容易的办法是利用椭圆积分. 所谓椭圆积分是形如

$$\int \frac{\mathrm{d}x}{\sqrt{ax^3 + bx^2 + cx + d}}$$

的积分(严格说来,这只是第一类椭圆积分,还有许多其他类型的椭圆积分). 如果 $y^2 = ax^3 + bx^2 + cx + d$,那么积分为 $\int \frac{\mathrm{d}x}{y}$. 如果这是一条模曲线,那么 $x = f(z), y = g(z)$,而

$$\frac{\mathrm{d}x}{y} = \frac{\mathrm{d}f}{g} = \frac{f'(z)\mathrm{d}z}{g(z)} = F(z)\mathrm{d}z$$

由于 $F(z)$ 在定义中矩阵作用的变换方式,我们称 $F(z)$ 为水平 N 和权 2 的模形式. 函数 $F(z)$ 有一些很值得注意的性质:它是全纯的并且在尖点处取值为零,因此叫作尖点形式. 此外,$F(z)$ 是尖点形式向量空间对于某个赫克代数作用的本征形式,因此 $F(z)$ 是多种性质混于一身的数学对象.

奇迹出现于 $F(z)$ 和曲线 $y^2 = ax^3 + bx^2 + cx + d$

261

有密切的联系,粗糙地说,只要对所有素数 p 知道了同余式 $y^2 \equiv ax^3 + bx^2 + cx + d \pmod{p}$ 的解数,便可由此构造出 $F(z)$. 然后由于 $F(z)$ 是水平 N 和权 2 的模形式,可以告诉我们关于上述椭圆曲线的一些深刻的性质. 这是谷山 – 志村猜想吸引人的一个原因. 即使它没有和费马大定理的联系,它的证明也会使数论专家们兴奋不已.

现在我们可以粗略地讲一下弗雷和塞尔的推理,即说明为什么费马大定理是谷山 – 志村猜想和塞尔的水平约化猜想的推论. 设费马方程有解 $a^p + b^p = c^p$. 我们仍像前面一样假定 p 为大于 3 的素数,而 a, b, c 为互素的整数,b 是偶数而 $c \equiv 1 \pmod{4}$. 第一步需要计算弗雷曲线 $y^2 = x(x + b^p)(x + c^p)$ 的一些不变量.

三次多项式 $x(x + b^p)(x + c^p)$ 的判别式为根差平方之乘积

$$(-b^p - 0)^2 (-c^p - 0)^2 (c^p + b^p)^2$$

由于 a, b, c 为费马方程的解,可知它等于 $a^{2p} b^{2p} c^{2p}$.

除了上面定义的判别式之外,椭圆曲线还有一个更精细的不变量叫作最小判别式. 可以证明,上述弗雷曲线的最小判别式为 $2^{-8} a^{2p} b^{2p} c^{2p}$. 由于 b 为偶数及 $p \geqslant 5$,这个最小判别式仍旧是整数. (区别在于:判别式和定义曲线的具体方程有关,而最小判别式是曲线本身的内蕴性质)

上述弗雷曲线的导子为 $N = \prod\limits_{p \mid abc} p$. 谷山 – 志村猜想的更精细形式认为这个导子等于将曲线参数化的模函数的水平 N.

上述弗雷曲线的 j 不变量为

$$j = 2^8 (b^{2p} + c^{2p} - b^p c^p)/(abc)^{2p}$$

然后可得到关于弗雷曲线的如下结果.

定理 1 弗雷曲线是半稳定的.

证明 我们首先要说明半稳定的含义. 如果某

个素数 l 除尽判别式,那么三个根当中至少有两个根是模 l 同余的. 粗糙地说,一条椭圆曲线叫作半稳定的,是指对每个可除尽判别式的素数 l,恰好只有两个根是模 l 同余(在 l = 2 和 3 的情形还应复杂一些). 于是在除尽判别式的 l 大于 3 时,上述条件是满足的,因为判别式为 $(abc)^{2p}$,而三个根为 0、$-b^p$ 和 $-c^p$,其中 b^p 和 c^p 互素. 对于 l = 2 和 l = 3 的情形,验证半稳定性还需再花点力气. 对于 l = 2 需要用条件 $2 \mid b$ 和 $c \equiv 1 \pmod 4$.

推论(怀尔斯)   弗雷曲线是模曲线.

引理   对每个奇素数 $l \mid N$,弗雷曲线的 j 不变量可写成 $l^{-mp} \cdot q$,其中 m 为正整数,而 q 是分数,并且 q 的分子分母均不包含因子 l.(这时,我们称 j 不变量恰好被 l^{-mp} 除尽)

证明   若 l^t 恰好除尽 j 不变量的分母,则 t 显然为 p 的倍数,而 j 不变量的分子为

$$
\begin{aligned}
2^8(b^{2p} + c^{2p} - b^p c^p) &= 2^8 [b^{2p} + c^{2p} - b^p(a^p + b^p)] \\
&= 2^8(bc^{2p} - a^p b^p) \\
&= 2^8 [(a^p + b^p)^2 - a^p b^p] \\
&= 2^8(a^{2p} + b^{2p} + a^p b^p) \\
&= 2^8 [a^{2p} + b^p(a^p + b^p)] \\
&= 2^8(a^{2p} + b^p c^p)
\end{aligned}
$$

由 $l \mid N$ 可知 l 除尽 a, b, c 当中的至少一个. 由于 a, b, c 互素而且 l 为奇数,可知 l 不能除尽分子. 这就证明了引理 2. 注意此引理在 $l = 2$ 时不成立,因为分子有因子 2^8.

由于上述三个结果(曲线是半稳定的模曲线,并且对每个奇素数 $l \mid N$,恰好除尽了不变量的 l 的幂指数为 p 的倍数),下面要讨论的塞尔水平约化猜想可用于所有奇素数 $l \mid N$. 现在我们可以证明费马大定理.

定理 2   对每个奇素数 p,方程 $x^p + y^p = z^p$ 没有整数解 a, b, c 使 $abc = 0$.

证明 假设有解 $a^p + b^p = c^p$，并且 p, a, b, c 满足前面的假定，则我们有一条弗雷曲线，由推论它给出水平 N 和权 2 的一个尖点形式 F. 这条曲线还有一个伽罗瓦表示 ρ，作用于曲线的 p 阶点上（我们不能说明它的确切含义了）. F 和表示 ρ 之间以非常好的方式联系在一起.

如上所述，塞尔水平约化猜想的假设对于 N 的每个奇素因子 l 均成立. 这时，由里伯特所证的塞尔猜想可推出：存在水平 N/l 和权 2 的尖点形式 F'，使得

$$F' \equiv F(\bmod p)$$

1993 年 6 月在关于"p-adic 伽罗瓦表示，岩坡理论和玉川（Tamagawa）的动机数"的为期一周的讨论班上，怀尔斯宣布他可以证明有"许多"条椭圆曲线是模曲线，这种椭圆曲线的数量有足够多，从而蕴含费马大定理. 那么怀尔斯关于椭圆曲线的工作，究竟是怎样和费马大定理联系起来的. 这是所有数论爱好者和数学家都极感兴趣的.

怀尔斯在剑桥讲演中提出的思想对数论的研究将有重大的影响. 鉴于人们对此问题有极大的兴趣，瑞宾与塞尔韦伯格根据怀尔斯的报告详尽地介绍了证明的主要思路. 以下便是报告内容. 这份报告不仅对数学界是有用的，而且对那些数学爱好者也有一定用处. 这种用途并非是指望他们能从中学到多少定理及方法. 客观地说，这些对专业数学家来说也是很艰深的. 钱钟书先生的《管锥篇》和《谈艺录》对几乎所有人来说都是属于那种壁立千仞的仰止之作，但却发行量极大. 这说明看懂并不是想看的唯一动机，还有一个重要原因是敬仰. 对于热衷于费马大定理猜想的爱好者来说，这种稍微详细的介绍或许可以起到高山仰止和"知难而退"的作用. 一是让他们通过这套精深工具的运用看到现代数学距离他的知识水平有多远. 二是使他们产生临渊美鱼不如退而结网的念头，并大概知道渊有多深，鱼有多大，反省出他现在的数

学水平之于费马大定理无异于用捉虾的网去捕鲸鱼，用自行车去登月球. 从这个意义上说，看不明白要比看明白似乎更好，而以前大多数通俗过劲了的科普文章对一些具体过程过于省略给一些急功近利的读者造成自己离费马大定理没多远，翘翘脚、伸伸手就能够着的感觉. 这也是造成目前假证明稿子满天飞的原因之一，要根治这种狂热症，把证明的细节展示给他似乎是一剂良方. 几乎没什么业余数学家企图证明黎曼猜想、比勃巴赫猜想、范·德·瓦尔登猜想，因为他们从记号上就品出这类问题并不是给他们预备的，另外这种介绍对科普界以玄对玄的学风也有帮助.

一、费马大定理和椭圆曲线之间的联系

1. 从椭圆曲线的模性导出费马大定理

假设费马大定理不真，则存在非零整数 a,b,c 及 $n > 2$ 使 $a^n + b^n = c^n$. 易见，不失一般性，可以假设 n 是大于 3 的素数，也可假设 $n > 4 \times 10^6$；对 $n = 3$ 及 4，且 a 与 b 互素. 写出三次曲线

$$y^2 = x(x + a^n)(x - b^n) \qquad ①$$

在下面的"椭圆曲线"中我们将看到，这种曲线是椭圆曲线，在下面的"模性"中我们要说明"椭圆曲线是模曲线"的含义. 瑞宾证明了如果 n 是大于 3 的素数，a,b,c 为非零整数，且 $a^n + b^n = c^n$，那么椭圆曲线 ① 不是模曲线. 但是怀尔斯宣布的结果蕴含下面的定理.

定理 3(怀尔斯) 如果 A 与 B 是不同的非零互素整数，且 $AB(A - B)$ 可被 16 整除，那么椭圆曲线

$$y^2 = x(x + A)(x + B)$$

是模曲线.

取 $A = a^n, B = -b^n$，这里 a,b,c 和 n 是取上述费马方程的假设存在的解，我们看到，由于 $n \geqslant 5$ 且 a,b,c 中有一个是偶数，因此定理 1 的条件是满足的. 从而定理 1 和瑞宾的结果合起来就蕴含着费马大定理.

2. 历史

费马大定理和椭圆曲线之间的联系始于 1955 年,当时谷山提出了一些问题,它们可以看成是下述猜想的较弱的形式.

谷山 - 志村猜想 **Q** 上的每条椭圆曲线都是模曲线.

这一猜想目前的这种形式是大约在 1962 ~ 1964 年间由志村五郎做出的,而且由于志村和安德鲁的工作,这一猜想变得更易为人们所理解. 谷山 - 志村猜想是数论中的主要猜想之一.

从 20 世纪 60 年代后期开始,赫勒高戈把费马方程 $a^n + b^n = c^n$ 和形如方程① 的椭圆曲线联系起来,并且用与费马大定理有关的结果来证明与椭圆曲线有关的结论. 1985 年,形势发生了突然的变化,弗雷在 Oberwolfach 的一次演讲中说,由费马大定理的反例所给出的椭圆曲线不可能是模曲线. 此后不久,罗贝特按照塞尔的思想证明了这一点. 换句话说,谷山 - 志村猜想蕴含着费马大定理.

前进的路线就这样确定了:通过证明谷山 - 志村猜想(或者确知费马方程给出的椭圆曲线均为模曲线也就够了) 来证明费马大定理.

3. 椭圆曲线

定义 2 **Q** 上的椭圆曲线是由形如

$$y^2 + a_1 xy + a_3 y = x^3 + a_2 x^2 + a_4 x + a_6 \qquad ②$$

的方程所定义的非奇异曲线,其中诸系数 $a_i (i = 1, \cdots, 6)$ 均为整数,解 $(-\infty, +\infty)$ 也可看成是椭圆曲线上的一个点.

注意 (1) 曲线 $f(x, y) = 0$ 上的奇点是两个偏导数均为 0 的点. 曲线称为非奇异的,如果它没有奇点.

(2) **Q** 上的两条椭圆曲线称为同构的,如果其中一条可经坐标变换 $x = A^2 x' + B, y = A^3 y' + Cx' + D$ 从另一条曲线得到,这里 $A, B, C, D \in$ **Q** 且代换后两边

要被 A^6 除之.

（3）$\mathbf{Q}$ 上每条椭圆曲线必与形如
$$y^2 = x^3 + a_2 x^2 + a_4 x + a_6 \quad (a_i \text{ 为整数})$$
的一条曲线同构. 这种形状的曲线是非奇异的, 当且仅当右边的三次多项式没有重根.

4. 模性

令 N 表示上半复平面 $\{z \in \mathbf{C} \mid \mathrm{Im}(z) > 0\}$, 其中 $\mathrm{Im}(z)$ 为 z 的虚部. 若 N 为正整数, 定义矩阵群
$$\Gamma_0(N) = \left\{ \begin{pmatrix} a & b \\ c & d \end{pmatrix} \in SL_2(\mathbf{Z}) \mid c \text{ 可以被 } N \text{ 整除} \right\}$$

群 $\Gamma_0(N)$ 用线性分析变换 $\begin{pmatrix} a & b \\ c & d \end{pmatrix} (z) = \dfrac{ax + b}{cz + d}$ 作用在 N 上, 商空间 $N/\Gamma_0(N)$ 是一个（非紧的）黎曼曲面. 通过加进称为"尖点"的有限点集可将此商空间变为一个紧黎曼曲面, 在 $\Gamma_0(N)$ 的作用下, 尖点集是 $\mathbf{Q} \cup \{i\infty\}$ 的有限多个等价类. 椭圆曲线上的复点也可看成是一个紧黎曼曲面.

定义 3　椭圆曲线 E 是模椭圆曲线, 如果对某个整数 N 存在从 $X_0(N)$ 到 E 上的一个全纯映射.

注意　模性有许多等价的定义. 某些情形的等价性是很深刻的结果. 为讨论怀尔斯对费马大定理的证明, 只要用后面"再谈模性"中给出的定义即可.

5. 半稳定性

定义 4　$\mathbf{Q}$ 上一条椭圆曲线称为在素数 p 处是半稳定的, 如果它与 $\mathbf{Q}$ 上一条椭圆曲线同构, 后者 $\bmod\ q$ 或者是非奇异的, 或者有一个奇点, 在该奇点有两个不同的切方向. $\mathbf{Q}$ 上一条椭圆曲线称为是半稳定的, 如果它在每个素数点是半稳定的.

后面我们要介绍怀尔斯是怎样证明他关于伽罗瓦表示的主要结果蕴含下面这部分.

半稳定谷山 - 志村猜想　$\mathbf{Q}$ 上每条半稳定的椭圆曲线均为模曲线.

命题 1　半稳定谷山 - 志村猜想蕴含定理 1.

注意 我们看到定理 1 和罗贝特定理合起来蕴含费马大定理. 于是, 半稳定谷山 – 志村猜想蕴含费马大定理.

6. 模形式

定义 5 如果 N 是正整数, 关于 $\Gamma_0(N)$ 的一个权为 k 的模形式 f 是一个全纯函数 $f: N \to C$, 对每个 $\gamma = \begin{pmatrix} a & b \\ c & d \end{pmatrix} \in \Gamma_0(N)$ 和 $z \in \mathbf{N}$, 它满足

$$f(\gamma(z)) = (cz + d)^k f(z) \qquad ③$$

而且它在尖点也是全纯的.

模形式满足 $f(z) = f(z+1)$ (把 $\begin{pmatrix} 1 & 1 \\ 0 & 1 \end{pmatrix} \in \Gamma_0(N)$

用于式③), 故它有傅里叶展开式 $f(z) = \sum_{n=0}^{\infty} a_n e^{2\pi i n z}$,

其中 a_n 为复数, $n \geq 0$, 这是因为 f 在尖点 $i\infty$ 是全纯的. 我们称 f 是一个尖点形式, 如果在所有尖点处它取值 0. 特别有, 尖点形式的系数 a_0 (在 $i\infty$ 的值) 为 0. 称一个尖形式是正规化的, 如有 $a_1 = 1$.

N 固定时, 对整数 $m \geq 1$, 在关于 $\Gamma_0(N)$ 权为 2 的尖点形式组成的 (有限维) 向量空间上, 存在交换的线性算子 T_m (称为赫克算子), 如果 $f(z) = \sum_{n=1}^{\infty} a_n e^{2\pi i n z}$, 那么

$$T_m f(z) = \sum_{n=1}^{\infty} \left(\sum_{\substack{(d,N)=1 \\ d \mid (n,m)}} d a_{nm/d^2} \right) d^{2\pi i n z} \qquad ④$$

这里 (a,b) 表示 a 与 b 的最大公约数, $a \mid b$ 表示 a 整除 b. 赫克代数 $T(N)$ 是 $\mathbf{Z}$ 上由这些算子所生成的环.

定义 6 本书中特征形式是指对某个 $\Gamma_0(N)$ 来说权为 2 的一个标准化的尖点形式, 它是所有赫克算子的特征函数.

根据④, 如果 $f(z) = \sum_{n=1}^{\infty} a_n e^{2\pi i n z}$ 是一个特征形式, 那么对所有 m 有 $T_m f = a_m f$.

7. 再谈模性

设 E 是 **Q** 上一条椭圆曲线. 如果 p 是素数, 那么用 F_p 记有 p 个元素的有限域, 而用 $E(F_p)$ 记 E 的方程的 F_p – 解(包括无穷远点). 现在来给出椭圆曲线模性的第二定义.

定义 7 **Q** 上一条椭圆曲线是模曲线, 如果存在一个特征形式 $\sum\limits_{n=1}^{\infty} a_n e^{2\pi inz}$, 对除去有限多个素数外的所有素数 q 皆有

$$a_q = q + 1 - \#(E(F_q)) \qquad ⑤$$

二、概述

1. 半稳定模提升

设 $\overline{\mathbf{Q}}$ 表示 **Q** 在 **C** 中之代数闭包, $G_{\mathbf{Q}}$ 表示伽罗瓦群 $\mathrm{Gal}(\overline{\mathbf{Q}}/\mathbf{Q})$. 若 p 为素数, 记

$$\overline{\varepsilon}_p : G_{\mathbf{Q}} \to F_p^{\times}$$

为特征, 它给出 $G_{\mathbf{Q}}$ 到 p 次单位根上的作用. 如果 E 是 **Q** 上的椭圆曲线, F 是复数域的一个子域, 那么 E 的 F – 解集上存在自然的交换群构造, 并以无穷远点为单位元. 记这个群为 $E(F)$. 若 p 是素数, 用 $E[p]$ 记 $E(\overline{\mathbf{Q}})$ 中阶整除 p 的点构成的子群, 则有 $E[p] \cong F_p^2$. $G_{\mathbf{Q}}$ 在 $E[p]$ 上的作用就给出连续表示

$$\overline{\rho}E,_p : G_{\mathbf{Q}} \to GL_2(F_p)$$

(在同构意义下), 使得

$$\det(\overline{\rho}E,_p) = \overline{\varepsilon}_p \qquad ⑥$$

且对除去有限多个素数以外的所有素数 q

$$\mathrm{trace}(\overline{\rho}E,_p \mathrm{Frob}_q) \equiv q + 1 - \#(E(F_p)) \pmod{p} \quad ⑦$$

(对每个素数 q 有一个弗罗贝尼乌斯(Frobenius)元素 $\mathrm{Frob}_q \in G_{\mathbf{Q}}$)

如果 $f(z) = \sum\limits_{n=1}^{\infty} a_n e^{2\pi inz}$ 是一个特征形式, 用 V_f 记数域 $\mathbf{Q}(a_2, a_3, \cdots)$ 的整数环. (记住这里特征形式皆

为正规化的,故有 $a_1 = 1$)

下面是梅热的一个猜想.

猜想 1(半稳定模提升猜想) 设 p 是一个奇素数,E 为 **Q** 上一条半稳定椭圆曲线,它满足:

(1)$\bar{\rho} E,_p$ 是不可约的.

(2)存在一个特征形式 $f(z) = \sum_{n=1}^{\infty} a_n e^{2\pi i n z}$ 和 O_f 的一个素理想 λ,使 $p \in \lambda$,且对除去有限个以外的所有素数 q,有

$$a_q \equiv q + 1 - \#(E(F_q))\,(\bmod\,\lambda)$$

那么 E 是模曲线.

2. 朗兰兹 - 腾内尔定理

为了叙述朗兰兹 - 腾内尔定理,我们需要关于 $\Gamma_0(N)$ 的子群的权为 1 的模形式.

令

$$\Gamma_1(N) = \{\begin{pmatrix} a & b \\ c & d \end{pmatrix} \in SL_2(\mathbf{Z}) \mid c \equiv 0(\bmod\,N),$$
$$a \equiv d \equiv 1(\bmod\,N)\}$$

在"半稳定性"中用 $\Gamma_1(N)$ 代替 $\Gamma_0(N)$,可以定义 $\Gamma_1(N)$ 上的尖点形式这一概念.关于 $\Gamma_1(N)$ 的权为 1 的尖点形式组成的空间上的赫克算子和定义.

定理 4(朗兰兹 - 腾内尔) 设 $\rho : G_{\mathbf{Q}} \to GL_2(\mathbf{C})$ 是连续不可约表示,它在 $PGL_2(\mathbf{C})$ 中的象是 S_4(四个元素的对称群)的一个子群,τ 是复共轭,且 $\det(\rho(\tau)) = -1$. 那么,对某个 $\Gamma_1(N)$ 有一个权为 1 的尖点形式 $\sum_{n=1}^{\infty} b_n e^{2\pi i n z}$,它是所有相应的赫克算子的特征函数,对除去有限多个以外的所有素数 q 有

$$b_q = \mathrm{trace}(\rho(\mathrm{Frob}_q)) \qquad \text{⑧}$$

由朗兰兹和腾内尔所陈述的这一定理,与其说产生了一个尖点形式,不如说是产生出一个自守表示.利用 $\det(\rho(\tau)) = -1$ 及标准的证法,可以证明,这一自守表示对应于定理 2 中的权为 1 的尖点形式.

3. 半稳定模提升猜想蕴含半稳定谷山 - 志村猜想

命题 2 设对 $p = 3$ 半稳定模提升猜想为真, E 为半稳定椭圆曲线, $\bar{\rho}E,_p$ 不可约, 那么 E 为模曲线.

证明 只要证明对 $p = 3$, 给定的曲线 E 满足半稳定提升模猜想的假设(2) 就够了, 存在一个忠实的表示

$$\psi : GL_2(F_3) \to GL_2(\mathbf{Z}[\sqrt{-2}]) \subset GL_2(\mathbf{C})$$

使得对每个 $g \in GL_2(F_3)$ 有

$$\mathrm{trace}(\psi(g)) \equiv \mathrm{trace}(g)(\mathrm{mod}(1 + \sqrt{-2})) \quad ⑨$$

和

$$\det(\psi(g)) \equiv \det(g)(\mathrm{mod}\ 3) \qquad ⑩$$

ψ 可以用

$$\psi\left(\begin{pmatrix} -1 & 1 \\ -1 & 1 \end{pmatrix}\right) = \begin{pmatrix} -1 & 1 \\ -1 & 0 \end{pmatrix}$$

$$\psi\left(\begin{pmatrix} 1 & -1 \\ 1 & 1 \end{pmatrix}\right) = \begin{pmatrix} \sqrt{-2} & 1 \\ 1 & 0 \end{pmatrix}$$

通过 $GL_2(F_3)$ 的生成元给出显式定义令 $\rho = \psi_0 \bar{\rho} E,_3$. 若 τ 是复共轭, 则由式 ⑥ 和 ⑩ 得到 $\det(\rho(\tau)) = -1$. ψ 在 $PGL_2(C)$ 中的象是 $PGL_2(F_3) \simeq S_4$ 的一个子群. 利用 $\bar{\rho}E,_3$ 不可约, 可证 ρ 也是不可约的.

设 P 是 $\bar{\mathbf{Q}}$ 中包含 $1 + \sqrt{-2}$ 的一个素元, 设

$$g(z) = \sum_{n=1}^{\infty} b_n \mathrm{e}^{2\pi i n z}$$

是把朗兰兹 - 腾内尔定理(定理2) 应用于 ρ 所得到的一个权为1的尖点形式(对某个 $\Gamma_1(N)$ 而言). 由式 ⑥ 与 ⑩ 推出, N 被 3 整除. 函数

$$E(\mathbf{Z}) + 1 + 6\sum_{n=1}^{\infty}\sum_{d|n}\chi(d)\mathrm{e}^{2\pi i n z}$$

是关于 $\Gamma_1(3)$ 的权为 1 的模形式. 其中

$$\chi(d) = \begin{cases} 0, d \equiv 0(\mathrm{mod}\ 3) \\ 1, d \equiv 1(\mathrm{mod}\ 3) \\ -1, d \equiv 2(\mathrm{mod}\ 3) \end{cases}$$

乘积 $g(z)E(z) = \sum_{n=1}^{\infty} c_n \mathrm{e}^{2\pi inz}$ 是关于 $\Gamma_0(N)$ 的权为 2 的尖点形式,其中 $c_n \equiv b_n(\bmod\, p)$(对所有 n). 现在可在 $\Gamma_0(N)$ 上求出一个特征形式 $f(z) = \sum_{n=1}^{\infty} a_n \mathrm{e}^{2\pi inz}$,使得对每个 n 有 $a_n \equiv b_n(\bmod\, p)$. 由式 ⑦⑧⑨ 知 f 满足 $p = 3$ 时的半稳定模提升猜想,且 $\lambda = p \cap O_f$.

命题 3(怀尔斯)　设半稳定模提升猜想对 $p = 3$ 与 5 为真,E 是 $\mathbf{Q}$ 上的半稳定椭圆曲线,$\bar{\rho}E,_3$ 可约,则 E 是模曲线.

证明　已知,若 $\bar{\rho}E,_3$ 和 $\bar{\rho}E,_5$ 均为可约,则相应的椭圆曲线 E 是模曲线,于是可以假定 $\bar{\rho}E,_5$ 是不可约的. 只要找到像半稳定模提升猜想中的(2)所示的一个特征形式就够了,但是这一次没有与朗兰兹 – 腾内尔定理类似的结果可以帮我们的忙. 怀尔斯把希尔伯特的不可约性定理应用到椭圆曲线的参数空间,从而得到 $\mathbf{Q}$ 上另一条半稳定椭圆曲线 E',它满足:

(1)$\bar{\rho}E',_5$ 同构于 $\bar{\rho}E,_5$,且

(2)$\bar{\rho}E',_3$ 是不可约的. 事实上,这样的 E' 有无穷多个,E' 是模曲线. 令 $f(z) = \sum_{n=1}^{\infty} a_n \mathrm{e}^{2\pi inz}$ 是对应的特征形式. 那么,对除去有限个以外的所有素数 q 有(根据式 ⑦)

$$a_q = q + 1 - \#(E'(F_q)) \equiv \mathrm{trace}(\bar{\rho}E',_5(\mathrm{Frob}_q))$$
$$\equiv \mathrm{trace}(\bar{\rho}E,_5(\mathrm{Frob}_q))$$
$$\equiv q + 1 - \#(E(E_q))(\bmod\, 5)$$

于是,f 满足半稳定模提升猜想中的假设(2),从而推导出 E 是模曲线.

把命题 2 与命题 3 合起来就证明了对 $p = 3$ 和 5 成立的半稳定模提升猜想蕴含半稳定朗兰兹 – 腾内尔猜想.

三、伽罗瓦表示

下一步要把半稳定模提升猜想变换成关于伽罗瓦表示的提升的模性的一个猜想(猜想2). 如果 A 是一个拓扑环,那么表示 $\rho:G_\mathbf{Q} \to GL_2(A)$ 总是指一个连续同态,而 $[\rho]$ 总是表示 ρ 的同构类. 如果 p 是素数,令

$$\varepsilon_p:G_\mathbf{Q} \to Z_p^\times$$

为特征,它给出 $G_\mathbf{Q}$ 在 p 次幂单位根上的作用.

1. 伴随椭圆曲线的 p-adic 表示

设 E 为 $\mathbf{Q}$ 上一条椭圆曲线, p 是素数. 对每个正整数 n 用 $E[p^n]$ 记 $E(\overline{\mathbf{Q}})$ 中阶能整除 p^n 的点组成之子群,用 $T_p(E)$ 记 $E[p^n]$ 关于 p 的乘法逆向极限. 对每个 n 有 $E[p^n] \cong (\mathbf{Z}/p^n\mathbf{Z})^2$,因此 $T_p(E) \cong \mathbf{Z}_p^2$ $G_\mathbf{Q}$ 的作用诱导出表示

$$\rho E,_p:G_\mathbf{Q} \to GL_2(\mathbf{Z}_p)$$

使得 $\det(\rho E,_p) = \varepsilon_p$ 且除有限个素数外,对所有素数 q 有

$$\text{trace}(\rho E,_p(\text{Frob}_q)) = q + 1 - \#(E(F_q)) \qquad ⑪$$

把 $\rho E,_p$ 和 $\mathbf{Z}_p$ 到 F_p 的约化映射合起来就给出"半稳定模提升"中的 $\overline{\rho} E,_p$.

2. 模表示

如果 f 是一个特征形式, λ 是 O_f 的一个素理想,用 $O_{f,\lambda}$ 记 O_f 在 λ 的完备化.

定义8 如果 A 是一个环,我们称表示 $\rho:G_\mathbf{Q} \to GL_2(A)$ 是模表示,如果存在一个特征形式 $f(z) = \sum_{n=1}^\infty a_n e^{2\pi inz}$、一个包含 A 的环 A' 和一个同态 $\tau:O_f \, riA'$,使对除去有限个以外的所有素数 q 有

$$\text{trace}(\rho(\text{Frob}_q)) = \tau(a_q)$$

如果给定一个特征形式 $f(z) = \sum_{n=1}^\infty a_n e^{2\pi inz}$ 和 O_f 的一个素理想 λ,埃舍尔和志村构造出一个表示

$$\rho_{f,\lambda}: G_{\mathbf{Q}} \to GL_2(O_{f,\lambda})$$

使得 $\det(\rho_{f,\lambda}) = \varepsilon_p$（这里 $\lambda \cap \mathbf{Z} = p\mathbf{Z}$）,且对除去有限个以外的所有素数 q 有

$$\text{trace}(\rho_{f,\lambda})(\text{Frob}_q) = a_q \qquad ⑫$$

于是 $\rho_{f,\lambda}$ 是模表示,τ 取为 O_f 到 $O_{f,\lambda}$ 里的包含关系.

设 p 是素数,E 是 $\mathbf{Q}$ 上一条椭圆曲线.若 E 是模曲线,由式 ⑪⑦⑤ 可知,$\rho E_{,p}$ 和 $\overline{\rho} E_{,p}$ 均为模表示.反之,若 $\rho E_{,p}$ 是模表示,则由式 ⑪ 推出 E 是模曲线,这就证明了下面的定理.

定理 5　设 E 是 $\mathbf{Q}$ 上一条椭圆曲线,那么 E 是模曲线 ⟺ 对每个 p,$\rho E_{,p}$ 均为模表示 ⟺ 对一个 p,$\rho E_{,p}$ 是模表示.

注意　换种说法,半稳定模提升猜想可说成:如果 p 是奇素数,E 是 $\mathbf{Q}$ 上一条半稳定椭圆曲线,又 $\overline{\rho} E_{,p}$ 是模表示且不可约,那么 $\rho E_{,p}$ 是模表示.

3. 伽罗瓦表示的提升

固定一个素数 p 和特征 p 的有限域 k,记 $\overline{k}$ 表示 k 的代数闭包.

给定映射 $> : A \to B$,则 $GL_2(A)$ 到 $GL_2(B)$ 的诱导映射也记为 $>$.

如果 $\rho: G_{\mathbf{Q}} \to GL_2(A)$ 是一个表示,A' 是一个包含 A 的环,我们用 $\rho \otimes A'$ 表示 ρ 和 $GL_2(A)$ 在 $GL_2(A')$ 中包含关系的合成.

例 1　(1) 如果 E 是一条椭圆曲线,那么 $\rho E_{,p}$ 是 $\overline{\rho} E_{,p}$ 的提升.

(2) 如果 E 是一条椭圆曲线,p 是素数,猜想 1 中的假设 (1) 与 (2) 对一个特征形式 f 和素理想 λ 成立,那么 $\rho_{f,\lambda}$ 是 $\overline{\rho} E_{,p}$ 的提升.

4. 形变数据

我们并非对给定 $\overline{\rho}$ 的所有提升感兴趣,而是对那些满足各种限制条件的提升感兴趣. 我们称 $G_{\mathbf{Q}}$ 的一

个表示 ρ 在素数 q 处是非分歧的, 如果 $\rho(I_q) = 1$. 如果 Σ 是一个素数集, 我们称 ρ 在 Σ 的外部是非分歧的, 如果在每个 $q \notin \Sigma \rho$ 都是非分歧的.

定义 9 形变数据指的是元素对

$$D = (\Sigma, t)$$

其中, Σ 是一个有限素数集, t 是通常的(ordinary) 和平坦的(flat) 这两个词中的一个.

如果 A 是一个 $\mathbf{Z}_p$- 代数, 令 $\varepsilon_A : G_{\mathbf{Q}} \to \mathbf{Z}_p^{\times} \to A^{\times}$ 是分圆特征 ε_p 和结构映射的复合.

定义 10 给定形变数据 D, 表示 $\rho : G_{\mathbf{Q}} \to GL_2(A)$ 称为是 D - 型的, 如果 A 是完全的诺特局部 $\mathbf{Z}_p$- 代数, $\det(\rho) = \varepsilon_A$, ρ 是在 Σ 之外非分歧的, 且 ρ 在 p 处就是 t(这里 $t \in \{$通常的, 平坦的$\}$).

定义 11 表示 $\bar{\rho} : G_{\mathbf{Q}} \to GL_2(k)$ 称为是 D - 模的, 如果有一个特征形式 f 和 O_f 的一个素理想 λ, 使得 ρf, λ 是 $\bar{\rho}$ 的一个 D - 提升.

注意 (1) 一个有 D - 型提升的表示本身必是 D - 型的. 因此, 如果一个表示是 D - 模的, 那么它既是 D - 型的, 也是 D - 模的.

(2) 反之, 如果 $\bar{\rho}$ 是 D - 型的模表示, 且满足下面定理 6 的(2), 那么, 根据罗贝特和其他人的工作, $\bar{\rho}$ 也是 D - 模的. 这在怀尔斯的工作中有重要的作用.

5. 梅热猜想

定义 12 表示 $\bar{\rho} : G_{\mathbf{Q}} \to GL_2(k)$ 称为绝对不可约的, 如果 $\bar{\rho} \otimes \bar{k}$ 是不可约的.

梅热猜想的如下变体蕴含半稳定模提升猜想.

猜想 2(梅热) 设 p 为奇素数, k 是特征为 p 的有限域, D 是形变数据, $\bar{\rho} : G_{\mathbf{Q}} \to GL_2(k)$ 是一个绝对不可约的 D - 模表示. 那么, $\bar{\rho}$ 到 $\mathbf{Q}_p$ 的有限扩张的整数环的每个 D - 型提升都是模表示.

注意 用不太严格的话来说, 猜想 2 表明, 如果 $\bar{\rho}$

是模表示,那么每个"看起来像模表示"的提升均为模表示.

定义 13 $\mathbf{Q}$ 上一条椭圆曲线 E 在素数点 q 处有好的(坏的)约化,如果 $E \cdot \bmod q$ 是非奇异的(奇异的). $\mathbf{Q}$ 上一条椭圆曲线 E 在 q 有通常的(超奇异的)约化,如果 E 在 q 有好的约化,用 $E[q]$ 有(没有)在惯性群 I_q 作用下稳定的 q 阶子群.

命题 4 猜想 2 蕴含猜想 1.

证明 设 p 是奇素数,E 为 $\mathbf{Q}$ 上满足猜想 1 中(1)与(2)的半稳定椭圆曲线. 我们要对 $\bar{\rho} = \bar{\rho E}_{,p}$ 应用猜想 2. 记 τ 为复共轭,则 $\tau^2 = 1$, 又由式 ⑥ 有 $\det(\bar{\rho E}_{,p}(\tau)) = -1$. 由于 $\bar{\rho E}_{,p}$ 不可约且 p 为奇素数,用简单的线性代数方法可证 $\bar{\rho E}_{,p}$ 是绝对不可约的.

由于 E 满足猜想 1 的(2),因此 $\bar{\rho E}_{,p}$ 是模表示. 令
$$\Sigma = \{p\} \cup \{\text{素数 } q \mid E \text{ 在 } q \text{ 有坏的约化}\}$$
t 等于通常的,如果 E 在 p 有通常的或坏的约化;t 等于平坦的,如果 E 在 p 有超奇异的约化
$$D = (\Sigma, t)$$
利用 E 的半稳定性可证,$\rho E_{,p}$ 是 $\bar{\rho E}_{,p}$ 的 D - 型提升,且(把几个人的结果合起来可证)$\rho E_{,p}$ 是 D - 模表示. 猜想 2 给出 $\rho E_{,p}$ 是模表示,由定理 3 得 E 是模曲线.

四、怀尔斯解决梅热猜想的方法

第一步(定理 5),也是怀尔斯证明中关键的一步,是把猜想归结为限定余切空间在 R 的一个素元处的阶的界限. 在"斯梅尔群"中我们看到对应的切空间是斯梅尔群,在"欧拉系"中我们要简要叙述求斯梅尔群大小的界限的一个一般性的程序,它属于科里瓦尼(Kolyvagin),科里瓦尼方法要用到的基本材料称为欧拉系(Euler system). 怀尔斯工作中最困难的部

分, 也是他 12 月宣告中所说的"还不完备"的部分, 就是构造一个合适的欧拉系. 在"怀尔斯结果"中我们要叙述怀尔斯所宣布的结果 (定理 6, 7 及推论), 并要说明为什么定理 6 就足以证明半稳定谷山 – 志村猜想. 作为推论的一个应用, 我们可以写出无穷的模椭圆曲线簇.

在这里, 我们如在上文中一样固定 $p, k, D, \bar{\rho}, O$,
$$f(z) = \sum_{n=1}^{\infty} a_n e^{2\pi i n z} \text{ 和 } \lambda, \text{则存在一个同态}$$
$$\pi : T \to O$$
使得 $\pi \circ \rho_T$ 同构于 $\rho_{f,\lambda} \otimes O$. 并且, 对有限多个以外的所有素数 q 皆有 $\pi(T_q) = a_q$.

1. 关键的转化

怀尔斯用到梅热一个定理的如下推广, 这个定理说的是 "T 是 Gorenstein".

定理 6   存在一个 (非标准的) T – 模同构
$$\mathrm{Hom}_O(T, O) \overset{\sim}{\longrightarrow} T$$
用 η 记元素 $\pi \in \mathrm{Hom}_O(T, O)$ 在复合
$$\mathrm{Hom}_O(T, O) \overset{\sim}{\longrightarrow} T \overset{\pi}{\longrightarrow} O$$
下的象所生成的 O 的理想. 理想 η 有确切的定义, 它与定理 4 中同构的选取无关.

映射 π 确定了 T 和 R 的不同的素理想
$$PT = \ker(\pi), P_R = \ker(\pi \circ \varphi) = \varphi^{-1}(PT)$$
定理 7 (怀尔斯)   如果
$$^{\#}(P_R/P_R^2) \leqslant ^{\#}(O/\eta) < \infty$$
那么 $\varphi : R \to T$ 是同构.

证明   全是交换代数方法, φ 是满射表示
$$^{\#}(P_R/P_R^2) \geqslant ^{\#}(P_T/P_T^2)$$
而怀尔斯证明了
$$^{\#}(P_T/P_T^2) \geqslant ^{\#}(O/\eta).$$
于是, 如果 $^{\#}(P_R/P_R^2) \leqslant ^{\#}(O/\eta)$, 那么
$$^{\#}(P_R/P_R^2) = ^{\#}(P_T/P_T^2) = ^{\#}(O/\eta) \qquad ⑬$$

式⑬中第一个等式表明,φ 诱导出切空间的一个同构. 怀尔斯用式⑬中第二个等式和定理4推出:T 是 O 上的一局部完全交叉(这就是说,存在 $f_1,\cdots,f_r \in O[[x_1,\cdots,x_r]]$)使得作为 O – 代数有

$$T \cong O[[x_1,\cdots,x_r]]/(f_1,\cdots,f_r)$$

怀尔斯把这两个结果组合起来证明了 φ 是同构的.

2. 斯梅尔群

一般来说,如果 M 是一个挠 $G_{\mathbf{Q}}$ 模,那么与 M 相伴的斯梅尔群就是伽罗瓦上同调群 $H^1(G_{\mathbf{Q}},M)$ 的一个子群,它由下述方式给出的某种"局部条件"所决定. 若 q 是素数,相应有分解群 $D_q \subset G_{\mathbf{Q}}$,则有限制映射

$$\mathrm{res}_q: H^1(G_{\mathbf{Q}},M) \to H^1(D_q,M)$$

对一组固定的、与考虑的特殊问题有关的子群 $J = \{J_q \subseteq H^1(D_q,M) \mid q \text{ 为素数}\}$,对应的斯梅尔群是

$$S(M) = \cap_q \mathrm{res}_q^{-1}(J_q) \subseteq H^1(G_{\mathbf{Q}},M)$$

用 $H^i(\mathbf{Q},M)$ 表示 $H^i(G_{\mathbf{Q}},M)$, 用 $H^i(\mathbf{Q}_q,M)$ 表示 $H^i(D_q,M)$.

例 2 斯梅尔群最初的例子来自椭圆曲线. 固定一条椭圆曲线 E 和一个正整数 m,取 $M = E[m]$,它是 $E(\overline{\mathbf{Q}})$ 中阶整除 m 的点组成的子群. 有一个自然的包含关系

$$E(\mathbf{Q})/mE(\mathbf{Q}) \to H^1(\mathbf{Q},E[m]) \qquad ⑭$$

它是把 $x \in E(\mathbf{Q})$ 映射成余圈 $\sigma \to \sigma(y) - y$ 所得到的,这里 $y \in E(\overline{\mathbf{Q}})$ 是满足 $my = x$ 的任一点. 类似地,对每个素数 q,有一个自然的包含关系

$$E(\mathbf{Q}_q)/mE(\mathbf{Q}_q) \to H^1(\mathbf{Q}_q,E[m])$$

在这种情形下定义斯梅尔群 $S(E[m])$ 的方法:对每个 q 取群 J_q 是 $E(\mathbf{Q}_q)/mE(\mathbf{Q}_q)$ 在 $H^1(\mathbf{Q}_q,E[m])$ 中的映象. 这个斯梅尔群是研究 E 的算术的一个重要工具,因为它(通过⑭)包含 $E(\mathbf{Q})/mE(\mathbf{Q})$.

用 m 表示 O 的极大理想,取一个固定的正整数 n. 切空间 $\mathrm{Hom}_O(P_R/P_R^2,O/m^n)$ 可以按下法和一个斯梅

尔群等同起来.

令 V_n 是矩阵代数 $M_2(\mathbf{Q}/m^n)$, $G_{\mathbf{Q}}$ 通过伴随表示 $\sigma(B) = \rho_{f,\lambda}(\sigma)B_{\rho f,\lambda}(\sigma)^{-1}$ 而起作用. 有一个自然的单射

$$s: \operatorname{Hom}_O(P_R/P_R^2, O/m^n) \to H^1(\mathbf{Q}, V_n)$$

怀尔斯定义了一组 $J = \{J_q \subseteq H^1(\mathbf{Q}_q, V_n)\}$, 它们依赖于 D. 用 $S_D(V_n)$ 记与之有关的斯梅尔群. 怀尔斯证明了 s 诱导出一个同构

$$\operatorname{Hom}_O(P_R/P_R^2, O/m^n) \cong S_D(V_n)$$

3. 欧拉系

我们现在来把梅热猜想的证明归结成求斯梅尔群 $S_D(V_n)$ 的大小. 科里瓦尼根据自己以及塞恩 (Thaine) 的思想, 为估计斯梅尔群的大小引进了一种革命性的新方法. 此法对怀尔斯的证明至关重要, 它正是我们要讨论的.

假设 M 是一个奇次幂 m 的 $G_{\mathbf{Q}}$ – 模, 如"斯梅尔群"中所述, $J = \{J_q \subseteq H^1(\mathbf{Q}_q, M)\}$ 是与斯梅尔群 $S(M)$ 相伴的一组子群, 令 $\hat{M} = \operatorname{Hom}(M, \mu_m)$, 其中 μ_m 是 m 次单位根群. 对每个素数 q, 上积给出一个非退化的塔特对, 即

$$\langle , \rangle_q : H^1(\mathbf{Q}_q, M) \times H^1(\mathbf{Q}_q, \hat{M}) \to$$

$$H^2(\mathbf{Q}_q, \mu_m) \overset{\frown}{\longrightarrow} \mathbf{Z}/m\mathbf{Z}$$

如果 $c \in H^1(\mathbf{Q}, M)$, $d \in H^1(\mathbf{Q}, \hat{M})$, 那么

$$\sum_q \langle \operatorname{res}_q(c), \operatorname{res}_q(d) \rangle_q = 0 \qquad ⑮$$

假设 C 是一个有限素数集, 设 $S_C^* \subseteq H^1(\mathbf{Q}, \hat{M})$ 是由局部条件 $J^* = \{J_q^* \subseteq H^1(\mathbf{Q}_q, \hat{M})\}$ 给出的斯梅尔群, 其中

$$J_q^* = \begin{cases} J_q \ \text{在} \langle , \rangle \ \text{下的正交补, 若} \ q \notin C \\ H^1(\mathbf{Q}_q, \hat{M}), \text{若} \ q \in C \end{cases}$$

如果 $d \in H^1(\mathbf{Q}, \hat{M})$, 定义

$$\theta_d : \prod_{q \in C} J_q \to \mathbf{Z}/m\mathbf{Z}$$

为 $\quad \theta_d((c_q)) = \sum_{q \in C} \langle c_q, \mathrm{res}_q(d) \rangle_q$

用 $\mathrm{res}_C : H^1(\mathbf{Q}, M) \to \prod_{q \in C} H^1(\mathbf{Q}_q, M)$ 表示限制映射的乘积. 根据式 ⑮ 和 J_q^* 的定义, 如果 $d \in S_C^*$, 那么 $\mathrm{res}_C(S(M)) \subset \ker(\theta_d)$. 如果 res_C 在 $S(M)$ 上还是单射, 那么

$$^{\#}(S(M)) \leqslant {}^{\#}(\bigcap_{d \in S_C^*} \ker(\theta_d))$$

困难在于做出 S_C^* 中足够多的上同调类, 以便证明上述不等式右边是很小的. 仿照科里瓦尼, 对很大的一组 (无穷多个) 素数集 C 来说, 欧拉系就是一组相容的类 $k(C) \in S_C^*$. 粗略地说, 相容是指: 如果 $l \notin C$, 那么 $\mathrm{res}_l(k(C \cup \{l\}))$ 与 $\mathrm{res}_l(k(C))$ 相关. 欧拉系一旦给出, 科里瓦尼就有一个归纳程序来选取集 C, 使得:

(1) res_C 是 $S(M)$ 上的单射.

(2) $\bigcap_{p \subset C} \ker(\theta_k(P))$ 可用 $k(>)$ 加以计算. (注: 如果 $p \subset C$, 那么 $S_P^* \subset S_C^*$, 从而 $k(P) \in S_C^*$)

对若干重要的斯梅尔群, 可以构造出欧拉系, 对此可用科里瓦尼的程序做出一个集合 C, 对此集合实际上给出等式

$$^{\#}(S(M)) = {}^{\#}(\bigcap_{p \subset C} \ker(\theta_k(P)))$$

这正是怀尔斯要对斯梅尔群 $S_C(V_n)$ 做的. 文献中有一些例子较详细地做了这种讨论. 在最简单的情形下, 所讨论的斯梅尔群是一个实阿贝尔数域的理想类群, 而 $k(C)$ 可用分圆单位构造出来.

4. 怀尔斯的几何欧拉系

现在的任务是构造上同调类的一个欧拉系, 并用科里瓦尼的方法和这个欧拉系定理 $^{\#}(S_D(V_n))$ 的界. 这是怀尔斯的证明中技术上最困难的部分, 也是他在 12 月宣告中所指的尚未完成的部分. 我们仅对怀尔斯的构造给出一般性的说明.

其构造的第一步属于弗拉奇 (Flach), 他对恰由

一个素数组成的集合 C 构造出类 $k(C) \in S_C^*$. 这使他能定出 $S_D(V_n)$ 的指数, 而不是它的阶.

每个欧拉系都是从某些明显、具体的对象出发. 欧拉系的更早的例子来自分圆或椭圆单位, 高斯和, 或者椭圆曲线上的赫格纳(Heegner)点. 怀尔斯(仿效弗拉奇)从模单位构造出上同调类, 模单位即是模曲线上的半纯函数, 它们在尖点外均为全纯且不为 0. 更确切地说, $k(C)$ 使得自模曲线 $X_1(L, N)$ 上一个显函数, 而这条模曲线又是由下法得到的: 取上半平面在群作用

$$\Gamma_1(L, N) = \left\{ \begin{pmatrix} a & b \\ c & d \end{pmatrix} \in SL_2(\mathbf{Z}) \mid c \equiv 0 \,(\mathrm{mod}\, LN) \,, \right.$$
$$\left. a \equiv d \equiv 1 \,(\mathrm{mod}\, L) \right\}$$

下的商空间, 并联结尖点, 其中 $L = \prod_{l \in C} l$ 且 N 就是"斯梅尔群"中的 N. 关于类 $k(C)$ 的构造与性质, 都大大地依赖于法尔廷斯以及他人的结果.

5. 怀尔斯结果

在关于表示 $\bar{\rho}$ 的两组不同的假设下, 在梅热猜想这个方向上怀尔斯宣布了两个主要结果(下面的定理 8 和定理 9). 定理 8 蕴含半稳定谷山 – 志村猜想及费马大定理. 怀尔斯对定理 8 证明依赖于(尚未完成)构造出一组合适的欧拉系, 然而定理 9 的证明(虽未充分予以检验)则不依赖于它. 对定理 9 怀尔斯并未构造新的欧拉系, 而是用岩坡关于虚二次域的理论的结果给出了斯梅尔群的界, 这些结果反过来依赖于科里瓦尼的方法和椭圆单位的欧拉系.

为了容易说清楚, 我们是用 $\Gamma_0(N)$ 而不是用 $\Gamma_1(N)$ 来定义表示的模性的, 因此下面所说的定理比怀尔斯宣布的要弱一些, 但对椭圆曲线有同样的应用. 注意, 根据我们对 D 型的定义, 如果 $\bar{\rho}$ 是 D – 型的, 就有 $\det(\bar{\rho}) = \bar{\varepsilon}_p$.

如果$\bar{\rho}$是G_Q在向量空间V上的一个表示,就用$sym^2(\bar{\rho})$来记在V的对称平方上由$\bar{\rho}$所诱导出的表示.

定理8(怀尔斯) 设$p,k,D,\bar{\rho}$和O如上所述,$\bar{\rho}$满足如下附加的条件:

(1)$sym^2(\bar{\rho})$是绝对不可约的.

(2)如果$\bar{\rho}$在q是分歧的且$q\neq p$,那么$\bar{\rho}$到D_q的限制是可约的.

(3)如果p是3或5,就有某个素数q,使p整除$\bar{\rho}(I_q)$,那么$\varphi:R\to T$是同构.

由于对$p=3$和5,定理8得不到完全的梅热猜想,我们需要重新检查"二、概述"中的讨论,以便弄清楚对$\bar{\rho}_{E,3}$和$\bar{\rho}_{E,5}$应用定理8可以证出什么样的椭圆曲线是模曲线.

如果$\bar{\rho}_{E,p}$在$GL_2(F_p)$中的象足够大(例如,如果$\bar{\rho}_{E,p}$是满射的话),那么定理6的条件(1)是满足的.对$p=3$和$p=5$,如果$\bar{\rho}_{E,p}$满足条件(3)而且还是不可约的,那么它也满足条件(1).

如果E是半稳定的,p是一个素数,$\bar{\rho}_{E,p}$是不可约的模表示,那么对某个$D,\bar{\rho}_{E,p}$是D-模的,且$\bar{\rho}_{E,p}$满足(2)和(3)(利用塔特曲线).于是,定理6蕴含"半稳定模提升猜想(猜想1)对$p=3$和$p=5$成立".如"二、概述"中所指出的,由此就推出半稳定谷山－志村猜想和费马大定理.

定理9(怀尔斯) 设$p,k,D,\bar{\rho}$和O如在上文中所给出的,且O不包含非平凡的p次单位根.又设有一个判别式与p的虚二次域F和一个特征$\chi:Gal(\bar{Q}/F)\to O^\times$,使得$G_Q$的诱导表示$Ind_\chi$是$\bar{\rho}$的$(D,O)$-提升,那么$\varphi:R\to T$是同构的.

推论(怀尔斯) 设 E 是 **Q** 上一条椭圆曲线,有用虚二次域 F 作的复乘法,p 是一个奇素数,E 在 p 有好的约化. 如果 E' 是 **Q** 上一条椭圆曲线,它满足 E' 在 p 有好的约化,且 $\bar{\rho}_{E',p}$ 同构于 $\bar{\rho}_{E,p}$,那么 E' 是模曲线.

推论的证明 设 p 是 F 中包含 p 的一个素元,定义:

(1) $O = F$ 在 P 的完备化的整数环.

(2) $k = O/PO$.

(3) $\Sigma = \{$素数 $\mid E$ 与 E' 在这些素数点均有坏的约化$\} \cup \{p\}$.

(4) t 等于通常的,如果 E 在 p 有通常的约化;t 等于平坦的,如果 E 在 p 有超奇异的约化.

(5) $D = (\Sigma, t)$. 令

$$\chi: \mathrm{Gal}(\overline{\mathbf{Q}}/F) \to \mathrm{Aut}_O(E[P^\infty]) \cong O^\times$$

是特征,它给出 $\mathrm{Gal}(\overline{\mathbf{Q}}/F)$ 在 $E[P^\infty]$ 上的作用(这里 $E[P^\infty]$ 是 E 中的被 E 的那样一些自同态去掉的点组成的群,这些自同态含在 P 的某个幂中). 不难看出 $\rho_{E,P} \otimes O$ 与 Ind_χ 同构.

由于 E 有复乘法,熟知 E 是模曲线而 $\bar{\rho}_{E,p}$ 是模表示. 既然 E 在 p 有好的约化,可以证明 F 的判别式与 p 互素,且 O 不包含非平凡的 p 次单位根. 我们可以证明,$\bar{\rho} = \bar{\rho}_{E,p} \otimes k$ 满足定理 9 的所有条件. 根据我们对 E' 所做的假设,$\rho_{E',p} \otimes O$ 是 $\bar{\rho}$ 的一个 (D, O) – 提升,我们就推出(用命题 2 的证明同样推理),$\rho_{E',p}$ 是模表示,从而 E' 是模曲线.

注 (1) 推论中的椭圆曲线 E' 不是半稳定的.

(2) 设 E 和 p 如推论中所给出,且 $p = 3$ 或 5,一样可以证明 **Q** 上的椭圆曲线 E' 如果在 p 有好的约化且使 $\bar{\rho}_{E',p}$ 同构于 $\bar{\rho}_{E,p}$,那么它给出无穷多个 C – 同构类.

例 3 取 E 是由

$$y^2 = x^3 - x^2 - 3x - 1$$

所定义的椭圆曲线,则 E 有 $\mathbf{Q}(\sqrt{-2})$ 给出的复乘法,且 E 在 3 有好的约化. 定义多项式

$$a_4(t) = -2\,430t^4 - 1\,512t^3 - 396t^2 - 56t - 3$$
$$a_6(t) = 40\,824t^6 + 31\,104t^5 + 8\,370t^4 + 504t^3 - 148t^2 - 24t - 1$$

对每个 $t \in \mathbf{Q}$,令 E_t 是椭圆曲线

$$y^2 = x^3 - x^2 + a_4(t)x + a_6(t)$$

(注意 $E_0 = E$),可以证明,对每个 $t \in \mathbf{Q}$,$\bar{\rho}_{E_t,3}$ 同构于 $\bar{\rho}_{E,3}$. 若 $t \in \mathbf{Z}$ 且 $t \equiv 0$ 或 $1 (\mathrm{mod}\ 3)$(一般地讲,如果 $t = 3a/b$ 或 $t = 3a/b + 1$,a 与 b 为整数且 b 不能被 3 整除),则 E_t 在 3 有好的约化. 比如,因为 E_t 的判别式是

$$2^9(27t^2 + 10t + 1)^3(27t^2 + 18t + 1)^3$$

于是对 t 的这些值,推论表明 E_t 是模曲线,于是 $\mathbf{Q}$ 上任一条 C 上与 E_t 同构的椭圆曲线也是模曲线,也就是说,$\mathbf{Q}$ 上任一条 j - 不变量等于

$$\left[\frac{4(27t^2 + 6t + 1)(135g^2 + 54t + 5)}{(27t^2 + 10t + 1)(27t^2 + 18t + 1)} \right]^3$$

的椭圆曲线皆为模曲线.

这就用显式给出了 $\mathbf{Q}$ 上无穷多条模椭圆曲线,它们在 C 上均不同构.

"好事多磨"仿佛是宇宙间的普适定律,任何使人们感到兴奋的好事都逃不掉这一规律. 数学家杰克逊在美国数学会会报中对费马大定理的进展的介绍恰好验证了这点,他写道:

"1993 年 6 月,对数学界来说是一个令人心醉的时刻,电子邮件(E - mail)在全球飞驰,都是宣传怀尔斯证明了费马大定理:怀尔斯在英国剑桥大学作的三次系列演讲中宣布了这一成果. 伊萨克·牛顿学院被淹没在访问者的提问、解释以及照相机的闪光之中. 全世界的报纸都在大力宣传,说这个

貌似简单,却曾使很多人努力求索而久攻不下的难题,终于土崩瓦解了.跟以前谁宣布证明了费马大定理马上就会被否定的情形相反,怀尔斯的证明得到了那些理解他的证明方法的专家的强有力的支持."

然而,在1994年12月初,怀尔斯发出一个电子邮件,确认了与正流传的谣言相一致意见,即证明中有漏洞(gap).早在1994年7月,有的专家就对怀尔斯的证明中使用了欧拉系的部分结果提出了尖锐的问题,那时还没发现错误.欧拉系是科里瓦尼近年才提出的,它是同调群中元素的一个序列.尽管罗贝特利用它在许多情形下获得过成功,但数学家们对欧拉系的一般理论还只能说理解了一部分.漏洞正是出现在由斯梅尔群构成的欧拉系上,正如上节所述此处的斯梅尔群是由跟椭圆曲线对应的对称平方表示得出的.怀尔斯的这种构造受到弗拉奇工作的启发并推广了后者的结论.

有关出现漏洞的含混的流言,是由1994年秋季开始广泛传播并渐渐地变得似乎越来越确切,越肯定了.最后在1994年11月15日,关于漏洞的传闻被怀尔斯的博士导师科茨(John Coates)在一次演讲中所证实.这次演讲早在计划之中并于报告的几周前就向外界公布了,巧的是它在牛顿学院怀尔斯做报告的同一房间中举行.修补怀尔斯的证明可能需要数学家们参与讨论,但他的手稿始终未向外界公布,手稿通过贝尔(Barre)投给了 *Inventiones Mathematicae* 准备出版.梅热是该杂志的编辑,他和一个很小的审稿组成员得以接触手稿.

在那一段时间里,怀尔斯避免和舆论接触,安静地在手稿上工作,改正审稿人提出的有问题的部分,并试图使手稿变成更易于传播的形式.虽然世界各地请他演讲的邀请信如雪片般飞至,但他不肯对他的证

明再讲一句话. 直到 1994 年 12 月 4 日, 他发了一个电子邮件, 承认了证明中的漏洞. 在信中他说:

"鉴于对我关于谷山 – 志村猜想和费马大定理的工作情况的推测, 我将对此作一简要说明. 在审稿过程中, 发现了一些问题, 其中绝大多数都已经解决了. 但是, 其中有一个特别的问题我至今仍未能解决. 把谷山 – 志村猜想归结为斯梅尔群的计算(在绝大多数情形) 这一关键想法没有错. 然而, 对半稳定情形(即与模形式相适应的对称平方表示的情形) 斯梅尔群的精确上界的计算还未完成. 我相信在不久的将来我将用我在剑桥演讲时说过的想法解决这个问题.

由于手稿中还留下很多工作要做, 因此现在作为预印本公开是不适当的. 2 月份开始我在普林斯顿上课, 在课上我将给出这个工作的充分的说明."

在辛辛那提召开的联合数学会议上, 伯克利加州大学的罗贝特关于怀尔斯的工作做了一个演讲. 在演讲中, 罗贝特说, 在怀尔斯的工作以前, 谷山 – 志村猜想看起来是一个完全达不到的目标. 而怀尔斯把一个给定的椭圆曲线的谷山 – 志村猜想归结为一个数值不等式, 这下把数论专家们镇住了. 罗贝特说, 这是"震动整个数论界"的大功绩.

罗贝特还为怀尔斯的工作加入一个背景材料, 他说, 每个椭圆曲线有一个"j – 不变量", 这是一个有理数, 由曲线的定义方程很容易算出来. 每个有理数都是某个椭圆曲线的 j – 不变量. 进一步, 两个椭圆曲线有相同的 j – 不变量当且仅当两者作为黎曼曲面是相同的. 最后一点, 一个椭圆曲线是否是模曲线取决于它的 j – 不变量. 这样, 谷山 – 志村猜想可重新叙述:

所有有理数都是模椭圆曲线的 j - 不变量.

在 1994 年 6 月以前, 人们只知道有限多个有理数是模椭圆曲线的 j - 不变量. 怀尔斯在剑桥的第一个报告中, 宣布他能够对一类椭圆曲线证明谷山 - 志村猜想, 而这类椭圆曲线的 j - 不变量构成一无限集合. 在他最后一次报告中, 怀尔斯宣布, 他能够对第二类椭圆曲线证明谷山 - 志村猜想. 由于第二类中包括了弗雷构造的与费马问题有关的椭圆曲线, 怀尔斯在第一类曲线中的成功在征服费马问题的兴奋中被人们忘得一干二净. 而怀尔斯关于费马问题的证明出现的漏洞仅仅影响了第二类曲线, 不影响第一类.

新闻媒介对于怀尔斯证明中出现了漏洞没有做出与他最初宣布 (证明了费马定理) 时同样的关注. 《纽约时报》在怀尔斯剑桥演讲的第二天就在第一版上报道了此事, 并配有费马的相片. 而在怀尔斯承认证明中有漏洞之后的一周, 《纽约时报》才报道了这件事, 并把这消息藏在了第九版. 由于确信证明所用的框架及策略仍是强有力的, 故而新闻媒介比较谨慎地表示了宽容. 事实上, 没有人声称这个漏洞是不可弥补的, 架桥通过看来也是可行的. 最为重要的一点是, 即使不包括费马大定理的完全证明, 怀尔斯的成果已是对数论的意义深远的贡献.

在怀尔斯剑桥演讲之后数月中, 新闻媒介对他的关注对于一个数学家而言是不同寻常的. 他被《人物》(People) 杂志列为 "1993 年最令人感兴趣的 25 个人物" 之一. 与他一起被列入的有戴安娜王妃、麦克尔·杰克逊以及克林顿总统和他夫人希拉里·克林顿等, 但怀尔斯拒绝了 Gap 牛仔裤公司想让他做广告的企图. 关于电影女演员斯通 (Sharon Stone) 要求会见他的传闻被证明是谣言. 这个谣言是由于在怀尔斯演讲后, 一个显然是伪造的、署名为斯通的电子邮件被发送到牛顿学院给怀尔斯. 其他在怀尔斯的结果中做出重要贡献的人也与怀尔斯分享了出风头的快乐. 传言说,弗雷在美国一个机场上被海关官员叫住,并问他:"你是发现费马(大定理)与椭圆曲线的联系的那个弗雷吗?"

一般来说,宣传媒介都是以称赞、欣赏的态度热情地欢迎怀尔斯所做出的杰出的工作. 然而,有一则报道却激起了强烈的反响:从怀疑的低语到义愤填膺. 萨瓦特(Marilyn Von Savant),这个以"最高智商"之名列入吉尼斯世界纪录的女人给 *Parade Magazine* 的周六增刊写了一篇专栏文章(这个杂志夹在报纸中发行到全国). 1993 年 11 月 21 日,她的专栏主题说明了为什么怀尔斯关于费马大定理的证明是错误的.

在她的文章中,她指出著名问题"化圆为方"已被证明是不可能的,因此关于这个论断的任一"证明"都可以被认为是有缺陷的. 当她由此推断出波雷雅(János Bolyai)在双曲线几何中化圆为方是错的时,她的推理就变得行不通了. 她说波雷雅之所以错是因为"他的双曲型证明对欧氏几何不起作用". 然后她说怀尔斯的证明也是"基于双曲几何",她把同样的逻辑用到怀尔斯的工作上:"如果我们在化圆为方上拒绝双曲法,我们应当也拒绝费马大定理的双曲性证明."

那么她是如何得到这些结论呢? 原来,在辛辛那提的数学大会上,哈佛大学的梅热接受美国数学会的 Chauvenet 奖. 他的得奖文章是《像牛虻的数论》(*Number Theory as Gadqty*). 这篇文章虽然写于怀尔斯宣布其结果的两年前,但还是解释了一些数论与费马大定理的关系及怀尔斯的工作. 在答谢讲话时,梅热提到:哈佛大学数学系曾收到了萨瓦特的请求,要求提供有关费马问题证明的信息,因此他给她寄去了一份"牛虻"文章. 萨瓦特拿了这篇文章后不仅写了专栏文章,而且写了一本关于费马大定理的书,由圣马丁(St. Martin)出版社出版. 虽然萨瓦特在她的书中感谢梅热,也感谢罗贝特和罗宾,但在收到文章后她从未与梅热有过任何接触. 另外两位也说他们从来没有和她有过任何接触. 梅热已写信给圣马丁出版社, 痛斥这本书, 否认此书与自己有任何关系.

虽然有这段插曲, 费马大定理已经帮助公众更好地理解了数学的性质. 公众渐渐意识到要努力将"经济竞争"和"技术传播"与数学联系起来. 费马大定理将数学特有的魅力展现给每个人, 使他们能欣赏它.

自从怀尔斯那篇长达 200 页的论文被发现漏洞之后, 从 1993 年 7 月起他就在修改论文. 终于在 1994 年 9 月, 怀尔斯克服了困难, 重新写了一篇 108 页的论文, 并于 1994 年 10 月 14 日寄往美国.

1994 年 10 月 25 日, 美国俄亥俄州立大学教授罗宾向数学界的朋友发了一个电子信件之后, 这个电子信件在数学界反复传递, 全文如下.

> "今天早晨, 有两篇论文的预印本已经公开, 它们是:《模椭圆曲线和费马大定理》, 作者是怀尔斯;《某些赫克代数的环论性质》, 作者是泰勒 (Richard Taylor) 和怀尔斯."

第一篇是一篇长文, 除了包含一些别的内容之外, 它宣布了费马大定理的一个证明, 而这个证明中关键的一步依赖于第二篇短文.

第一篇文章于 1995 年 5 月发表在《数学年刊》(Annals of mathematics) 第 41 卷第 3 期上. 大多数读者都已经知道, 怀尔斯在他的剑桥演讲中所描述的证明被发现有严重的漏洞, 即欧拉系的构造. 在怀尔斯努力补救这个构造没有成功之后, 他回到他原先试过的另一途径, 以前由于他偏爱欧拉系的想法而放弃了这个途径. 在做了某些赫克代数是局部完全交换的假设之后, 他可以完成他的证明. 这一想法以及怀尔斯在剑桥演讲中描述的其余想法写成了第一篇论文. 怀尔斯和泰勒合作, 在第二篇论文中, 建立了所需的赫克代数的性质.

证明的整个纲要和怀尔斯在剑桥描述的那个相似. 新的证明和原来那个相比, 因为排除了欧拉系, 所以更为简单和简短了. 实际上, 法尔廷斯在看了这两篇论文以后, 似乎是提出了那部分证明的进一步的重要简化.

在一些重大的问题上, 小人物喋喋不休的谈论是毫无意义的. 因为他们只能将问题搞糟, 只有那些大家才有发言的资格. 像当年评价爱因斯坦的相对论一样, 当今世界能够对费马大定理说三道四的大家并不多. 但法尔廷斯肯定是其中一位.

以下是法尔廷斯对修改后的怀尔斯证明的简单介绍, 据法尔廷斯自己说: "是由我将这个问题的几个报告改编而成, 但绝不是我本人的工作. 我要试图把这里的基本想法介绍给更广大的数学听众. 在讲述时, 我略去了一些我认为非专业人员不大感兴趣的细节, 而专家们可以来找找错误并改正它们, 以缓解阅读时的无聊. " 大家风范溢于言表.

虽然在前面我们已反复介绍过怀尔斯的思路, 但法尔廷斯的介绍却另有一种简洁的风格.

椭圆曲线

从我们的目的出发, 椭圆曲线 E 可由方程 $y^2 = f(x)$ 的解 $\{x, y\}$ 的集合给出, 其中 $f(x) = x^3 + \cdots$ 是一个三次多项式. 通常 E 是定义在有理数域 $\mathbf{Q}$ 上的, 这就是说 f 的系数在 $\mathbf{Q}$ 中. 我们还要求 f 的三个零点两两不同 (E 是 "非奇异" 的). 我们可以考虑 E 作为方程在 $\mathbf{Q}, \mathbf{R}$ 或 $\mathbf{C}$ 上的解, 分别记为 $E(\mathbf{Q}), E(\mathbf{R})$ 或 $E(\mathbf{C})$. 通常在这个集合中加入一个无穷远距离点, 记作 ∞. 加上 ∞ 后, 解集合就有阿贝尔群的结构, 并以 ∞ 为零元素. (x, y) 的逆是 $(x, -y)$, 且若三个点在一条直线上, 则它们的和为零. 群 $E(\mathbf{Q})$ 是有限生成的 (莫德尔定理), $E(\mathbf{R})$ 同构于 $\mathbf{R}/\mathbf{Z}$ 或 $\mathbf{R}/\mathbf{Z} \times \mathbf{Z}/2\mathbf{Z}$, 而 $E(\mathbf{C}) \cong \mathbf{C}/$ 格 (例如 $y^2 = x^3 - x$ 生成的这个格是 $\mathbf{Z} \oplus \mathbf{Z}_i$). 对任

一整数 n，用 $E[n]$ 记 n – 分点集合，即乘 n 后得零的点的集合. 在 $\mathbf{C}$ 上它同构于 $(\mathbf{Z}/n\mathbf{Z})^2$，且坐标是代数数. 例如，2 – 分点集恰是 ∞ 和 f 的三个零点（此时 $y = 0$）. 因为定义方程系数在 $\mathbf{Q}$ 中，故绝对伽罗瓦群 $\mathrm{Gal}(\overline{\mathbf{Q}}/\mathbf{Q})$ 可作用于 $E[n]$ 上. 这样就产生了一个伽罗瓦表示：$\mathrm{Gal}(\overline{\mathbf{Q}}/\mathbf{Q}) \to GL_2(\mathbf{Z}/n\mathbf{Z})$. 利用坐标变换可使 f 变为整系数. 作模素数 p 的约化，我们得到一个有限域 F_p 上的多项式. 如约化多项式的零点仍是不同的，则得到一个 F_p 上的椭圆曲线. 除了 f 的判别式的有限个素因子外，对其他一切素数都是这种情况. 还有，f 的选择不是唯一的，但若我们可以找到一个 f，它的零点模 p 后仍不同，则我们称 E 在 p 处有好约化；这个断言对 $p = 2$ 是不完全正确的，由于有 y^2 这一项之故. 反之则 E 在 p 处有坏约化. 这时，如果 f 只有两个零点 $\mathrm{mod}\ p$ 重合，我们称 E 有半稳定的坏约化；如果 E 对所有 p 都有好约化或半稳定约化，那么称 E 为半稳定的. 曲线 $y^2 = x^3 - x$ 对 $p = 2$ 不是半稳定的（没有一条 CM – 曲线是半稳定的）.

半稳定曲线的一个例子（在最后我们知道它实际上不存在）是弗雷曲线. 对费马方程 $a^l + b^l = c^l$ 的一组解（其中 a, b, c 互素，$l \geqslant 3$ 为素数），我们可造出相应的曲线

$$E : y^2 = x(x - a^l)(x - c^l)$$

该曲线只在 abc 的素因子处有坏约化. 它有下面这个值得注意的性质. 考虑对应的伽罗瓦表示

$$\mathrm{Gal}(\overline{\mathbf{Q}}/\mathbf{Q}) \to GL_2(F_l)$$

该表示在一切使 E 具有好约化的素数 p 处是无分歧的（好约化的一种模拟）. 当 $p = l$ 时我们需以"透明的"（crystalline）来代替"无分歧的". 由于 E 的方程的特殊形式，这一点对于 abc 的所有大于 2 的素因子 p 也是如此. 因此 l – 分点集的性质与 E 在所有 $p > 2$ 处有好约化非常相似. 但是我们将会看到，没有半稳定的

Q 上的椭圆曲线具有这种性质. 这是我们所希望得到的矛盾.

为了能用这种方法达到目的, 我们必须用模形式来替换椭圆曲线. 从谷山－韦尔猜想(其本质上是属于志村的, 以下会详细介绍) 可以做到这点. 若 E 满足这一猜想的结论, 就是说 E 是"模"的, 则依照罗贝特的定理, 我们可以对 $\Gamma_0(2)$ 找到一个模形式, $\Gamma_0(2)$ 对应于 $E[l]$ 的表示. 然而, 并不存在这样的模形式. 泰勒和怀尔斯的文章正是对 **Q** 上半稳定的椭圆曲线证明了谷山－志村猜想. 为了解释这个结论我们需要几个关于模形式的基本事实, 及有关赫克代数的有关结论. 为了使更多的读者了解这些背景材料, 我们先插入一些粗浅介绍. 它基于选自美国马里兰大学和西德波恩大学教授扎格(D. Zagier) 一次来华的通俗演讲, 这是由代数数论专家冯克勤先生翻译的.

模形式

模形式理论是单复变函数理论研究中的一个专门的论题, 因此说它是分析学的一个分支. 但是它和数论、群表示论以及代数几何有着许多深刻的关系. 基于这些联系, 许多数学家, 包括 20 世纪一些大数学家都研究过模形式. 在它与许多分支的联系中, 它和数论的关系是最容易解释的. 利用模形式, 人们可以得到数论函数之间许多非常新奇的恒等式, 这些恒等式当中有许多是绝不能用其他方法得到的. 先给出一些例子.

例 4 令 $r_4(n)$ 为 n 表示成四个整数之平方和的表法数, 于是

$$r_4(1) = 8(1 = (\pm 1)^2 + 0 + 0, 4 \text{ 个置换} \times$$
$$2 \text{ 个符号})$$
$$r_4(2) = 24(2 = (\pm 1)^2 + (\pm 1)^2 + 0 + 0,$$
$$6 \text{ 个置换} \times 4 \text{ 个符号})$$
$$r_4(3) = 32(3 = (\pm 1)^2 + (\pm 1)^2 + (\pm 1)^2 + 0,$$
$$4 \text{ 个置换} \times 8 \text{ 个符号})$$

$$r_4(4) = 24(4 = (\pm 2)^2 + 0 + 0 + 0$$
$$= (\pm 1)^2 + (\pm 1)^2 + (\pm 1)^2 + (\pm 1)^2)$$
$$r_4(5) = 48(5 = (\pm 2)^2 + (\pm 1)^2 + 0 + 0)$$

欧拉和拉格朗日证明了, 对于每个自然数 n 均有 $r_4(n) > 0$. 事实上, 我们有公式

$$r_4(n) = 8 \sum_{\substack{d \mid n \\ 4 \nmid d}} d$$

类似地, 令 $r_8(n)$ 为自然数 n 表示成八个整数的平方和的表法数, 我们有

$$r_8(n) = 16 \sum_{d \mid n} (-1)^{n-d} d^3$$

这些关系式很古老, 也很吸引人, 但是确实没有容易的办法来证明它们, 然而在模形式理论上可以对这些公式做出切实的解释.

例5　利用下面的展开式来定义数 $\tau(n)$, 即

$$\tau(1)x + \tau(2)x^2 + \tau(3)x^3 + \cdots =$$
$$x(1-x)^{24}(1-x^2)^{24}(1-x^3)^{24} \cdots$$

这个定义看起来很奇怪, 但是等式右边的椭圆函数理论上是基本的函数之一, 因此是很自然的. 它的前几个值为并且 τ 满足

$$\begin{cases} \tau(p_1^{r_1} p_2^{r_2} \cdots p_n^{r_n}) = \tau(p_1^{r_1}) \tau(p_2^{r_2}) \cdots \tau(p_n^{r_n}) \\ (\text{即 } \tau \text{ 是 "积性" 的}) \\ \tau(p^2) = \tau(p)^2 - p^{11}, \tau(p^3) = \tau(p)^3 - 2p^{11}\tau(p), \\ \text{对于 } \tau(p^4) \text{ 等有类似的公式} \end{cases}$$

⑯

拉马努金(在本书中有关于他的较为详尽的介绍)于 1916 年猜想出这些公式, 莫德尔于次年证明了它们. 随后赫克于 20 世纪 20 年代和 30 年代做了推广, 并且发展成理论. 我们不久将叙述赫克的推广.

我们对上述那些奇怪的恒等式 ⑯ 作同解释, 是基于函数 $x \prod (1-x^n)^{24}$ 的如下一个值得注意的性质.

定理 10 对于 $z \in \mathbf{C}, \mathrm{Im}(z) > 0$,定义

$$\triangle(z) = e^{2\pi i z} \prod_{n=1}^{\infty} (1 - e^{2\pi i n z})^{24}$$

则对于满足 $ad - bc = 1$ 的任意整数 a, b, c, d,均有

$$\triangle\left(\frac{az + b}{cz + d}\right) = (cz + d)^{12} \triangle(z)$$

这个定理来源于椭圆函数理论,我们在这里不给出证明(目前已有许多证明,其中包括西格尔给出的一个非常简短的证明,只用到柯西留数公式). 这个性质正是说 $\triangle(z)$ 是模形式.

我们令

$$| H | = \{ z \in \mathbf{C} \mid \mathrm{Im}(z) > 0 \}$$

$$\Gamma = \left\{ \begin{pmatrix} a & b \\ c & d \end{pmatrix} \,\middle|\, a, b, c, d \in \mathbf{Z}, ad - bc = 1 \right\}$$

定义 14 模形式是一个函数

$$f(z) = \sum_{n=0}^{\infty} a(n) e^{2\pi i n z} \quad (z \in H)$$

并且满足

$$f\left(\frac{az + b}{cz + d}\right) = (cz + d)^k f(z)$$

$$\left(\text{对于每个 } z \in | H | \text{ 和} \begin{pmatrix} a & b \\ c & d \end{pmatrix} \in \Gamma \right) \qquad ⑰$$

其中,k 是某个整数,叫作是模形式 f 的权. 如果它的系数 $a(n)$ 满足恒等式 ⑯(但是 11 要改成 $k - 1$),我们称 f 为赫克形式. 我们以 M_k 表示全体权 k 的模形式所组成的集合. 显然 M_k 是(复数域上的)向量空间,注意当 k 是奇数时,则 $M_k = \{0\}$,这是因为取 $\begin{pmatrix} a & b \\ c & d \end{pmatrix} = \begin{pmatrix} -1 & 0 \\ 0 & -1 \end{pmatrix}$ 可知 $f(z) = (-1)^k f(z)$.

定理 11 向量空间 M_k 是有限维的,并且它的维数是

$$\dim M_k = d_k = \begin{cases} 0, & k = 2 \\ 1, & k = 0,4,6,8,10 \\ d_{k-12} + 1, & k \geqslant 12 \end{cases}$$

k	0	2	4	6	8	10	12	14	16	18	20	22	24	26
d_k	1	0	1	1	1	1	2	1	2	2	2	2	3	2

这个定理是不难的,后面我们将给出证明.

赫克理论中的最重要的"财富"是下述定理.

定理 12(赫克) (1)M_k 中的赫克形式构成一组基,即恰好存在 d_k 个权 k 的赫克形式,并且它们是线性无关的.

(2)赫克形式的系数 $a(n)$ 均是代数数.

事实上,$a(n)$ 均是某个代数数域中的代数整数(当 $k < 24$ 时,这个代数数域可取为 **Q**. 而对 $k = 24$ 则是 **Q**$(\sqrt{144\ 169})$).

注意,对于一个赫克形式,只要知道了 $a(p)$(p 为全体素数),我们便可以(由式 ⑯)得到所有的系数 $a(n)$. 而 $a(p)$ 是很神秘的,对于它我们基本上只知道下面的定理.

定理 13 设 f 是权 k 的赫克形式,系数为 $a(n)$,并且 $a(0) = 0$,则对于每个素数 p 均有

$$|a(p)| \leqslant 2p^{\frac{k-1}{2}}$$

这是由拉马努金首先对于 $\tau(p)$ 做了上述猜想,后来彼得森将猜想推广到任意赫克形式上去. 它是由德利涅于1974年证明的. 这可能是迄今所证明的最困难的定理.

现在我们给出另一些模形式的例子. 令

$$f(z) = \sum_{\substack{(m,n) \in \mathbf{Z} \times \mathbf{Z} \\ m,n \neq (0,0)}} \frac{1}{(mz + n)^4} \quad (z \in H)$$

这个级数绝对收敛. 如果 $\begin{pmatrix} a & b \\ c & d \end{pmatrix} \in \Gamma$,那么

$$f\left(\frac{az+b}{cz+d}\right) = \sum_{(m,n)} \frac{1}{\left(m\dfrac{az+b}{cz+d}+n\right)^4}$$

$$= \sum_{(m',n')} \frac{1}{\left(\dfrac{m'z+n'}{cz+d}\right)^4}$$

$$= (cz+d)^4 f(z)$$

其中,$\begin{pmatrix} m' \\ n' \end{pmatrix} = \begin{pmatrix} a & c \\ b & d \end{pmatrix}\begin{pmatrix} m \\ n \end{pmatrix}$. 从而 $f \in M_4$. 但是

$$f(z) = \sum_{m=0} f + \sum_{m>0} f = 2\sum_{n=1}^{\infty} \frac{1}{n^4} + 2\sum_{m=1}^{\infty}\sum_{n=-\infty}^{+\infty} \frac{1}{(mz+n)^4}$$

而

$$\sum_{n=-\infty}^{+\infty} \frac{1}{(z+n)^4} = \frac{(2\pi i)^4}{3!}\sum_{\tau=1}^{\infty} r^3 e^{2\pi iz}$$

后一公式是泊松求和公式的特殊情形. 而泊松求和公式告诉我们如何将任意函数 $\sum\limits_{n=-\infty}^{+\infty} \Phi(z+n)$ 傅里叶展开,从而

$$f(z) = 2\left(1 + \frac{1}{2^4} + \frac{1}{3^4} + \cdots\right) + 2\frac{16\pi^4}{6}\sum_{m=1}^{\infty}\sum_{\tau=1}^{\infty} r^3 e^{2\pi irz}$$

$$= 2\zeta(4) + \frac{16\pi^4}{3}\sum_{n=1}^{\infty} \sigma^3(n) e^{2\pi niz}$$

因此数 $\sigma^3(n) = \sum\limits_{d\mid n} d^3$ 是一个模形式的傅里叶系数. 利用同样的推理方法可以证明.

定理 14 令

$$G_k(z) = c_k + \sum_{n=1}^{\infty} \sigma_{k-1}(n) e^{2\pi inz} \quad (z \in H)$$

其中 $k \geqslant 4$ 并且 k 是偶数,$\sigma_{k-1}(n) = \sum\limits_{d\mid n} d^{k-1}$,而

$$c_k = (-1)^{\frac{k}{2}} \frac{(k-1)!}{(2\pi)^k}\left(1 + \frac{1}{2^k} + \frac{1}{3^k} + \cdots\right)$$

则 $G_k(z) \in M_k$.

这里我们需要 $k \geqslant 4$ 以保证级数绝对收敛,从而可以将 $\pm(m,n)$ 放在一起.

现在我们来证明如何能得到维数 d_k 的公式:由于 $c_k \neq 0$,我们可以将任意模形式 $f \in M_k (k \geqslant 4, 2 \mid k)$ 写成 G_k 的常数倍加上一个新的模形式

$$\tilde{f} = \sum \tilde{a}(n) e^{2\pi i z} \in M_k$$

其中 $\tilde{a}(0) = 0$. 于是 $g = \dfrac{\tilde{f}}{\triangle}$ 是权为 $k-12$ 的权形式(g 在 Γ 的作用下显然满足变换公式 ⑰(对于权 $k-12$),又由于 $\triangle(z)$ 是收敛的无穷乘积,从而它不等于零,并且在 ∞ 处展开式为 $\triangle(z) = e^{2\pi i z} - 24 e^{4\pi i z} + \cdots$);反之,如果 $g \in M_{k-12}$,而 $c \in \mathbf{C}$,那么 $cG_k(z) + g(z)\triangle(z) \in M_k$. 因此 $M_k \cong C \oplus M_{k-12} (k \geqslant 4, 2 \mid k)$. 再注意,当 $k < 0$ 和 $k = 2$ 时,$M_k = \{0\}$,而 $M_0 = C$,然后由数学归纳法即得结果.

现在我们给出另一些应用. 我们已经证明了

$$G_4 = c_4 + \sum \sigma_3(n) x^n \in M_4, x = e^{2\pi i z}$$

$$G_8 = c_8 + \sum \sigma_7(n) x^n \in M_8$$

其中

$$c_4 = \frac{3}{8\pi^4}\left(1 + \frac{1}{2^4} + \frac{1}{3^4} + \cdots\right)$$

$$c_8 = \frac{315}{16\pi^8}\left(1 + \frac{1}{2^8} + \frac{1}{3^8} + \cdots\right)$$

但是 $\dim M_8 = 1$,从而 G_4^2 和 G_8 只相差一个常数因子. 我们有

$$G_4^2(c_4 + x + 9x^2 + 28x^3 + \cdots)^2 =$$
$$c_4^2 + 2c_4 x + (18c_4 + 1)x^2 + \cdots$$
$$G_2 = c_8 + x + 129x^2 + \cdots$$

于是

$$\begin{cases} 129 = \dfrac{18c_4 + 1}{2c_4} \\ c_8 = \dfrac{c_4^2}{2c_4} = \dfrac{c_4}{2} \end{cases}$$

即

$$c_4 = \frac{1}{240}, c_8 = \frac{1}{480}$$

从而得到另一算术应用

$$1 + \frac{1}{2^4} + \frac{1}{3^4} + \cdots = \frac{\pi^4}{90}$$

推论　$1 + \frac{1}{2^8} + \frac{1}{3^8} + \cdots = \frac{\pi^8}{9\,450}.$

注　欧拉曾用不严格的类比法证明了

$$1 + \frac{1}{2^2} + \frac{1}{3^2} + \cdots = \frac{\pi^2}{6}$$

利用类似的推理,可得到所有 c_k 的值,它们均是有理数. 特别地

$$G_4 = \frac{1}{240} + x + 9x^2 + 28x^3 + \cdots$$

$$G_6 = -\frac{1}{504} + x + 33x^2 + \cdots$$

作为模形式的进一步应用,我们注意 $\triangle$, G_4^3 和 G_6^2 有一定线性相关(由于 $\dim M_{12} = 2$). 计算它们的前几个系数可得到恒等式

$$\triangle = 8\,000 G_4^3 - 147 G_6^2$$

从而可得到用 $\sigma_3(n)$ 和 $\sigma_5(n)$ 表达 $\tau(n)$ 的一个公式.

这里需要一个引理,容易直接证明

$$8\,000 \left(\frac{1}{240} + \sum \sigma_3(n) x^n \right)^3 -$$

$$147 \left(-\frac{1}{504} + \sum \sigma_5(n) x^n \right)^2$$

的系数均是有理整数.

于是整个思路是很清晰的:由于 M_k 是有限维的,一旦得到一些同权模形式之间的线性关系,然后考查它们的傅里叶系数,便可得出数论函数的恒等式. 现在我们证明如何按此法得到例 1 中的等式. 首先我们有

298

$$\sum_{n=0}^{\infty} r_4(n) x^n = 1 + 8x + 24x^2 + \cdots$$

$$= \sum_{n_1, n_2, n_3, n_4} x^{n_1^2 + n_2^2 + n_3^2 + n_4^2}$$

$$= \left(\sum_{n=-\infty}^{+\infty} x^{n^2} \right)^4$$

类似地

$$\sum r_8(n) x^n = \left(\sum_{n=-\infty}^{+\infty} x^{n^2} \right)^8$$

定理 15 令

$$\theta(z) = \sum_{n=-\infty}^{+\infty} e^{2\pi i n^2 z} \quad (z \in H)$$

则 $\theta(z)^4$ 是对于群

$$\Gamma_4 = \left\{ \begin{pmatrix} a & b \\ c & d \end{pmatrix} \in \Gamma \;\middle|\; c \equiv 0 \,(\mathrm{mod}\ 4) \right\}$$

的权 2 模形式, 即

$$(\triangle): \theta\left(\frac{az+b}{cz+d}\right)^4 = (cz+d)^4 \theta(z)^4 \quad \left(\begin{pmatrix} a & b \\ c & d \end{pmatrix} \in \Gamma_4 \right)$$

注意 $M_2 = \{0\}$, 而 M_4 只有 $\dfrac{1}{240} + \sum \sigma_3(n) q^n$

($q = e^{2\pi i z}$), 但是群 Γ_4 比 Γ 小, 因此对于 Γ_4 可以有更多的模形式. 采用与证明 $G_k \in M_k$ 相类似的方法, 可知

$\dfrac{1}{8} + \sum_{n=1}^{\infty} \left(\sum_{\substack{d \mid n \\ 4 \nmid d}} d \right) g^n$ 是对于群 Γ_4 的权 2 模形式. 然后利

用上面例子中我们已经谈过的方法, 即可得到

$$r_4(n) = 8 \sum_{\substack{d \mid n \\ 4 \nmid d}} d$$

类似地得到 $r_8(n) = 16 \sum_{d \mid n} (-1)^{n-d} d^3$.

为什么公式 $(\triangle)$ 成立? 根据上面提到的泊松求和公式, 我们有

$$\sum_{n=-\infty}^{+\infty} e^{-\pi i (n+z)^2} = \sum_{r=-\infty}^{+\infty} \left(\frac{1}{\sqrt{t}} e^{-\frac{\pi r^2}{i}} \right) e^{2\pi i r z}$$

取 $z = 0$，即得到

$$\sum_{n=-\infty}^{+\infty} e^{-\pi i n^2} = \frac{1}{\sqrt{t}} \sum_{r=-\infty}^{+\infty} e^{-\frac{\pi r^2}{t}}$$

令 $t = \dfrac{2z}{i}$，则得到 $\theta(z) = \sqrt{\dfrac{i}{2z}} \theta\left(-\dfrac{1}{4z}\right)$，从而

$$\theta\left(-\frac{1}{4z}\right)^4 = -4z^2 \theta(z)^4$$

也就是说，若不考虑符号，则 $\theta(z)$ 对于 $\begin{pmatrix} a & b \\ c & d \end{pmatrix} =$

$\begin{pmatrix} 0 & -\dfrac{1}{2} \\ 2 & 0 \end{pmatrix}$ 满足式 ⑰. 另一方面，显然有 $\theta(z+1) =$

$\theta(z)$，从而 $\theta(z)^4$ 对于 $\begin{pmatrix} a & b \\ c & d \end{pmatrix} = \begin{pmatrix} 1 & 1 \\ 0 & 1 \end{pmatrix}$ 满足式 ⑰，

但是矩阵 $\begin{pmatrix} 0 & -\dfrac{1}{2} \\ 2 & 0 \end{pmatrix}$ 和 $\begin{pmatrix} 1 & 1 \\ 0 & 1 \end{pmatrix}$ 生成群

$$\widetilde{\Gamma}_4 = \Gamma_4 \cup \left\{ \begin{pmatrix} 2a & \dfrac{1}{2}b \\ 2c & 2d \end{pmatrix} \middle| a,b,c,d \in \mathbf{Z}, 4ad - bc = 1 \right\}$$

从而若不考虑符号，则 θ^4 对于每个 $\begin{pmatrix} a & b \\ c & d \end{pmatrix} \in \Gamma_4$ 均满

足式 ⑰，而负号恰好是对于 $\widetilde{\Gamma}_4 - \Gamma_4$ 中的矩阵.

最后，我们讲一下模形式与数论之间的另一种联系. 这也是本书感兴趣的联系. 设 a 和 b 是整数，考虑方程

$$y^2 = x^3 + ax + b \qquad\qquad ⑱$$

如果 $D = (4a^3 + 27b^2) = 0$，那么方程 ⑱ 的右边有重因子（即为 $(x-n)^2(x+2n)$），其中

$$n = \sqrt{-a/3} = \sqrt[3]{b/2}$$

否则我们就称方程 ⑱ 定义出一个椭圆曲线. 这时，我们有如下所述的猜想：

（1）（谷山，韦尔）给了一个椭圆曲线 ⑱，则存在

一个对于群 Γ_D 的权 2 赫克形式(Γ_D 的定义类似于上述的 Γ_4),即

$$f(z) = \sum_{n=1}^{\infty} a(n)q^n, q = e^{2\pi iz}$$

其中对于每个素数 $p \nmid D$,均有

$$a(p) = p - ((\text{⑱}) \bmod p \text{ 的解数})$$

对于 $p \mid D$ 的 $a(p)$ 也猜想出一个公式. 这样一来,给了椭圆曲线⑱,我们就有了全部系数 $a(p)$,然后利用公式⑯可以把所有的 $a(n)$ 通过 a 和 b 表示出来,问题在于要证明:由此得到 $\sum a(n)q^n$ 满足⑱. (对于群 Γ_D)

(2)(伯奇 – 斯温纳顿 – 戴尔(Birch-Swinnerton-Dyer)) 方程⑱有无穷多组有理解 $\Leftrightarrow \int_0^{\infty} f(it)\mathrm{d}t = 0$.

已经计算了成百个例子,这两个猜想都是正确的. 但是,目前离证出这两个猜想还相距甚远. 大约几十年前,德林对于一类(无穷多个)椭圆曲线(即所谓具有复乘法的椭圆曲线,例如当 $a = 0$ 或者 $b = 0$ 时),证明了猜想(1). 而大约在 7 年前,科茨和怀尔斯对于某些情形证明了猜想(2).

现在让我们回到法尔廷斯对怀尔斯证明的介绍中去. 设 $H = \{\tau \in \mathbf{C} \mid \mathrm{Im}(\tau) > 0\}$ 为上半平面, $SL(2, \mathbf{R})$ 以通常的方式 $(a\tau + b)/(c\tau + d)$ 作用于其上. $SL(2, \mathbf{Z})$ 的子群 $\Gamma_0(N)$ 由矩阵

$$\begin{pmatrix} a & b \\ c & d \end{pmatrix}$$

组成,其中 $c \equiv 0 \pmod{N}$. 一个(权为 2)相对于 $\Gamma_0(N)$ 的模形式是 H 上的全纯函数 $f(\tau)$,对于一切

$$\begin{pmatrix} a & b \\ c & d \end{pmatrix} \in \Gamma_0(N) \text{ 满足}$$

$$f((a\tau + b)/(c\tau + d)) = (c\tau + d)^2 f(\tau)$$

且 $f(\tau)$ "在尖点处为全纯". 后者即是说对傅里叶级数(因 $f(\tau + 1) = f(\tau)$)

$$f(\tau) = \sum_{n \in \mathbf{Z}} a_n e^{2\pi i n \tau}$$

当 $n < 0$，则 $a_n = 0$，若再加上 $a_0 = 0$，则 f 称为尖点形式，赫克代数 T 作用于尖点形式空间. 它由赫克算子 T_p（若 p 与 N 互素）和 U_p（若 $p \mid N$）生成. 对于傅里叶系数，有

$$a_n(T_p f) = a_{np}(f) + p a_{n \mid p}(f)$$
$$a_n(U_p f) = a_{np}(f)$$

一个特征形式是指所有的赫克算子的公共特征形式. 我们总可将其正规化，使得 $a_1(f) = 1$，于是 $a_p(f)$ 就是对应于 T_p 或 U_p 的特征值. 上面的等式使我们可以递归地定出所有 a_n，从而可定出特征形式 f. 反之，对于给定的一系列特征值 $\{a_p\}$，我们也可构造一个傅里叶级数 $f(\tau) = \sum a_n e^{2\pi i n \tau}$. 根据韦尔的定理，此 $f(\tau)$ 为模形式当且仅当 L – 级数

$$L(s, f) = \sum_{n=1}^{\infty} a_n n^{-s}$$

在全 s – 平面上有全纯延拓并满足适当的函数方程. 对于带有迪利克雷特征的 L – 函数这也是对的.

对所有的 a_p 都在 $\mathbf{Q}$ 中的情形，特征形式 f 对应于一条椭圆曲线 E，它在除了 N 的素因子外的一切素数处都有好约化. 对于与 N 互素的 p，$E(E_p)$ 的 E_p – 有理点数等于

$$\#E(F_p) = p + 1 - \alpha_p$$

反过来，对每个 $\mathbf{Q}$ 上的椭圆曲线 E，我们可以定义一个汉斯 – 韦尔 L – 级数 $L(s, E)$，并猜想它具有上面讲到的好性质. 这样，根据韦尔定理，这个 L – 函数一定属于一个具有有理特征值的特征形式. 这就是谷山 – 韦尔猜想的内容（注意与查格的叙述对比一下）.

即便系数 a_p 不在 $\mathbf{Q}$ 中，我们也可以构造一个与特征形式对应的伽罗瓦表示.

赫克代数 T 是一个有限生成 $\mathbf{Z}$ – 模. 我们现在以 $\hat{T}$ 记它在一个合适的极大理想 m（非艾森斯坦理想）

302

之下的完备化, $k = T/m$ 表示特征 l 的剩余类域. 于是有一个 2 维的伽罗瓦表示, 即

$$\rho : \mathrm{Gal}(\overline{\mathbf{Q}}/\mathbf{Q}) \to GL_2(\hat{T})$$

它对于与 N 互素的 p 是无分歧的(或相应地为透明的), 且

$$\mathrm{tr}(\rho(\mathrm{Frob}_p)) = T_p$$
$$\det(\rho(\mathrm{Frob}_p)) = p$$

每个有理特征值的特征形式产生一个同态 $\hat{T} \to Z_l$; ρ 诱导出 l-adic 表示, 它是由与之对应的椭圆曲线 E 给出的, 它描述了在 E 的全部 l^n 分点上的伽罗瓦作用. 反过来, 也可以证明 E 是模的, 当且仅当 l-adic 表示能以这种方式构造出来.

形变

从 3 分点的表示出发, 可以构造出 $l = 3$ 的 l-adic 表示. 已知它同余于一个模表示, 于是, 可以证明, 该表示的万有提升是模的. 这是整个证明的核心, 这里素数 3 是非常特殊的, 因此我们从 $l = 3$ 开始考虑.

我们可局限于 3 分点产生的满映射

$$\mathrm{Gal}(\overline{\mathbf{Q}}/\mathbf{Q}) \to GL(2, F_3)$$

(这一段推理对 5 分点也适用). 因 $PGL(2, F_3) \cong S_4(P^1(F_3))$ 上四个元素的对称群是可解群, 故而依朗兰兹和滕内尔的(提升) 定理可知 3 分点的表示已经是模的了. 这里充分利用了素数 $l = 3$ 的特殊性质; 对 $l = 2$, 由于种种理由, 一般的理论都不能奏效; 而对 $l \geqslant 5$, 这开头一步也行不通. 现在我们找一种形变的论证法, 对于模 9, 27, 81, 243, 729 等的表示, 依次可认定它们全是模表示. 为此, 运用了模 3 表示的万有形变, 即一个 $\mathbf{Z}_3$ 代数 $R = \mathbf{Z}_3[[T_1, \cdots, T_r]]/I(I$ 是一理想) 及一个"万有"伽罗瓦表示

$$\rho : \mathrm{Gal}(\overline{\mathbf{Q}}/\mathbf{Q}) \to GL_2(R)$$

它有下列性质:

(1) 对于与 N 互素的 p(这就是说 E 在 p 处有好约

化),ρ 是无分歧的(或是透明的).

（2）在与 N 非互素的 p 处,ρ 具有某些局部性质（此处不讨论"某些"之所指）.

（3）对与 N 互素的 p,$\det(\rho \mathrm{Frob}_p) = p$.

（4）$\rho \bmod(3, T_1, \cdots, T_r)$ 即是我们给定的 $E[3]$ 上的表示.

（5）任一其他的表示 $\mathrm{Gal}(\overline{\mathbf{Q}}/\mathbf{Q}) \to GL_2(A)$,若具有上述性质(1)到(4),则都可通过一个同态 $R \to A$ 用唯一方法产生.

R 的构造照一般的原则进行,基本上是取一个伽罗瓦群的生成元集合 $\{\sigma_1, \cdots, \sigma_s\}$,考虑 $4s$ 个变元的幂级数环,并除以一极小理想 I,这样在模 I 后就得到了满足(1)到(4)的一个表示,只要我们给每个 σ_i 指定一个 2×2 矩阵,该矩阵有四个对应于 σ_i 的未定元作为素数.

在完成上述构造后,我们得到下面的换向图

$$k \begin{cases} \hat{T} \to T/m \\ \mathbf{Z}_3 \to F_3 \end{cases}$$

其中左边的两个映射是由模伽罗瓦表示和 E 的伽罗瓦表示产生的. 至此,怀尔斯的想法是证明 R 同构于 $\hat{T}$,这样椭圆伽罗瓦表示就自然是模表示了.

为此,我们当然需要关于 R 的信息,这些信息不能从一般的构造法中得到. 令 W_n 表示 $sl(2, \mathbf{Z}/3^n\mathbf{Z})$（迹为 0 的 2×2 矩阵）的伴随伽罗瓦表示. 生成元的最小个数 $\gamma(R = \mathbf{Z}_3[[T_1, \cdots, T_y]]/I)$ 由 $\dim_{F_3}^1 H_f^1(\mathbf{Q}, W_1)$ 给出,其中 H_f^1 表示满足与上面(1)和(2)相对应的某种局部条件的上同调群,这种群也称为斯梅尔群. 在定义中,我们见到的是令 $A = F_3[T]/(T^2)$ 的情形. 可以证明 $H_f^1(\mathbf{Q}, W_n)$ 的阶对 n 是一致有界的. 这个阶出现于为了证明 $R = \hat{T}$ 而作的一系列数值判定中:存在一个 $\mathbf{Z}_3$ - 同构 $\hat{T} \to 0, O$ 是 $\mathbf{Z}_3$ 在 $\mathbf{Q}_3$ 的有限扩张中的整闭包. 为了简单起见,我们假

定 $O = \mathbf{Z}_3$. 已知 $\hat{T}$ 是戈伦斯坦（Gorenstein）环,这就是说 $\mathrm{Hom}_{\mathbf{Z}_3}(\hat{T}, \mathbf{Z}_3)$ 是一个自由 $\hat{T}$ – 模. 此时满映射 $\hat{T} \to \mathbf{Z}_3$ 有一伴随映射 $\mathbf{Z}_3 \to T$；两个映射的合成是乘以 $\mathbf{Z}_3$ 中一元素 η,除了差一个单位数外是定义合理的,而且 $\eta \neq 0$. 另一方面,设 $\rho \subseteq R$ 是满映射 $\mathbf{R} \to \hat{T} \to \mathbf{Z}_3$ 的核,则有 $\#(\rho/\rho^2) \geqslant \#(\mathbf{Z}_3/\eta \cdot \mathbf{Z}_3)$（这里 $\#$ 表示阶）,等号成立当且仅当 $R = \hat{T}$ 且这是一个完全交（I 可由 γ 个元素生成）. 左方 $\#(\rho/\rho^2)$ 等于斯梅尔群 $H_f^1(\mathbf{Q}, W_n)$ 的阶（$n > 0$）. 开始的打算是试图用欧拉系（是科里瓦尼发明的）来建立等式,然而仅能证明 ρ/ρ^2 被 η 所零化. 这是弗拉奇定理的内容. 较高层的欧拉系,未能被构造出来.

证明

先对最小情形进行证明,然后说明问题可归结为最小情形. 所谓最小情形意指出现的所有相应于坏约化的素数都已经模了 3（不仅仅模了高次幂）. 依照罗贝特和其他人的定理（对 $l = 3$ 应用而不是对费马方程中的幂次 l 应用它）,属于曲线模 3 的伽罗瓦表示的层为 3 模表示. 在最小情形下计算欧拉特征（波伊托 – 塔特）,可证明 $H_f^1(\mathbf{Q}, W_1)$ 和 $H_f^2(\mathbf{Q}, W_1)$ 有相同维数 r. 对每个 n,选取 r 个素数 $q_1, \cdots, q_r$ 满足模 3^n 同余于 1. 再进一步应用 $\Gamma_0(N)$ 的子群. 该子群包含 $\Gamma_0(N)$ 与 $\Gamma_1(q_1, \cdots, q_r)$ 的交. $\Gamma_0(N)$ 对此子群的商群同构于 $G = (\mathbf{Z}/3^n\mathbf{Z})^r$. 相应的赫克代数 $\hat{T}_1$ 是 $\mathbf{Z}_3[G]$ 上的自由模,具有 G – 不变量 $\hat{T}$,是一表示环的商

$$R_1 = \mathbf{Z}_3[[T_1, \cdots, T_r]]/I_1$$

它又可由 r 个元素生成. 由于群 G 的自由作用,理想 I_1 是小的. 现在取 $n \to \infty$ 时的极限,在极限情况下 R_1 和 $\hat{T}_1$ 变成最幂级环而且相等了. 进而从 R_1 得到 R,$\hat{T}_1$ 得到 $\hat{T}$,同时加入 r 个关系"$\sigma_i = 1$",其中 $\sigma_1, \cdots, \sigma_r$ 是 G 的生成元. 最后 $R = \hat{T}$,且这是一个完全交.

如何将之归结为最小情形？只要估计不等式

$$\#(\rho/\rho^2) \geqslant \#(\mathbf{Z}_3/\eta \cdot \mathbf{Z}_3)$$

当从层 M 过渡到更高的层 $N(M \mid N)$ 时左右两边的变化,对于左边的 $\#H_f^1(\mathbf{Q}, W_n)$,那种局部条件被减弱,可得到一个上界. 对于右边则存在着"合并"现象,即老形式与新形式间是同余的. 这里的下界已由罗贝特和伊原(Ihara)作出. 幸运的是这两个界一样,于是,一切都被证明了.

的确,怀尔斯是幸运的,他终于提出了一个使世人相信的关于费马大定理的证明,从数学家那装满众多未解决猜想的重负中卸下了几乎是最大的,而且已背负了长达 350 年之久的一块.

这场精彩的大戏,最后以怀尔斯荣获著名的沃尔夫奖而进入尾声. 让我们读一下,《美国数学会会刊》一篇来自沃尔夫基金新闻发布会的消息.

新泽西州普林斯顿大学的安德鲁·怀尔斯与普林斯顿高等研究所的朗兰兹将分享1995 ~ 1996 年度的沃尔夫数学奖. 以色列总统韦茨曼(Ezer Weizman)将于 1996 年 3 月 24 日在国会(Knesset)大厦颁发该奖,奖金为十万美元. 同时颁发的还有取得杰出成就的沃尔夫化学、医药、农业和艺术奖.

由于证明费马大定理的成就,使怀尔斯在获得沃尔夫奖之后,又于同年获得了美国国家科学院数学奖(National Academy of Sciences Award in Mathematics),此奖是美国数学会为纪念该学会成立 100 周年,而于 1988 年设立的. 此奖每四年颁发一次,奖励过去十年内发表杰出数学研究成果的数学家.

朗兰兹获沃尔夫奖是由于"他在数论、自守形式和群表示论领域里所做的引人注目的开拓工作和非凡的洞察". 朗兰兹形成了自守形式包括艾森斯坦级数的基本工作,群表示论,L - 函数和阿廷猜想,函子原理及广泛的朗兰兹程序的系统阐述的现代理论. 他的贡献与洞察为目前与未来在这些领域的研究者提供了基础和灵感.

朗兰兹,1936 年生于加拿大英属哥伦比亚的新威斯敏特. 他先后于 1957 年和 1958 年在英属哥伦比亚大学获学士学位和硕士学位,并于 1960 年在耶鲁大学获博士学位. 同年, 他被任命为耶鲁大学讲师并于 1967 年获教授职位. 1972 年他得到目前的普林斯顿高等研究所教授职位. 他已荣获的主要奖项有耶鲁大学克罗斯(Wilbur L. Cross) 奖章(1975), 美国数学会科尔(Cole) 奖(1982), Sigma Xi 联邦奖(1984) 及美国科学院数学奖(1988). 1972 年他被选为加拿大皇家学会会员. 1981 年他又被选为伦敦皇家学会会员. 朗兰兹荣获英属哥伦比亚大学、麦吉尔大学、纽约城市大学、滑铁卢大学、巴黎第七大学及多伦多大学的名誉博士学位. 他们二位得奖的相关资料见 1996 年 2 月号的 *Notices of the American Mathematical Society* pp. 221-222; *Langlands and Wiles share wolf prize* 一文.

怀尔斯获沃尔夫奖是由于"他在数论和相关领域的杰出贡献, 在某些基本猜想上所做的重大推进及解决费马大定理. " 怀尔斯引进了既深又新的方法, 从而解决了数论中长期悬而未决的重要问题. 他自己以及他的合作者致力于研究的问题包括伯奇和戴尔猜想, 岩坡理论的主要猜想及谷山－志村－韦尔猜想. 他的工作终致著名的费马大定理的证明. 在过去的两个世纪里, 数论中的许多结果和方法都是为证明费马大定理而形成的.

怀尔斯,1953 年生于英国剑桥. 他于 1974 年在牛津大学的默顿(Merton) 学院获学士学位. 1977 年在剑桥大学的克莱尔(Clare) 学院获博士学位. 他是哈佛大学助教(1977 ~ 1980) 和高等研究所的成员(1981). 在访问了多所欧洲大学之后, 1982 年他被任命为普林斯顿大学的教授. 从 1984 年起, 他是普林斯顿大学的 Eugene Higgins 数学教授. 从 1988 年到 1990年, 他还拥有牛津皇家研究教授学会的职位. 从 1985年到 1986 年, 怀尔斯是古根海姆(Guggenheim) 研究员. 1989 年他被选为伦敦皇家学会会员.

沃尔夫基金由已故的里卡尔·沃尔夫(Ricardo Wolf) 所建立. 他是发明家、外交官和慈善家. 设此基金的目的在于"有利于提高人类的科学和艺术水平". 沃尔夫 1887 年生于德国, 后移民于古巴, 于 1961 年被任命为古巴驻以色列大使. 从那时起他一直生活在以色列国直到 1981 年去世. 沃尔夫数学奖是一种"终身成就奖", 获奖者大都年逾古稀, 著作等身, 硕果累累. 如德国数学家西格尔在 82 岁时获奖、法国数学家韦尔 73 岁获奖、法国的嘉当 76 岁获奖、芬兰的阿尔福斯74 岁获奖、匈牙利的厄尔多斯 71 岁获奖、陈省身 73 岁获奖, 所以此奖颇有"盖棺定论"的意味. 而怀尔斯正当盛年(获奖时才 43 岁), 实在是令人吃惊. 当然这都托费马的福, 是费马大定理使怀尔斯年纪轻轻就功成名就.

怀尔斯还获得过 1997 年的 Frank Nelson Cole Prize in Number Theory. Frank Nelson Cole 曾长期任美国数学学会的秘书(1896—1920), 并当过美国数学学会的刊物 Bulletin 主编长达 21 年, 经由他自己及美国数学学会会员的捐款设立了 Frank Nelson Cole Prize in Algebra 及 Frank Nelson Cole Prize in Number Theory. 1928 年首次颁奖, 每五年一次, 为代数及数论方面的大奖. 1903 年, 在美国数学学会的一次会议中, 时任美国哥伦比亚大学教授的 Cole 做了一个令人惊奇的报告, 他走上讲台, 一声不响地在黑板写下

$$2^{67} - 1 = 193\ 707\ 721 \times 761\ 838\ 257\ 287$$

但是, 像许多美好的事物都有争论一样. 怀尔斯的证明也不是满堂喝彩. 1996 年《科学美国人》杂志发表了一篇名为"证明的消亡"的文章, 该文引用了许多著名数学家的言论, 以表明在概念框架之下的经

典证明将自然地被用计算机所做的可视化验法所代替. 从而怀尔斯关于费马大定理的证明则被认为是一个"极大的时代错误". 但文章一发表即引起了一场轩然大波, 即使是那些在文中被引用了言论的数学家也都认为实际情况被完全地误解. 专家们指出, 严格的论证将导致只是在某一概念绝对成立的近似真理, 甚至是错误的结论, 而且为了得到这个不一定正确的结论还需耗费大量的时间.

千年等一回. 数论史上最重要的一页终于翻了过去. 这既使那些踌躇满志的失意者惘然若失, 也使那些像怀尔斯这样的成功者信心百倍地迈向新的领域.

科赫(H. Koch) 教授 2003 年以 20 世纪历次世界数学家大会中的大会报告为例对代数数论和算术几何的发展给出历史的综述.

一、概述

1993 年, 我被邀请在 1994 年于 Zurich 举行的 ICM(世界数学家大会) 的数学史卫星会议做关于代数数论的报告, 但是这个卫星会议未能举行. 我准备的手稿在加拿大魁北克拉瓦尔大学的数学与统计系作为预印本 95 - 10 发表. 在手稿中我只考虑了 ICM 的大会报告. 后来为了给出代数数论更完全地描述, 加进数论小组的报告.

第一届 ICM 于 1897 年举行. 那时的代数数论主要是代数数域的理论. 到了 20 世纪 20 年代, 人们明显地看到, 包括类域论在内的许多结果都适用于以有限域为常数域的函数域. 但是对高维情形, 这不是一种适当的语言. 于是格罗登迪克建立了基于素理想的算术术语的代数几何基础. 他把代数数论和代数几何统一起来, 这种统一现在称之为算术几何.

二、代数数论历史

为了更好地理解一个理论的历史, 将它分成几个阶段通常是有益的. 下面介绍代数数域历史时就这样做. 对于算术几何我们还将加入一些评注.

1. 创建年代(1800—1870)

代数数域的理论起源于二次互反律的推广和相关问题. 在这个意义下, 奠基者为高斯、艾森斯坦、雅可比和迪利克雷, 并以库默尔关于分圆域的工作而达到第一个高峰. 但是, 库默尔对于代数数的一般理论并不十分感兴趣, 他只研究与 n 次单位根相联系的代数数及这些代数数的 n 次方根. 另一方面, 迪利克雷则考虑任意代数整数在 **Z** 上生成的环上的单位群, 并确定了这个群的结构.

戴德金认识到, 这一理论的基本概念应当是代数数域, 这正是他的先辈研究中所忽略的概念. 豪布里希(R. Haubrich)在 Göttingen 大学的论文对于这一创建时代做了精彩的分析.

2. 奠基年代(1871—1896)

在这个时期, 基本概念和定理已建立起来并加以证明, 是由戴德金、克罗内克和柔罗塔瑞以彼此等价的 3 种方式建立起来的.

戴德金采用了理想论的方式, 这种方式现在被普遍接受. 他的结果于 1871 年作为迪利克雷《数论讲义》的第 10 个附录发表, 后来于 1894 年以更易于接受的方式写在迪利克雷此书第 4 版的第 11 个附录之中.

克罗内克采用添加变量的方法, 这种方法在 20 世纪初期从文献期刊中消失了, 但是在 1940 年韦尔仍采用这种方式, 并且艾克勒(M. Eichler)于 1963 年讲述代数数论基础时也采用这种方法的一种简化形式.

柔罗塔瑞的理论则使用指数赋值的语言. 亨塞尔(Hensel)也独立地发展了这种方法, 但直到 20 世纪 20 年代哈塞(Hasse)关于二次型的工作之后, 这种方法才被接受. 哈塞于 1949 年出版的《数论》一书便是用赋值方法讲数论. Z. I. Borevich 和沙法列维奇(I. R. Shafarevich)后来在他们的《数论》一书中主要沿袭柔罗塔瑞的思想.

3. 类域论, 英雄年代(1897—1930)

克罗内克已经猜想到, 代数数域的阿贝尔扩张(即正规扩张, 并且伽罗瓦群是交换群)理论比代数数域的一般理论要丰富得多. 这是根据他对有理数域 Q 和虚二次域为阿贝尔扩张的研究做出这种判断的. 但是, 这样一种理论的最早形成应当回溯到希尔伯特和韦伯.

希尔伯特定义了一个概念, 现在称之为代数数域 K 的希尔伯特类域. 这是 K 的最大阿贝尔扩域 H, 使得 K 的所有位在 H 中均不分歧. 这个扩张 H/K 的次数等于 K 的类数, 并且 K 的素理想 p 在 H 中的惯性指数应等于理想类 $\bar{p}$ 在 K 的理想类群中的阶. 希尔伯特进而猜想, K 的每个理想在 H 中均为主理想(主理想猜想). 希尔伯特类域的存在性由富特温勒(P. Furtwängler)证明.

韦伯定义了结合于一个给定理想类群 I_m/S_m 的类域 H_m, 其中 m 是 K 的一个整理想, I_m 是 K 中与 m 互素的理想组成的群, S_m 是满足 $\alpha \equiv 1 (\bmod\ m)$ 和 $\mathfrak{l}(\alpha) > 0$(对 K 的每个实嵌入 $\mathfrak{l}$)的 K 中元素 α 形成的主理想 (α) 组成的群. 类域 H_m 是 K 的正规扩张, 并且 K 的素理想 p 在 H_m 中完全分裂当且仅当 $p \in S_m$. 鲍尔定理表明 H_m 的唯一性, 但是 H_m 的存在性并不清楚, 除了克罗内克已经知道的那些情况, 对其余情形韦伯不能给出证明. 可是韦伯证明了 H_m/K 的伽罗瓦群是交换群, 并且同构于 I_m/S_m.

高木贞治(T. Takagi)首次给出了阿贝尔扩张的完整理论. 他证明了类域 H_m 的存在性和完备性定理, 后者是说: 对每个阿贝尔扩张 A/K, K 中均存在理想 m, 使得 $A \subseteq H_m$.

类域论最后一个重要内容, 是由弗罗贝尼乌斯自同构给出的理想群与相应的阿贝尔扩张伽罗瓦群之间的正则同态,这是由阿廷发现,并作为一般互反律加以证明,证明利用了切博塔廖夫(N. Chebotarev)的方法将问题化为分圆扩张情形. 基于阿廷的互反律,富特温勒证明了希尔伯特的主理想猜想. 至此,类域论臻于完善. 它作为数学的一部分,既美丽又充满困难并且神秘的证明. (更详细的介绍可见哈塞的文章《类域论历史》.)

4. 改造和简化(1930—1952)

这个时期始于哈塞在整体类域论之外独立地建立局部类域论,这里"局部"指的是 p-adic 数域,而"整体"指的是代数数域. 谢瓦莱(C. Chevalley)和施密特(未发表)几乎立刻用单代数理论对于哈塞诸定理给出局部证明,但是没有涉及互反映射(即从基域乘法群到阿贝尔扩张伽罗瓦群之上的正则同态). 这个互反映射对于循环情形由哈塞给出,然后在循环情形的基础上谢瓦莱对于一般情形给出互反映射.

哈塞发展了局部域 K 上的中心单代数理论,并且证明了它们是迪克森类型的,即可用 K 的不分歧循环扩张的方式构作出来. 他还证明:正规扩张 L/K 为相对布饶尔群(根据 E. Noether,它可表示成上同调群 $H^2(\mathrm{Gal}(L/K), L^\times)$)是具有正则生成元的循环群. 中山(T. Nakayama)用布饶尔群的这个正则生成元,对任意交换的伽罗瓦群情形给出哈塞互反映射的正规扩张. 这是在建立类域论的上同调基础方面迈出的重要一步.

谢瓦莱在将整体类域论推广到无限阿贝尔扩张情形的过程中引进了 idele 概念. 这个概念以自然的方式与类群 I_m/S_m 的逆极限相联系. 在他的 idele 类群的基础上,谢瓦莱利用埃布朗(J. Herbrand)的早期工作第一个给出整体类域论的纯代数讲述方式.

霍赫希尔德(G. Hochschild)给出局部类域论新的建立方式,采用上同调群而不用代数这种结构. 这可看成是对局部类域论的一种改造. 而在韦尔和中山发现整体正则类之后,几乎同时导致整体类域论也以上同调为基础. 塔特引进负维数的上同调群并将中山映射解释成上积(cup product),从而完成了类域论的上同调途径.

在1930—1952年,代数数域理论的最有趣结果或许是把高次分歧群看成是类群的子群的哈塞反射和沙法列维奇对群扩张

$$1 \to \mathrm{Gal}(L/K) \to \mathrm{Gal}(L/M) \to \mathrm{Gal}(K/M) \to 1$$

给出类域论解释,这里 L/K 为阿贝尔扩张,而 L/M 为正规扩张$(K \subseteq L)$. 对应于这种扩张的 2 - 类是 K/M 的正则类在 L/K 的类群的互反映射下的象. 虽然沙法列维奇只对局部情形叙述和证明了这个定理,但是他的证明可逐字逐句推广到整体情形(详见科赫:《类域论中沙法列维奇定理的历史》).

5. 无限扩张(1952—1970)

克鲁尔(W. Krull) 已经发展了无限扩张的伽罗瓦理论. 但一直到20世纪50年代研究具有限制分歧的最大扩张的时候,无限扩张这个概念才显示出重要性. 开创性工作之一是沙法列维奇对 p-adic 数域 K 的有限 p - 扩张的研究,其中 p 是 K 的剩余类域的特征,并且 K 不包含 p 次单位根. 用无限扩张语言,他的结果可以叙述为:K 的最大 p - 扩张的伽罗瓦群是秩$[K:\mathbf{Q}_p] + 1$ 的自由射影 p - 群. 岩泽健吉(K. Iwasawa) 第一个研究了局部域代数闭包的伽罗瓦群结构. 他在一系列工作中研究代数数域 K 的 $\mathbf{Z}_p$ - 扩张 E,对于中间域 $E_n(K \subset E_n \subset E)$ 的类数 p 部分给出全新的结果.

塔特和塞尔发展了无限扩张的上同调理论,给出这种扩张的结构理论与上同调群的关系. 这个数学领域现在称为伽罗瓦上同调.

沙法列维奇就代数数域具有限制分歧的最大 p - 扩张,对其伽罗瓦群的关系个数给出估计,并与 Golod 一起证明了无限类域塔的存在性.

卢宾(J. Lubin) 和塔特发现一种用形式群明显构

作局部域阿贝尔扩张的方法. 他们证明一系列漂亮结果时需要利用(不分歧的) 无限扩张. 这种方法与用椭圆函数生成虚二次数域的阿贝尔扩张方式相比较, 有异曲同工之处.

6. 朗兰兹纲领(1970 至今)

最后一个至今还没有完成的时期是从 1970 年开始的, 由朗兰兹猜想所统治. 这个猜想是互反律到非阿贝尔扩张的推广. 朗兰兹纲领的某些源头可上溯至 20 世纪 20 年代. 阿廷研究了关于数域伽罗瓦群表示的 L 函数. 另一方面, 赫克研究了关于 Grossen 特征与模形式的 L 函数. 朗兰兹猜想是说: 在伽罗瓦表示和模表示之间存在正则的对应, 使得阿廷 L 函数等于某个赫克 L 函数, 这就给出互反律的推广. 事实上, 这只是朗兰兹猜想与代数数论有关的那一部分. 他叙述了局部域上简约线性群和整体域上 adele 环的表示理论. 在这个意义上, 代数数域的理论已被包含于初创的一种新理论之中, 这个新理论为模表示理论.

当然, 在每个时期结束之后, 该领域的许多数学家仍用这个时期的语言继续从事研究工作. 一个突出的例子是沙法列维奇定理: 每个有限可解群均可实现为一给定代数数域的扩张的伽罗瓦群. 这些文章都是用英雄年代(1897—1930) 的语言写成的.

7. 算术几何

代数数域的理论为另一种新理论提供营养, 这种新理论现在称为算术几何. 谈到几何, 不能不说起重要先驱者之一黎曼和黎曼曲面上的单变量函数理论. 通往算术几何的重要第一步是由 19 世纪上面提到的一些数学家迈出的, 这些数学家为克罗内克、戴德金和韦伯. 克罗内克在 *Crelle* 杂志(1882 年第 92 卷) 中发表文章《代数数的算术理论基础》, 所叙述的理论可看成是格罗登迪克模型理论的先驱. 在上述杂志的同一卷中, 基于戴德金的理想论, 戴德金和韦伯给出黎曼 – 洛赫定理的一个纯代数证明.

椭圆曲线,或者更一般的阿贝尔簇,在算术几何发展中起了主要作用. C 上一个阿贝尔簇是一个环面(torus)并且具有 C 上的复代数簇结构. 换句话说,它是商 C^n/Λ,其中 Λ 为具有某些熟知性质的格. 这个对象已被阿贝尔、雅可比、黎曼、魏尔斯特拉斯等数学家做了大量的研究. 后来人们认识到,可以在任何域上定义阿贝尔簇并研究它. 莫德尔定理是说:Q 上椭圆曲线的有理点群是有限生成交换群. 他在文章中猜想:Q 上亏格大于 1 的曲线只有有限多个有理点. 法尔廷斯对于任意代数数域上的曲线证明了这个猜想. 韦尔把莫德尔定理推广到任意代数数域上的阿贝尔簇.

对于有限域上的一些函数域,阿廷定义了 ζ 函数. 后来对有限域上每个代数簇均可定义 ζ 函数. 对于这种 ζ 函数也有类似的黎曼猜想,这个猜想对于椭圆曲线情形由哈塞所证明,对于任意曲线由韦尔所证明. 但是韦尔需要发展代数几何更为坚实的基础. 韦尔对于代数几何的发展写成专著,书名为《代数几何基础》. 韦尔对于高维情形给出类似的猜想,并且他指明,如果代数簇有"正确"的上同调理论,那么可得出猜想的一部分成立. 寻找这样的上同调成为格罗登迪克用塞尔、扎里斯基等人的思想发展抽象代数几何的主要动机之一. 这个正确的上同调便是基于 etale 拓扑作出的 etale 上同调. 德利涅由此证明了高维韦尔猜想. 利用算术几何和朗兰兹对应(特殊情形)的深刻结果,怀尔斯证明了费马大定理.

在解释了算术几何发展的主要特点和描述了代数数论历史之后,最后谈谈代数数论与算术几何的联系. 当然,前者是后者的基础,但这两个分支的思想常常交织在一起. 这里只举两个例子.

1. A. Parshin 和后来的 K. Kato 等人用 K - 理论给出的类域论推广. 这个理论采用域上一般 K - 理论的方法,但只有域上 K - 理论在 ICM 上有所反映.

2. 朗兰兹纲领的进展与算术几何方法有关. 这里

315

只提一下志村簇,这是由德利涅提出的概念,基于志村关于阿贝尔簇的工作.

三、ICM 上的代数数论

现在谈代数数论在 ICM 上的反映.

1. ICM 1897,Zurich

第一届 ICM 与 20 世纪后半期标准的 ICM 有所不同.不会只开 4 天,并且只有 2 个大会报告.只在"数论与代数"小组有 2 个代数数论报告.一个是由韦伯作的邀请报告《关于代数数域的亏格》,另一个是施蒂克贝格的非邀请报告《代数数域判别式的一个新性质》.

韦伯提出他的类域概念(如前文所述),并且给出这种域的著名例子.报告的本质部分是用克罗内克语言解释代数数域理论的基本概念.

施蒂克贝格考虑代数数域 K 的判别式 D 和素数在 K 中分裂性质的联系.他的结果是二次域 K 情形的直接推广(奇素数 p 在二次域 K 中分裂当且仅当 $(D/p) = 1$).他的结果推出一个熟知定理:D 模 4 同余于 0 或 1.

2. ICM 1900,Paris

共有 4 个大会报告,与代数数论有关的只有 1 个,即希尔伯特在第 6 组"教育与方法"组所做的报告《数学问题》.由于它的"非常重要性",这个演讲的法文本在小组报告之前就已发表在大会报告文集之中,而德文原文于 1900 年第一次发表在德国数学杂志(*Göttingen Nachrichten*).希尔伯特的这个演讲在许多会议上被讨论.希尔伯特的 23 个问题中,有 4 个与代数数论有关.事实上,演讲的讲稿中有 23 个问题,但在大会上并没有讲到所有问题.在与代数数论有关的问题当中,第 12 问题在会上就没有讲到.

在第 8 问题中他提到用戴德金 ζ 函数研究代数数域的素理想分布,作为用黎曼 ζ 函数研究素数分布的推广.

第 9 问题只写了几行字,关于任意数域的最一般互反律. 但是希尔伯特在第 12 问题中又回到这个问题. 第 12 问题是如何将克罗内克－韦伯定理推广到任意代数数域. 他想把代数数域和复数域上单变量代数函数域加以比较, 因此他把克罗内克－韦伯定理叙述成两部分:

(1) 对给定的次数, 给定的交换的伽罗瓦群和给定的判别式, $\mathbf{Q}$ 的正规扩张的存在性.

(2) 每个这种扩张均是 $\mathbf{Q}(\mathrm{e}^{2\pi\mathrm{i}/n})$ 的子域(对某个有理整数 n).

第一部分是具有给定分歧特点的阿贝尔扩张的存在性, 它对应于具有给定分歧性的黎曼面上的函数域的黎曼存在性定理. 克罗内克在他的"青春之梦"中已经猜想: 克罗内克－韦伯定理的上述两部分均可推广到虚二次数域, 指数函数要改用模函数和标准化的椭圆函数. 而希尔伯特说: 克罗内克－韦伯定理到任何基域的推广是数论和函数论最深刻和最困难的问题之一.

第 11 问题是关于系数属于任意代数数域的二次型问题.

现在我对希尔伯特上述 4 个问题做简短的评论. 这 4 个问题虽然只是演讲的一小部分, 但在我看来, 它们充分体现出 ICM 的大会报告应当具有哪些内涵. 希尔伯特讲到该领域的近期进展并指出未来方向. 事实上, 他本人当时也是该理论的推动者. 他甚至讲到解决问题可能的方法. 他也把这些问题放到更宽的视野之中, 将之与代数函数论中类似的问题加以比较. 类域论在后来几十年的巨大发展表明希尔伯特预言了正确的方向. 素理想分布问题由兰道, 赫克, 切比雪夫和其他一些人成功地加以研究, 而阿廷的一般互反律是集这一理论之大成. 作为高斯二次互反律更直接推广的互反律是后来由沙法列维奇, 布吕克纳和 Vostokov 等人给出. 希尔伯特蓝图中只有一件事至今未能完成. 为了生成任意基域的全部阿贝尔扩张, 需

317

要采用超越函数的特殊值. 现在, 这个问题事实上已与志村簇理论交汇在一起.

任意数域上的二次型理论现在已经相当完善. 其第一个高潮是哈塞关于二次型的局部 – 整体原则, 它显示出亨塞尔 p -adic 数的重要性. 希尔伯特没有预言到局部域和局部 – 整体原则的重要性. 这似乎超出了他的数学视野.

3. ICM 1904, Heidelberg

共有 4 个大会报告, 4 种大会语言(法、德、英、意)恰好各有一个大会报告. 代数数论报告是闵可夫斯基在"算术与代数"组所做的《数的几何》. 他对二维和三维情形介绍了数的几何这门学问. 作为它在代数数论中的一个应用例子, 他考虑了决定三次数域单位的问题.

4. ICM 1908, Rome

在"算术、代数和分析"小组中, 数论方面只有迪克森关于费马大定理的报告. 他考虑方程 $x^n + y^n = z^n$ 的 n 与 xyz 互素的情形(第一情形), 证明了当 $2 < n < 70$ 时无解.

5. ICM 1912, 英国 Cambridge

兰道做了大会报告《素数分布理论和黎曼 ζ 函数的一些已解决和未解决问题》. 虽然兰道在研究素理想分布方面已很有名气, 但他在大会报告中只讲到通常素数, 这显然是由于他的工作还不被当时的全部数学家所理解.

会上还有一个关于代数数论的小组报告, 即 G. Rabinowitsch 的《二次数域中素因子分解的唯一性》. 他证明了: 判别式为 $1 - 4m$ 的虚二次数域的类数为 1 当且仅当 $0 < a < m$ 时 $a^2 - a + m$ 的素数.

6. ICM 1920, Strasbourg 和 ICM 1924, Toronto

现在人们普遍接受这种观点, 即虽然第一次世界大战之后类域论是重要数学成就之一, 但是在 20 世纪 20 年代的 ICM 中没有得到反映. 其原因可能是在

20 世纪 20 年代, 研究代数数论的主要国家德国在 1920 年和 1924 年 ICM 上未被邀请. 日本数学家高木贞治是类域论的主要人物之一, 他也未被邀请做大会报告.

事实上, 高木的工作在 1920 年是很新的理论. 他做了小组报告《代数数论的某些一般性定理》. 他用一种非常清晰的方式解释他的类域论结果.

1920 年大会上还有另外两个小组报告: 夏特莱的《互反律和阿贝尔域》(他的结果包含于高木贞治的结果之中) 和富埃特 (R. Fueter) 的《椭圆曲线复乘理论的一个定理》. 后者谈到如何由模函数和椭圆函数来生成类域.

迪克森在 1920 年和 1924 年均做了关于数论的大会报告, 题目分别为《数论和其他数学分支的关系》和《代数的算术理论 —— 现状的概述》. 这两个演讲通俗易懂, 但并不特别有趣. 这两个报告和数论在当时的最新进展没有关系. 1924 年大会上还有两个通讯报告, 即迪克森讲述代数的算术和 H. S. Vandiver 讲述费马大定理的第一情形.

7. ICM 1928, Bologna 和 ICM 1932, Zurich

所有国家都被邀请参加 1928 年大会. 希尔伯特做了第一个演讲《数学基础的问题》. 但是没有大会报告讲代数数论. 其原因可能是主办国在选择邀请报告时起主要影响, 而当时意大利懂代数数论的人很少.

在 1932 年的大会上也可看出上述第一个原因在发挥作用: 瑞士数学家富埃特为瑞士数学会奠基人之一和 1932 年 Zurich 大会的主席. 他给了题为《理想论和函数论》的大会报告. 富埃特研究复乘理论, 他证明了"克罗内克青春之梦"的一种提法 (虚二次数域 K 的全体阿贝尔扩张由椭圆模函数在 K 中某些数处的取值所生成) 是不正确的. 在他的大会报告中主要讲复乘及其推广. 他提到复乘理论的重大事情, 阿廷互反律在 1927 年的证明和富特温勒 1930 年证明的主理想定理. 但这些都讲得很简略, 并且讲法不被外行人所理解.

1932 年 ICM 的第 2 个大会报告属于代数领域, 但涉及代数数论. 这就是诺特的报告《超复系及与交换代数和代数数论的联系》. 报告中描述了 20 世纪 20 年代和 30 年代由诺特、哈塞和布饶尔等人发展的单代数理论. 特别当基域为局部域和整体域时, 这个理论非常丰富. 这个理论关系到类域论用上同调方法的改造, 这是类域论在 1930——1952 年期间的主要面貌. 因此, 从任何标准来看, 这都是一个好的大会报告. 但是诺特毕竟是代数领域的主要代表数学家之一, 这也影响到她的演讲风格.

8. ICM 1936, Oslo

1936 年, 国际数学界有各种理由可以将德国排除在外, 但是反而有 3 位德国数学家做了数论的大会报告, 他们是哈塞、赫克和西格尔. 赫克的报告题为《椭圆模函数理论的新进展》, 讲述前面提过的赫克 L 函数. 西格尔的报告为《二次型的解析理论》, 讲二次型理论中的"闵可夫斯基 – 西格尔 mass 公式". 下面我比较仔细地谈谈哈塞的报告《函数域的黎曼猜想》.

哈塞对于函数域上黎曼猜想的贡献要追溯到他和达文波特之间关于数论的抽象代数化理论价值问题的争论. 哈塞利用代数函数域上他建立的除子理论, 要证明达文波特关于某些具体不定方程的下述猜想: 给了系数属于有限域 $\mathbf{F}_q$ 的一个三次不可约多项式 $f(x)$, 方程 $y^2 = f(x)$ 在 $\mathbf{F}_q$ 中解 (x, y) 的个数 N 满足不等式 $|N - q| \leqslant 2\sqrt{q}$. 哈塞不仅证明了这个猜想, 而且对 $\mathbf{F}_q$ 上任意射影曲线猜想出它的推广形式并且指出证明思路. 一般的不等式应当为 $|N_1 - q - 1| \leqslant 2g\sqrt{q}$, 其中 N_1 是曲线在 $\mathbf{F}_q$ 上的有理点数, 对于达文波特的情形 $N_1 = N + 1$, 因为还要加上一个无穷远点. 而 g 是曲线的亏格.

这个猜想可以用另一种方式叙述成关于 ζ 函数零点的黎曼猜想的一种类比形式，因此称之为有限域上曲线的黎曼猜想. 如前所述，韦尔证明了这个猜想，并且与他的《代数几何基础》一书具有密切的联系. 虽然韦尔采用了哈塞的思想，但韦尔的贡献标志着由函数域理论作为主要研究对象到曲线和代数簇的更具几何观点的一种转移.

9. ICM 1950，美国 Cambridge

关于代数数论有两个大会报告. 阿廷的报告为《代数数论和类域论的现代进展》. 尽管他没有提供讲稿，但可以想象得到，他讲的类域论一定是 idele 的理论，并且以群的上同调为基础. 韦尔的报告为《数论与代数几何》. 他从与戴德金和克罗内克不同的观点讲起，沿着历史的脉络，主要解释他关于代数（和算术）几何基础的思想.

10. ICM 1954，Armsterdam 和 ICM 1958，Edinburgh

这两次大会没有关于代数数论的大会报告，但在 1958 年，多伊林和 P. Roquette 均作了半小时邀请报告. 多伊林的报告为《代数函数域的新结果》，但是没有提交文章. Roquette 的报告为《阿贝尔函数域的一些基本定理》，用函数域的语言考虑莫德尔 – 韦尔定理的一些推广.

11. ICM 1962，Stockholm

关于代数数论有 3 个邀请报告. 沙法列维奇的大会报告是《代数数域》，J. W. S. Cassels 和塔特的小组报告题目分别为《椭圆曲线的算术》和《数域上伽罗瓦上同调的对偶定理》.

沙法列维奇的报告至少在两方面引人注意：对于代数数域在一个位的有限集之外不分歧的最大 p – 扩张，他给出伽罗瓦群生成元关系数的一个估计. 在报告中他还讨论了构造无限不分歧类域塔的可能性. 如果有下述类型的一个定理：当一个群的关系数与生成元秩相比足够少，那么它必是无限群. 那么由这个定理便可构造无限类域塔. 于是他把这个问题提交给数学界, 希望能(否定地) 解决一个著名问题: 每个代数数域是否都存在类数为 1 的有限扩域. 尽管有不少数学家试图解决这个问题, 最终还是沙法列维奇本人与 Golod 在两年后合作给出一个漂亮的答案: 一个射影 p - 群在关系秩 r 和生成元秩 d 之间满足不等式 $r < (d - 1)^2/4$, 则它为无限群.

这个结果(后来由 Vinberg 和 Gaschütz 把不等式改进为 $r < d^2/4$) 实际上证明了无限类域塔的存在性. 报告的第二个方面讲代数数域与函数域的类比, 这在希尔伯特 1900 年的大会报告中已经提到. 这种类比使沙法列维奇提出关于代数数域上代数曲线的两个猜想, 作为埃尔米特和闵可夫斯基判别式定理的类比. 猜想 1: 不计有理等价, 则只存在有限多曲线具有给定的亏格 $g(> 1)$, 并且在一给定的素除子有限集合之外均有好的约化. 这个猜想被法尔廷斯证明. 猜想 2: 不存在有理数域上的非有理曲线(亏格不为零的曲线), 使得对所有素数均有好的约化. 这个猜想由阿布拉什金和方丹证明.

卡塞尔斯报告了关于代数数域上椭圆曲线有理点的新结果, 特别是关于沙法列维奇 - 塔特群的结构和伯奇 - 斯温纳顿 - 戴尔猜想.

塔特报告了他关于上同调群 $H^n(G, M)$ 的结果, 其中 G 是具有某种极大性条件的数域扩张的伽罗瓦群, 而 M 是某个 G - 模. 在某种意义下, 这些结果表明由类域论方法可以得出非阿贝尔扩张的什么结论. 所宣布的多数定理是新的(其中某些结果是由 G. Poitou 独立地发现和证明的), 但是塔特从未发表过这些结果的证明. 事实上, 其中的一个结果等价于 Leopoldt 猜想, 而它至今仍未被证明, 但是其他结果的证明后来由 K. Haberland 和 J. S. Milne 给出.

12. ICM 1966—1994

对其余的 ICM 我只能给出简要的介绍. 这些大会

的组织工作愈来愈职业化,并且具有健全的系统来选择过去几年中最重要的数学工作,作为邀请报告.

在 1966 年莫斯科大会上,格罗登迪克关于代数几何基础的工作获菲尔兹奖. 阿廷做了题为《概型的 Etale 拓扑》的大会报告,这是格罗登迪克理论的最重要部分之一. 另一个大会报告是 I. I. Pjateckij-Shapiro 的《自守函数与算术群》. 自守函数理论已成为朗兰兹纲领的一个本质性部分,朗兰兹在这方面的工作发表于 1970 年. 在 1970 年的 Nice 大会上,塔特做了题为《算术中的符号,K_2 – 群和它们与伽罗瓦上同调的联系》的大会报告.

下一个有代数数论大会报告的是 1978 年 Helsinki 大会:朗兰兹讲了他的纲领,题目为《L 函数和自守表示》,马宁的报告为《模形式与数论》. 德利涅关于证明韦尔猜想的工作获菲尔兹奖. 在 1983 年 Warsaw 大会上,马祖尔做了题为《模曲线和算术》的大会报告,介绍 **Q** 上模曲线的新结果. 但是在 1983 年大会上最轰动的事是法尔廷斯对莫德尔猜想给出的证明,这个证明在大会之前刚刚被接受. 德利涅则给出这个结果的一种改进方式. 法尔廷斯在下一届 (1986 年) Berkeley 大会上获菲尔兹奖,并且作了关于莫德尔猜想和相关问题的大会报告. 第 2 个大会报告是 H. W. Lenstra 的《椭圆曲线和数论算法》,他的报告表明代数数论如何用来把大整数进行素因子分解,这对于公开密钥通信是重要的.

在 1990 年 Kyoto 大会上代数数论也有两个大会报告:布洛赫的《代数 K – 理论,Motives 和代数 Cycles》和伊原的报告,后者讲述有理数域的代数闭包的伽罗瓦群. Drinfeld 为菲尔兹奖得主之一,其获奖成就的一部分是关于朗兰兹猜想方面的工作.

在 1994 年 Zurich 大会上,怀尔斯做了题为《模形式,椭圆曲线和费马大定理》的报告. 他解释他证明费马大定理的方法. 在大会期间,他的证明中有一处仍不完善,但在几周之后(与泰勒合作)完成了证明.在 1994 年大会文集中已经提到他们即将发表的两篇证明文章.

13. 最后评论

从 1900 年大会希尔伯特的报告到 1936 年大会,代数数论在 ICM 中未得到充分反映.这有两个原因:(1) 在 1930 年以前,中欧和日本以外的人很少知道代数数论,而大会邀请程序由主办国的组委会决定.(2) 第一次世界大战的战败国奥地利、保加利亚、德国和匈牙利在 1920 年和 1924 年大会上未被邀请.在德国数学家缺席的情形下,代数数论有影响的代表为迪克森和富埃特,但是他们对于发展这一理论所起的作用不大.

从 1936 年开始,代数数论在大会中有适当的反映.而从 1962 年起这种反映就相当充分和令人满意了.

自守形式的研究中包含了数论,代数几何,分析和表示论之间惊人的相互影响,相互推动.

我们先对这一学科作一个简短的介绍.我们回忆一下,$SL_2(\boldsymbol{R})$ 中的格 Γ 是指一个离散子群,且 $\Gamma \backslash SL_2(\boldsymbol{R})$ 有有限的不变体积.相对于 Γ 的权为 k 的经典模形式是定义于庞加莱上半平面 $\mathscr{H}$ 上的全纯函数 $f(z)$,它满足

$$f(\gamma(z)) = (cz + d)^k f(z), \text{对一切 } \gamma = \begin{pmatrix} a & b \\ c & d \end{pmatrix} \in \Gamma$$

⑲

自然,$\gamma(z)$ 表示 $SL_2(\boldsymbol{R})$ 在 $\mathscr{H}$ 上的线性分式变换.$f(z)$ 还须在 Γ 的尖点处满足某种增长条件,这一点我们略去不谈.如果 $\begin{pmatrix} 1 & 1 \\ 0 & 1 \end{pmatrix} \in \Gamma$,又如 $\Gamma = SL_2(\boldsymbol{Z})$,那么 $f(z)$ 在 $z \to z + 1$ 映射下不变,$f(z)$ 可以展开为傅里叶级数

324

$$f(z) = \sum_{n \geq 0} a_n e^{2\pi i n z}$$

增长条件保证了对 $n < 0$ 有 $a_n = 0$. 如果 $a_0 = 0$, 那么称 f 为尖点形式.

在最简单的模形式即相对于 $SL_2(\mathbf{Z})$ 的同余子群 Γ 的艾森斯坦级数中已经显现了与别的学科丰富的相互作用. 设 $\Gamma = SL_2(\mathbf{Z})$, 权为 $2k(k > 1)$ 的艾森斯坦级数由如下熟知的公式定义

$$G_{2k}(z) = \sum_{\substack{(c,d) \in \mathbf{Z}^2 \\ (c,d) \neq (0,0)}} (cz + d)^{-2k}$$

由此式立得: 此级数收敛于一个全纯函数, 该函数满足权为 $2k$ 的变换律⑲. $G_{2k}(z)$ 的傅里叶展开提供了一个与数论的联系

$$G_{2k}(z) = 2\zeta(2k) + c_{2k} \sum_{n \geq 1} \sigma_{2k-1}(n) e^{2\pi i n z}$$

其中 $c_l = 2(2\pi i)^l / l!$, $\sigma_l(n) = \sum_{d \mid n} d^l$, $\zeta(s)$ 是黎曼 ζ 函数. 事实上, 这种联系比最初看到的还要深刻. 根据西格尔 – 韦尔公式, 艾森斯坦级数的傅里叶系数与二次型表示整数 n 的表法数密切相关. 例如, 将 n 写为四平方和的表示的数 $r_4(n)$ 有一个雅可比公式

$$r_4(n) = 8(2 + (-1)^n) \sum_{\substack{d \mid n \\ d \text{奇}}} d$$

这等价于断言: $r_4(n)$ 一定等于相对于 $SL_2(\mathbf{Z})$ 的某个同余子群的权为 2 的一个艾森斯坦级数的第 n 个傅里叶系数. 艾森斯坦级数的傅里叶展开的常数项则有另外的深刻的算术意义. 它是黎曼 ζ 函数(或在同余子群时是迪利克雷 L – 函数) 的特殊值. 在 Ribet 及马祖尔和怀尔斯的工作中这个事实是这些特殊值的 p -adic 性质与分圆域理论之间重要联系的基础. 设点 $z_0 \in \mathscr{H}$, 使得 $\mathbf{Q}(z_0)$ 是二次虚域. 艾森斯坦级数在这点的值给出了与数论的第三个联系. 它们基本上就是这个二次虚域的某些赫克 L – 函数的特殊值. 在自守形式与 L – 函数的特殊值之间有很多联系, 既有已知

的,也有仅是猜想的,上面所说的只是其中的一个例子.

有一个更一般的 $SL_2(\boldsymbol{R})$ 上的艾森斯坦级数的定义,经典的艾森斯坦级数仅是它的一种特殊情形. 一般的定义也包括了权为 0 且参数 $\lambda \in \boldsymbol{C}$ 的谱艾森斯坦级数,即

$$E(z,\lambda) = \operatorname{Im}(z)^{\frac{\lambda+1}{2}} \sum_{\substack{(c,d) \in \boldsymbol{Z}^2 \\ (c,d) \neq (0,0)}} |cz+d|^{-\lambda-1}$$

当 $\operatorname{Re}(\lambda) > 1$,则此级数收敛. 函数 $E(z,\lambda)$ 不是经典模形式,因为它不是全纯的,但它是 $\Gamma \backslash \mathscr{H}$ 上的拉普拉斯算子 Δ 的实解析本征函数,对应的本征值是 $\frac{1}{4}(1-\lambda^2)$. 这样,它是 Maass 形式的一个例子. 这样的艾森斯坦级数以及它关于同余子群的变种是 $\mathscr{H}$ 上的拉普拉斯算子 Δ 的谱分解中的连续部分的基本本征函数. 这样,它们是指数函数 $\mathrm{e}^{\lambda t}, \lambda \in \mathrm{i}\boldsymbol{R}$ 在上半平面的类似. 正如标准的傅里叶分析基于指数函数 $\mathrm{e}^{\lambda t}$ 一样,对自伴算子 Δ 进行谱分析时需要使用艾森斯坦级数 $E(z,\lambda)$,其中 $\lambda \in \mathrm{i}\boldsymbol{R}$,此时这个级数不再是收敛的. 塞尔伯格的基本结果之一是说 $E(z,\lambda)$ 作为 λ 的函数可以半纯延拓到整个复平面,而在虚轴上没有极点,这是自守形式谱理论的出发点. 此外,谱艾森斯坦级数也可作为所谓兰金 – 塞尔伯格卷积的核函数,设 $f(z)$ 和 $g(z)$ 为两个权为 k 的尖点形,该卷积为

$$L(S,f,g) = \int_{\Gamma \backslash \mathscr{H}} f(z) \overline{g(z)} \operatorname{Im}(z)^{k-2} E(z,s) \,\mathrm{d}z$$

$L(S,f,g)$ 和迪利克雷级数 $\sum a_n b_n n^{-s}$ 只差一个含有 Gamma 函数的简单的因子,其中 a_n 与 b_n 分别是 f 与 g 的傅里叶系数. 这个卷积对很多问题都起了重要作用,后面将要提到其中的一些. 总之,艾森斯坦级数提供了自守形,数论和分析之间的密切联系的最初的诠释.

谈到与表示论的联系. 必须将自守形式定义为

$\Gamma \backslash SL_2(\boldsymbol{R})$ 上的函数 φ, 而不是定义在对称空间 $\mathscr{H}$ 上的. 人们在 $\Gamma \backslash G(\boldsymbol{R})$ 上定义自守形, 这里 $G(\boldsymbol{R})$ 是 $\boldsymbol{Q}$ 上的一个约化代数群 G 的实数点群, $\Gamma \subset G(\boldsymbol{R})$ 是一个格. 群 $G(\boldsymbol{R})$ 通过右平移(记作 ρ)作用在 $\Gamma \backslash G(\boldsymbol{R})$ 上各种不同的函数空间上. 例如 $G(\boldsymbol{R})$ 作用在 $L^2(\Gamma \backslash G(\boldsymbol{R}))$ 上, 我们得到酉表示. $\Gamma \backslash G(\boldsymbol{R})$ 上的光滑函数称为自守形式是指它满足一个增长条件和两个有限性条件. 第一个有限性条件要求 φ 在 $G(\boldsymbol{R})$ 的一个固定的极大紧子群的作用下得到的表示是有限维的. 第二个有限性条件是要求空间 $\{\rho(z)\varphi\}$ 是有限维空间, 其中 z 跑遍 $G(\boldsymbol{R})$ 包络代数的中心, $\rho(z)$ 是导出作用. 这两个有限性条件决定了 φ 是实解析的. 在 $G(\boldsymbol{R}) = SL_2(\boldsymbol{R})$ 的情形. 从经典的权 k 的模形式的 $f(z)$ 到 $\Gamma \backslash SL_2(\boldsymbol{R})$ 上的自守形式 φ_f, 只要定义

$$\varphi_f(g) = (ci + d)^{-k} f(g(i))$$

这里 (c,d) 是 g 的下面一行. 如果 f 是尖点形的, 那么 φ_f 是平方可积且生成 $L^2(\Gamma \backslash SL_2(\boldsymbol{R}))$ 的不可约子表示 V_f, $L^2(\Gamma \backslash SL_2(\boldsymbol{R}))$ 同构于离散系列表示 D_{k-1}. 这导致同构

$$S_k(\Gamma) \xrightarrow{\sim} Hom_{SL_2(\boldsymbol{R})}(D_{k-1}, L^2(\Gamma \backslash SL_2(\boldsymbol{R}))) \qquad ⑳$$

这里 $S_k(\Gamma)$ 是相对于 Γ 的权为 k 的全部尖点形式所构成的空间. 如果我们将 $S_k(\Gamma)$ 代之以固定本征值 $\frac{1}{4}(1 - \lambda^2)$ 的平方可积 Maass 形的空间, 那么存在一个类似的同构, 此时 D_{k-1} 换成对应的主系列表示 π_λ.

自守形式理论作为一个新的学科在整个 20 世纪有了多方面的进展, 各种推广不断地涌现出来. 西格尔发展了辛群上的模形式理论, 并利用它证明了前面提到的所谓西格尔 – 韦尔公式, 它大大地推广了雅可比关于方程 $^t XQX = R$ 的整数解 X 的计算问题的结果, 其中 Q 与 R 是整数对称矩阵(二次型), 阶数分别为 m 和 n, X 是一个 $m \times n$ 的整数矩阵. 尽管西格尔的文章分析的味道很浓, 韦尔在 20 世纪 60 年代指出, 西

327

格尔的结果可改写为某种广义函数的唯一性断言,该函数定义在辛群的二重覆盖的所谓振荡表示的空间上. 这给出研究 theta 级数的表示论框架,同时又是 20 世纪 70 年代罗杰斯关于对偶约化对理论的起点,该理论自那时起已成为自守形式理论的一个基本组成部分. 西格尔 – 韦尔公式本身也在 Kudla 和 Rallis 的工作中得到重大的扩展.

在另一个不同的方面,赫克开始研究与模形式相伴的 L – 级数. 对于 $SL_2(\mathbf{Z})$ 上的经典尖点形式 $f(x) = \sum_{n \geq 1} a_n \mathrm{e}^{2\pi i n z}$,与之相伴的赫克 L – 级数是迪利克雷级数 $L(s,f) = \sum_{n \geq 1} a_n n^{-s}$. 赫克证明 $L(s,f)$ 有一个解析延拓并且满足函数方程. 在莫德尔研究拉马努金 Δ 函数的基础上,赫克定义了模形式空间上的算子的交换环,即赫克算子环. 设 f 是赫克算子的本征函数,则 $a_1 \neq 0$,可以正规化为 $a_1 = 1$,基本结果是 L – 级数有如下形状的欧拉乘积

$$L(s.f) = \prod_p (1 - a_p p^{-s} + p^{k-1-2s})$$

自然,所有这些都可推广到 $SL_2(\mathbf{Z})$ 的同余子群以及其他约化群 $GL(n)$ 的情形.

20 世纪 50 年代发展了几种新的研究方向:Maass-Roelcke-Selberg 的自守形式的谱理论,盖尔范德和哈里希 – 钱德拉的表示论方法,艾克勒和志村将模曲线的 zeta 函数和模形式联系起来的算术理论. 20 世纪 60 年代艾克勒 – 志村理论导致由塞尔率先引入的与模形式关联的 $\mathrm{Gal}(\overline{Q}/Q)$ 的 l-adic 表示的研究. 与此密切相关的是 p-adic 模形式理论的发展,直至飞田武幸的模形式的 p-adic 形变理论. 所有这些都是怀尔斯的费马大定理的证明的关键组成部分. 与此同时,志村发展了关于志村簇的典范模型的一般理论,这个理论连同其他东西一起开辟了将艾克勒 – 志村理论推广到高秩群的可能性.

328

使得这个学科达到高度统一性的发展是 20 世纪 60 年代朗兰兹给出的函子性法则的阐述, 它极大地加强了该学科的最终目的并使之清晰化. 它蕴含着一个错综复杂的关系网的存在性, 在某些重要的特殊情形这些关系是已知的, 但其他一些情形还只是猜想. 从历史观点看最富戏剧性的是这些猜想竟包含了阿廷互反律的非阿贝尔情形的推广. 阿廷互反律是二次互反律的大大推广, 是关于阿贝尔类域论的基本结果. 之所以称为类域论是它用广义的理想类来描述数域的阿贝尔扩张. 数论学家们一直在寻找包含非阿贝尔扩张的互反律的推广, 但没能找到. 直到有了朗兰兹的观点, 即必须把这个互反律重新阐述为关于自守形式的命题, 用无限维表示论的语言描述出来. 换句话说, 一个迪利克雷特征的非阿贝尔推广是一个自守形式, 在这个实施过程中, 由哈里希 - 钱德拉创立的关于约化群调和分析的精美的机制统统并入了数论.

函子性法则还将非阿贝尔互反律纳入更大的关于不同的群的自守表示之间的"函子关系"的范围中. 描述这些关系需要用到 L - 群构造. 一个典型例子是基变换提升, 它给出了域 F 上 $GL_2(2)$ 的自守型和 F 的扩域 E 上的自守型之间的对应. 这个提升是 E 到 F 的范数映射的非阿贝尔推广. 对于具有可解伽罗瓦群的扩张 E/F, 对 $GL(2)$ 甚至更一般 $GL(n)$, 提升的存在性是已知的. $GL(2)$ 的基变换已被用来证明对于大多数具有可解象的复 2 维伽罗瓦表示的阿廷猜想. "大多数"这个词后来被滕内尔所抹去, 他得到的定理也是怀尔斯工作中的关键成分. 滕内尔工作的主要工具是迹公式, 当然兰金 - 塞尔伯格积分也起了不小作用. 最主要之点是函子性将问题的焦点从研究个别的自守形的经典性质转到讨论相对于不同的群上的自守形空间之间的函子关系. 另一方面, 函子性对于表示论自身的发展也起了很大促进作用. 过去的二十年间, 一些基本的问题, 如局部朗兰兹猜想, 基本引理

329

以及亚瑟猜想对表示论中的大量研究提供了原动力.

现在我们转向三本书. 鲍雷尔的《$SL_2(\boldsymbol{R})$ 上的自守形式》是三本书中焦点最集中的. 作者的目的在于提供一个关于 $SL_2(\boldsymbol{R})$ 上的自守形式的塞尔伯格谱理论的全面且易入门的阐述, 他采用表示论的处理方法, 而不是用塞尔伯格文章中的对称空间上的分析. 因此研究中的主要对象是 $SL_2(\boldsymbol{R})$ 在 $L^2(\varGamma \backslash SL_2(\boldsymbol{R}))$ 上的右正则表示 ρ, 其中 $\varGamma$ 是任一格. 他从单独抽出尖形式的不变子空间开始. 设 N 是形如

$$\begin{pmatrix} 1 & b \\ 0 & 1 \end{pmatrix}$$

的幺幂矩阵子群的任一个共轭, 如果 $(N \cap \varGamma) \backslash N$ 具有有限不变体积, 我们就称 N 是尖点形的. 自守形式 φ 沿着 N 的常数项是 $N \backslash SL_2(\boldsymbol{R})$ 上的函数

$$\varphi_N(g) = \int_{(N \cap \varGamma) \backslash} \varphi(ng) \, \mathrm{d}n$$

如果对所有尖点形的 N 有 $\varphi_N = 0$, 那么我们称 φ 是尖点形式. 如果 N 是尖点形的, 那么 $(N \cap \varGamma) \backslash N \approx \boldsymbol{Z} \backslash \boldsymbol{R}$, 又 $\varphi = \varphi_f$ 如上, 那么 φ_N 可以和经典模形式 f 的傅里叶展开的常数项等同起来. 所有尖点形式组成的子空间 L_0^2 在 ρ 下是不变的, 并且有分解

$$L^2(\varGamma \backslash SL_2(\boldsymbol{R})) = L_0^2 \oplus L_e^2$$

其中 L_e^2 是 L_0^2 的正交补.

书中用艾森斯坦级数给出了对 L_e^2 的精确的描述. 可以将 L_e^2 分解为 $L_e^2 = L_d^2 \oplus L_c^2$, L_d^2 是 L_e^2 的所有不可约的不变子空间之和, 而 L_c^2 是它的正交补. L_d^2 是 L_e^2 中可离散地分解为不可约表示的直和的那部分. 有两个主要结果:

(1) L_d^2 由参数 λ 的艾森斯坦级数在 $(0,1]$ 中的极点的留数生成.

(2) L_c^2 同构于 $SL_2(\boldsymbol{R})$ 的主系列表示的连续直积分的和.

空间 L_d^2 总是包含对应于 $\lambda = 1$ 的留数的常函数

空间. 如果 Γ 是一同余子解, 那么没有其他留数, 此时 L_d^2 是一维的. 以酉参数, 即 $\lambda \in i\mathbf{R}$ 定义的艾森斯坦级数的谱类型可以清楚地给出 (2) 中的同构.

上面我们谈到酉参数 λ 的 $E(z, \lambda)$ 时, 必须将艾森斯坦级数作半纯延拓, 同时证明联系 $E(z, \lambda)$ 和 $E(z, -\lambda)$ 之间的函数方程. 对 $SL_2(\mathbf{R})$ 或 $GL(2)$ 有很多种途径作这件事. 邦普和伊万涅茨实施了对 $SL_2(\mathbf{R})$ 的同余子群的艾森斯坦级数的半纯延拓, 方法是计算其傅里叶展开, 并证明系数是可以延拓的, 对伯恩斯坦和塞尔伯格各自独立得到的结果, 鲍雷尔给出了一个漂亮的证明, 从紧算子的予解式的对应性质可以直接得到半纯延拓. 这个证明适应于 $SL_2(\mathbf{R})$ 的所有格 Γ, 并且大大简化了塞尔伯格原有的证明.

本质上, 上述结果说明 L_e^2 具有相对简单的结构. 但是实际上我们对 L_0^2 更感兴趣, 它是 $L^2(\Gamma \backslash SL_2(\mathbf{R}))$ 中神秘而又有算术价值的部分, 诚然, (2) 中的同构在塞尔伯格迹公式的起源中是主要的组成部分, 迹公式给出了某些作用的 L_0^2 上的积分算子的迹的表达式. 在研究 $SL_2(\mathbf{R})$ 以及某些高秩群的同余子群的自守形式时, 迹公式是强有力的工具. 与之形成对照的是对一般的非算术子群的 L_0^2, 尽管有一些有趣的猜想, 但所知的却寥寥无几.

主要结果的描述包括在书的后半部中. 前半部书中提供了所有必需的基础知识, 差不多是从头讲起. 其中有益的诠释、讲解以及参考文献等都为本书增色不少. 首先作者遵循了这样一条路线, 即使得基本参考文献所涵盖的基本理论较容易地为读者所接受. 正如鲍雷尔自己在本书以"最后诠释"为题目的一章中所说的, 本书的终点实则是这个理论的起点. 很自然, 下一步是发展迹公式理论及其应用. 但是, 涉猎迹公式理论必定会改变书的厚度和书本身的均衡性. 幸运的是, 书中有几个 $GL(2)$ 上的例子, 说明迹公式的作用. 事实上, 这是一本由名家写就的漂亮的书. 对于任何一个寻求道路进入自守形式的谱的领域的人来说，这本书是十分有价值的.

为了介绍邦普的《自守形式和表示》，我们应该记得函子性法则突出了类域论与自守形式之间联系. 像类域论分为局部和整体的两部分一样，用整体域上的 adele 约化群术语叙述的自守形式论，也有它的局部对应，即定义在局部域上的约化群上的调和分析. 在任意域上的 $GL(2)$ 的局部与整体理论在 *Lecture Notes* 的 114 卷中有所发展，该书很著名，并有简称 *Jacquet-Langlands*. 在 *Jacquet-Langlands* 中，出发点是在商群 $GL_2(F) \backslash GL_2(A_F)$ 上的自守形的概念，这里 F 是一任意整体域，A_F 是它的 adele 环. 我们记得 A_F 是直积 $\prod_v F_v$ 中这样的序列构成的子环：a_v 对几乎所有 v 是 v -adic 整数，这里 v 跑遍 F 的所有位（当 F 是数域时，包括无穷位）. 存在 adele 拓扑，使 A_F 成为拓扑环，因此 $GL_2(A_F)$ 是一拓扑群. 在此拓扑下，$GL_2(F)$ 是 $GL_2(A_F)$ 的离散子群. 考虑 adele 自守形式，本质上等价于考虑相对于所有离散子群 Γ 的自守形式，且不必预先指定 Γ. 在 $GL_2(\mathbf{Q})$ 的情形，它等价于考虑所有商群 $\Gamma \backslash GL_2(\mathbf{R})$ 上的自守形式，Γ 是同余子群. 虽然 adele 的叙述方式只适用于同余子群，但它比古典叙述方式有两个优越性，即它使在 F 的位上的潜在的乘积结构变得明显，并使我们可以用一种统一的方法处理所有的整体域. 例如这个理论使得古典模形式和希尔伯特模形式统一起来.

用 adele 方式时，映射（2）变为映射 $f \to \pi(f)$，它将每个作为赫克算子本征函数的古典的尖点形式 f 与一个 $GL_2(A_Q)$ 的无限维不可约酉表示 $\pi(f)$ 相对应，表示 $\pi(f)$ 作为 $GL_2(Q) \backslash GL_2(A_Q)$ 的尖点形空间 L_0^2 的组成部分. L_0^2 的每个不可约成分 π 作为一抽象表示都同构于"限制"张量积 $\otimes' \pi_v$，其中 v 跑遍 Q 的一切位，π_v 是 $GL_2(\mathbf{Q}_v)$ 的一个不可约的表示. 这个分解是与 f

相伴(或与一任意尖点形表示相伴) 的赫克 L – 函数的欧拉乘积分解的表示论来源. 它也使我们将工作清楚地分为两部分；个别的"抽象"表示 π_v 的局部研究和作为 L_0^2 的"有形的"子空间整体表示 π 的研究.

邦普的书试图对 $GL_2(2)$ 的 Jacquet-Langlands 理论和兰金 – 塞尔伯格方法提供一个目的诱人又便利的入门途径. 第一章讲模形式并从古典(而非 adele)的观点讲兰金 – 塞尔伯格. 作为兰金 – 塞尔伯格方法的一个应用, 展示了 Doi-Naganuma 对二次扩张的基底变换提升方法, 这为用 L – 函数的技巧来证明函子性的结果提供了一个很好的例子. 余下的三章, 讨论 $GL(2)$ 的局部与整体理论(除了迹公式) 以及在 adele 框架下讨论兰金 – 塞尔伯格.

邦普的书包括很多有趣的信息、诱导性的解释和很好的习题. 因为很多推理过程是计算, 作者便很小心地解释为什么个别的计算会适合一般情形. 有时, 证明或证明的细节被略去, 但作者提供了参考资料, 并鼓励读者查阅以达到更圆满的理解. 本书的另一特点是谈话式的风格. 在非形式化在很多场合受到欢迎之时, 我偶然发现这本书有点过分. 例如, 在处理惠特克模型和重数一定理的技巧性一节的中间, 他插入了两页纸的范围广阔的非正式的注解, 包括有塔特的论文, 佐武参数, 缓增主系列, 模曲线的好约化, 艾克勒 – 志村理论, Maass 形式和拉马努金猜想的最好的界, 等等. 在这些插话之后, 作者突然又回到了他的技巧性的讨论, 读者最后才明白这个讨论是为了证明局部和整体的函数方程. 章节安排也使本书的组织问题更加突出. 如书中安排第四章讨论 p -adic 域上的 $GL(2)$ 的局部理论. 在前面的第三章, 却处理 $GL_2(A_F)$ 的整体自守表示, 作者在这样一本入门书中竟容许这种不符合材料的逻辑顺序出现. 这导致第四章大量的参考文献在第三章中出现.

尽管有这些缺点, 我还是将邦普的书推荐给研究生及任一位愿意学习这个学科的人. 这里有大量基本性的材料. 用心阅读, 努力做练习, 就会对基本的东西有很好的领悟.

至于谈到第三本书. 我们要注意到在过去的三十年间, 关于朗兰兹纲领的研究是沿着三条主线进行的: 运用 L – 函数, 运用对偶的约化对(theta 提升) 和运用迹公式. 这些观点之间有大量的交叉点, 它们的目的都是尽可能多地理解前面提到的函子性猜想. 对照而言, 我们也可以认为自守形式是最有兴趣的. 因为它给我们关于经典问题的具体的解析信息. 从这个观点看函子化与其说是目的不如说是工具更合适, 解析数论中的其他大量的方法也有同等(相对于自守形式) 重要的作用.

这正是伊万涅茨写《经典自守形式中的论题》一书采取的途径. 与我们评的另外两本书一样, 伊万涅茨用几章写标准的基本内容: 模群, 艾森斯坦级数, 赫克算子, L – 函数等. 但主要集中于两个问题: (1) 估算模形式的傅里叶系数的大小. (2) 用二次型表整数.

伊万涅茨在第四和第五章通过 Poincaré 级数和 Kloosterman 和着手处理问题(1), 关于相对于 $SL_2(Z)$ 同余子群的经典的尖点形式 f, Ramanujan-Petersson 猜想断言, 它的第 n 个傅里叶系数 a_n 满足 $|a_n| = O(n^{\frac{k-1}{2}} + \varepsilon)$. 众所周知德利涅将 RP 猜想归结为后来为他所证明的有限域上的黎曼猜想. 但德利涅的结果仅仅解决了问题的一部分. RP 猜想对于 Maass 形式和半整数权的全纯形式也可叙述. 从函子性猜想的一部分可得到经典形式和 Maass 形式的 RP 猜想. 事实上, 函子手段主要用于对所有的 n, $GL(n)$ 的尖点表示, 然而, 看来实现这个目标还是很遥远. 我们可以换个方法, 即尝试用解析技巧去证明 RP 猜想. 这对于半整数权的情形从本质上讲是至关紧要的, 因为这时不能应用函子性, 甚至猜想地应用也不可能. 伊万涅

茨在半整数权的 RP 猜想方面做出了开创性的工作.
在这本书中,他列出了他的一些结果.这些结果基于
精细地估计克卢斯特曼和,从而同时对整数和半整数
情形导出了傅里叶系数的非平凡估值.

　　为了处理问题(2),伊万涅茨用第九和第十两章
来描述由一个正定二次型 Q 定出的上半平面上的
theta 函数的基础理论.这些函数令人感兴趣是因为其
第 n 个傅里叶系数等于 $Q(X) = n$ 的整数解的数目
$r(n,Q)$.在第十一章,用 Hardy-Littlewood 圆法得到了
对 $r(n,Q)$ 的估计.圆法对于用表示论法通过西格
尔－韦尔公式去计算 $r(n,Q)$ 是一个替代.事实上西
格尔－韦尔公式仅仅给出关于数 $r(n,Q)$(Q 在一个
种的类中)的加权平均值的一些信息,而圆法对其中
的一些问题能得到更强的解析结果.作为圆法及估计
傅里叶系数的一个应用,伊万涅茨证明了所求的整数
解渐近地均匀分布在椭球 $Q(x) = n$ 上.

　　伊万涅茨还讲了不少其他题目,虽然有时缺乏证
明的细节:新形式,韦尔的逆定理,与赫克特征和椭圆
曲线相关的自守形式,艾森斯坦级数和兰金－塞尔伯
格方法等.虽然在若干部分需要解析工具,但解释是
清楚的,而且有助于理解的小注贯穿全书.如果说还
有些许意见的话,那就是作者没有写一节综述.这样
的一节可以描述该领域的现状并为读者提供下一步
该往哪里去的有用的指南.无论如何,这毕竟是以解
析方法研究模形式的出色的起点.

　　任何一个初次遇到自守形式的人都应该从阅读
塞尔的漂亮的书《算术教程》(*A Course in arithmetic*)
的最后一章开始.如何往下学就要看你个人的口
味了.

本书既可作为争创双一流的大学数学教材,又可作为对自
己未来充满期许的大学生的课外读物.梁启超在《治国学杂话》
中曾颇为犀利地指出:"学生做课外学问是最必要的,若只求讲

堂上功课及格,便算完事,那么你进学校,只是求文凭,并不是求学问 …… 课外学问,自然不专指读书,如试验,如观察自然界 …… 都是极好的,但读课外书,至少要算课外学问的主要部分."

少年强则中国强!

刘培杰

2020 年 10 月 28 日

于哈工大

数学不等式（第一卷）
—— 对称多项式
不等式（英文）

瓦西里·切尔托阿杰　　著

编辑手记

本书是一本不等式方面的专著.

等是相对的,不等是绝对的.在现实世界中不等的关系要远远多于相等的关系.数学作为一种研究现实世界的有力工具,自然对不等式的研究是非常注重的,因此像哈代那样大的数学家都专门写了不等式方面的专著.有人评价说,像美国数学家德布兰吉斯解决复分析领域著名的比勃巴赫猜想靠的就是将其化归于一个不等式而证明之.

本书作者瓦西里·切尔托阿杰(Vasile Cirtoaje)是罗马尼亚普罗伊斯蒂石油天然气大学自动控制和计算机系的教授.他教授大学课程,如控制系统理论和数字控制系统.他的一句名言是:"越简单,越鲜明,越美丽."

自 1970 年以来,他在罗马尼亚的 *Gazeta Matematica—B*, *Gazeta Matematica—A* 等刊物上发表了许多数学问题、解答和文章.此外,从 2000 年至今,瓦西里·切尔托阿杰在"解决问题的艺术"网站上发表了许多有趣的问题和文章"数学思考""混乱的关键""不等式与应用""纯数学与应用数学中的不等式""数学不等式与应用""巴拿赫数学分析杂志""非线性科学与应用杂志""非线性分析与应用杂志"等.

他与 Titu Andreescu, Gabriel Dospinescu 和 Mircea Lascu 合作写了《旧的和新的不等式》,与 Vo Quoc Ba Can 和 Tran Quoc

337

Anh 合作写了《不等式与美丽的解》,他还写了自己的书《代数不等式 —— 新旧方法》与《数学不等式(1 - 5 卷)》.

瓦西里·切尔托阿杰是一位有独创性的数学家,也是一些众所周知的结果和用于证明和创建离散不等式的强方法的作者,例如:

Jensen 型离散不等式的半凸函数法(HCF 法),

Jensen 型离散不等式的部分凸函数法(PCF 法),

Jensen 型有序变量离散不等式,

实变量或非负变量的等变量法(EV 法),

算术补偿法(AC 法),

Jensen 不等式的最佳上界和下界,

实变量六次对称齐次多项式不等式的充要条件,

非负变量六次对称齐次多项式不等式的充要条件,

实变量中六次和八次对称齐次多项式不等式的最高系数对消法(HCC 法),

非负变量中六、七、八次方程对称齐次多项式的最高系数消去法,

实变量四次多项式循环不等式的充要条件,

非负变量四次多项式循环不等式的充要条件,

实变量和非负变量的循环齐次多项式不等式的强充分条件,

幂指数函数不等式.

本书是他的系列著作(共 5 卷) 中的第一卷,其目录:

1 一些经典的、新的不等式和方法

2 实变量的对称多项式不等式

  2.1 应用

  2.2 解答

3 非负变量的对称多项式不等式

  3.1 应用

  3.2 解答

本书中介绍的许多方法都是初等的,但使用得非常巧妙.

这不禁使笔者想起杨学枝先生(前福州二十五中副校长)利用初等方法解决的一个在国际双微(微分方程,微分几何)会议中被提出的一个不等式证明方面的难题.

通读本书,笔者对国外学者那种不遗余力,能收尽收,但求完备的治学精神所感动.最近笔者在微信朋友圈中发现了一个类似的做法,是由邵美悦博士提供,杨志明老师摘录的,他们对三角形面积公式竟然给出了"令人发指"的 110 式.

The notation used is as follows:

Δ = the area of the triangle;

A, B, C = the angles;

a, b, c = the sides opposite A, B, and C respectively

s = semi perimeter = $\frac{1}{2}(a + b + c)$;

R, r, r_a, r_b, r_c

= the radii of circumscribed, inscribed, escribed circles respectively;

h_a, h_b, h_c = the perpendiculars from A, B, and C respectively;

m_a, m_b, m_c = the medians from A, B, and C respectively;

$\beta_a, \beta_b, \beta_c$

= the bisectors (internal) of the angles A, B, and C respectively; and

$$\sigma = \frac{1}{2}(m_a + m_b + m_c)$$

1. $\Delta = \sqrt{s(s-a)(s-b)(s-c)}$

$= \sqrt{2a^2b^2 + 2b^2c^2 + 2c^2a^2 - a^4 - b^4 - c^4}$

2. $\frac{4}{3}\sqrt{\sigma(\sigma - m_a)(\sigma - m_b)(\sigma - m_c)}$

$= \frac{1}{3}\sqrt{2m_a^2m_b^2 + 2m_b^2m_c^2 + 2m_c^2m_a^2 - m_a^4 - m_b^4 - m_c^4}$

3. $I \div$

$$\left[\left(\frac{I}{h_a} + \frac{I}{h_b} + \frac{I}{h_c} \right) \left(-\frac{I}{h_a} + \frac{I}{h_b} + \frac{I}{h_c} \right) \cdot \right.$$

$$\left. \left(\frac{I}{h_a} - \frac{I}{h_b} + \frac{I}{h_c} \right) \left(\frac{I}{h_a} + \frac{I}{h_b} - \frac{I}{h_c} \right) \right]^{\frac{1}{2}}$$

$$= h_a^2 h_b^2 h_c^2 \div$$

$$\left[(h_a h_b + h_b h_c + h_c h_a) (-h_a h_b + h_b h_c + h_c h_a) \cdot \right.$$

$$\left. (h_a h_b - h_b h_c + h_c h_a)(h_a h_b + h_b h_c - h_c h_a) \right]^{\frac{1}{2}}$$

4. $\sqrt{r r_a r_b r_c}$

5. $\dfrac{abc}{4R}$

6. $\dfrac{2}{27R} \sqrt{(2m_a^2 + 2m_b^2 - m_c^2)(2m_b^2 + 2m_c^2 - m_a^2)(2m_c^2 + 2m_a^2 - m_b^2)}$

7. $\sqrt{\dfrac{1}{2} R h_a h_b h_c}$

8. $\dfrac{r}{2} \sqrt{\dfrac{(r_a + r_b)(r_b + r_c)(r_c + r_a)}{R}}$

9. $\dfrac{1}{2} \sqrt[3]{abc h_a h_b h_c}$

10. $\dfrac{abc}{r_a + r_b + r_c - r}$

$$= \frac{r^2(r_a + r_b)(r_b + r_c)(r_c + r_a)}{abc}$$

$$= \left\{ \frac{a^2 + b^2 + c^2}{\dfrac{1}{r^2} + \dfrac{1}{r_a^2} + \dfrac{1}{r_b^2} + \dfrac{1}{r_c^2}} \right\}^{\frac{1}{2}}$$

11. $\sqrt{\dfrac{1}{3}(m_a^2 + m_b^2 + m_c^2) \div \left(\dfrac{I}{h_a^2} + \dfrac{I}{h_b^2} + \dfrac{I}{h_c^2} \right)}$

$$= \frac{I}{3 h_a h_b h_c} \cdot$$

$$\sqrt{3(m_a^2 + m_b^2 + m_c^2)(h_a^2 h_b^2 + h_b^2 h_c^2 + h_c^2 h_a^2)}$$

12. $2R^2 \dfrac{h_a h_b h_c}{abc} = \dfrac{1}{2} \dfrac{R}{S}(h_a h_b + h_b h_c + h_c h_a)$

340

13. $\left[\dfrac{R^2}{12} (m_a^2 + m_b^2 + m_c^2) (h_a^2 h_b^2 + h_b^2 h_c^2 + h_c^2 h_a^2) \right]^{\frac{1}{6}}$

14. $\dfrac{\beta_a \beta_b \beta_c}{s} \cdot \dfrac{a + b}{2c} \cdot \dfrac{b + c}{2a} \cdot \dfrac{c + a}{2b}$

$= \dfrac{1}{4} \beta_a \beta_b \beta_c \left(\dfrac{I}{a} + \dfrac{I}{b} + \dfrac{I}{c} - \dfrac{I}{a + b + c} \right)$

15. $\dfrac{3}{8} \beta_a \beta_b \beta_c \left[\dfrac{I}{\sqrt{2m_a^2 + 2m_b^2 - m_c^2}} + \dfrac{I}{\sqrt{2m_b^2 + 2m_c^2 - m_a^2}} + \right.$

$\dfrac{I}{\sqrt{2m_c^2 + 2m_a^2 - m_b^2}} -$

$\left. \dfrac{I}{\sqrt{2m_a^2 + 2m_b^2 - m_c^2} + \sqrt{2m_b^2 + 2m_c^2 - m_a^2} + \sqrt{2m_c^2 + 2m_a^2 - m_b^2}} \right]$

16. $\dfrac{1}{2} \sqrt{\dfrac{1}{2} \beta_a \beta_b \beta_c \left\{ h_a + h_b + h_c - \dfrac{I}{\dfrac{I}{h_a} + \dfrac{I}{h_b} + \dfrac{I}{h_c}} \right\}}$

17. $\dfrac{1}{2} \sqrt{\beta_a \beta_b \beta_c \left\{ \dfrac{I}{\dfrac{I}{r_a} + \dfrac{I}{r_b}} + \dfrac{I}{\dfrac{I}{r_b} + \dfrac{I}{r_c}} + \dfrac{I}{\dfrac{I}{r_c} + \dfrac{I}{r_a}} - \dfrac{I}{r} \right\}}$

18. $\sqrt{\dfrac{1}{8} r \beta_a \beta_b \beta_c \left[(a + b + c) \left(\dfrac{I}{a} + \dfrac{I}{b} + \dfrac{I}{c} \right) - I \right]}$

19. $\dfrac{1}{4} \sqrt{\dfrac{\beta_a \beta_b \beta_c}{R} \cdot \dfrac{(a + b)(b + c)(c + a)}{a + b + c}}$

20. $\dfrac{Rr}{\beta_a \beta_b \beta_c} \left(\dfrac{I}{a} + \dfrac{I}{b} \right) \left(\dfrac{I}{b} + \dfrac{I}{c} \right) \left(\dfrac{I}{c} + \dfrac{I}{a} \right)$

21. $\dfrac{h_a h_b h_c}{8abc} (r_a + r_b + r_c - r)^2$

22. $2R^2 \sin A \sin B \sin C$

$= \dfrac{1}{2} R^2 (\sin 2A + \sin 2B + \sin 2C)$

$= \dfrac{2}{3} R^2 \left[\sin^3 A \cos(B - C) + \sin^3 B \cos(C - A) + \right.$

$\left. \sin^3 C \cos(A - B) \right]$

23. $\dfrac{1}{2} R(a\cos A + b\cos B + c\cos C)$

341

$$= R[a\cos C\cos A + b\cos A\cos B + c\cos B\cos C]$$

24. $\dfrac{1}{4}(a^2\cot A + b^2\cot B + c^2\cot C)$

$$= \dfrac{1}{4}\cdot\dfrac{a^2 + b^2 + c^2}{\cot A + \cot B + \cot C}$$

25. $\dfrac{1}{3}\dfrac{m_a^2 + m_b^2 + m_c^2}{\cot A + \cot B + \cot C}$

26. $\sqrt{2R\beta_a\beta_b\beta_c[I + \cos(A - B) + \cos(B - C) + \cos(C - A)]}$

$$= 2\sqrt{R\beta_a\beta_b\beta_c\left[I + \sin\left(A + \dfrac{1}{2}B\right)\sin\left(B + \dfrac{1}{2}C\right)\sin\left(C + \dfrac{1}{2}A\right)\right]}$$

27. $R\sqrt[3]{h_a h_b h_c}\sin A\sin B\sin C$

28. $\dfrac{1}{3}R\sin A\sin B\sin C\left(\dfrac{ab}{h_a} + \dfrac{bc}{h_b} + \dfrac{ca}{h_c}\right)$

29. $\dfrac{h_a + h_b + h_c}{2\left(\dfrac{\cos\frac{1}{2}A}{\beta_a} + \dfrac{\cos\frac{1}{2}B}{\beta_b} + \dfrac{\cos\frac{1}{2}C}{\beta_c}\right)}$

30. $\dfrac{\beta_a\sin\left(C + \dfrac{1}{2}A\right) + \beta_b\sin\left(A + \dfrac{1}{2}B\right) + \beta_c\sin\left(B + \dfrac{1}{2}C\right)}{2\left(\dfrac{\cos\frac{1}{2}A}{\beta_a} + \dfrac{\cos\frac{1}{2}B}{\beta_b} + \dfrac{\cos\frac{1}{2}C}{\beta_c}\right)}$

31. $\dfrac{\beta_a\beta_b\beta_c\sqrt{(m_a^2 - h_a^2)(m_b^2 - h_b^2)(m_c^2 - h_c^2)}}{s(a - b)(b - c)(c - a)}$

32. $\dfrac{1}{4}\sqrt{8m_c^2(a^2 + b^2 - 2m_c^2) - (a^2 - b^2)^2}$

33. $\dfrac{1}{2}h_c\left(\sqrt{a^2 - h_c^2} + \sqrt{b^2 - h_c^2}\right)$

34. $\dfrac{1}{2}\beta_c ab\left(\dfrac{I}{a} + \dfrac{I}{b}\right)\sqrt{I - \dfrac{1}{4}\beta_c^2\left(\dfrac{I}{a} + \dfrac{I}{b}\right)^2}$

35. $\dfrac{1}{3}\sqrt{4m_b^2 m_c^2 - \left[\dfrac{9}{4}a^2 - (m_b^2 + m_c^2)\right]^2}$

$$= \dfrac{2}{3}\sqrt{m_b^2 m_c^2 - k_a^4}$$

where $2k_a^2 = \dfrac{9}{4}a^2 - (m_b^2 + m_c^2)$, etc.

36. $\dfrac{h_b^3\sqrt{a^2 - h_b^2} - h_c^3\sqrt{a^2 - h_c^2}}{2(h_b^2 - h_c^2)}$

37. $\dfrac{1}{6}h_a\left(\sqrt{4m_b^2 - h_a^2} + \sqrt{4m_c^2 - h_a^2}\right)$

38. $\dfrac{1}{2}ah_a$

39. $\dfrac{1}{2}\sqrt{abh_ah_b} = \dfrac{1}{2}\dfrac{a \pm b}{\dfrac{I}{h_a} + \dfrac{I}{h_b}}$

40. $^*h_a\sqrt{\left(h_a^2 + \sqrt{(m_a^2 - h_a^2)(\beta_a^2 - h_a^2)}\right)\left(\sqrt{\dfrac{m_a^2 - h_a^2}{\beta_a^2 - h_a^2}} - 1\right)}$

41. $\dfrac{1}{2}h_a\left(\sqrt{\dfrac{1}{4}a^2 + m_a^2 - h_a^2 + a\sqrt{m_a^2 - h_a^2}} + \right.$

$\left. \sqrt{a^2 + m_a^2 - h^2 - a\sqrt{m_a^2 - h_a^2}}\right)$

$= \dfrac{1}{2}h_a\left(\sqrt{\dfrac{1}{4}a^2 + k_a^2 + ak} + \sqrt{\dfrac{1}{4}a^2 + k_a^2 - ak}\right)$

where $k_a = m_a^2 - h_a^2$, etc.

42. $\dfrac{Rh_bh_c}{a}$

43. $\dfrac{ab}{4R}\sqrt{2(a^2 + b^2 - 2m_c^2)}$

44. $h_a\left(\sqrt{b^2 - h_a^2} \pm \sqrt{m_a^2 - h_a^2}\right)$

45. $\dfrac{ab}{8R^2}\left(a\sqrt{4R^2 - b^2} + b\sqrt{4R^2 - a^2}\right)$

46. $2R^2\left[(f - 2x^2)\sqrt{(g - 2x^2)(1 - g + 2x^2)} + \right.$

$\left. (g - 2x^2)\sqrt{(f - 2x^2)(1 - f + 2x^2)}\right]$

where $f = \dfrac{m_a^2 + 2m_b^2}{3R^2}, g = \dfrac{2m_a^2 + m_b^2}{3R^2}$ and $x(= \sin C)$ is

to be found from the equation

$$x = \sqrt{(f - 2x^2)(1 - g + 2x^2)} + \sqrt{(g - 2x^2)(1 - f + 2x^2)}$$

47. $\dfrac{sh_a r_a}{2(h_a + r_a)}$

If μ and φ are auxiliaries determined from the equations $\cos \mu = \dfrac{h_a}{m_a}$ and $\cos \varphi = \dfrac{h_a}{\beta_a}$, then

$$\Delta = \frac{h_a^2}{\cos \mu}\sqrt{\frac{\sin 2(\mu - \varphi)}{\sin 2\varphi}}$$

(For this elegant expression I am indebted to my friend Mr. Charles H. Kummell, of the U. S. Coast and Geodetic Survey.)

$$\sqrt{R^2 h_a^2 - \Delta^2} + \sqrt{R^2 h_b^2 - \Delta^2} = \frac{1}{2}\left(\frac{Rh_a h_b}{\Delta}\right)^2$$

48. $\dfrac{1}{2}ab\sin C$

49. $\dfrac{h_a h_b}{2\sin C}$

50. $\dfrac{1}{2}a^2 \dfrac{\sin B\sin C}{\sin A} = \dfrac{\dfrac{1}{2}a^2}{\cot B + \cot C}$

51. $\dfrac{1}{2}h_a^2 \dfrac{\sin A}{\sin B\sin C} = \dfrac{1}{2}h_a^2(\cot B + \cot C)$

$$= \frac{1}{2}h_a^2(\sin 2B + \sin 2C)$$

52. $\dfrac{1}{2}(a^2 - b^2) \dfrac{\sin A\sin B}{\sin(A - B)} = \dfrac{1}{4}(a^2\sin 2B + b^2\sin 2A)$

$$= \frac{\dfrac{1}{2}(a^2 - b^2)}{\cot A - \cot B}$$

53. $\dfrac{1}{2}(h_b^2 - h_a^2) \dfrac{\sin A\sin B}{\sin(A - B)} \cdot \dfrac{I}{\sin^2 C}$

$$= \frac{1}{2}h_a h_b \frac{\tan \dfrac{1}{2}A\tan B\tan \dfrac{1}{2}C}{\cos A}$$

$$= h_a h_b \frac{\tan \dfrac{1}{2}A\tan \dfrac{1}{2}B\tan \dfrac{1}{2}C}{\cos A\left(1 - \tan^2 \dfrac{1}{2}B\right)}$$

344

54. $\dfrac{2m_a^2 \sin A \sin B \sin C}{2(\sin^2 A + \sin^2 B + \sin^2 C) - 3\sin^2 A}$

55. $\dfrac{2(m_b^2 - m_a^2)}{3(\cot A - \cot B)}$

56. $\dfrac{1}{3}\sqrt{4m_b^2 m_c^2 - [9R^2\sin^2 A - (m_b^2 + m_c^2)]^2}$

57. $\dfrac{2R^4}{m_a^2}\sin A \sin B \sin C(-\sin^2 A + 2\sin^2 B + 2\sin^2 C)$

58. $\dfrac{4m_a^2 + 3a^2}{8(\cot A + \cot B + \cot C)}$

59. $\dfrac{4(m_a^2 + m_b^2) - 3c^2}{4(\cot A + \cot B + \cot C)}$

60. $\dfrac{1}{2}\beta_a^2 \dfrac{\sin A}{\sin B \sin C}\sin\left(B + \dfrac{1}{2}A\right)\sin\left(A + \dfrac{1}{2}B\right)$

61. $Rh_a \sin A$

62. $\dfrac{1}{2}\alpha\beta_\alpha \sin\left(C + \dfrac{1}{2}A\right)$

63. $R^2\sin 2A(1 + \cos C)$

64. $Ra\sin B \sin C = Ra(\cos A + \cos B\cos C)$

65. $Rh_a \tan A \tan B \tan \dfrac{1}{2}C$

66. $R\beta_a \tan A \tan B \tan \dfrac{1}{2}C\sin\left(C + \dfrac{1}{2}A\right)$

67. $\dfrac{h_a(h_b + h_c)}{4\sin\left(C + \dfrac{1}{2}A\right)\cos\dfrac{1}{2}A}$

68. $\dfrac{\beta_a(h_b + h_c)}{4\cos\dfrac{1}{2}A}$

69. $\dfrac{1}{4}\beta_a^2(b + c)\left(\dfrac{1}{b} + \dfrac{1}{c}\right)\tan\dfrac{1}{2}A$

70. $\dfrac{1}{2}\beta_a\beta_b \dfrac{\sin\left(B + \dfrac{1}{2}A\right)\sin\left(A + \dfrac{1}{2}B\right)}{\sin C}$

71. $\beta_a\beta_b\beta_c \dfrac{-\beta_a\sin\frac{1}{2}A + \beta_b\sin\frac{1}{2}B + \beta_c\sin\frac{1}{2}C}{-\beta_b\beta_c\cos\frac{1}{2}A + \beta_c\beta_a\cos\frac{1}{2}B + \beta_a\beta_b\cos\frac{1}{2}C}$

72. $\dfrac{1}{2}a\sin B(a\cos B + \sqrt{b^2 - a^2\sin^2 B})$

$= \dfrac{1}{2}b\sin A(b\cos A + \sqrt{a^2 - b^2\sin^2 A})$

73. $sr = (s - a)r_a$

74. $\dfrac{1}{3}r(\sqrt{2m_a^2 + 2m_b^2 - m_c^2} + \sqrt{2m_b^2 + 2m_c^2 - m_a^2} +$

$\quad \sqrt{2m_c^2 + 2m_a^2 - m_b^2})$

$= \dfrac{1}{3}r_a(\sqrt{2m_a^2 + 2m_b^2 - m_c^2} - \sqrt{2m_b^2 + 2m_c^2 - m_a^2} +$

$\quad \sqrt{2m_c^2 + 2m_a^2 - m_b^2})$

75. $\sqrt{\dfrac{rr_br_c}{-\dfrac{I}{h_a} + \dfrac{I}{h_b} + \dfrac{I}{h_c}}} = \sqrt{\dfrac{r_ar_br_c}{\dfrac{I}{h_a} + \dfrac{I}{h_b} + \dfrac{I}{h_c}}}$

76. $\dfrac{R}{2s}(h_ah_b + h_bh_c + h_ch_a) = \dfrac{R}{2(s - a)}(h_ah_b - h_bh_c + h_ch_a)$

77. $\sqrt{\dfrac{1}{2}Rr(h_ah_b + h_bh_c + h_ch_a)}$

$= \sqrt{\dfrac{1}{2}Rr_a(h_ah_b - h_bh_c + h_ch_a)}$

78. $\dfrac{s}{\dfrac{I}{h_a} + \dfrac{I}{h_b} + \dfrac{I}{h_c}} = \dfrac{s - a}{-\dfrac{I}{h_a} + \dfrac{I}{h_b} + \dfrac{I}{h_c}}$

79. $\sqrt{\dfrac{r}{\left(\dfrac{I}{h_a} + \dfrac{I}{h_b} + \dfrac{I}{h_c}\right)\left(\dfrac{I}{h_a} - \dfrac{I}{h_b} + \dfrac{I}{h_c}\right)\left(\dfrac{I}{h_a} + \dfrac{I}{h_b} - \dfrac{I}{h_c}\right)}}$

$= \sqrt{\dfrac{r_a}{\left(\dfrac{I}{h_a} + \dfrac{I}{h_b} + \dfrac{I}{h_c}\right)\left(\dfrac{I}{h_a} - \dfrac{I}{h_b} + \dfrac{I}{h_c}\right)\left(\dfrac{I}{h_a} + \dfrac{I}{h_b} - \dfrac{I}{h_c}\right)}}$

80. $a\left(-\beta_a\sin\frac{1}{2}A + \beta_b\sin\frac{1}{2}B + \beta_c\sin\frac{1}{2}C\right)$

$$= 2s\left(\beta_a \sin\frac{1}{2}A + \beta_b \sin\frac{1}{2}B + \beta_c \sin\frac{1}{2}C\right)$$

81. $\sqrt{2r\beta_a\beta_b\beta_c\left[\dfrac{\cos(A-B)+\cos(B-C)+\cos(C-A)+I}{\cos A+\cos B+\cos C-I}\right]}$

$= \sqrt{2r_a\beta_a\beta_b\beta_c\left[\dfrac{\cos(A-B)+\cos(B-C)+\cos(C-A)+I}{-\cos A+\cos B+\cos C+I}\right]}$

82. $s^2\tan\dfrac{1}{2}A\tan\dfrac{1}{2}B\tan\dfrac{1}{2}C$

$= (s-a)^2\tan\dfrac{1}{2}A\cot\dfrac{1}{2}B\cot\dfrac{1}{2}C$

83. $r^2\cot\dfrac{1}{2}A\cot\dfrac{1}{2}B\cot\dfrac{1}{2}C = r_a^2\cot\dfrac{1}{2}A\tan\dfrac{1}{2}B\tan\dfrac{1}{2}C$

84. $a\,\dfrac{rr_a}{r_a-r} = a\,\dfrac{r_br_c}{r_b+r_c}$

85. $rr_a\dfrac{r_b+r_c}{a} = r_br_c\dfrac{r_a-r}{a}$

86. $(a+b)\dfrac{rr_c}{r+r_c} = (a-b)\dfrac{r_ar_b}{r_a-r_b}$

87. $rr_a\dfrac{r_b-r_c}{b-c} = r_br_c\dfrac{r+r_a}{b+c}$

88. $rr_a\sqrt{\dfrac{r_b+r_c}{r_a-r}} = r_br_c\sqrt{\dfrac{r_a-r}{r_b+r_c}}$

89. $rr_a\sqrt{\dfrac{4R-(r_a-r)}{r_a-r}} = r_br_c\sqrt{\dfrac{4R-(r_b+r_c)}{r_b+r_c}}$

90. $\dfrac{sh_ar_a}{h_a+2r_a} = \dfrac{(s-a)h_ar}{h_a-2r}$

91. $r\sqrt{\dfrac{h_ar_br_c}{h_a-2r}} = r_a\sqrt{\dfrac{h_ar_br_c}{h_a+2r_a}}$

92. $\sqrt{\dfrac{rr_a}{\left(\dfrac{I}{h_a}-\dfrac{I}{h_b}+\dfrac{I}{h}\right)\left(\dfrac{I}{h_a}+\dfrac{I}{h_b}-\dfrac{I}{h_c}\right)}}$

$= \sqrt{\dfrac{r_br_c}{\left(\dfrac{I}{h_a}+\dfrac{I}{h_b}+\dfrac{I}{h_c}\right)\left(-\dfrac{I}{h_a}+\dfrac{I}{h_b}+\dfrac{I}{h_c}\right)}}$

347

93. $rr_a \cot \dfrac{1}{2}A = r_b r_c \tan \dfrac{1}{2}A$

94. $r^2 \cot \dfrac{1}{2}A + 2Rr\sin A = r_a^2 \cot \dfrac{1}{2}A - 2Rr_a \sin A$

$= r_b^2 \cot \dfrac{1}{2}A - 2Rr_b \sin A = r_c^2 \cot \dfrac{1}{2}A - 2Rr_c \sin A$

MISCELLANEOUS EXPRESSIONS FOR THE AREA OF A PLANE TRIANGLE.

If we designate the distances from the orthocentre to the sides of the triangle by k_a, k_b, k_c and from the orthocentre to the vertices by k'_a, k'_b, k'_c, then

95. $\Delta = \dfrac{1}{2}(ak_a + bk_b + ck_c)$

96. $^*\Delta = \dfrac{1}{4}(ak'_a + bk'_b + ck'_c)$

97. $^*\Delta = \dfrac{I}{8R}(a^2 k'_a \operatorname{arccsc} A + b^2 k'_b \operatorname{arccsc} B + c^2 k'_c \operatorname{arccsc} C)$

If we designate the distances between the centres of the escribed circles by d_a, d_b, d_c, then

98. $^*\Delta = \dfrac{1}{4}\sqrt{2d_a d_b d_c r \sin A \sin B \sin C}$

99. $\Delta = \dfrac{d_a d_b d_c r}{16R^2}$

100. $\Delta = \dfrac{d_a d_b d_c r}{4R}\sin \dfrac{1}{2}A \sin \dfrac{1}{2}B \sin \dfrac{1}{2}C$

101. $^*\Delta = r_a r_b \sqrt{\dfrac{d_c^2}{(r_a + r_b)^2} - I}$

If $x_a y_a, x_b y_b, x_c y_c$ designate the rectangular coordinates of a triangle in a plane, then

102. $\Delta = \dfrac{1}{2}[y_a(x_c - x_b) + y_b(x_a - x_c) + y_c(x_b - x_a)]$

and, in polar co-ordinates.

103. $\Delta = \dfrac{1}{2}[r_a r_b \sin(\theta'' - \theta') + r_b r_c \sin(\theta''' - \theta'') +$

348

$$r_c r_a \sin(\theta' - \theta''') \,]$$

If the equations of the sides of a triangle are

$$a_a x + b_a y + c_a = 0, a_b x + b_b y + c_b = 0, a_c x + b_c y + c_c = 0$$

then

104. $\Delta = \dfrac{1}{2}\left[\dfrac{[\,a_a(b_b c_c - b_c c_b) + a_b(b_c c_a - b_a c_c) + a_c(b_a c_b - b_b c_a)\,]^2}{(a_a b_b - b_a a_b)(a_b b_c - b_b a_c)(a_c b_a - b_c a_a)}\right]$

If the co-ordinates of the vertices of a triangle are

$x_a, y_a, z_a ; x_b, y_b, z_b ; x_c, y_c, z_c$ and

$$\alpha = x_a^2 + y_a^2 + z_a^2, \lambda = x_b x_c + y_b y_c + z_b z_c$$
$$\beta = x_b^2 + y_b^2 + z_b^2, \mu = x_c x_a + y_c y_a + z_c z_a$$
$$\gamma = x_c^2 + y_c^2 + z_c^2, \nu = x_a x_b + y_a y_b + z_a z_b$$

then

105. $4\Delta^2 = - \begin{vmatrix} O & I & I & I \\ I & \alpha & \nu & \mu \\ I & \nu & \beta & \lambda \\ I & \mu & \lambda & \gamma \end{vmatrix}$

or, without determinants, where

$$\Delta^2 = 2a^2 b^2 + 2b^2 c^2 + 2c^2 a^2 - a^4 - b^4 - c^4$$
$$a^2 = (x_b - x_c)^2 + (y_b - y_c)^2 + (z_b - z_c)^2$$
$$b^2 = (x_c - x_a)^2 + (y_c - y_a)^2 + (z_c - z_a)^2$$
$$c^2 = (x_a - x_b)^2 + (y_a - y_b)^2 + (z_a - z_b)^2$$

and if $\alpha, \beta, \gamma, \lambda, \mu$ and ν, have the values set down above, then

$$a^2 = \beta + \gamma - 2\lambda$$
$$b^2 = \gamma + \alpha - 2\mu$$
$$c^2 = \alpha + \beta - 2\nu$$

and

$$\Delta^2 = 2(\alpha + \beta - 2\nu)(\beta + \gamma - 2\lambda) - (\alpha + \beta - 2\nu)^2 +$$
$$2(\beta + \gamma - 2\lambda)(\gamma + \alpha - 2\mu) - (\beta + \gamma - 2\lambda)^2 +$$
$$2(\gamma + \alpha - 2\mu)(\alpha + \beta - 2\nu) - (\gamma + \alpha - 2\mu)^2$$

which reduces to

$$\Delta^2 = 4(\lambda + \mu + \nu)^2 - 8(\alpha\lambda + \beta\mu + \gamma\nu) +$$
$$4(\alpha\beta + \beta\gamma + \gamma\alpha)$$

106. $\Delta = \dfrac{I}{8R}[\,(s-a)D_a^2 + (s-b)D_b^2 + (s-c)D_c^2 - sD^2\,]$

where D, D_a, D_b, D_c are the distances between the circumcentre and the in-and e-centres.

107. $\Delta = 4K$, where K is the area of the triangle formed by joining the feet of the medians.

108. $\Delta = \dfrac{L}{2\cos A\cos B\cos C}$, where L is the area of the pedal triangle or triangle formed by joining the feet of the perpendiculars.

109. $\Delta = M\,\dfrac{(a+b)(b+c)(c+a)}{2abc}$, where M is the area of the triangle formed by joining the feet of the internal bisectors.

110. $\Delta = \dfrac{2R}{r}\cdot N$, where N is the area of the triangle formed by joining the points of tangency of the in-circle.

现在出版行业危机重重,从读者流失到出版物的微利,要引进这样一套数学原版书(当然稍后我们会出中文版),决心还是很难下的. 最终使笔者痛下决心的还是一些小事情,之前有网友推荐越南数学家范建雄先生所著的《不等式的秘密》(1,2卷),开始时笔者还将信将疑. 因为越南是个数学小国(虽然出了个"菲尔兹奖"得主吴宝珠,最近被聘为哈尔滨工业大学客座教授),范也名不见经传. 但此书甫一面世,好评如潮,引用率也是相当的高,还有了许多粉丝,比如浙江金华市孝顺镇初级中学的傅轶瑜老师就是其中一位. 他还给出了《不等式的秘密(第2卷)》中的一道题的新证法.

题目 设 $a,b,c \geqslant 0$,证明

$$\frac{\sum a^4}{\sum ab} + \frac{3abc}{\sum a} \geqslant \frac{2}{3}\sum a^2 \qquad \text{①}$$

证明 设

$$\sum a = p, \sum bc = q, abc = r$$

则

式 ① $\Leftrightarrow \dfrac{3(p^4 - 4p^2 q + 2q^2 + 4pr)}{q} + \dfrac{qr}{p}$

$\geqslant q(p^2 - 2q)$

$\Leftrightarrow 3p^5 + 10pq^2 + 12p^2 r + 9qr - 14p^3 q \geqslant 0$

$\Leftrightarrow 9p^3(p^2 - 3q)$

$\geqslant 10pq(p^2 - 3q) + q(p^3 - 27r) +$

$\quad 4p^2(pq - qr)$ ②

下证

$$p^3(p^2 - 3q) \geqslant p^2(pq - qr) \qquad ③$$

$$4p^3(p^2 - 3q) \geqslant 3q(p^3 - 27r) \qquad ④$$

先证式 ③

式 ③ $\Leftrightarrow p^2\left(\sum a^3 + 3abc - \sum a^2(b+c)\right) \geqslant 0$

由三次 Schur 不等式, 式 ③ 获证.

再证式 ④.

由熟知的 $p^3 \geqslant 3q$, 欲证式 (4), 只要证

$$4p(p^2 - 3q) \geqslant p^3 - 27r$$

$$\Leftrightarrow \sum a^3 + 3abc - \sum a^2(b+c) \geqslant 0$$

上式即三次 Schur 不等式, 式 (4) 获证.

由式 ③④ 易知

式 ② LHS – RHS

$= \dfrac{10}{3}(p^2 - 3q)^2 + \dfrac{1}{3}(4p^3(p^2 - 3q) -$

$3q(p^3 - 27r)) + 4(p^3(p^2 - 3q) - p^2(pq - qr)) +$

$\quad \dfrac{1}{3}p^3(p^2 - 3q)$

$\geqslant 0$

证毕.

这类文章在网上搜一下有许多, 既然读者喜欢, 我们有什么理由不继续呢?

笔者在写本文之时刚巧看到了北京大学大二学生鞠大恒的一个关于 2019 年中国西部数学邀请赛第六题的另解.

题目 设正整数 $n \geqslant 2, 0 < a_1 \leqslant a_2 \leqslant \cdots \leqslant a_n$，证明

$$\sum_{1 \leqslant i < j \leqslant n} (a_i + a_j)^2 \left(\frac{1}{i^2} + \frac{1}{j^2} \right) \geqslant 4(n-1) \sum_{i=1}^{n} \frac{a_i^2}{i^2}$$

证明 我们对

$$0 \leqslant a_1 \leqslant a_2 \leqslant \cdots \leqslant a_n$$

进行证明. 记

$$原式左 - 右 = f(a_1, a_2, \cdots, a_n)$$

它由 a_i 的二次式构成，且交叉项 $a_i a_j$ 的系数为正，固定 $a_1, a_3, \cdots, a_n$，将 f 视为关于 a_2 的二次函数，一次项系数为正，若二次项系数非负，则最小值在 $a_2 = a_1$ 时取到；若二次项系数为负，则最小值在 $a_2 = a_1$ 或 $a_2 = a_3$ 时取到(上凸函数最小值在边界上取到). 如此得

$$f(a_1, a_2, \cdots, a_n)$$
$$\geqslant f(a_1, a_1, a_3, \cdots, a_n) \ 或 f(a_1, a_3, a_3, \cdots, a_n)$$

记其中较小者为 $f(a_1, a_3, \cdots, a_n)$，交叉项系数依然为正，因此仍可对 $f(a_1, a_3, \cdots, a_n)$ 进行调整，依次对 a_2, $a_3, \cdots, a_{n-1}$ 施行上述调整，可得

$$f(a_1, a_2, \cdots, a_n) \geqslant f(a_1, \cdots, a_1, a_n, \cdots, a_n)$$
$$= : g(a_1, a_n)$$

下证 $g(a_1, a_n) \geqslant 0$. 由齐次性不妨设 $a_n = 1$，$g(a_1, 1)$ 是关于 a_1 的二次函数，再调整一次，知其最小值在 $a_1 = 0$ 或 $a_1 = 1$ 时取到，$g(1,1) = 0$，故只要证明 $g(0,1) \geqslant 0$，设共有 m 个 0 和 $n-m$ 个 1，等价于证明

$$(n-m) \sum_{i=1}^{m} \frac{1}{i^2} \geqslant 3m \sum_{i=m+1}^{n} \frac{1}{i^2}$$

当 $m = 1$ 时，若 $n = 2$，结论显然成立；

若 $n \geqslant 3$，左边 $\geqslant 2$，右边 $\leqslant 3\left(\frac{5}{3} - 1 \right) = 2$，结论

成立.

当 $m \geqslant 2$ 时, $\sum_{i=1}^{m} \frac{1}{i^2} \geqslant 1 + \frac{1}{2} - \frac{1}{m+1}$, $\sum_{i=m+1}^{n} \frac{1}{i^2} <$ $\frac{1}{m} - \frac{1}{n}$, 只要证明

$$(n-m)\left(\frac{3}{2} - \frac{1}{m+1}\right) \geqslant 3m\left(\frac{1}{m} - \frac{1}{n}\right)$$

$$\Leftarrow \frac{7}{6}(n-m) + \frac{3m}{n} \geqslant 3$$

当 $n-m \geqslant 3$ 时, 左边 > 3;

当 $n-m = 1$ 时, 左边 $> \frac{7}{6} + 3 \cdot \frac{2}{3} > 3$;

当 $n-m = 2$ 时, 左边 $> \frac{7}{3} + 3 \cdot \frac{2}{4} > 3$.

综上可知: $g(0,1) \geqslant 0$, 于是原题得证.

注 $g(0,1) \geqslant 0$ 似有更快捷的证法, 我可能证繁了.

每个问题都有一个提示, 许多问题都有多个解决方案, 几乎所有的解决方案都非常巧妙, 这并不奇怪. 几乎所有的不等式都需要仔细的思考和分析, 这使得这本书对于任何对奥林匹克式的问题和不等式领域的发展感兴趣的人来说都是个丰富和有益的资源. 许多问题和方法可以作为小组项目在高中学生的课堂上使用.

是什么让这本书如此吸引人? 答案很简单: 大量的不等式, 它们的性质和新鲜度, 以及求解数学不等式的新方法. 然而, 你会发现这本书是有灵感的、原创的和令人愉快的, 当然, 任何感兴趣的读者都会注意到作者在创造和解决棘手的不等式方面的坚韧、热情和能力, 这本书既是大师的力作, 也是大师的杰作.

这位作者出版了如此有趣和新颖的不等式著作, 应该受到祝贺, 我强烈推荐它.

一年之后我们会推出此套丛书的中译本, 不过篇幅会略小, 因为中文效率似乎更高. 比如, 庞德将《送友人》中的诗句

"浮云游子意,落日故人情"翻译为"Mind like a floating wide cloud. Sunset like the parting of old acquaintances". 不难看出,同样一本书,英文版会更加厚,价格当然也会略高. 再举一个大家都熟悉的诗句对比一下:

Light rain is / on the light dust. (渭城朝雨浥轻尘)

The willows of / the inn-yard

Will be going / greener / and greener. (客舍青青柳色新)

But you, Sir, / had better / take wine / ere your departure, (劝君更尽一杯酒)

For you will have / no friends / about you

When you come / to the gates / of Go. (西出阳关无故人)

刘培杰

2021 年 2 月 8 日

于哈工大

数学不等式（第二卷）
—— 对称有理不等式
与对称无理不等式（英文）

瓦西里·切尔托阿杰　　著

编辑手记

　　对于英文影印版数学著作,编辑手记是必不可少的. 编辑手记没有一定的文体,有点像书话. 20 世纪 80 年代有一套丛书叫《现代书话丛书》(中国广播电视出版社出版),姜德明先生在总序里,曾把书话界定为"源于古代的藏书题跋和读书笔记,并由此生发,衍变而成." 书话不宜长篇大论,宜以短札,小品出之. 书话以谈版本知识为主,可做必要的考证和校勘,亦可涉及书内、书外的掌故,或抒发作者一时的感情.

　　本书是《数学不等式》系列丛书的第二分册,总的概况已介绍. 本分册的大致内容从目录中可见:

　　本书提到的三类不等式是数学奥林匹克竞赛中最常见到的三种类型,在国内各种平台上讨论的都是最广泛的.笔者浏览了一下近期的微信公众号发现了一个有趣且有深度的例子,供读者看完本书后牛刀小试.

　　这要从北京国际数学研究中心 BICMR 的一条新闻谈起.

　　据巴黎高等师范学院官方发布的消息,世界闻名的布尔巴基讨论班(法语:Séminaire Nicolas Bourbaki)将于 11 月 16 日组织专题讨论班,讨论北京大学韦东奕等人的研究工作.

　　Oseen 涡算子的拟谱和谱下界的估计一直是 PDE 方向的一个长期公开问题.菲尔兹奖得主 Villani 于 2006 年 ICM 的报告中再次强调该问题的重要性.韦东奕与合作者章志飞、李特等人引入新的想法和方法解决了该猜想.他们通过构造波算子、强制性估计等方法处理了 Villani 的亚强制性方法所不能处理的非局部算子.同时,他们所引入的波算子等工具具有普适性,为此他们最近在该稳定性方向中取得了多个重要结果.

　　韦东奕现为北京国际数学研究中心博雅博士后,研究领域是偏微分方程和微分几何.他于 2010 年进入北京大学学习数学,博士期间师从田刚院士,仅用三年时间就获得了博士学位.博士毕业后在北京国际数学研究中心做博士后研究.在学生时代他曾创下傲人的竞赛成绩,并且很早就展现出了一个成熟的科研工作者的特质.进入研究生阶段后不久,他就在三维 Navier-Stokes 方程正则性问题和二维不可压缩欧拉方程的线性阻尼问题上取得了一系列重要研究进展,成果于 2018 年被国际顶级数学期刊 *Comm. Pure Appl. Math.* 等接受并发表.近年来,韦东奕与人合作还在随机矩阵理论研究中取得了重大进展.

　　布尔巴基讨论班是一个现代数学讨论班系列,1948 年起在巴黎举行,以数学研究的最新且重要的成果为讲题. 讨论班的讲者几乎都不是报告自己的成果, 而是介绍他人的成果. 由于其内容的精辟, 影响已远远超过了法国国界.

现在的许多人都淡忘了, 这个讨论班曾是世界著名的布尔巴基学派的阵地. 布尔巴基是一位早年法国将军的名字, 后被一群有志改变法国在国际上数学地位的年轻数学家所借用.

新闻中的主角韦东奕曾是中国数学奥林匹克界的一位明星选手, 被其他中学生们尊为"韦神".

笔者没有见过他, 但从另一位著名教授的一篇文章中可以感知他的存在对数学奥林匹克教练们所产生的"震撼".

中国数学奥林匹克教练的阵营中的一支劲旅是"湘军", "湘军"中的代表人物之一是冷岗松教授, 他的逆袭成功只能发生在 20 世纪 80 年代. 他曾与韦东奕有很长时间的互动, 因此可信度较高, 他写道:

> 一提起韦东奕, 我回忆的闸门就会兴奋地打开, 一组组镜头便呈现在眼前.
>
> **A**
>
> 2008 年 3 月 (苏州), 国家集训队第二次小考, 李伟固教授出了一道代数难题:
>
> **题 1** 设 z_1, z_2, z_3 是 3 个模不大于 1 的复数, w_1, w_2 是方程
> $$(z - z_1)(z - z_2) + (z - z_2)(z - z_3) + (z - z_3)(z - z_1) = 0$$
> 的两个根. 证明: 对 $j = 1, 2, 3$, 都有
> $$\min\{|z_j - w_1|, |z_j - w_2|\} \leqslant 1$$
>
> 下午阅卷时, 李教授非常兴奋地告诉我, 做出了这个难题的三位学生是张瑞祥、牟晓生和韦东奕. 前面两位分别是来自北京和上海的高手, 早已名声在外. 来自山东的高一学生韦东奕完全不在我们的视野中. 发现"黑马"了, 教练们都很高兴. 特别是韦东奕的解答用纯代数方法完成 (李教授提供的解答和张瑞

祥、牟晓生的方法都用到了几何方法),反映出很强的分析硬功夫. 李教授赞叹不已,并以"山东神人"称呼韦东奕. 这是韦东奕初出茅庐的第一刀!

B

还是在 2008 年国家集训队集训期间,第五次小考,我把德国数学家 Alzer 得到的凸序列上的反向柯西不等式作为第三题. 该题叙述如下:

题 2 设 $0 < x_1 \leqslant \dfrac{x_2}{2} \leqslant \cdots \leqslant \dfrac{x_n}{n}, 0 < y_n \leqslant y_{n-1} \leqslant \cdots \leqslant y_1$. 证明

$$\Big(\sum_{k=1}^{n} x_k y_k \Big)^2 \leqslant \Big(\sum_{k=1}^{n} y_k \Big) \Big(\sum_{k=1}^{n} \Big(x_k^2 - \frac{1}{4} x_k x_{k-1} \Big) y_k \Big)$$

其中 $x_0 = 0$.

考完收卷后,我问韦东奕这个不等式难吗?"很简单",他作了一个令我惊讶的回答. 最后,这个题大概有七八人做出来,还是一个难题,在我们预估的范围里. 但韦东奕给出两种解法,均比标准答案简单. 由此可见,韦东奕认为这道题简单确实是实话."山东神人"在代数(严格讲应是分析)上的功夫再次使人折服.

C

2008 年 6 月(上海),国家队培训,我从美国数学月刊上找来了如下问题作为训练题.

题 3 设 F 是一个由整数组成的有限集,满足:

(i) 对任意 $r \in F$,存在 $y, z \in F$ 使得 $x = y + z$.

(ii) 存在 n,使得对任何正整数 $k(1 \leqslant k \leqslant n)$ 及 F 中的任意 k 个 $x_1, x_2, \cdots, x_k$ 都有 $\sum_{i=1}^{k} x_i \neq 0$.

证明: $|F| \geqslant 2n + 2$.

大多数同学提供的都是图论证法,唯独韦东奕提供了一个非常直白的方法,仅用了一下极端分析,自然而优雅. 直到现在,我还经常向竞赛刚入门的学生讲解这个方法,并常戏称这是"韦方法".

D

2009 年 3 月（武汉），国家集训队的第一次小考. 这次小考的三道题目的综合难度很高，余红兵教授和付云皓老师（曾两次获得 IMO 满分金牌）都预估可能没有人完全做对三道题. 收卷时，脸上略带兴奋表情的韦东奕走过来对我说："今天的题有点意思。" 我问他做完三道题花了多少时间，他说花了一个半小时. 果然，这次小考韦东奕得到满分. 后来的几场考试，韦东奕更是神勇（监考老师告诉我，韦东奕每次做题时间不超过一小时），均是满分. 韦东奕严谨清晰的表达，使我们实在找不到扣掉他一分的理由. 于是，中国奥林匹克的历史上，产生了第一个在国家集训队的所有考试中均获得满分的选手. 这是韦东奕创造的纪录，而且这个纪录至今没有被打破.

韦东奕的传奇还包括获得过两次 IMO 满分金牌（第 49 届和第 50 届），2013 年获"丘成桐大学生数学竞赛个人全能奖"（金奖），并获得五个单项奖中的四个金奖，一个银奖.

E

2009 年 6 月（武汉），国家队培训. 我第一天拿了四道题，其中一道题很有趣且难度颇大，它是匈牙利 2000 年 Minklòs Schweitzer 比赛（大学生数学竞赛）的一个问题，可叙述如下.

题 4 设 $a_1 < a_2 < a_3$ 是正整数. 证明：存在不全为 0 的整数 x_1, x_2, x_3 使得

$$a_1 x_1 + a_2 x_2 + a_3 x_3 = 0$$

且 $\max\{|x_1|, |x_2|, |x_3|\} \leqslant \dfrac{2}{\sqrt{3}}\sqrt{a_3}$.

韦东奕因回校参加毕业会考，第二天早上才风尘仆仆赶到武汉. 他花了一个小时做好了第二天的题，然后花了一个多小时完成第一天的题. 对于上述难题，他提出了一个简单的证法（见 G），但其中二元点集 A 的构造有点"旱地拔葱"（李伟固原创的语言）的

感觉,令人折服!

F

2009 年 7 月(北京),国家队出国前休整. 一天,我拿到了当年保加利亚国家队选拔考试试题(没有解答),其中有一道不等式试题是这样的:

题 5 设 $a_1, a_2, \cdots, a_n, b_1, b_2, \cdots, b_n$ 是实数,$c_1, c_2, \cdots, c_n$ 是正实数. 证明

$$\left(\sum_{i,j=1}^{n} \frac{a_i a_j}{c_i + c_j} \right) \left(\sum_{i,j=1}^{n} \frac{b_i b_j}{c_i + c_j} \right) \geqslant \left(\sum_{i,j=1}^{n} \frac{a_i b_j}{c_i + c_j} \right)^2 \qquad ①$$

我问韦东奕这道题的做法. 韦东奕思考了几分钟后说:"只要说明左边的项均是非负的便可." 我期待着他的进一步解释,然而他便无语了. 我一脸茫然,但也不便再问,苦苦思考了一个下午,我最终证明了它,明白了韦东奕的话道出了本质. 事实上,只要证明了下面结论:设 $x_1, x_2, \cdots, x_n \in \mathbf{R}, c_1, c_2, \cdots, c_n$ 是正实数,则

$$\sum_{i,j=1}^{n} \frac{x_i x_j}{c_i + c_j} \geqslant 0 \qquad ②$$

那么在式 ① 中令 $x_i = a_i x + b_i, i = 1, 2, \cdots, n$,便得

$$Ax^2 + 2Cx + B \geqslant 0, \forall x \in \mathbf{R} \qquad ③$$

其中

$$A = \sum_{i,j=1}^{n} \frac{a_i a_j}{c_i + c_j}, B = \sum_{i,j=1}^{n} \frac{b_i b_j}{c_i + c_j}, C = \sum_{i,j=1}^{n} \frac{a_i b_j}{c_i + c_j}$$

再由式 ③ 的判别式 $\Delta \leqslant 0$ 便得式 ①.

这说明式 ② 左边的非负性的判定是问题的关键,韦东奕的话正确. 当然这个二次型的非负性判定并不是新的,本质上等同于早年(1992 年)波兰的一道竞赛试题:

题 6 设 $a_1, a_2, \cdots, a_n \in \mathbf{R}$,证明

$$\sum_{i,j=1}^{n} \frac{a_i a_j}{i + j} \geqslant 0$$

对于上述问题,尽管韦东奕只花了几分钟,我却花了几个小时,但我心里仍然充满了快乐. 我想:面对一

般的问题,天才和凡人或许只有时间的差别,勤能补拙!

G

在这一节,我们介绍 C 中题 3 和 E 中题 4 的韦东奕的解法.至于 A 中题 1 和 B 中题 2 韦东奕的解法,我的记忆很模糊了(当时没有记录),且试卷被封存而无法查找,只能暂缺.

C 中题 3 的解

由条件(ⅱ)知 $0 \notin F$.

若 F 中的数全为正数,设其中最小的为 x_0,由条件(ⅰ)知存在 $y, z \in F$ 使得 $x_0 = y + z$(y, z 是正数).因此 $x_0 > y$,与 x_0 的最小性矛盾.这说明 F 中的数不全为正数.同理 F 中的数不能全为负数.

记 $F^+ = F \cap \mathbf{R}_+$,$F^- = F \cap \mathbf{R}_-$,则 F^+, F^- 非空.

现任取一个正数 $a_1 \in F^+$,则由(ⅰ)知存在 $a_2 \in F^+$ 使得 $a_1 = a_2 + z_1$,其中 $z_1 \in F$.再由(ⅰ)知存在 $a_3 \in F^+$ 使得 $a_2 = a_3 + z_2$,其中 $z_2 \in F$.如此下去,我们可构造出 F^+ 的一个无穷序列 $\{a_n\}$ 使得

$$a_n = a_{n+1} + z_n \qquad ④$$

其中 $\{z_n\}$ 是 F 的序列.

注意到 F^+ 是有限集,因此由抽屉原理知存在 $j > i$ 使得

$$a_i = a_j \qquad ⑤$$

现选择使得式⑤成立的"跨度"$j - i$ 最小的数对 (i, j),则这时 $a_i, a_{i+1}, \cdots, a_{j-1}$ 是两两不同的 F^+ 中的实数.又式⑤可重写为

$$(a_i - a_{i+1}) + (a_{i+1} - a_{i+2}) + \cdots + (a_{j-1} - a_j) = 0$$

故由式④便知

$$z_i + z_{i+1} + \cdots + z_{j-1} = 0$$

再由(ⅱ)知 $z_i, z_{i+1}, \cdots, z_{j-1}$ 的个数必须大于或等于 $n-1$,亦即 $j - i \geqslant n + 1$.这亦说明 $a_i, a_{i+1}, \cdots, a_{j-1}$ 是 F^+ 的两两不相同的元且个数大于或等于 $n + 1$.因

361

此 $|F^+| \geq n + 1$.

同理 $|F^-| \geq n + 1$.

故 $|F| = |F^+| + |F^-| \geq 2n + 2$. 证毕.

E 中题 4 的解

设 $k = \left[\dfrac{2}{\sqrt{3}}\sqrt{a_3}\right]$, 则 $k \in \mathbf{N}^*$ 且 $k + 1 > \dfrac{2}{\sqrt{3}}\sqrt{a_3}$. 记

$$A = \left\{(i,j) \mid i,j \in \mathbf{Z}, 0 \leq i \leq k, 0 \leq j \leq k,\right.$$
$$\left.\left[\frac{k}{2}\right] \leq i + j \leq \left[\frac{3}{2}k\right]\right\}$$

则

$$|A| = (k+1)^2 - \binom{\left[\frac{k}{2}\right]+1}{2} - \binom{k - \left[\frac{k}{2}\right]}{2}$$

$$= (k+1)^2 - \frac{\left[\frac{k}{2}\right]^2 + \left[\frac{k}{2}\right] + \left(k - \left[\frac{k}{2}\right]\right)^2 + \left(k - \left[\frac{k}{2}\right]\right)}{2}$$

$$= (k+1)^2 - \frac{\left(k - 2\left[\frac{k}{2}\right]\right)^2 + k^2 + 2k}{4}$$

$$\geq (k+1)^2 - \frac{1 + k^2 + 2k}{4}$$

$$= \frac{3}{4}(k+1)^2$$

$$> \frac{3}{4}\left(\frac{2}{\sqrt{3}}\sqrt{a_3}\right)^2$$

$$= a_3$$

上面的第一个不等号成立当且仅当 $\left(k - 2\left[\dfrac{k}{2}\right]\right)^2 \leq 1$

(由于 $k - 2\left[\dfrac{k}{2}\right] = 0$ 或 1).

已知形如 $ia_1 + ja_2((i, j) \in A)$ 的数共有 $|A|$ 个，故必有两个除以 a_3 的余数相同. 不妨设

$$i_1a_1 + j_1a_2 \equiv i_2a_1 + j_2a_2 \pmod{a_3} \qquad ⑥$$

其中，$(i_1, j_1), (i_2, j_2) \in A, (i_1, j_1) \neq (i_2, j_2)$.

再由式⑥设

$$(i_1a_1 + j_1a_2) - (i_2a_1 + j_2a_2) = na_3 \qquad ⑦$$

其中 $n \in \mathbf{Z}$.

再注意到 $(i_1, j_1), (i_2, j_2) \in A, 0 < a_1 < a_2 < a_3$.

若 $i_1 \leqslant i_2$，则

$$\begin{aligned}
na_3 &= (i_1a_1 + j_1a_2) - (i_2a_1 + j_2a_2) \\
&= (i_1 - i_2)a_1 + (j_1 - j_2)a_2 \\
&\leqslant (j_1 - j_2)a_2 \\
&\leqslant (k - 0)a_2 \\
&= ka_2 \\
&< ka_3
\end{aligned}$$

因此可得 $n < k$.

若 $i_1 \geqslant i_2$，则

$$\begin{aligned}
na_3 &= (i_1a_1 + j_1a_2) - (i_2a_1 + j_2a_2) \\
&= (i_1 + j_1)a_2 - i_1(a_2 - a_1) - (i_2 + j_2)a_2 + \\
&\quad i_2(a_2 - a_1) \\
&\leqslant ((i_1 + j_1) - (i_2 + j_2))a_2 - (i_1 - i_2)(a_2 - a_1) \\
&\leqslant \left(\left[\frac{3}{2}k \right] - \left[\frac{k}{2} \right] \right) a_2 - 0 \\
&= ka_2 \\
&< ka_3
\end{aligned}$$

从而可得 $n < k$.

综上说明不论何种情况总有 $n < k$.

同理可证 $n > -k$，故

$$|n| < k \qquad ⑧$$

又注意到 $(i_1, j_1), (i_2, j_2) \in A$ 且不同，及 $i_1, j_1, i_2, j_2 \in \{0, 1, \cdots, k\}$，因此

$$|i_1 - i_2| \leqslant k, |j_1 - j_2| \leqslant k$$

$$i_1 - i_2, j_1 - j_2 \in \mathbf{Z} \text{ 且不都为 } 0 \qquad ⑨$$

这样取 $x_1 = i_1 - i_2, x_2 = j_1 - j_2, x_3 = -n$, 由式 ⑦ 便得

$$x_1 a_1 + x_2 a_2 + x_3 a_3 = 0$$

由式 ⑧⑨ 知这样的 x_1, x_2, x_3 不全为 0, 且其绝对

值均小于或等于 k, 从而小于或等于 $\dfrac{2}{\sqrt{3}} \sqrt{a_3}$. 证毕.

这样的大才子在文学艺术中似只有钱钟书可类比. 最近人们发现了钱钟书十八岁署名"梼杌"的一篇文论:

> 钱子泉 1935 年 2 月于《读清人集别录》自叙:"儿子钟书能承余学, 尤喜搜罗明清两朝人集. 以章氏文史之义, 抉前贤著述之隐. 发凡起例, 得未曾有. 每叹世有知言, 异日得余父子日记, 取其中有系集部者, 董理为篇, 乃继余父子集部之学, 当继嘉定钱氏之史学以后先照映, 非夸语也."这篇《笔语》就是刺取日记"董理"而成的(摘句当已略却), 故每则未记月日. 钱钟书一辈子"阅"某书的日札和《笔语》一模一样. 他通称二十八岁前的日记为"起居注". 1981 年夏"日", 乡人"得"到《起居注》十七册, 旋为主人索回, 拉杂摧烧之. 不明白钱钟书化名"梼杌"的用意. 梼杌, 凶善、恶人, "楚以名史, 主于惩恶". 20 年后, 钱钟书在赵景深编的《俗文学》周刊发表论小说的札记, 署名"全祖援", 亦难索解.

像韦东奕一样, 少年钱钟书已惊才绝艳, 只要看他十九岁为谭献、钱穆的两书写的序文就能看出. 张申府作《民族自救的一个方案》, 称道:"我的青年朋友钱钟书先生, 乃是现在清华大学最杰出的天才, 简直可以说, 在现在全中国人中, 天分、学力, 也再没有一个能赶得上他的. 因为钟书的才力、学力实在是绝对地罕有."钱钟书时年二十二. 钱穆的《师友杂忆》第七章谓钱钟书"在清华外文系为学生, 而兼通中西文学, 博及群书, 宋以后集部殆无不过目."钱钟书二十三岁即作《中国文学小史》.

当然学文的人会感到拿韦东奕一个初露锋芒的年轻人与鸿学大儒相比有失敬意,但假以时日谁能断定不旗鼓相当呢! 说了一大堆,我们是要介绍下面这道以其命名的不等式.(摘自 2020 年求是数学论坛网名为"ZJU 方星悦"的文章"韦东奕不等式")

韦东奕不等式是"韦神"研究椭圆函数时得到的一个不等式,网上直接搜索可以得到对韦东奕不等式的解答,整理了一下并且修改了其中的一些小错误,然后收录于此.很多数学家都热衷于研究不等式.证明一个不等式,尤其用初等方法证明一个不等式是颇有难度的,且需要很多尝试,在一番努力后曲径通幽.然而发现一个不等式,更是有难度的,很多不等式就是在研究一些数学问题时不经意得到的副产物,我们眼里看来平平无奇的不等式,大多都是有很深厚的数学背景.而该不等式证明中多次用到经典的变量替换,是在不等式学习中可以作为一个经典传承的.

总是在学习的过程中想起一句话:年轻时不做理想主义者是可悲的,年老后还做理想主义者也是可悲的.希望可以在年轻的时候继续理想主义几年.

题目 设 a,b,c 为正实数,证明

$$(1-a)^2 + (1-b)^2 + (1-c)^2$$
$$\geq \frac{c^2(1-a^2)(1-b^2)}{(ab+c)^2} + \frac{b^2(1-c^2)(1-a^2)}{(ca+b)^2} + \frac{a^2(1-b^2)(1-c^2)}{(bc+a)^2} \qquad ①$$

证明 记 $x = \dfrac{bc}{a}, y = \dfrac{ca}{b}, z = \dfrac{ab}{c}$,则 $a = \sqrt{yz}$, $b = \sqrt{zx}, c = \sqrt{xy}, x,y,z$ 为正实数,则

式 $① \Leftrightarrow xy + yz + zx + 3$
$$\geq 2\sqrt{xy} + 2\sqrt{yz} + 2\sqrt{zx} + \frac{(1-yz)(1-zx)}{(z+1)^2} + \frac{(1-xy)(1-yz)}{(y+1)^2} + \frac{(1-zx)(1-xy)}{(x+1)^2}$$

365

$$\Leftrightarrow 3 \geqslant 2\sqrt{xy} + 2\sqrt{yz} + 2\sqrt{zx} +$$
$$\sum_{\text{cyc}} \left[\frac{(1-yz)(1-zx)}{(z+1)^2} - xy \right]$$
$$\Leftrightarrow 3 \geqslant 2\sqrt{xy} + 2\sqrt{yz} + 2\sqrt{zx} +$$
$$(1 - xy - yz - zx - 2xyz) \cdot$$
$$\left(\frac{1}{(x+1)^2} + \frac{1}{(y+1)^2} + \frac{1}{(z+1)^2} \right)$$
$$\Leftrightarrow 3 \geqslant 2\sqrt{xy} + 2\sqrt{yz} + 2\sqrt{zx} +$$
$$\left(\frac{1}{1+x} + \frac{1}{1+y} + \frac{1}{1+z} - 2 \right) \cdot$$
$$\left(\frac{1}{(x+1)^2} + \frac{1}{(y+1)^2} + \frac{1}{(z+1)^2} \right)$$
$$(1+x)(1+y)(1+z) \qquad\qquad ②$$

设

$$\frac{1}{1+x} = \frac{ku}{u+v+w}$$
$$\frac{1}{1+y} = \frac{kv}{u+v+w}$$
$$\frac{1}{1+z} = \frac{kw}{u+v+w}$$

则

$$x = \frac{v + w - (k-1)u}{ku}$$
$$y = \frac{w + u - (k-1)v}{kv}$$
$$z = \frac{u + v - (k-1)w}{kw}$$

并且 u, v, w 为正实数，$0 < k < 3$，
$$\begin{cases} u + v > (k-1)w \\ v + w > (k-1)u, \text{则} \\ w + u > (k-1)v \end{cases}$$

式② $\Leftrightarrow 3 \geqslant \dfrac{2}{k} \left[\displaystyle\sum_{\text{cyc}} \sqrt{\frac{(v+w-(k-1)u)(w+u-(k-1)v)}{uv}} \right] +$
$$\frac{k-2}{k} \frac{(u+v+w)(u^2+v^2+w^2)}{uvw}$$

$$\Leftrightarrow 3k - (k-2)\sum_{\text{cyc}} \frac{w^2}{uv} - (k-2)\sum_{\text{cyc}} \frac{v+w}{u}$$

$$\geqslant 2 \sum_{\text{cyc}} \sqrt{\frac{(v+w-(k-1)u)(w+u-(k-1)v)}{uv}}$$

③

设 $D = \{(u,v,w) \mid u,v,w$ 为正实数$,u+v > (k-1)w, v+w > (k-1)u, w+u > (k-1)v\}$，则 D 是 $\mathbf{R}^3$ 的连通子集. 若能证明下式

$$\left(3k - (k-2)\sum_{\text{cyc}} \frac{w^2}{uv} - (k-2)\sum_{\text{cyc}} \frac{v+w}{u}\right)^2$$

$$\geqslant 4\left(\sum_{\text{cyc}} \sqrt{\frac{(v+w-(k-1)u)(w+u-(k-1)v)}{uv}}\right)^2 \quad ④$$

则当 $(u,v,w) \in D$ 时，有

$$3k - (k-2)\sum_{\text{cyc}} \frac{w^2}{uv} - (k-2)\sum_{\text{cyc}} \frac{v+w}{u} \neq 0$$

由连续性，当 $(u,v,w) \in D$ 时 $3k - (k-2)\sum_{\text{cyc}} \frac{w^2}{uv} - (k-2)\sum_{\text{cyc}} \frac{v+w}{u}$ 恒正或恒负. 由于 $(1,1,1) \in D$，当 $(u,v,w) = (1,1,1)$ 时，上式值为

$$18 - 6k > 0$$

则 $3k - (k-2)\sum_{\text{cyc}} \frac{w^2}{uv} - (k-2)\sum_{\text{cyc}} \frac{v+w}{u}$ 恒正. 故由式 ④ 可以推出式 ③.

设 $M = \sum_{\text{cyc}} \frac{v+w}{u}, N = \sum_{\text{cyc}} \frac{w^2}{uv}$，故

$$\sum_{\text{cyc}} \frac{(v+w-(k-1)u)(w+u-(k-1)v)}{uv}$$

$$= \sum_{\text{cyc}} \left(\frac{w}{u} + \frac{w^2}{uv} - (k-1)\frac{w}{v} + 1 + \frac{w}{v} - \right.$$

$$\left. (k-1)\frac{u}{v} - (k-1)\frac{v}{u} - (k-1)\frac{w}{u} + (k+1)^2\right)$$

$$= (3k^2 - 6k + 6) + (3 - 2k)M + N$$

$$\sum_{\text{cyc}} \frac{(v+w-(k-1)u)}{u} \cdot$$

$$\left(\frac{u+v-(k-1)w}{v} + \frac{w+u-(k-1)v}{w} \right)$$

$$= \sum_{\text{cyc}} \left(1 + \frac{w}{v} - (k-1)\frac{u}{v} + \frac{v}{u} + \frac{w}{u} - (k-1) - \right.$$

$$\left. (k-1)\frac{w}{u} - (k-1)\frac{w^2}{uv} + (k-1)^2\frac{w}{v} \right) +$$

$$\sum_{\text{cyc}} \left(\frac{v}{u} + \frac{w}{u} - (k-1) + \frac{v}{w} + 1 - (k-1)\frac{u}{w} - \right.$$

$$\left. (k-1)\frac{w^2}{uw} - (k-1)\frac{v}{u} + (k-1)^2\frac{v}{w} \right)$$

$$= 12 - 6k + (k^2 - 4k + 6)M + (2 - 2k)N$$

由均值不等式有

$$\sum_{\text{cyc}} \frac{(v+w-(k-1)u)(w+u-(k-1)v)}{uv} +$$

$$\sum_{\text{cyc}} \frac{v+w-(k-1)u}{u} \cdot$$

$$\left(\frac{u+v-(k-1)w}{v} + \frac{w+u-(k-1)v}{w} \right)$$

$$\geqslant \sum_{\text{cyc}} \frac{(v+w-(k-1)u)(w+u-(k-1)v)}{uv} +$$

$$2 \sum_{\text{cyc}} \frac{v+w-(k-1)u}{u} \cdot$$

$$\sqrt{\frac{u+v-(k-1)w}{v} \cdot \frac{w+u-(k-1)v}{w}}$$

$$= \left(\sum_{\text{cyc}} \sqrt{\frac{(v+w-(k-1)u)(w+u-(k-1)v)}{uv}} \right)^2$$

故只要证

$$\left(3k - (k-2)\sum_{\text{cyc}} \frac{w^2}{uv} - (k-2)\sum_{\text{cyc}} \frac{v+w}{u} \right)^2$$

$$\geqslant 4 \sum_{\text{cyc}} \frac{(v+w-(k-1)u)(w+u-(k-1)v)}{uv} +$$

$$4 \sum_{\text{cyc}} \frac{v+w-(k-1)u}{u} \cdot$$

$$\left(\frac{u + v - (k - 1)w}{v} + \frac{w + u - (k - 1)v}{w}\right)$$

$$\Leftrightarrow (3k - (k - 2)M - (k - 2)N)^2$$

$$\geq 4(k^2 - 6k + 9)M + 4(3 - 2k)N + 12(k^2 - 4k + 6)$$

$$\Leftrightarrow ((k - 2)(M + N))^2$$

$$\geq (10k^2 - 36k + 36)M + (6k^2 - 20k + 12)N +$$

$$(3k^2 - 48k + 72)$$

$$\Leftrightarrow (M^2 + 2MN + N^2 - 10M - 6N - 3)k^2 -$$

$$4(M^2 + 2MN + N^2 - 9M - 5N - 12)k +$$

$$4(M^2 + 2MN + N^2 - 9M - 3N - 18) \geq 0$$

目标即证明 $\Delta \leq 0$，即 $M^2 + 2MN + N^2 - 10M - 6N - 3 \geq 0.$

后者由均值不等式有 $M = \displaystyle\sum_{cyc} \frac{v + w}{u} \geq 6, N =$

$\displaystyle\sum_{cyc} \frac{w^2}{uv} \geq 3,$则

$$M^2 + 2MN + N^2 - 10M - 6N - 3$$

$$= (M - 6)^2 + (N - 3)^2 + 2M + 2MN - 48$$

$$\geq 0$$

则只要证明 $\Delta \leq 0,$即

$$\Delta \leq 0 \Leftrightarrow (M^2 + 2MN + N^2 - 9M - 5N - 12)^2$$

$$\leq (M^2 + 2MN + N^2 - 10M - 6N - 3) \cdot$$

$$(M^2 + 2MN + N^2 - 9M - 3N - 18)$$

$$\Leftrightarrow (M - N - 3)(M + N)^2$$

$$\leq 9M^2 - 6MN - 7N^2 - 9M - 3N - 90$$

$$\Leftrightarrow (N - M)(M + N)^2 + 12M^2 - 4N^2 - 9M -$$

$$3N - 90$$

$$\geq 0$$

设

$$p = u + v + w, q = uv + vw + wu, r = uvw$$

则

$$M = \frac{pq - 3r}{r}, N = \frac{p^3 - 3pq + 3r}{r}$$

$$\Delta \leqslant 0 \Leftrightarrow (p^3 - 2pq)^2 (p^3 - 4pq + 6r) + 12r(pq - 3r)^2 -$$
$$4r(p^3 - 3pq + 3r)^2 -$$
$$9r^2(pq - 3r) - 3r^2(p^3 - 3pq + 3r) - 90r^3 \geqslant 0$$
$$\Leftrightarrow (p^3 - 2pq)^2 (p^3 - 4pq + 6r) - 4p^6 r +$$
$$24p^4 qr - 24p^2 q^2 r - 27p^3 r^2 \geqslant 0$$
$$\Leftrightarrow (p^2 - 2q)^2 (p^3 - 4pq + 6r) -$$
$$4p^4 r + 24p^2 qr - 24q^2 r - 27pr^2 \geqslant 0$$
$$\Leftrightarrow p^6 - 8p^4 q + 20p^2 q^2 - 16q^3 + 2p^3 r - 27r^2 \geqslant 0$$
$$\Leftrightarrow (p^3 - 4pq + 9r)^2 +$$
$$4(p^2 q^2 - 4p^3 r + 18pqr - 27r^2 - 4q^3) \geqslant 0$$
$$\Leftrightarrow \left(\sum_{cyc} u^3 - \sum_{cyc} u^2 (v + w) + 3uvw \right)^2 +$$
$$4(u - v)^2 (v - w)^2 (w - u)^2 \geqslant 0$$

一位网友总结学好数学需要具备 3 种素质:(1) 稳定而持续的兴趣,不因考试成绩好坏而影响求知的热情,也不会因为有比自己厉害的人而质疑自己的智商;(2) 有逻辑"强迫症",对任何细节都要求严密的论证;(3) 良好的直觉,在技术性细节展开之前能够判断大方向.

这不,民间高手潘成华老师的学生,南京师范大学附属中学的李心宇同学于 2020 年 4 月 18 日又给出了一个证明.

韦东奕不等式 设 $a, b, c > 0$,证明
$$(1 - a)^2 + (1 - b)^2 + (1 - c)^2$$
$$\geqslant \frac{a^2 (1 - b^2)(1 - c^2)}{(a + bc)^2} + \frac{b^2 (1 - c^2)(1 - a^2)}{(b + ca)^2} + \frac{c^2 (1 - a^2)(1 - b^2)}{(c + ab)^2}$$

陈计老师曾给出了配方证明,他在此给出另一个证明.

证明 恒等变形知,结论等价于

$$\frac{abc[3 - 2(a + b + c)]}{(a + bc)(b + ca)(c + ab)}$$

$$\geqslant \left(\frac{a}{a + bc} + \frac{b}{b + ca} + \frac{c}{c + ab} - 2 \right) \cdot$$

$$\left(\left(\frac{a}{a + bc} \right)^2 + \left(\frac{b}{b + ca} \right)^2 + \left(\frac{c}{c + ab} \right)^2 \right)$$

记

$$x = \frac{a}{a + bc}, y = \frac{b}{b + ca}, z = \frac{c}{c + ab}$$

则 $x, y, z \in (0,1)$ 且

$$a = \sqrt{\left(\frac{1}{y} - 1 \right) \left(\frac{1}{z} - 1 \right)}$$

$$b = \sqrt{\left(\frac{1}{z} - 1 \right) \left(\frac{1}{x} - 1 \right)}$$

$$c = \sqrt{\left(\frac{1}{x} - 1 \right) \left(\frac{1}{y} - 1 \right)}$$

因此,只要证明

$$xyz \left\{ 3 - 2 \left[\sqrt{\left(\frac{1}{y} - 1 \right) \left(\frac{1}{z} - 1 \right)} + \right. \right.$$

$$\sqrt{\left(\frac{1}{z} - 1 \right) \left(\frac{1}{x} - 1 \right)} +$$

$$\left. \left. \sqrt{\left(\frac{1}{x} - 1 \right) \left(\frac{1}{y} - 1 \right)} \right] \right\}$$

$$\geqslant (x + y + z - 2)(x^2 + y^2 + z^2)$$

或

$$3xyz - \left(\sum x - 2 \right) \left(\sum x^2 \right)$$

$$\geqslant 2 \sum x \sqrt{yz(1 - y)(1 - z)}$$

由 Schur 不等式得

$$3xyz - \left(\sum x - 2 \right) \left(\sum x^2 \right)$$

$$= 2 \sum x^2(1 - x) + \sum x(x - y)(x - z) \geqslant 0$$

因此,只要证明

$$\left[3xyz - \left(\sum x - 2 \right) \left(\sum x^2 \right) \right]^2$$

$$\geqslant 4 \Big[\sum x \sqrt{yz(1-y)(1-z)} \Big]^2$$

由柯西不等式得

$$4 \Big[\sum x \sqrt{yz(1-y)(1-z)} \Big]^2$$

$$= 4xyz \Big[\sum \sqrt{x(1-y)(1-z)} \Big]^2$$

$$\leqslant 4xyz \big(\sum x \big) \Big[\sum (1-y)(1-z) \Big]$$

而

$$\Big[3xyz - \big(\sum x - 2 \big) \big(\sum x^2 \big) \Big]^2 - 4xyz \big(\sum x \big) \cdot$$

$$\Big[\sum (1-y)(1-z) \Big]$$

$$= \Big[\sum x^6 + 2 \sum x^5(y+z) + 3 \sum x^4(y^2+z^2) -$$

$$4xyz \sum x^3 - 6xyz \sum x^2(y+z) \Big] -$$

$$4 \Big[\sum x^5 + \sum x^4(y+z) +$$

$$2 \sum x^3(y^2+z^2) - 5xyz \sum x^2 - 2xyz \sum yz \Big] +$$

$$4 \Big[\sum x^4 + 2 \sum y^2z^2 - 3xyz \sum x \Big]$$

故只要证明

$$\Big[\sum x^6 + 2 \sum x^5(y+z) + 3 \sum x^4(y^2+z^2) -$$

$$4xyz \sum x^3 - 6xyz \sum x^2(y+z) \Big] +$$

$$4 \Big[\sum x^4 + 2 \sum y^2z^2 - 3xyz \sum x \Big] \geqslant$$

$$4 \Big[\sum x^5 + \sum x^4(y+z) +$$

$$2 \sum x^3(y^2+z^2) - 5xyz \sum x^2 - 2xyz \sum yz \Big]$$

由 Miurhead 不等式得

$$\sum x^6 + 2 \sum x^5(y+z) + 3 \sum x^4(y^2+z^2) -$$

$$4xyz \sum x^3 - 6xyz \sum x^2(y+z) \geqslant 0$$

$$\sum x^4 + 2 \sum y^2z^2 - 3xyz \sum x \geqslant 0$$

因此,结合 AM - GM 不等式知只要证明

$$\Big[\sum x^6 + 2 \sum x^5(y+z) + 3 \sum x^4(y^2+z^2) -$$

$$4xyz \sum x^3 - 6xyz \sum x^2(y+z)] +$$
$$[\sum x^4 + 2 \sum y^2 z^2 - 3xyz \sum x] \geqslant$$
$$[\sum x^5 + \sum x^4(y+z) +$$
$$2 \sum x^3(y^2 + z^2) - 5xyz \sum x^2 - 2xyz \sum yz]^2$$

事实上

$$\left[\sum x^6 + 2 \sum x^5(y+z) + 3 \sum x^4(y^2 + z^2) - \right.$$
$$\left. 4xyz \sum x^3 - 6xyz \sum x^2(y+z) \right] +$$
$$[\sum x^4 + 2 \sum y^2 z^2 - 3xyz \sum x] -$$
$$[\sum x^5 + \sum x^4(y+z) + 2 \sum x^3(y^2 + z^2) -$$
$$5xyz \sum x^2 - 2xyz \sum yz]^2 =$$
$$xyz \left(\sum x \right) F(x,y,z)$$

其中

$$F(x,y,z) = \sum x^6 - 2 \sum x^5(y+z) + 3 \sum x^4(y^2 + z^2) -$$
$$4 \sum y^3 z^3 + 2xyz \sum x^2(y+z) - 9x^2 y^2 z^2$$

不妨设 $x \leqslant y \leqslant z$. 记 $s = y - x \geqslant 0, t = z - y \geqslant 0$, 则

$$F(x,y,z) = F(x, x+s, x+s+t) \equiv G(x,s,t)$$
$$= (s^2 + st + t^2)^2 x^2 +$$
$$2t^2(2s+t)(s^2 + st + t^2) x +$$
$$t^2(2s^2 + 2st + t^2)^2 \geqslant 0$$

附陈计老师的证明.

证明 配方得

$$64 \left[\sum (1-a)^2 \prod (a+bc)^2 - \right.$$
$$\left. \sum a^2(1-b^2)(1-c^2)(b+ca)^2(c+ab)^2 \right]$$
$$= \sum a(b-c)^2 (\mid (1-2a)^2(56a^2 bc +$$
$$a(a^2(32b^2 + 15bc + 32c^2) + 17abc(b+c) + 98b^2 c^2) +$$
$$abc(28a^3 + 4a^2(b+c) + 8a(8b^2 + bc + 8c^2) +$$

$$45bc(b + c)) + 4b^2c^2(19a^3 + 13bc(b + c)) +$$
$$16b^3c^3(a(b + c) + b^2 + bc + c^2) +$$
$$abc(8a + 13bc + 19bc(b + c) +$$
$$12bc(b^2 + c^2) + 4bc(a(7b^2 + 26bc + 7c^2) +$$
$$(b + c)(12b^2 + 25bc + 12c^2)) +$$
$$bc(32a^2(b^2 + c^2) + 16(b^2 + 3bc + c^2) \cdot$$
$$(a(b + c) + 2b^2 + bc + 2c^2))))$$
$$\geqslant 0$$

有人劝笔者说还有几年就退休了,还引进这些没效益的数学原版书干什么?

我们这个年纪的人对美国总统印象最深的就是尼克松了,据学者谷林的一篇文章中记载,尼克松曾说过这样一段话:"人当进入暮年,不免会觉得无事可做,好似没有什么事值得你为它生存下去,你得要找些使你为它生存下来的事做,否则,便是生命的终结。"(摘自钟敬文等主编《书话文丛——竹窗记趣》,中国广播电视出版社,400-401.)

对,就是找点事做!

刘培杰
2021 年 2 月 10 日
于哈工大

数学不等式(第三卷)
—— 循环不等式
与非循环不等式
(英文)

瓦西里·切尔托阿杰　著

　　本书是洋洋五卷本的《数学不等式》中的第三卷. 因为时间关系,想让它尽快与中国的广大不等式爱好者见面,所以这一版本是英文影印版. 随后我们会出中文版,翻译工作已经完成,正在进行后面的排版、校对、印刷等工作,敬请期待.

　　不等式这个专题一直是数学奥林匹克命题中的常见素材,许多数学奥林匹克竞赛教练都写过这方面的培训教材. 本工作室就出版过很多种,作者中比较知名的有:杨学枝,石焕南,韩京俊,张小明,蔡玉书等,他们在读者中都有良好的口碑.

　　本书是专门论及循环与非循环不等式的,其目录:

　　不等式的证法非常多,一个不等式通常可以用许多方法来证明. 本书中的例题和证法大都是在国内书刊中少见的,在国内的各级各类考试中对不等式的需求是大量的. 研究不等式的

"民间"高手也众多,比如最近王郅超老师在"奇趣数学苑"公众号中以"一道经典不等式小题的多种解法"为题对一道 2014 年辽宁理科高考题进行了研究.

对于 $c > 0$,当非零实数 a, b 满足 $4a^2 - 2ab + 4b^2 - c = 0$ 且使 $|2a + b|$ 最大时,$\dfrac{3}{a} - \dfrac{4}{b} + \dfrac{5}{c}$ 的最小值为_____.

这道题的难点有两处:一是无法意识到在求 $|2a + b|$ 的最值的时候,c 相当于常数;二是对代数变形的要求比较高.

考虑到第一点,c 既然可以是任意正的常数,不妨取 1,把问题简化:

已知实数 a,b 满足 $4a^2 - 2ab + 4b^2 = 1$,$|2a + b|$ 的最大值为_____.

细心的读者可能会注意到,在这里并没有考虑 $a, b = 0$ 的情况,我会在后面说明.

考虑方程

$$4a^2 - 2ab + 4b^2 - 1 = 0 \qquad ①$$

在方程①有解的情况下,我们要在它的所有解 (a, b) 中找出使得 $|2a + b|$ 最大的一个.

解法 1 均值不等式.

我们先来看看 AM - GM 不等式:

$ab \leqslant \left(\dfrac{a + b}{2}\right)^2$,其中 $a, b \in \mathbf{R}$,等号取得当且仅当 $a = b$.

如果我们通过变形得到的式子中只含有 ab, b^2,$(2a + b)^2$ 以及常数,我们就可以通过因式分解来使用基本不等式,考虑配方

$$(2a + b)^2 - 1 = 6ab - 3b^2 \qquad ②$$

若等式②的右边可以化为只含有 $(2a + b)^2$ 的形式,我们就可以解出目标式的范围.

观察

$$6ab - 3b^2 = 3b(2a - b)$$

$2a - b$ 若是要想化为 $2a + b$,则需要加上 $2b$,因此我们考虑调整系数得到 $2b$

$$3b(2a - b) = \frac{3}{2} \cdot 2b \cdot (2a - b) \leqslant \frac{3}{2} \left(\frac{2a + b}{2} \right)^2$$

代入式 ② 中,得到

$$(2a + b)^2 \leqslant \frac{8}{5}, \mid 2a + b \mid \leqslant \frac{2\sqrt{10}}{5}$$

等号取得当且仅当 $2b = 2a - b$,此时

$$a = \frac{3\sqrt{10}}{20}, b = \frac{\sqrt{10}}{10}$$

或

$$a = -\frac{3\sqrt{10}}{20}, b = -\frac{\sqrt{10}}{10}$$

解法 2 引入参数.

上一种解法的特点是配凑,从而得到只有 $(2a + b)^2$ 的代数式,这引发我们思考,我们能不能更彻底地配凑呢?

如果可以得到这样的式子

$$(2a + b)^2 = -(pa + qb)^2 + C_0$$

其中 C_0 是常数,就有 $(2a + b)^2 \leqslant C_0$,等号取得当且仅当 $-(pa + qb)^2 = 0$.

对 C_0 进行齐次化,有

$$(2a + b)^2 - C_0(4a^2 - 2ab + 4b^2) = -(pa + qb)^2$$

$$③$$

上式是一个二次多项式,且未知数的系数只有二次,那么左、右两边 a^2, b^2, ab 的系数必然相等(也可以理解成移项后等于零恒成立,每一项的系数都必然为零),因此若右式为完全平方式,则左式也一定是完全平方式.

因此,可以把左式看成以 a 为变量,b 和 C_0 为参数的一元二次多项式,这个多项式为完全平方式当且仅当关于 a 的判别式 $\Delta_a = 0$

$$\text{LHS}_{(3)} = (4 - 4C_0)a^2 + (4 + 2C_0)ab + (1 - 4C_0)b^2 \qquad ④$$

$$\Delta_a = (4 + 2C_0)^2 b^2 - 4(4 - 4C_0)(1 - 4C_0)b^2$$
$$= -12b^2 C_0(5C_0 - 8)$$

令 $\Delta_a = 0$, 得到 $C_0 = 0$ 或 $C_0 = \dfrac{8}{5}$(当 $b = 0$ 时, C_0 可以是任意实数, 这对我们没有价值), 将 $C_0 = 0$ 代入式 ② 中, 得到

$$-(pa + qb)^2 = (2a + b)^2$$

不能恒成立(舍).

将 $C_0 = \dfrac{8}{5}$ 代入式 ② 中, 得到

$$-(pa + qb)^2 = -\frac{3}{5}(2a - 3b)^2$$

从而我们把条件变形为

$$(2a + b)^2 = -\frac{3}{5}(2a - 3b)^2 + \frac{8}{5} \qquad ⑤$$

利用开始我们的想法

$$(2a + b)^2 = -\frac{3}{5}(2a - 3b)^2 + \frac{8}{5} \leqslant \frac{8}{5}$$

$$|2a + b| \leqslant \frac{2\sqrt{10}}{5}$$

等号取得当且仅当

$$2a = 3b = \frac{3\sqrt{10}}{10}$$

或

$$2a = 3b = -\frac{3\sqrt{10}}{10}$$

解法 3 判别式(一).

要想求 $|2a + b|$ 的最大值, 不妨先看一看 $2a + b$ 的最值.

置 $2a + b = k \Rightarrow b = k - 2a$, 代入原方程 ① 中, 得到

$$24a^2 - 18ak + 4k^2 - 1 = 0 \qquad ⑥$$

由于原方程

$$4a^2 - 2ab + 4b^2 - 1 = 0$$

有解.

通过原方程变形得到的 $(k = 2a + b)$ 方程⑥也会有解.

把方程⑥看作以 a 为变量,k 为参数的一元二次多项式.(因为我们要求 k 的范围,所以不能反过来.这里可以这样理解,方程⑥的根是随着 k 变化而变化,每给出一个固定的 k,这个方程的根就是一定的(或不存在).)

方程⑥有零点的充分必要条件是它关于 a 的判别式大于或等于零,即

$$\Delta_a = 324k^2 - 96(4k^2 - 1) \geqslant 0 \Leftrightarrow 12(-5k^2 + 8) \geqslant 0$$

这样我们也求出了 $|2a + b|$ 的取值范围,即

$$|2a + b| \in \left[0, \frac{2\sqrt{10}}{5}\right]$$

从而 $|2a + b|$ 的最大值为 $\dfrac{2\sqrt{10}}{5}$.

等号取得当且仅当 $\Delta_a = 0$,此时

$$a = \frac{3\sqrt{10}}{20}, b = \frac{\sqrt{10}}{10}$$

或

$$a = -\frac{3\sqrt{10}}{20}, b = -\frac{\sqrt{10}}{10}$$

解法 4 判别式(二).

在上一种解法中我们把 $2a + b$ 代入条件中,那我们可不可以把 $(2a + b)^2$ 代入条件呢?通过简单的尝试我们发现直接消元有难度,我们不妨考虑构造齐次式,置

$$m = (2a + b)^2, m = m(4a^2 - 2ab + 4b^2)$$
$$\Rightarrow (4 - 4m)a^2 + (4 + 2m)ab + (1 - 4m)b^2 = 0$$

上式和

$$(4 - 4C_0)a^2 + (4 + 2C_0)ab + (1 - 4C_0)b^2$$

几乎相同.这是由于我们同样进行了齐次化,由于上

式是齐次的,我们不妨分类讨论化为单变元问题:

(1) 若 $b = 0, m = 1$,则

$$4a^2 + 4ab + b^2 = 4ma^2 - 2mab + 4mb^2$$

$$(4 - 4m)a^2 + (4 + 2m)ab + (1 - 4m)b^2 = 0$$

(2) 若 $b \neq 0$,同除 b^2 有

$$(4 - 4m)\left(\frac{a}{b}\right)^2 + (2m + 4)\left(\frac{a}{b}\right) + 1 - 4m = 0$$

和解法 3 的思路一样,同样把这个方程看作以 $\frac{a}{b}$ 为变量,m 为参数的一元二次多项式.

它有零点的充分必要条件是它关于 $\frac{a}{b}$ 的判别式大于或等于零,即

$$\Delta = 12(-5m^2 + 8m) \geqslant 0 \Rightarrow 0 \leqslant m \leqslant \frac{8}{5}$$

由于 $0 \leqslant m = (2a + b)^2 \leqslant \frac{8}{5}$,$|2a + b| \leqslant \frac{2\sqrt{10}}{5}$,$|2a + b|$ 的最大值为 $\frac{2\sqrt{10}}{5}$. 等号取得当且仅当 $\Delta_a = 0$ 且 $2a + b \neq 0$,此时

$$a = \frac{3\sqrt{10}}{20}, b = \frac{\sqrt{10}}{10}$$

或

$$a = -\frac{3\sqrt{10}}{20}, b = -\frac{\sqrt{10}}{10}$$

解法 5 单变量函数.

观察题目,题目给了两个变量,一个限制条件,这是一个单变量的问题. 即题目要求的式子可以表示成只有一个变量的代数式.(注意区别于函数,函数中一个自变量只能对应一个函数值,而我们不能排除一个 a 可以对应两个 b 的情况.)

把式 ① 看作一个以 a 为未知数,b 为参数的一元二次方程,则

$$\Delta_a = 4(-15b^2 + 4) \geqslant 0$$

$$\Rightarrow b \in \left[-\frac{2}{\sqrt{15}}, \frac{2}{\sqrt{15}} \right]$$

当 b 处于这个范围时，有

$$a = \frac{b \pm \sqrt{-15b^2 + 4}}{4} \qquad \text{⑦}$$

这两个根都是可以取到的，因为当 $\sqrt{-15b^2 + 4}$ 有意义时，把这两个根代入原条件都会恒成立.

（1）当式 ⑦ 中的"$\pm$"取"$+$"时，有

$$2a + b = \frac{3b + \sqrt{4 - 15b^2}}{2}$$

我们成功地将其转化成单变量问题，考虑构造函数研究单调性

$$f(x) = 3x + \sqrt{4 - 15x^2}$$

$$f'(x) = 3 - \frac{15x}{\sqrt{4 - 15x^2}} = \frac{3(\sqrt{4 - 15x^2} - 5x)}{\sqrt{4 - 15x^2}}$$

当 $x \leqslant 0$ 时，由

$$f'(x) = 3 - \frac{15x}{\sqrt{4 - 15x^2}}$$

得 $f'(x) \geqslant 0, f(x)$ 单调递增.

当 $x > 0$ 时，再利用处理导函数的技巧之一：分子、分母同乘 $\sqrt{4 - 15x^2} - 5x$ 的共轭根式（$a + \sqrt{b}$ 与 $a - \sqrt{b}$ 互为共轭根式），化简得

$$f'(x) = \frac{12(1 - 10x^2)}{\sqrt{4 - 15x^2}\sqrt{4 - 15x^2 + 5x}}$$

综合 x 的正、负两种情况（处理成共轭根式之后难以对 $x < 0$ 进行分析），分析导函数的定义域与正负，有 $f(x)$ 在 $\left(-\frac{2}{\sqrt{15}}, \frac{1}{\sqrt{10}} \right)$ 上单调递增，在 $\left(\frac{1}{\sqrt{10}}, \frac{2}{\sqrt{15}} \right)$ 上单调递减.

由（图1）

$$f(x)_{\max} = f\left(\frac{1}{\sqrt{10}} \right) = \frac{4\sqrt{10}}{5}$$

381

$$f(x)_{\min} = \min\left\{ f\left(-\frac{2}{\sqrt{15}}\right), f\left(\frac{2}{\sqrt{15}}\right) \right\}$$

$$= f\left(-\frac{2}{\sqrt{15}}\right) = -\frac{2\sqrt{15}}{5}$$

于是

$$f(x) \in \left[-\frac{2\sqrt{15}}{5}, \frac{4\sqrt{10}}{5} \right]$$

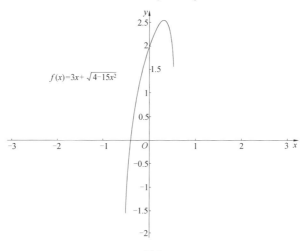

图 1

（2）当式 ⑦ 中的"±"取"−"时，有

$$2a + b = \frac{3b - \sqrt{4 - 15b^2}}{2}$$

观察这个式子，若把 $-b$ 看作 b'，有

$$3b - \sqrt{4 - 15b^2} = -\left[b' + \sqrt{4 - 15(b')^2} \right]$$

只要考虑中括号内式子的范围，注意到 b 取值的对称性

$$b \in \left[-\frac{2}{\sqrt{15}}, \frac{2}{\sqrt{15}} \right], \ b' = -b \in \left[-\frac{2}{\sqrt{15}}, \frac{2}{\sqrt{15}} \right]$$

则与情况（1）相同，即

$$- \left[b' + \sqrt{4 - 15\left(b'\right)^2} \right] \in \left[- \frac{4\sqrt{10}}{5}, \frac{2\sqrt{15}}{5} \right]$$

（1）（2）的结果取并集，有

$$2a + b \in \left[- \frac{2\sqrt{10}}{5}, \frac{2\sqrt{10}}{5} \right], |2a + b| \in \left[0, \frac{2\sqrt{10}}{5} \right]$$

$|2a + b|$ 的最大值为 $\frac{2\sqrt{10}}{5}$.

也可以使用柯西不等式（右侧第一个括号需要配出定值）

$$\left(3b + \sqrt{4 - 15b^2} \right)^2 \leqslant \left(15b^2 + 4 - 15b^2 \right) \left(\frac{3}{5} + 1 \right) = \frac{32}{5}$$

$$⑧$$

等号取得当且仅当 $\frac{15b^2}{\frac{3}{5}} = \frac{4 - 15b^2}{1}$，此时 $b^2 = \frac{1}{10}$.

也可以是 $b = x = \frac{1}{\sqrt{10}}$ 或 $b = - b' = - x = - \frac{1}{\sqrt{10}}$，即

$$a = \frac{3\sqrt{10}}{20}, b = \frac{\sqrt{10}}{10}$$

或

$$a = - \frac{3\sqrt{10}}{20}, b = - \frac{\sqrt{10}}{10}$$

解法 6 化齐次.

该法也即"1"的代换，可以说是解决此类问题的通法，但计算量较大.

目标式是一次的，而条件是二次的，不妨把目标式平方，得

$$\frac{(2a + b)^2}{1} = \frac{4a^2 + 4ab + b^2}{4a^2 - 2ab + 4b^2}$$

（1）当 $b = 0$ 时，有

$$a = \pm \frac{1}{2}, |2a + b| = 1$$

383

（2）当 $b \neq 0$ 时，同除 b^2，置 $t = \dfrac{a}{b}$，得到

$$\frac{4t^2 + 4t + 1}{4t^2 - 2t + 4}, t \in \mathbf{R} \qquad ⑨$$

式⑨是一个典型的"二次比二次"型函数（图2），我们常用的手段有三种：分离常数法，判别式法，求导法.

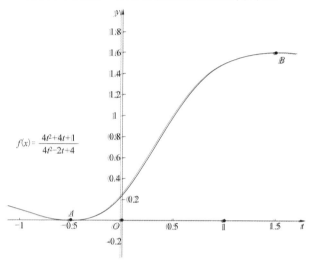

$$f(x) = \frac{4t^2 + 4t + 1}{4t^2 - 2t + 4}$$

图 2

在这里我们选择分离常数法，化简得（在文章的最后介绍求导的方法）

$$\frac{4t^2 + 4t + 1}{4t^2 - 2t + 4} = 3\frac{2t - 1}{4t^2 - 2t + 4} + 1$$

这是我们熟悉的"一次比二次"型函数，换元令分子为 u.

当 $u = 0$ 时

$$0 = u = 2t - 1 = 2\frac{a}{b} - 1, 2a = b$$

代入原条件

$$(a, b) = \left(\frac{1}{4}, \frac{1}{2}\right) \text{ 或 } \left(-\frac{1}{4}, -\frac{1}{2}\right)$$

此时 $|2a + b| = 1$.

384

当 $u \neq 0$ 时,分子、分母同除 u,化简得(令 $u = 2t - 1$)

$$3 \frac{2t - 1}{4t^2 - 2t + 4} + 1 = 3 \frac{1}{u + \frac{4}{u} + 1} + 1$$

在这里 u 的范围是 $u \in (-\infty, 0) \cup (0, +\infty)$.

由均值不等式的形式之二,以及"逐层求解",有 $\frac{a + b}{2} \geqslant \sqrt{ab}$,其中 $ab \in \mathbf{R}_+$,等号取得当且仅当 $a = b$.

① 当 $u > 0$ 时

$$u + \frac{4}{u} \geqslant 4 \Rightarrow 1 < 3 \frac{1}{u + \frac{4}{u} + 1} + 1 \leqslant \frac{8}{5}$$

在这里我们可以不严谨地认为这就是最大值.

② 当 $u < 0$ 时

$$-u + \frac{4}{-u} \geqslant 4 \Rightarrow u + \frac{1}{u} \leqslant -4$$

$$\Rightarrow 0 \leqslant 3 \frac{1}{u + \frac{4}{u} + 1} + 1 < 1$$

从而

$$3 \frac{1}{u + \frac{4}{u} + 1} + 1 \in [0, 1) \cup \left(1, \frac{8}{5}\right]$$

综合(1),以及(2)中的①②,得到答案为

$$(2a + b)^2 \in \left[0, \frac{8}{5}\right]$$

$|2a + b|$ 的最大值为 $\frac{2\sqrt{10}}{5}$.

取等条件:当且仅当 $u = 2t - 1 = 2\frac{a}{b} - 1 = 2$,此时 $\frac{a}{b} = \frac{3}{2}$,$2a = 3b$.

代入原条件,得

$$a = \frac{3\sqrt{10}}{20}, b = \frac{\sqrt{10}}{10}$$

或

$$a = -\frac{3\sqrt{10}}{20}, b = -\frac{\sqrt{10}}{10}$$

在上面几种解法中我们深刻地体会到变量范围给我们带来的麻烦. 事实上, 如果我们时间不够充足, 我们也可以冒一点风险, 不考虑特殊情况而只考虑一般情况, 把不等式取等的点(一般来说也是极值点)当成最值点. 虽然有很小可能得出错误答案, 但却可以节省大量时间.

在介绍下面几种解法之前, 我们先来看看我们之前得到的式⑤

$$(2a + b)^2 = -\frac{3}{5}(2a - 3b)^2 + \frac{8}{5}$$

稍加整理有

$$\left(\frac{\sqrt{10}}{2}a + \frac{\sqrt{10}}{4}b\right)^2 + \left(\frac{\sqrt{6}}{2}a - \frac{3\sqrt{6}}{4}b\right)^2 = 1$$

这里我们成功地把原条件化为两个代数式的平方和为定值的形式, 接下来我们的做法有很多, 可以是柯西不等式, 也可以是三角换元. 但这个形式的系数不仅复杂, 而且并不容易得到. (我们在解法 3 中用这个形式直接得到答案, 再去变形没有太大意义.)

我们能不能快速得到一个同样是平方和为定值的形式呢? 由 a^2, ab 的系数, 我们想到

$$4a^2 - 2ab + nb^2 + (4 - n)b^2 = 1 \qquad ⑩$$

若前三项是一个完全平方式, 且第四项的系数大于零, 则有

$$4\left(a^2 - \frac{1}{2}ab + \frac{n}{4}b^2\right)$$

为完全平方式, 那么

$$\Delta_a = \left(-\frac{1}{2}\right)^2 b^2 - 4 \cdot \frac{n}{4}b^2 = 0 \Rightarrow n = \frac{1}{4}$$

代入式 ⑩ 中,整理得

$$\left(2a - \frac{b}{2}\right)^2 + \left(\frac{\sqrt{15}}{2}b\right)^2 = 1 \qquad ⑪$$

当然我们也可以根据 ab, b^2 来配方,即

$$\left(2b - \frac{a}{2}\right)^2 + \left(\frac{\sqrt{15}}{2}a\right)^2 = 1$$

上式在后续解法中与式 ⑪ 类似,不再说明.

解法 7 柯西不等式.

由式 ⑪ 的平方和我们想到利用柯西不等式的二元形式

$$(a_1^2 + a_2^2)(b_1^2 + b_2^2) \geqslant (a_1 b_1 + a_2 b_2)^2 \quad ((a_1, a_2, b_1, b_2) \in \mathbf{R})$$

如果有

$$(2a + b)^2 \leqslant \left(\left(2a - \frac{b}{2}\right)^2 + \left(\frac{\sqrt{15}}{2}b\right)^2\right)(\alpha^2 + \beta^2)$$

其中 α 和 β 是常数,注意到若 α 取 1,恰好满足不等号左侧的系数

$$\left(2a - \frac{b}{2} + \frac{\sqrt{15}}{2}\beta b\right)^2$$

$$\leqslant \left(\left(2a - \frac{b}{2}\right)^2 + \left(\frac{\sqrt{15}}{2}b\right)^2\right)(1^2 + \beta^2)$$

有

$$2a + \left(\frac{\sqrt{15}}{2}\beta - \frac{1}{2}\right)b = 2a + b \Rightarrow \frac{\sqrt{15}}{2}\beta - \frac{1}{2} = 1$$

$$\Rightarrow \beta^2 = \frac{3}{5}$$

即

$$(2a + b)^2 \leqslant \left(\left(2a - \frac{b}{2}\right)^2 + \left(\frac{\sqrt{15}}{2}b\right)^2\right)\left(1 + \frac{3}{5}\right)$$

$$= 1 \times \frac{8}{5} = \frac{8}{5}$$

$$|2a + b| \leqslant \frac{2\sqrt{10}}{5}$$

$|2a + b|$ 的最大值为 $\dfrac{2\sqrt{10}}{5}$.

387

我们发现与解法 5 中的式 ⑧ 是相似的.

事实上它们的本质是相同的.

等号取得当且仅当

$$\begin{cases} \dfrac{2a - \dfrac{b}{2}}{1} = \dfrac{\dfrac{\sqrt{15}}{2}b}{\sqrt{\dfrac{3}{5}}} \\ \left(2a - \dfrac{b}{2}\right)^2 + \left(\dfrac{\sqrt{15}}{2}b\right)^2 = 1 \end{cases}$$

解得

$$a = \frac{3\sqrt{10}}{20}, b = \frac{\sqrt{10}}{10}$$

或

$$a = -\frac{3\sqrt{10}}{20}, b = -\frac{\sqrt{10}}{10}$$

解法 8 三角换元.

在上文我们成功地配出了两个式子的平方和为 1 ,即

$$\left(2a - \frac{b}{2}\right)^2 + \left(\frac{\sqrt{15}}{2}b\right)^2 = 1$$

我们考虑使用三角换元

$$\begin{cases} 2a - \dfrac{b}{2} = \cos\theta \\ \dfrac{\sqrt{15}}{2}b = \sin\theta \end{cases}$$

解出 a, b

$$\begin{cases} a = \dfrac{1}{2}\cos\theta + \dfrac{1}{2\sqrt{15}}\sin\theta \\ b = \dfrac{2}{\sqrt{15}}\sin\theta \end{cases}, \theta \in [0, 2\pi]$$

注意到

$$\left(2a - \frac{1}{2}b\right)^2 = 1 - \left(\frac{\sqrt{15}}{2}b\right)^2 \in [0, 1]$$

$$\left(\frac{\sqrt{15}}{2}b\right)^2 = 1 - \left(2a - \frac{1}{2}b\right)^2 \in [0,1]$$

我们也可以解决上文解法 6 中留下的问题

$$\frac{a}{b} = \left(\frac{1}{4} + \frac{\sqrt{15}}{4}\cot\theta\right) \in \mathbf{R}$$

把三角换元后的结果代入目标式,有

$$|2a+b| = \left|\cos\theta + \frac{3}{\sqrt{15}}\sin\theta\right|$$

我们用三种方法解决这个问题.

(1) 柯西不等式.

由

$$\left(\cos\theta + \frac{3}{\sqrt{15}}\sin\theta\right)^2 \leqslant (\cos^2\theta + \sin^2\theta)\left(1 + \frac{3}{5}\right) = \frac{8}{5}$$

有

$$\left|\cos\theta + \frac{3}{\sqrt{15}}\sin\theta\right| \leqslant \frac{2\sqrt{10}}{5}$$

这和解法 7 本质上是相同的,无论是从形式还是取等条件都可以看出来,等号取得当且仅当

$$\begin{cases}\dfrac{\cos\theta}{1} = \dfrac{\sin\theta}{\sqrt{\dfrac{3}{5}}} \\ \cos^2\theta + \sin^2\theta = 1\end{cases}$$

解得

$$\begin{cases}\sin^2\theta = \dfrac{3}{8} \\ \cos^2\theta = \dfrac{5}{8}\end{cases}$$

根据 $a = \frac{1}{2}\cos\theta + \frac{1}{2\sqrt{15}}\sin\theta, b = \frac{2}{\sqrt{15}}\sin\theta$,取等条件为

$$a = \frac{3\sqrt{10}}{20}, b = \frac{\sqrt{10}}{10}$$

或

$$a = -\frac{3\sqrt{10}}{20}, b = -\frac{\sqrt{10}}{10}$$

（2）辅助角公式.

由辅助角公式

$$a\sin\theta + b\cos\theta = \sqrt{a^2 + b^2}\sin(\theta + \varphi)$$

其中，$\tan\varphi = \dfrac{b}{a}$，有

$$\cos\theta + \frac{3}{\sqrt{15}}\sin\theta = \sqrt{1^2 + \left(\frac{3}{\sqrt{15}}\right)^2}\sin(\theta + \varphi)$$

其中 $\tan\varphi = \dfrac{\sqrt{15}}{3}, \varphi \in \left(\dfrac{\pi}{4}, \dfrac{\pi}{2}\right)$，有

$$\left|\cos\theta + \frac{3}{\sqrt{15}}\sin\theta\right| = \left|\frac{2\sqrt{10}}{5}\sin(\theta + \varphi)\right|$$

$$\leqslant \frac{2\sqrt{10}}{5}$$

等号取得当且仅当 $\theta + \varphi = \dfrac{\pi}{2}$.

（3）几何意义.

注意到目标式有绝对值，联想到点到直线距离公式

$$P(x_0, y_0), l: Ax + By + C = 0, d = \frac{|Ax_0 + By_0 + C|}{\sqrt{A^2 + B^2}}$$

考虑单位圆上的点和一条直线（图3）

$$P(\cos\theta, \sin\theta), l: x + \frac{3}{\sqrt{15}}y = 0, d = \frac{\left|\cos\theta + \dfrac{3}{\sqrt{15}}\sin\theta\right|}{\sqrt{1^2 + \left(\dfrac{3}{\sqrt{15}}\right)^2}}$$

由三角形两边长之和大于第三边（三点共线时可以取等号），得

$$|PH| + |OH| \geqslant |PO| = 1$$

$$d = |PH| \geqslant 1 - |OH| \leqslant 1$$

两个等号成立当且仅当 P, H, O 三点共线，$|OH| = 0$，H, O 重合

$$\left| \cos \theta + \frac{3}{\sqrt{15}} \sin \theta \right| = \frac{2\sqrt{10}}{5} \frac{\left| \cos \theta + \dfrac{3}{\sqrt{15}} \sin \theta \right|}{\sqrt{1^2 + \left(\dfrac{3}{\sqrt{15}} \right)^2}}$$

$$= \frac{2\sqrt{10}}{5} d$$

$$\leqslant \frac{2\sqrt{10}}{5}$$

方法(1)(2)(3)的本质是相同的.

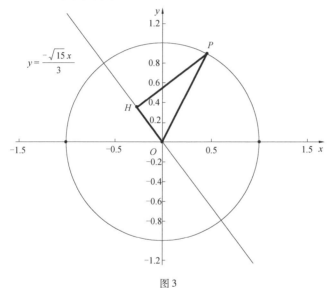

$$y = \frac{-\sqrt{15}\,x}{3}$$

图 3

解法 9 拉格朗日乘数法.

考虑到这是一个二元条件极值问题,我们尝试(虽然不严谨地)使用拉格朗日乘数法.

我们尝试求出 $2a + b$ 的极值.

$$F(a,b,\lambda) = 2a + b + \lambda(4a^2 - 2ab + 4b^2 - 1)$$

令

$$\frac{\partial F(a,b,\lambda)}{\partial a} = 2 + \lambda(8a - 2b) = 0 \qquad ⑫$$

$$\frac{\partial F(a,b,\lambda)}{\partial b} = 1 + \lambda(-2a + 8b) = 0 \qquad ⑬$$

$$\frac{\partial F(a,b,\lambda)}{\partial \lambda} = 4a^2 - 2ab + 4b^2 - 1 = 0 \qquad ⑭$$

利用式⑫⑬消掉 λ,代入式⑭解得

$$a = \frac{3}{2\sqrt{10}}, b = \frac{1}{\sqrt{10}}$$

或

$$a = -\frac{3}{2\sqrt{10}}, b = -\frac{1}{\sqrt{10}}$$

$$2a = 3b$$

从而 $2a + b$ 的极大值为 $\dfrac{2\sqrt{10}}{5}$,极小值为 $-\dfrac{2\sqrt{10}}{5}$

($|2a + b|$ 最大值为 $\dfrac{2\sqrt{10}}{5}$).

当然,因为目标式带有绝对值,读者也可以尝试求出 $(2a + b)^2$ 的极值.

有了取等条件之后我们就可以利用均值不等式(切割线放缩)

$$a \leqslant \frac{\sqrt{10}}{3}a^2 + \frac{3}{4\sqrt{10}}, b \leqslant \frac{\sqrt{10}}{2}b^2 + \frac{1}{2\sqrt{10}}$$

$$4a^2 + 9b^2 \geqslant 12ab$$

有

$$2a + b + 0 \leqslant \frac{\sqrt{10}}{5} + \frac{2\sqrt{10}}{3}a^2 + \frac{\sqrt{10}}{2}b^2 +$$
$$\mu(4a^2 + 9b^2 - 12ab) \qquad ⑮$$

我们希望不等式⑮的右式中 a^2, b^2 的系数相等,则

$$4\mu + \frac{2\sqrt{10}}{3} = 9\mu + \frac{\sqrt{10}}{2} \Rightarrow \mu = \frac{\sqrt{10}}{30}$$

代入式⑮中有

$$2a + b \leqslant \frac{\sqrt{10}}{5} + \frac{\sqrt{10}}{5}(4a^2 - 2ab + 4b^2) = \frac{2\sqrt{10}}{5}$$

解法 10 如果我们把 a,b 看作平面直角坐标系中的 x,y,有

$$E:4x^2 - 2xy + 4y^2 - 1 = 0 \qquad ⑯$$

这是一个二次曲线,二次曲线的一般形式为

$$C:Ax^2 + By^2 + Cxy + Dx + Ey + F = 0 \qquad ⑰$$

我们知道二次曲线的所有可能性包括:一个点,一条直线,两条直线,圆,抛物线,双曲线,椭圆.那么曲线 ⑯ 属于哪类呢?

注意到若 (x_0,y_0) 在 E 上,则 (y_0,x_0),$(-y_0,-x_0)$,$(-x_0,-y_0)$ 也会在 E 上,这说明 E 关于 $y = x$,$y = -x$,原点对称.由此我们猜想 E 是一个椭圆,那么 $y = x$,$y = -x$ 中一个是 E 的长轴,一个是 E 的短轴,不妨分别求出 E 与它们的交点.

令 $y = x$ 以及 $y = -x$,解得

$$x = \frac{1}{\sqrt{6}}, y = \frac{1}{\sqrt{6}}$$

或

$$x = -\frac{1}{\sqrt{6}}, y = -\frac{1}{\sqrt{6}}$$

$$x = \frac{1}{\sqrt{10}}, y = -\frac{1}{\sqrt{10}}$$

或

$$x = -\frac{1}{\sqrt{10}}, y = \frac{1}{\sqrt{10}}$$

因此(在猜想的基础上)E 的长轴是 $y = x$,短轴是 $y = -x$,长轴长为 $\frac{2}{\sqrt{3}}$,短轴长为 $\frac{2}{\sqrt{5}}$,焦点坐标为 $\left(\frac{1}{\sqrt{15}}, \frac{1}{\sqrt{15}} \right)$,$\left(-\frac{1}{\sqrt{15}}, -\frac{1}{\sqrt{15}} \right)$.

我们考虑用椭圆的第一定义来证明,考虑一个满足上述要求的椭圆,用椭圆上的点到两焦点距离之和为定值求出它的方程,设 $P(x,y)$,$F_1\left(\frac{1}{\sqrt{15}}, \frac{1}{\sqrt{15}} \right)$,

$F_2\left(-\dfrac{1}{\sqrt{15}},\ -\dfrac{1}{\sqrt{15}}\right)$，满足

$$|PF_1|+|PF_2|=\dfrac{2}{\sqrt{3}}$$

即

$$\sqrt{\left(x-\dfrac{1}{\sqrt{15}}\right)^2+\left(y-\dfrac{1}{\sqrt{15}}\right)^2}+$$

$$\sqrt{\left(x+\dfrac{1}{\sqrt{15}}\right)^2+\left(y+\dfrac{1}{\sqrt{15}}\right)^2}=\dfrac{2}{\sqrt{3}}$$

化简得

$$4x^2-2xy+4y^2=1$$

曲线 E 的方程与它相同，E 与这个椭圆重合，我们证明了 E 是椭圆.

在椭圆的基础上，$2x+y$ 代表了什么几何意义呢？

设 $2x+y=k$，有 $y=-2x+k$，可以知道 $2x+y$ 是直线 $l:y=-2x+k$ 的纵截距，即 $|k|$ 为过 E 上一点作斜率为 -2 的直线与 y 轴交点到原点的距离(图4).

要想让 $|k|$ 最大，那么可以知道此时 l 与 E 相切，联立方程

$$\begin{cases}4x^2-2xy+4y^2=1\\ y=-2x+k\end{cases}$$

$$24x^2-18kx+4k^2-1=0$$

$$\Delta=12(8-5k^2)=0\Rightarrow k=\pm\dfrac{2\sqrt{10}}{5}$$

这与解法 3 是一致的.

如果我们使用齐次化联立(齐次化联立:使变量都达到二次齐次的形式而得出形如

$$p\left(\dfrac{y}{x}\right)^2+q\left(\dfrac{y}{x}\right)+r=0$$

或

$$p\left(\dfrac{x}{y}\right)^2+q\left(\dfrac{x}{y}\right)+r=0$$

的代数式的联立方法)

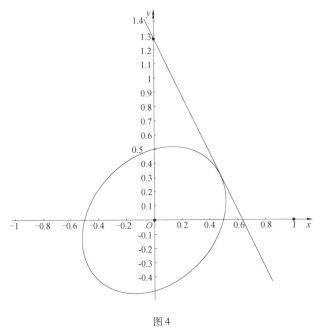

图 4

$$\begin{cases} 4x^2 - 2xy + 4y^2 = 1 \\ (2x + y)^2 = k^2 = m \end{cases}$$

得

$$(4 - 4m)x^2 + (4 + 2m)xy + (1 - 4m)y^2 = 0$$

①$y = 0, m = 1$.

②$y \neq 0$

$$(4 - 4m)\left(\frac{x}{y}\right)^2 + (2m + 4)\left(\frac{x}{y}\right) + 1 - 4m = 0$$

$$\Delta = 12(-5m^2 + 8m) = 0, k = \pm\frac{2\sqrt{10}}{5}$$

这与解法 4 是一致的.

从图 4 中可以看出一个 y 对应着两个 x(上下两个切点除外),这与解法 5 中我们解出两个解是对应的.

$\frac{y}{x}$ 代表的是椭圆上的点与原点连线的斜率(E 与

y 轴交点除外），因此 $\dfrac{y}{x}$ 可以取到全体实数，这也是解法 6 中 t 的范围.

请思考：我们可不可以不联立方程来求出切线呢？

我们现在要做的就是，在切线斜率已知的条件下，求出切点坐标，从而求出切线方程.

不妨考虑切点坐标与切线之间的关系，在更简单的情况下，我们知道

$$C:\dfrac{x^2}{a^2} + \dfrac{y^2}{b^2} = 1$$

过椭圆 C 上一点 $P(x_0, y_0)$ 的切线是

$$l:\dfrac{x_0 x}{a^2} + \dfrac{y_0 y}{b^2} = 1$$

抛物线

$$C:y^2 = 2px$$

过抛物线 C 上一点 $P(x_0, y_0)$ 的切线是

$$l:y_0 y = p(x_0 + x)$$

对于一般的二次曲线 ⑰ 有没有类似的结论呢？

我们知道切线斜率即为纵坐标的微小变化量比上横坐标的微小变化量，定义为 $\dfrac{\mathrm{d}y}{\mathrm{d}x}$.

对二次曲线 ⑰ 两侧关于 x 微分，得

$$2Ax\,\mathrm{d}x + 2By\,\mathrm{d}y + C(x\,\mathrm{d}y + y\,\mathrm{d}x) + D\,\mathrm{d}x + E\,\mathrm{d}y = 0$$

$$\dfrac{\mathrm{d}y}{\mathrm{d}x} = -\dfrac{2Ax + Cy + D}{2By + Cx + E}$$

写出点斜式直线方程，整理得

$$y - y_0 = -\dfrac{2Ax_0 + Cy_0 + D}{2By_0 + Cx_0 + E}(x - x_0)$$

$$(2Ax_0 + Cy_0 + D)x + (2By_0 + Cx_0 + E)y -$$
$$2(Ax_0^2 + By_0^2 + Cx_0 y_0) - Dx_0 - Ey_0 = 0$$

把 (x_0, y_0) 代入 C，整理切线方程得

$$Ax_0 x + By_0 y + C\dfrac{x_0 y + y_0 x}{2} +$$

$$D\frac{x+x_0}{2} + E\frac{y+y_0}{2} + F = 0$$

因为前面五项是相互独立的(例如 A 的变化不会影响到 B),我们总结出规律:

求二次曲线切线方程,只要作下列变化

$$x^2 \to x_0 x, y^2 \to y_0 y$$

$$xy \to \frac{x_0 y + y_0 x}{2}$$

$$x \to \frac{x+x_0}{2}, y \to \frac{y+y_0}{2}$$

就可以将曲线方程转化为切线方程.

因此,我们可以求出过二次曲线⑰上一点 $P(x_0, y_0)$ 的切线方程

$$4x_0 x - 2\frac{x_0 y + y_0 x}{2} + 4y_0 y = 1$$

即

$$l:(4x_0 - y_0)x + (4y_0 - x_0)y = 1$$

l 的斜率等于 -2,即

$$\frac{y_0 - 4x_0}{4y_0 - x_0} = -2 \Rightarrow 2x_0 = 3y_0$$

得到切线方程为

$$2x + y = \pm\frac{2\sqrt{10}}{5}$$

这个椭圆的形式看起来并不容易研究,有没有什么方法可以转化为我们所熟悉的椭圆标准方程呢?

考虑坐标系旋转变化(图 5)

$$\begin{cases} x' = x\cos\theta + y\sin\theta \\ y' = y\cos\theta - x\sin\theta \end{cases}$$

椭圆 E 是以 $y = x$ 为长轴,它的长轴与 x 轴正方向夹角为 $45°$,现在我们希望它的长轴是 x 轴

$$E:4x^2 - 2xy + 4y^2 - 1 = 0$$

可以把坐标系逆时针旋转 $45°$,即 $\theta = \dfrac{\pi}{4}$,坐标系从

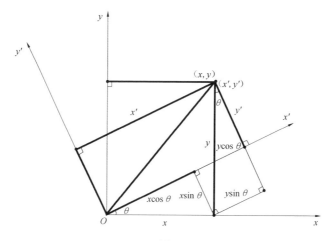

图 5

xOy 变换到了 $x'Oy'$（图 6）

$$\begin{cases} x' = \dfrac{\sqrt{2}}{2}(x + y) \\ y' = \dfrac{\sqrt{2}}{2}(y - x) \end{cases}$$

解得

$$\begin{cases} x = \dfrac{\sqrt{2}}{2}(x' - y') \\ y = \dfrac{\sqrt{2}}{2}(x' + y') \end{cases}$$

代入方程 ⑯ 和目标式，有

$$4x^2 - 2xy + 4y^2 = 3\,(x')^2 + 5\,(y')^2 = 1$$

$$|2x + y| = \dfrac{\sqrt{2}}{2}\,|3x' - y'\,|$$

我们知道旋转变换不会改变椭圆的形状，这与前文我们得出的椭圆长短轴是一致的.

问题被我们转化为下面的形式：

已知实数 a,b 满足 $3a^2 + 5b^2 = 1, \dfrac{\sqrt{2}}{2}\,|3a - b|$ 的

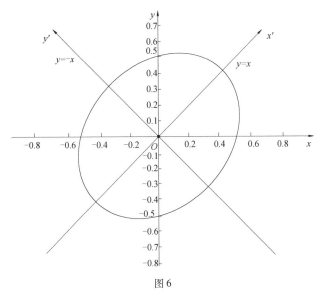

图 6

最大值为_____.

这个问题我们利用上述解法都能解决, 读者不妨自己试一试, 比如利用柯西不等式

$$(3a - b)^2 \leqslant (3a^2 + 5b^2)\left(3 + \left(-\frac{1}{\sqrt{5}}\right)^2\right) = \frac{16}{5}$$

或利用 AM – GM 不等式

$$(3a - b)^2 = \frac{1}{4} \cdot (-8b)(3a + 7b) + 3$$

$$\leqslant \frac{1}{16}(3a - b)^2 + 3$$

以及引入参数

$$(3a - b)^2 = \frac{16}{5} - 15\left(\frac{1}{5}a + b\right)^2 \leqslant \frac{16}{5}$$

都可以得到

$$\frac{\sqrt{2}}{2} \mid 3a - b \mid \leqslant \frac{2\sqrt{10}}{5}$$

至此我们介绍完了十种解法.

399

附　　录

1. 在文章的开始我们并没有考虑 $a,b = 0$ 的情况,在这里说明.

事实上我们可以忽略掉 a,b 不为零这个条件,先按照 a,b 可以等于零做下去,最后在求出来的范围中,分别把 $a = 0$ 和 $b = 0$ 求出来的值去掉即可.(如果只有这种情况能取得这个值的话)

① 若 $a = 0$,此时

$$b = \pm \frac{1}{2}, \mid 2a + b \mid = \frac{1}{2}, (2a + b)^2 = \frac{1}{4}$$

与原条件联立,有

$$\begin{cases} 4a^2 - 2ab + 4b^2 = 1 \\ 4a^2 + 4ab + b^2 = \dfrac{1}{4} \end{cases}$$

解得

$$(a,b) = \left(0, \frac{1}{2}\right) 或 \left(0, -\frac{1}{2}\right) 或 \left(\frac{8}{3}, -\frac{1}{4}\right) 或 \left(-\frac{8}{3}, \frac{1}{4}\right)$$

解含有别的情况,这说明无须在最后的结果中去掉这个值.

② 若 $b = 0$,同理解得

$$(a,b) = \left(\frac{1}{2}, 0\right) 或 \left(-\frac{1}{2}, 0\right) 或 \left(\frac{8}{3}, -\frac{1}{4}\right) 或 \left(-\frac{8}{3}, \frac{1}{4}\right)$$

也无须去掉.

也就是说无论有没有这个条件,最后的结果都是一样的.(在原题中这个条件是为了让分母有意义,在我们研究的这一步没有什么特殊含义.)

2. 观察可得若 (a_0, b_0) 是方程 ① 的一组解,则 $(-a_0, -b_0)$ 也是方程 ① 的解.

若 a,b 为负数,则 $-a, -b$ 为正数,有

$$\mid 2a + b \mid = \mid 2(-a) + (-b) \mid$$

$$4\left(-a\right)^{2}-2\left(-a\right)\left(-b\right)+4\left(-b\right)^{2}=4a^{2}-2ab+4b^{2}$$

把 $-a,-b$ 看成 a',b'，这与原问题是等价的.

从这我们也可知道该问题至少有两组取等.

3. 在解法 6 中有一个问题：t 的取值范围是什么？

根据解法 5，有

$$\frac{a}{b}=\frac{1\pm\sqrt{-15+\dfrac{4}{b^{2}}}}{4} \qquad ⑱$$

只要逐层求解，有

$$b\in\left[-\frac{2}{\sqrt{15}},0\right)\cup\left(0,\frac{2}{\sqrt{15}}\right]$$

$$\Rightarrow b^{2}\in\left(0,\frac{4}{15}\right]\Rightarrow\frac{1}{b^{2}}\in\left[\frac{15}{4},+\infty\right)$$

$$\Rightarrow\frac{4}{b^{2}}-15\in\left[0,+\infty\right)$$

$$\Rightarrow\sqrt{-15+\frac{4}{b^{2}}}\in\left[0,+\infty\right)$$

或由 b 的范围即使 $\sqrt{4-15b^{2}}$ 有意义，而 $4-15b^{2}$ 可以取到任意正实数，直接得到 $\sqrt{-15+\dfrac{4}{b^{2}}}$ 大于或等于零.

当式 ⑱ 中"$\pm$"取"$+$"时，有

$$\frac{a}{b}=\frac{1+\sqrt{-15+\dfrac{4}{b^{2}}}}{4}\in\left[\frac{1}{4},+\infty\right)$$

当式(18) 中"$\pm$"取"$-$"时，有

$$\frac{a}{b}=\frac{1-\sqrt{-15+\dfrac{4}{b^{2}}}}{4}\in\left(-\infty,\frac{1}{4}\right]$$

两种情况的结果取并集，有 $\dfrac{a}{b}\in\mathbf{R}$.

4. 在解法 6 中，提到过可以利用导数来研究二次分式的最值，对于

$$f(x)=\frac{Ax^{2}+Bx+C}{Dx^{2}+Ex+F}$$

$$f'(x) = \frac{(AE - BD)x^2 + 2(AF - CD)x + BF - CE}{(Dx^2 + Ex + F)^2}$$

其中分子可以写成下列行列式

$$\begin{vmatrix} 1 & -2x & x^2 \\ A & B & C \\ D & E & F \end{vmatrix}$$

那么对于解法 6 中的函数,就会有

$$g(t) = \frac{4t^2 + 4t + 1}{4t^2 - 2t + 4}$$

$$g'(t) = \frac{M}{(4t^2 - 2t + 4)^2}$$

其中 M 等于

$$\begin{vmatrix} 1 & -2t & t^2 \\ 4 & 4 & 1 \\ 4 & -2 & 4 \end{vmatrix}$$

$$M = -6(2t + 1)(2t - 3)$$

$$g'(t) = \frac{-6(2t + 1)(2t - 3)}{(4t^2 - 2t + 4)^2}$$

考虑到

$$4t^2 - 2t + 4 = 4\left(t - \frac{1}{4}\right)^2 + \frac{5}{4} > 0$$

由上文求出的 t 的范围以及导函数的分母恒正,t 确实可以取到全体实数 $g(t)$ 在 $\left(-\infty, -\frac{1}{2}\right)$ 单调递减,在 $\left(-\frac{1}{2}, \frac{3}{2}\right)$ 单调递增,在 $\left(\frac{3}{2}, +\infty\right)$ 单调递减,$g(t)$ 的极大值为 $g\left(\frac{3}{2}\right) = \frac{8}{5}$,$g(t)$ 的极小值为 $g\left(-\frac{1}{2}\right) = 0$.

函数除了极值之外还在正负无穷处有两个极限

$$\lim_{t \to -\infty} g(t) = \lim_{t \to +\infty} g(t) = 1$$

得到 $g(t)$ 的值域和最大值为

$$g(t) \in \left[0, \frac{8}{5}\right], g(t)_{\max} = \frac{8}{5}$$

与上文解法 6 中的函数图像是一致的.

事实上,对于二次分式型的函数,如果自变量可以取到全体实数,这时候无须考虑极限,极值就是最值(利用 AM – GM 不等式也可以看出).

5. 在解法 10 中我们是如何判断二次曲线 E 的类型的呢?

首先,在上文的讨论中我们可以知道方程 ⑯ 至少有两组以上的解,那么它不可能是一个点.

其次,在它上面一点 $P(x_0, y_0)$ 处的切线斜率 $\dfrac{y_0 - 4x_0}{4y_0 - x_0}$ 并不是定值,不可能是直线.

如果它是两条相交直线,因为它关于原点中心对称,那么这两条直线必然经过原点,而 E 不经过原点,矛盾.如果它是两条平行直线,在它上面一点 $P(x_0, y_0)$ 处的切线斜率并不是定值,矛盾.

任意圆的方程不存在 xy 交叉项,E 不可能是圆.

任意抛物线不存在对称中心,这种可能性也被排除.

双曲线的取值具有无界性,而根据解法 5,有

$$y = \frac{x \pm \sqrt{-15x^2 + 4}}{4} \quad \left(x \in \left[-\frac{2}{\sqrt{15}}, \frac{2}{\sqrt{15}} \right] \right)$$

x 的取值范围是有界的,矛盾.

那么 E 只可能是椭圆.

如果你读完了本书想小试牛刀,那么可以给你推荐另一位民间高手陈煜老师出的几组练习题.

1. 证明:对任意三角形的边长 a, b, c,不等式
$$a(b-c)^2 + b(c-a)^2 + c(a-b)^2 + 4abc > a^3 + b^3 + c^3$$
恒成立.

2. 已知 $a_1, a_2, \cdots, a_n \in (0, +\infty)$,求证
$$a_1^{a_1} \cdot a_2^{a_2} \cdots \cdot a_n^{a_n} \geqslant (a_1 a_2 \cdots a_n)^{\frac{a_1 + a_2 + \cdots + a_n}{n}}$$

3. 已知 $\theta_i (i = 1, 2, \cdots, n)$ 为实数,且满足 $\sum_{i=1}^{n} |\cos \theta_i| \leqslant \dfrac{2}{n+1} (n > 1)$.证明: $\sum_{i=1}^{n} |i\cos \theta_i| \leqslant$

$$\left[\frac{n^2}{4}\right] + 1.$$

4. 已知 $a,b,c \in [0,1]$ ，求

$$(a + b + c)\left(\frac{1}{ab + 1} + \frac{1}{bc + 1} + \frac{1}{ca + 1}\right)$$

的最大值.

5. 设 k,n 是正整数，$1 \leq k < n; a_1, a_2, \cdots, a_k$ 是 k 个正实数，且知它们的积等于它们的和，求证：$a_1^{n-1} + a_2^{n-1} + \cdots + a_k^{n-1} \geq kn$.

6. 设 $a_1, a_2, \cdots, a_n (n \geq 3)$ 为大于 1 的实数，并且 $|a_{k-1} - a_k| < 1, k = 1, 2, \cdots, n - 1$. 证明：$\dfrac{a_1}{a_2} + \dfrac{a_2}{a_3} + \cdots + \dfrac{a_{n-1}}{a_n} + \dfrac{a_n}{a_1} < 2n - 1.$

7. 设整数 $n \geq 2$，正实数 $a_1 \geq a_2 \geq \cdots \geq a_n$. 证明

$$\left(\sum_{i=1}^{n} \frac{a_i}{a_{i+1}}\right) - n \leq \frac{1}{2a_1 a_n} \sum_{i=1}^{n} (a_i - a_{i+1})^2$$

其中 $a_{n+1} = a_1$.

8. 给定整数 $n > 2$，设正实数 $a_1, a_2, \cdots, a_n$ 满足 $a_k \leq 1, k = 1, 2, \cdots, n$，记 $A_k = \dfrac{a_1 + a_2 + \cdots + a_k}{k}, k = 1, 2, \cdots, n$. 求证：$\left|\sum_{k=1}^{n} a_k - \sum_{k=1}^{n} A_k\right| < \dfrac{n-1}{2}.$

9. 设实数 a,b,c 满足 $a + b + c = 1, abc > 0$. 求证

$$ab + bc + ca < \frac{\sqrt{abc}}{2} + \frac{1}{4}$$

10. 设 $a_i \geq 1 (i = 1, 2, \cdots, n)$，求证

$$(1 + a_1)(1 + a_2)\cdots(1 + a_n)$$
$$\geq \frac{2^n}{n+1}(1 + a_1 + a_2 + \cdots + a_n)$$

11. 求证不等式

$$-1 < \left(\sum_{k=1}^{n} \frac{k}{k^2 + 1}\right) - \ln n \leq \frac{1}{2} \quad (n = 1, 2, \cdots)$$

12. 设非负实数 x_1, x_2, x_3, x_4, x_5，满足

$$\sum_{i=1}^{5} \frac{1}{1+x_i} = 1$$

求证：$\sum_{i=1}^{5} \dfrac{x_i}{4+x_i^2} \leqslant 1.$

13. 设 $a_1, a_2, \cdots, a_n$ 是正实数，$n \geqslant 2$，求证

$$\left(\frac{a_1}{a_2}\right)^n + \left(\frac{a_2}{a_3}\right)^n + \cdots + \left(\frac{a_n}{a_1}\right)^n \geqslant \frac{a_2}{a_1} + \frac{a_3}{a_2} + \cdots + \frac{a_1}{a_n}$$

14. 设 $a_1, a_2, \cdots, a_n$ 为大于或等于 1 的实数，$n \geqslant 1$，$A = 1 + a_1 + a_2 + \cdots + a_n$. 定义

$$x_0 = 1, x_k = \frac{1}{1+a_k x_{k-1}} \quad (1 \leqslant k \leqslant n)$$

证明

$$x_1 + x_2 + \cdots + x_n > \frac{n^2 A}{n^2 + A^2}$$

一直有读者关心出版这样的书会不会赔本，我们不直接回答. 给大家讲一段轶事：1948 年，诺伯特·维纳出版了一本为非专业人士写的有关机器学习的哲理和可行性的书 ——《控制论：或关于在动物和机器中控制和通讯的科学》.（因为各种间接的原因）这本书最初由一个法国出版社出版，在前十年中卖出了 21 000 册 —— 在当时是最畅销的书. 它的成功，可以与同年发行的以性行为为研究主题的《金赛报告》(*The Kinsey Roport*) 相提并论.《商业周刊》的记者于 1949 年写下如此的评论："从某个方面来说，维纳的书和《金赛报告》类似，公众对它的反应和书本身的内容同样是意义重大的."

刘培杰
2021 年 2 月 21 日
于哈工大

数学不等式(第四卷)——Jensen 不等式的扩展与加细(英文)

瓦西里·切尔托阿杰 著

本书是五卷本的不等式巨著中的第四卷,内容基本上是凸函数方法,其目录:

关于凸函数方法本工作室出版了一部"巨著"，即石焕南教授的《Schur 凸函数》. 甫一问世，好评如潮并被世界知名出版社德古意特看重，出版了英文版，实现了中国不等式专著走出去的创举.

其实在中国广泛使用凸函数方法证明不等式的群体是奥数界，从教练到选手对此方法都推崇有加. 举一个最近的例子，泸州天立学校的熊昌进特级教师 2020 年 5 月 8 日利用凸函数方法给出了 2020 年加拿大数学奥林匹克资格复活赛中一个不等式的新证明.

题目　设正实数 a, b, c 满足 $ab + bc + ac = abc$.

证明

$$\frac{bc}{a^{a+1}} + \frac{ac}{b^{b+1}} + \frac{ab}{c^{c+1}} \geq \frac{1}{3}$$

证明　$a, b, c > 0$，有

$$ab + bc + ac = abc \Leftrightarrow \frac{1}{a} + \frac{1}{b} + \frac{1}{c} = 1 \quad ①$$

由三元均值不等式

$$1 = \frac{1}{a} + \frac{1}{b} + \frac{1}{c} \geq 3\sqrt[3]{\frac{1}{abc}} \Rightarrow abc \geq 27 \quad ②$$

$$\frac{bc}{a^{a+1}} + \frac{ca}{b^{b+1}} + \frac{ab}{c^{c+1}} = abc\left(\frac{1}{a^{a+2}} + \frac{1}{b^{b+2}} + \frac{1}{c^{c+2}}\right) \quad ③$$

设 $f(x) = x^{\frac{1}{x}+2} = x^{\frac{2x+1}{x}}$（$x > 0$），有

$$\frac{1}{a^{a+2}} + \frac{1}{b^{b+2}} + \frac{1}{c^{c+2}} = f\left(\frac{1}{a}\right) + f\left(\frac{1}{b}\right) + f\left(\frac{1}{c}\right)$$

又 $f'(x) > 0, f''(x) > 0$，由 Jensen 不等式得

$$f\left(\frac{1}{a}\right) + f\left(\frac{1}{b}\right) + f\left(\frac{1}{c}\right) \geqslant 3f\left(\frac{\frac{1}{a} + \frac{1}{b} + \frac{1}{c}}{3}\right)$$

$$= 3f\left(\frac{1}{3}\right)$$

$$= \frac{1}{3^4} \qquad \textcircled{4}$$

由式 ②③④ 得 $\dfrac{bc}{a^{a+1}} + \dfrac{ca}{b^{b+1}} + \dfrac{ab}{c^{c+1}} \geqslant \dfrac{1}{3}$ 成立.

这套不等式著作的一个特点是"全和细"，也就是"专". 不像有的著作泛泛而论，大而无当. 这种食不厌精的风格酷似法国大餐. 据专家讲：

法国人一味不管不顾死命吃肉的状况，到了路易十四时代开始扭转，法国的美食时代开始了，这比中国要晚了若干个世纪. 法国此时的肉食已经出现稀少的苗头，但这没有关系. 普通人的伙食越来越糟，这丝毫不影响贵族们的美食艺术，也许反倒是个促进. 如果知道有很多人在吃糠，那些贵族吃起炖牛肉也许更会觉得滋味无穷.

据《王室菜谱》记录，山鹑和小山鹑有 15 种做法，山鹬有 9 种做法，鹌鹑有 8 种做法，海番鸭（这是个什么东西？）有 9 种做法，斑鸠有 4 种做法，羊羔有 19 种做法，牛肉有 13 种做法，小牛肉有 12 种做法，公鹿有 7 种做法，白狗斑鱼有 17 种做法 ……（见《太阳王和他的时代》）路易十四一嘴牙烂得七零八落，上牙床的牙齿到后来几乎全都掉了，而牙床又坏得戴不上假牙. 太阳王的坏牙把腮帮子都烂出个大洞来，却还是津津有味地努力地嚼食乳猪肉，而且胃口从来都是出奇的好. 太阳王在鏖战餐桌，没有了武器也要赤手搏敌，这种形象激励着国王手下的贵族，共同开创法国美食的黄金时代.

至于本书是否会有足够的读者,笔者并不担心,因为不等式像初等数论与平面几何一样在国内拥有海量的爱好者. 可喜的是我们居然在其中还发现了小学生. 浙江省台州市路桥小学六年级的徐在宥同学是南京著名奥数教练潘成华先生(一位自学成才者,没有受过正规的大学教育)的学生. 他于 2020 年 5 月给出了"根源杯"考试一道涉及不等式题目的解答.

题目 已知 x,y,z 为实数,且 $x+y+z = xy+yz+zx$,求 $\dfrac{x}{x^2+1} + \dfrac{y}{y^2+1} + \dfrac{z}{z^2+1}$ 的最大值与最小值.

解 先求最大值. 当 $x=y=z=1$ 时, $\dfrac{x}{x^2+1} + \dfrac{y}{y^2+1} + \dfrac{z}{z^2+1}$ 的值是 $\dfrac{3}{2}$,我们证明最大值是 $\dfrac{3}{2}$. 考虑局部不等式

$$\frac{x}{x^2+1} \leqslant \frac{1}{2} \Leftrightarrow (x-1)^2 \geqslant 0$$

同理

$$\frac{y}{y^2+1} \leqslant \frac{1}{2}, \frac{z}{z^2+1} \leqslant \frac{1}{2}$$

因此

$$\frac{x}{x^2+1} + \frac{y}{y^2+1} + \frac{z}{z^2+1} \leqslant \frac{3}{2}$$

$x=y=z=1$ 时取等号.

当 $x=1, y=z=-1$ 时, $\dfrac{x}{x^2+1} + \dfrac{y}{y^2+1} + \dfrac{z}{z^2+1}$

的最小值为 $-\dfrac{1}{2}$,我们证明

$$\frac{x}{x^2+1} + \frac{y}{y^2+1} + \frac{z}{z^2+1} \geqslant -\frac{1}{2}$$

这个等价于

$$\frac{(x+1)^2}{x^2+1} + \frac{(y+1)^2}{y^2+1} \geqslant \frac{(z-1)^2}{z^2+1} \qquad ①$$

因为 $x+y+z = xy+yz+zx$,所以

409

$$z(x + y - 1) = x + y - xy$$

若 $x + y - 1 = 0$，可知 $x + y = xy$，则

$$x + y = xy = 1 \Rightarrow x + \frac{1}{x} = 1$$

与 $\left| x + \frac{1}{x} \right| \geqslant 2$ 矛盾. 将 $z = \dfrac{x + y - xy}{x + y - 1}$ 代入式①，只要证明

$$\frac{(x + 1)^2}{x^2 + 1} + \frac{(y + 1)^2}{y^2 + 1}$$

$$\geqslant \frac{\left(\dfrac{x + y - xy}{x + y - 1} - 1 \right)^2}{\left(\dfrac{x + y - xy}{x + y - 1} \right)^2 + 1}$$

$$= \frac{(xy - 1)^2}{(x + y - xy)^2 + (x + y - 1)^2} \qquad ②$$

式②左边柯西不等式

$$\frac{(x + 1)^2}{x^2 + 1} + \frac{(y + 1)^2}{y^2 + 1}$$

$$= \frac{(x + 1)^2 (1 - y)^2}{(x^2 + 1)(1 - y)^2} + \frac{(y + 1)^2 (1 - x)^2}{(y^2 + 1)(1 - x)^2}$$

$$\geqslant \frac{[(x + 1)(1 - y) + (y + 1)(1 - x)]^2}{(x^2 + 1)(1 - y)^2 + (y^2 + 1)(1 - x)^2}$$

$$= \frac{4(xy - 1)^2}{(x^2 + 1)(1 - y)^2 + (y^2 + 1)(1 - x)^2}$$

我们只要证明

$$\frac{4}{(x^2 + 1)(1 - y)^2 + (y^2 + 1)(1 - x)^2}$$

$$\geqslant \frac{1}{(x + y - 1)^2 + (x + y - xy)^2}$$

$$\Leftrightarrow 4(x + y - 1)^2 + 4(x + y - xy)^2$$

$$\geqslant (x^2 + 1)(1 - y)^2 + (y^2 + 1)(1 - x)^2$$

$$\Leftrightarrow 3x^2 + 3y^2 + x^2 y^2 + 1 + 8xy - 3x^2 y - 3xy^2 - 3x - 3y$$

$$\geqslant 0$$

设

$$f(x) = 3x^2 + 3y^2 + x^2y^2 + 1 + 8xy - 3x^2y - 3xy^2 - 3x - 3y$$

$$= (y^2 - 3y + 3) x^2 - (3y^2 - 8y + 3) x + 3y^2 - 3y + 1$$

由 $y^2 - 3y + 3 > 0$，只要证明

$$\Delta = (3y^2 - 8y + 3)^2 - 4(y^2 - 3y + 3)(3y^2 - 3y + 1) \leqslant 0$$

$$\Leftrightarrow -3(y^2 - 1)^2 \leqslant 0$$

显然成立.

有这样的群众基础,我们这区区一千册应该是没问题的,而且多年来我们已经积累了一大批有黏性的客户.

经济学界有一个比喻:像水还是像蜜？意即新事物投放市场后,是像水一样迅速平铺,还是像具有黏度的蜂蜜一般,先在某一位置鼓起一个包来,然后再慢慢变平. 这个比喻也可用在图书市场.

不管从内容还是市场我们一定是蜜！

刘培杰

2021 年 2 月 24 日

于哈工大

数学不等式(第五卷)
—— 创建不等式与解不等式的其他方法(英文)

瓦西里·切尔托阿杰　著

编辑手记

本书是《数学不等式》系列丛书的第五卷,本套丛书的一般情况在前几卷的编辑手记中都已经介绍过了,这里不再重复.本卷所介绍的方法既常用(如第一、二章)又专门(如后三章).本书目录:

说一个方法是常用方法的一个判断标准:如果一个方法,中学数学教师都常用即是常用方法.

深圳市高级中学的王远征老师最近就利用均值不等式巧解了一道联赛题.

题目　求下列方程的实数解

$$(x^{2\,008} + 1)(1 + x^2 + x^4 + \cdots + x^{2\,006})$$
$$= 2\,008x^{2\,007}$$

(2008 年全国高中数学联赛贵州省预赛试题)

解 原方程去括号得

$$x^{2\,008} + x^{2\,010} + \cdots + x^{4\,014} +$$
$$1 + x^2 + x^4 + \cdots + x^{2\,006} = 2\,008x^{2\,007}$$

由均值不等式得

$$x^{2\,008} + x^{2\,006} \geqslant 2x^{2\,007}$$
$$x^{2\,010} + x^{2\,004} \geqslant 2x^{2\,007}$$
$$x^{2\,012} + x^{2\,002} \geqslant 2x^{2\,007}$$
$$\vdots$$
$$x^{4\,014} + 1 \geqslant 2x^{2\,007}$$

由以上 1 004 个同向不等式相加得

$$x^{2\,008} + x^{2\,010} + x^{2\,012} + \cdots + x^{4\,014} + 1 + x^2 + x^4 + \cdots +$$
$$x^{2\,006} \geqslant 2\,008x^{2\,007}$$

由已知条件知:以上不等式同时取等号,于是

$$x^{2\,008} = x^{2\,006}$$
$$x^{2\,010} = x^{2\,004}$$
$$x^{2\,012} = x^{2\,002}$$
$$\vdots$$
$$x^{4\,014} = 1$$

解得,$x = \pm 1$,检验知:$x = 1$ 是原方程的解.

如果说上面这个例子过于简单的话,我们还可再举几个例子,也是最近"林根数学"微信公众号给出的一道罗马尼亚数学竞赛题的速解.

1997 年的罗马尼亚数学竞赛八年级组有这么一道试题:

Let x, y, z be positive real numbers such that $xyz = 1$, Prove that

$$\frac{x^9 + y^9}{x^6 + x^3 y^3 + y^6} + \frac{y^9 + z^9}{y^6 + y^3 z^3 + z^6} + \frac{z^9 + x^9}{z^6 + z^3 x^3 + x^6} \geqslant 2$$

杨志明老师在其微信公众号里给出了三种解答.

413

证法 1 由切比雪夫不等式和均值不等式知

$$\frac{x^9 + y^9}{x^6 + x^3 y^3 + y^6} \geqslant \frac{\frac{1}{2}(x^6 + y^6)(x^3 + y^3)}{x^6 + \frac{1}{2}(x^6 + y^6) + y^6}$$

$$= \frac{1}{3}(x^3 + y^3)$$

即

$$\frac{x^9 + y^9}{x^6 + x^3 y^3 + y^6} \geqslant \frac{1}{3}(x^3 + y^3)$$

同理可证

$$\frac{y^9 + z^9}{y^6 + y^3 z^3 + z^6} \geqslant \frac{1}{3}(y^3 + z^3)$$

$$\frac{z^9 + x^9}{z^6 + z^3 x^3 + x^6} \geqslant \frac{1}{3}(z^3 + x^3)$$

将以上三式相加,并由均值不等式得

$$\frac{x^9 + y^9}{x^6 + x^3 y^3 + y^6} + \frac{y^9 + z^9}{y^6 + y^3 z^3 + z^6} + \frac{z^9 + x^9}{z^6 + z^3 x^3 + x^6}$$

$$\geqslant \frac{1}{3}(x^3 + y^3) + \frac{1}{3}(y^3 + z^3) + \frac{1}{3}(z^3 + x^3)$$

$$= \frac{2}{3}(x^3 + y^3 + z^3)$$

$$\geqslant \frac{2}{3} \cdot 3 \sqrt[3]{x^3 y^3 z^3}$$

$$= 2$$

证法 2 由 $(x^3 - y^3)^2 \geqslant 0$,得 $x^6 + y^6 - 2x^3 y^3 \geqslant 0$,即

$$x^6 - x^3 y^3 + y^6 \geqslant \frac{1}{3}(x^6 + x^3 y^3 + y^6)$$

即

$$\frac{x^6 - x^3 y^3 + y^6}{x^6 + x^3 y^3 + y^6} \geqslant \frac{1}{3}$$

同理可得

$$\frac{y^6 - y^3 z^3 + z^6}{y^6 + y^3 z^3 + z^6} \geqslant \frac{1}{3}$$

$$\frac{z^6 - z^3 x^3 + x^6}{z^6 + z^3 x^3 + x^6} \geqslant \frac{1}{3}$$

由以上三式及均值不等式得

$$\frac{x^9 + y^9}{x^6 + x^3 y^3 + y^6} + \frac{y^9 + z^9}{y^6 + y^3 z^3 + z^6} + \frac{z^9 + x^9}{z^6 + z^3 x^3 + x^6}$$

$$= \frac{(x^3 + y^3)(x^6 - x^3 y^3 + y^6)}{x^6 + x^3 y^3 + y^6} +$$

$$\frac{(y^3 + z^3)(y^6 - y^3 z^3 + z^6)}{y^6 + y^3 z^3 + z^6} +$$

$$\frac{(z^3 + x^3)(z^6 - z^3 x^3 + x^6)}{z^6 + z^3 x^3 + x^6}$$

$$\geqslant \frac{1}{3}(x^3 + y^3) + \frac{1}{3}(y^3 + z^3) + \frac{1}{3}(z^3 + x^3)$$

$$= \frac{2}{3}(x^3 + y^3 + z^3)$$

$$\geqslant \frac{2}{3} \cdot 3\sqrt[3]{x^3 y^3 z^3}$$

$$= 2$$

证法 3 由幂平均不等式知

$$\frac{x^9 + y^9}{x^6 + x^3 y^3 + y^6}$$

$$\geqslant \frac{\frac{1}{4}(x^3 + y^3)^3}{(x^3 + y^3)^2 - x^3 y^3}$$

$$\geqslant \frac{\frac{1}{4}(x^3 + y^3)^3}{(x^3 + y^3)^2 - \frac{1}{4}(x^3 + y^3)^2}$$

$$= \frac{1}{3}(x^3 + y^3)$$

即

$$\frac{x^9 + y^9}{x^6 + x^3 y^3 + y^6} \geqslant \frac{1}{3}(x^3 + y^3)$$

同理可证

$$\frac{y^9 + z^9}{y^6 + y^3 z^3 + z^6} \geqslant \frac{1}{3}(y^3 + z^3)$$

$$\frac{z^9 + x^9}{z^6 + z^3 x^3 + x^6} \geqslant \frac{1}{3}(z^3 + x^3)$$

将以上三式相加,并由均值不等式得

$$\frac{x^9 + y^9}{x^6 + x^3 y^3 + y^6} + \frac{y^9 + z^9}{y^6 + y^3 z^3 + z^6} + \frac{z^9 + x^9}{z^6 + z^3 x^3 + x^6}$$

$$\geqslant \frac{1}{3}(x^3 + y^3) + \frac{1}{3}(y^3 + z^3) + \frac{1}{3}(z^3 + x^3)$$

$$= \frac{2}{3}(x^3 + y^3 + z^3)$$

$$\geqslant \frac{2}{3} \cdot 3\sqrt[3]{x^3 y^3 z^3}$$

$$= 2$$

我们看三个不同的证法最后都要用上均值不等式.

"林根数学"微信公众号提供了一个一元函数的解法:

证明 由于 x, y, z 为正实数,且 $xyz = 1$,则原问题等价于

$$\sum \frac{x^3 + y^3}{x^2 + xy + y^2} \geqslant 2$$

$\sum$ 为轮换和,下同

$$\sum \frac{x^3 + y^3}{x^2 + xy + y^2}$$

$$= \sum \frac{(x + y)(x^2 - xy + y^2)}{x^2 + xy + y^2}$$

$$= \sum (x + y)\left(1 - \frac{2}{\frac{y}{x} + \frac{x}{y} + 1}\right)$$

$$\geqslant \frac{1}{3} \sum (x + y)$$

$$\geqslant 2$$

最后一步用了三元均值定理及已知条件 $xyz = 1$.

可以用上述函数解法来解下面的问题:

已知

$$x_i \in \mathbf{R}(1 \leqslant i \leqslant 5), \sum_{i=1}^{5} x_i = 1$$

证明

$$\sum \frac{x^5 + y^5}{x^4 + x^3 y + x^2 y^2 + xy^3 + y^4} \leqslant \frac{2}{5}$$

最后还是得用上平均值不等式.

李启印老师还提供了一种解法(兼推广).

命题 1 对于正实数 x, y, z,如果 $x + y + z \geqslant 3$,那么

$$\sum \frac{x^{2n+1} + y^{2n+1}}{x^{2n} + x^{2n-1} y + \cdots + y^{2n}} \geqslant \frac{6}{2n+1}$$

$n \in \mathbf{N}^*$,$\sum$ 为轮换和.

证明 先考虑

$$\frac{x^{2n+1} + y^{2n+1}}{x^{2n} + x^{2n-1} y + \cdots + y^{2n}}$$

的估计:由对称性,不妨设 $x \geqslant y$,则有

$$\frac{x^{2n+1} + y^{2n+1}}{x^{2n} + x^{2n-1} y + \cdots + y^{2n}} = (x + y) \frac{(t + 1)(t^{2n+1} + 1)}{(t - 1)(t^{2n+1} - 1)}$$

$$t = \frac{x}{y} \geqslant 1 \qquad ①$$

下证

$$\frac{(t + 1)(t^{2n+1} + 1)}{(t - 1)(t^{2n+1} - 1)} \geqslant \frac{1}{2n+1} \qquad ②$$

即证

$$f(t) = (2n + 1)(t + 1)(t^{2n+1} + 1) - (t - 1)(t^{2n+1} - 1)$$

$$\geqslant 0 \qquad ③$$

$$f'(t) = (n + 1)(t - 1)[2nt^{2n} + (t + 1)(t^n - 1)]$$

$$= 0$$

有唯一驻点 $t = 1$,易见式 ③ 成立,则式 ② 成立.

对式 ① 两边取 $\sum$ 并注意应用式 ② 得

417

$$\sum \frac{x^{2n+1} + y^{2n+1}}{x^{2n} + x^{2n-1}y + \cdots + y^{2n}} \geqslant \frac{1}{2n+1} \sum (x+y)$$

$$\geqslant \frac{2}{2n+1} \sum x$$

$$\geqslant \frac{6}{2n+1}$$

证毕.

也可以得下述命题.

命题 2 对于正实数 $x_i (1 \leqslant i \leqslant 2n+1)$,如果

$$\sum_{i=1}^{n} x_i = 2n+1$$

那么

$$\sum_{i=1}^{2n+1} \frac{x_i^{2n+1} + x_{i+1}^{2n+1}}{x_i^{2n} + x_i^{2n-1}x_i + x_i^{2n-2}x_{i+1}^2 + \cdots + x_{i+1}^{2n}} \geqslant 2$$

其中,$x_{2n+1} = x_1, n \in \mathbf{N}^*$.

命题 3 对于正实数 $x_i (1 \leqslant i \leqslant 2n+1)$,如果

$$\sum_{i=1}^{n} x_i \geqslant k$$

那么

$$\sum_{i=1}^{2n+1} \frac{x_i^{2n+1} + x_{i+1}^{2n+1}}{x_i^{2n} + x_i^{2n-1}x_i + x_i^{2n-2}x_{i+1}^2 + \cdots + x_{i+1}^{2n}} \geqslant \frac{2k}{2n+1}$$

其中,$x_{2n+1} = x_1, n \in \mathbf{N}^*$.

顺便提一下,罗马尼亚数学奥林匹克不是罗马尼亚最难的赛事,最难的叫罗马尼亚数学大师赛(RMM).虽然它也是面向中学生的数学竞赛,但试题难度非常高,其难度有时甚至超过了 IMO,被称为难中之难的一项中学生数学赛事.

中国自第二届开始组队参赛,由每年数学冬令营(CMO)中团体第一、第二的省份组队参赛,2019 年由上海组织队员参赛.

本次比赛由 2018 年 IMO 中国代表队教练瞿振华领队,王广廷担任副领队,带领上海中学、复旦大学附属中学和华东师范大学第二附属中学的 6 名同学参赛.

2019 年 2 月 25 日,第 11 届罗马尼亚数学大师赛闭幕.

此次大赛共有来自 24 个国家的 135 名选手参加. 中国代表队团队总分为 101 分,排名第六.

以色列选手 Hadassilior 凭借着 41 分(满分 42 分)的成绩名列第一并获得金牌,美国代表队获得了三枚金牌,俄罗斯代表队获得了两枚金牌,塞尔维亚、罗马尼亚以及波兰代表队各获得一枚金牌. 参加本次比赛的中国选手的最好成绩为第 15 名,获得银牌.

中国队在本届罗马尼亚大师赛上的表现可谓惨败.

这份试题非一般人能为,难则难矣,但也正是因为平时罗马尼亚高质量的多种赛事,才成就了罗马尼亚这个数学强国.

转载一下 2019 年罗马尼亚数学大师赛试题供参考(试题翻译):

1. Amy 和 Bob 玩如下的游戏. 最初,Amy 在黑板上写下一个正整数. 接下来,两人轮流对黑板上现有的数进行变换操作,由 Bob 先行. 每当轮到 Bob 操作时,他将黑板上的数 n 替换为一个形如 $n - a^2$ 的数,其中 a 为一个正整数;而每当轮到 Amy 操作时,她将黑板上的数 n 替换为一个形如 n^k 的数,其中 k 为一个正整数. 若黑板上的数变为 0,则 Bob 获胜. 问 Amy 是否能够阻止 Bob 获胜?

2. 等腰梯形 $ABCD$ 中,$AB \parallel CD$. 点 E 为 AC 的中点. 令 $\triangle ABE$,$\triangle CDE$ 的外接圆分别为 w,Ω. 圆 w 在点 A 处的切线与圆 Ω 在点 D 处的切线相交于点 P. 证明:PE 与圆 Ω 相切.

3. 给定任意正实数 ε. 证明:除了有限多个正整数外,对其余的所有正整数 v,在任意一个有 v 个顶点和至少 $(1 + \varepsilon) v$ 条边的图中,均存在 2 个互异但等长的简单圈. (注:简单圈指的是不允许在圈内有顶点重复出现的圈.)

4. 证明:对任意一个正整数 n,存在一个多边形(不一定为凸的),它无三个顶点共线,且将其三角形

419

剖分的方法恰有 n 种.

注:多边形的三角形剖分指的是,用位于多边形内部的对角线将该多边形分割为若干个三角形,且这些对角线之间及其与多边形的边之间均无公共内点(不包括端点).

5. 求所有的函数 $f: \mathbf{R} \to \mathbf{R}$,使得对任意的 $x, y \in \mathbf{R}$,有下式成立

$$f(x + yf(x)) + f(xy) = f(x) + f(2\,019y)$$

6. 求所有值大于 1 的整数对 (c, d),满足以下条件:对任意的首一整系数 d 次多项式 Q 及质数 $p > c(2c + 1)$,均存在一个至多由 $\left(\dfrac{2c - 1}{2c + 1}\right)p$ 个整数构成的集合 S,使得

$$\bigcup_{s \in S} \{s, Q(s), Q(Q(s)), Q(Q(Q(s))), \cdots\}$$

包含模 p 的完全剩余系.

不等式类的图书最广大的读者无疑是参加数学奥林匹克竞赛的选手及他们的教练.历史经验证明这些参赛经历对他们日后成才帮助很大.还是以院士为例.

陈颙,地球物理学家.1942 年 12 月 31 日出生于重庆市,1965 年毕业于中国科技大学地球物理系,后一直从事地震学和实验岩石物理学的研究工作.曾担任国家地震局地球物理研究所所长、国家地震局副局长等职务.1993 年当选为中国科学院院士.1998 年获何梁何利基金"科学与技术进步奖".

1966 ~ 1973 年,在邢台地震现场进行地震观测和震源物理理论研究.1974 年以后建设了我国第一个岩石破裂实验室,开展高温、高压下岩石物性实验研究.对花岗岩热开裂性质的研究已被用于核废料处理的安全检测.90 年代以来,领导国际地震学和地球内部物理学学会(IASPEI)和国际地震工程学会(IAEE)的一个联合工作小组,将地震学、工程学和经

济学相结合,进行全球地震灾害预测研究,发展了整套全新的方法,定量编制了第一张全球范围的地震危险性和地震灾害损失图.

他在日后回忆时曾说:①

"父亲是我的启蒙老师,他自前中央大学毕业后一直在中学教书.他对我的教育方式很独特,我对自然科学的兴趣,尤其是年少时对数学的热爱以及扎实的数理基础,大都得益于父亲随意而特别的教育.上中学时,我一直寄宿在学校,周末回家,父亲常拿出几道事先准备好的题目让我做.我拿着题目,默默地走到一间小屋里……当我走出房门交出答卷时,我总能隐隐地感觉到父亲慈爱的眼光里流露出一种满意,尽管在这种情况下他往往一言不发.我与父亲之间这种默契的"数学游戏"持续了很久.多年后,我才知道这些题目大都出自历届国际数学奥林匹克竞赛试题.很难估量父亲的这种教育方式带给了我多少收益,但无意中我对知识的综合运用能力在一天天增强,思考问题的方式也在日益变化,一些非常规思路的养成对多年后进行地震灾害模型的简化研究大有裨益."

如果说中学师生构成了不等式研习的群众基础,那么真正的中坚力量还是大学师生及专业研究人员.最近本工作室通过出版《拉马努金笔记》发现了一位国内研究者,他叫刘治国,从其研究经历发现早年间他也是研究不等式出身.

----

① 摘自:《院士思维》(第二卷·中国科学院院士卷),卢嘉锡等主编,安徽教育出版社,2003.

早在 1996 年,刘治国教授就曾运用多重积分及凸函数的方法建立了一些 n 元对称函数的不等式. 他还利用类似的方法建立若干新的关于 n 元对称函数的不等式.

设 $a_1, a_2, \cdots, a_n (n \geqslant 2)$ 为一组不完全为零的非负实数,记

$$E_r = \binom{n-1+r}{r}^{-1} \sum_{j_1+j_2+\cdots+j_n=r} a_1^{j_1} a_2^{j_2} \cdots a_n^{j_n} \quad \text{①}$$

这里 $\binom{n-1+r}{r} = \dfrac{(n-1+r)!}{r!\,(n-1)!}$,$r(\geqslant 0)$ 为整数,则有:

定理 1

$$\frac{E_1}{E_0} \leqslant \frac{E_2}{E_1} \leqslant \frac{E_3}{E_2} \leqslant \cdots \leqslant \frac{E_{r+1}}{E_r} \leqslant \cdots \quad \text{②}$$

定理 2

$$E_1 \leqslant E_2^{1/2} \leqslant E_3^{1/3} \leqslant \cdots \leqslant E_r^{1/r} \leqslant \cdots \quad \text{③}$$

定理 3

$$\left(\frac{a_1+a_2+\cdots+a_n}{n}\right)^r \leqslant E_r \leqslant \frac{a_1^r+a_2^r+\cdots+a_n^r}{n} \quad \text{④}$$

为证明以上定理,需若干引理,记 $n-1$ 维单形

$$A_{n-1} = \left\{ (t_1, t_2, \cdots, t_{n-1}) \ \middle| \ \sum_{k=1}^{n-1} t_k \leqslant 1, t_k \geqslant 0 \right\} \quad \text{⑤}$$

引理 1(柯西不等式) 设

$$f(\bar{t}) = f(t_1, t_2, \cdots, t_{n-1})$$

$$g(\bar{t}) = g(t_1, t_2, \cdots, t_{n-1})$$

为定义在 A_{n-1} 上的连续函数,则有

$$\left(\int_{A_{n-1}} f(\bar{t})\, g(\bar{t})\, \mathrm{d}v \right)^2$$

$$\leqslant \left(\int_{A_{n-1}} f^2(\bar{t})\, \mathrm{d}v \right) \cdot \left(\int_{A_{n-1}} g^2(\bar{t})\, \mathrm{d}v \right) \quad \text{⑥}$$

这里 $\mathrm{d}v$ 为体积微元.

证明 显见对任意实数 x

$$(f(\overline{t})\ g(\overline{t}))^2 \geqslant 0$$

$$\Rightarrow x^2 \Big(\int_{A_{n-1}} g^2(\overline{t})\ \mathrm{d}v \Big) + 2x \Big(\int_{A_{n-1}} f(\overline{t})\ g(\overline{t})\ \mathrm{d}v \Big) +$$

$$\Big(\int_{A_{n-1}} f^2(\overline{t})\ \mathrm{d}v \Big)$$

$$= \int_{A_{n-1}} (f(\overline{t}) + xg(\overline{t}))^2 \mathrm{d}v \geqslant 0$$

若 $\int_{A_{n-1}} g^2(\overline{t})\ \mathrm{d}v = 0$,则必有 $g(\overline{t}) = 0$ 于 A_{n-1} 上,从而不等式 ⑥ 成立.

若 $\int_{A_{n-1}} g^2(\overline{t})\ \mathrm{d}v \neq 0$,则由判别式 $\Delta_x \geqslant 0$ 可知不等式 ⑥ 成立.

引理 2 令 $f(\alpha) = \ln \int_{A_{n-1}} \Big(\sum_{k=1}^{n} t_k a_k \Big)^{\alpha} \mathrm{d}v$, 则 $f(\alpha)$ 为 x 的下凸函数,这里 $t_n = 1 - \sum_{k=1}^{n-1} t_k$.

证明 由

$$f'(\alpha) = \frac{A - B}{\Big(\int_{A_{n-1}} \big(\sum_{k=1}^{n} t_k a_k \big)^{\alpha} \mathrm{d}v \Big)^2}$$

$$A = \Big(\int_{A_{n-1}} \big(\sum_{k=1}^{n} t_k a_k \big)^{\alpha} \ln \sum_{k=1}^{n} t_k a_k \Big)^2 \mathrm{d}v$$

$$B = \Big(\int_{A_{n-1}} \big(\sum_{k=1}^{n} t_k a_k \big)^{\alpha} \ln \sum_{k=1}^{n} t_k a_k \mathrm{d}v \Big)^2$$

在不等式 ⑥ 中取

$$f(\overline{t}) = \big(\sum_{k=1}^{n} t_k a_k \big)^{\frac{\alpha}{2}} \ln \sum_{k=1}^{n} t_k a_k$$

$$g(\overline{t}) = \big(\sum_{k=1}^{n} t_k a_k \big)^{\frac{\alpha}{2}}$$

则

$$f(\overline{t})\ g(\overline{t}) = \big(\sum_{k=1}^{n} t_k a_k \big)^{\alpha} \ln \sum_{k=1}^{n} t_k a_k$$

此时不等式 ⑥ 变成 $B \leqslant A$,从而有 $f''(\alpha) \geqslant 0$,即

423

$f(x)$ 为 x 的下凸函数.

引理3 设 $r \geqslant 0$ 为整数,则有

$$\int_{A_{n-1}} \Big(\sum_{k=1}^{n} t_k a_k \Big)^r \mathrm{d}v$$

$$= \frac{r!}{(n-1+r)!} \sum_{j_1+j_2+\cdots+j_n=r} a_1^{j_1} a_2^{j_2} \cdots a_n^{j_n} \qquad ⑦$$

证明 由多项式展开定理知

$$\int_{A_{n-1}} \Big(\sum_{k=1}^{n} t_k a_k \Big)^r \mathrm{d}v$$

$$= \sum_{j_1+j_2+\cdots+j_n=r} a_1^{j_1} a_2^{j_2} \cdots a_n^{j_n} \int_{A_{n-1}} t_1^{j_1} t_2^{j_2} \cdots t_n^{j_n} \int_{A_{n-1}} \mathrm{d}v \qquad ⑧$$

也知

$$\int_{A_{n-1}} t_1^{j_1} t_2^{j_2} \cdots t_n^{j_n} \int_{A_{n-1}} \mathrm{d}v$$

$$= \frac{j_1! \ j_2! \ \cdots j_n!}{(j_1+j_2+\cdots+j_n+n-1)!} \qquad ⑨$$

将式 ⑨ 代入式 ⑧ 即知式 ⑦ 正确.

由式 ①⑦ 知

$$\int_{A_{n-1}} \Big(\sum_{k=1}^{n} t_k a_k \Big)^r \mathrm{d}v = \frac{1}{(n-1)!} E_r \qquad ⑩$$

特别地在式 ⑦ 中令 $r=0$,得

$$\int_{A_{n-1}} \mathrm{d}v = \frac{1}{(n-1)!} \qquad ⑪$$

在式 ⑦ 中令 $r=1$,得

$$\int_{A_{n-1}} \Big(\sum_{k=1}^{n} t_k a_k \Big) \mathrm{d}v = \frac{1}{n!} \sum_{k=1}^{n} a_k \qquad ⑫$$

引理4 若 $\varphi(x)$ 为下凸函数,则有下列不等式

$$\frac{\varphi\Big(\sum_{k=1}^{n} \psi^{ak} \Big)}{n} \leqslant \int_{A_{n-1}} (n-1)! \leqslant \sum_{k=1}^{n} \frac{\varphi(a_k)}{n} \qquad ⑬$$

证明 由式 ⑪ 知 $\int_{A_{n-1}} (n-1)! \ \mathrm{d}v = 1$,因此由

Jensen 不等式有

$$\varphi\Big(\int_{A_{n-1}} \Big(\sum_{k=1}^{n} t_k a_k \Big) (n-1)! \ \mathrm{d}v \Big)$$

424

$$\leqslant \int_{A_{n-1}} \varphi\left(\sum_{k=1}^{n} t_k a_k\right) (n-1)! \, \mathrm{d}v$$

再由 Jensen 不等式知

$$\varphi\left(\sum_{k=1}^{n} t_k a_k\right) \leqslant \sum_{k=1}^{n} t_k \varphi(a_k)$$

有

$$\varphi\left(\int_{A_{n-1}} \left(\sum_{k=1}^{n} t_k a_k\right) (n-1)! \, \mathrm{d}v\right)$$

$$\leqslant \int_{A_{n-1}} \varphi\left(\sum_{k=1}^{n} t_k a_k\right) (n-1)! \, \mathrm{d}v$$

$$\leqslant \int_{A_{n-1}} \left(\sum_{k=1}^{n} t_k a_k\right) (n-1)! \, \mathrm{d}v$$

而由式 ⑫ 知

$$\int_{A_{n-1}} \left(\sum_{k=1}^{n} t_k a_k\right) (n-1)! \, \mathrm{d}v = \frac{1}{n} \sum_{k=1}^{n} a_k$$

在上式中作替换 $a_k \to \varphi(a_k)$ 知

$$\int_{A_{n-1}} \left(\sum_{k=1}^{n} t_k \varphi(a_k)\right) (n-1)! \, \mathrm{d}v = \frac{1}{n} \sum_{k=1}^{n} \varphi(a_k)$$

有

$$\frac{\varphi\left(\sum_{k=1}^{n} a_k\right)}{n} \leqslant \int_{A_{n-1}} \varphi\left(\sum_{k=1}^{n} t_k a_k\right) (n-1)! \, \mathrm{d}v$$

$$\leqslant \sum_{k=1}^{n} \frac{\varphi(a_k)}{n}$$

定理 1 的证明　由引理 2 知

$$f(\alpha) = \ln \int_{A_{n-1}} \left(\sum_{k=1}^{n} t_k a_k\right)^{\alpha} \mathrm{d}v$$

为 α 之下凸函数,有

$$f(r) = f\left(\frac{r-1}{2} + \frac{r+1}{2}\right) \leqslant \frac{1}{2} f(r-1) + \frac{1}{2} f(r+1)$$

$$\Rightarrow 2f(r) \leqslant f(r-1) + f(r+1)$$

这里 $r (\geqslant 1)$ 为整数,推出

$$\left(\int_{A_{n-1}} \left(\sum_{k=1}^{n} t_k a_k\right)^{r} \mathrm{d}v\right)^{2}$$

$$\leqslant \left(\int_{A_{n-1}} \left(\sum_{k=1}^{n} t_k a_k \right)^{r-1} \mathrm{d}v \right) \left(\int_{A_{n-1}} \left(\sum_{k=1}^{n} t_k a_k \right)^{r+1} \mathrm{d}v \right)$$

将式 ⑩ 代入上式即得

$$E_r^2 \leqslant E_{r+1} \cdot E_{r-1} \Rightarrow \frac{E_r}{E_{r-1}} \leqslant \frac{E_{r+1}}{E_r}$$

表明 $\dfrac{E_r}{E_{r-1}}$ 为 r 之递增函数,有

$$\frac{E_1}{E_0} \leqslant \frac{E_2}{E_1} \leqslant \frac{E_3}{E_2} \leqslant \cdots \leqslant \frac{E_{r+1}}{E_r} \leqslant \cdots$$

定理 2 的证明 由于 $\dfrac{E_{r+1}}{E_r} \geqslant \dfrac{E_r}{E_{r-1}}$,当然有 $\dfrac{E_{r+1}}{E_r} \geqslant$

$\dfrac{E_{r-1}}{E_{r-2}}, \cdots, \dfrac{E_{r+1}}{E_r} \geqslant \dfrac{E_1}{E_0}$,将以上 r 个不等式相乘得

$$\left(\frac{E_{r+1}}{E_r} \right)^r \geqslant \frac{E_r}{E_0} = E_r$$

$$\Rightarrow (E_{r+1})^r \geqslant (E_r)^{r+1}$$

$$\Rightarrow E_r^{1/r} \leqslant E_{r+1}^{1/r+1}$$

$$\Rightarrow E_1 \leqslant E_2^{1/2} \leqslant E_3^{1/3} \leqslant \cdots \leqslant E_r^{1/r}$$

定理 3 的证明 在引理 4 中取 $\varphi(x) = x^r, r \geqslant 1$ 为整数并结合式 ⑩ 即得

$$\left(\frac{a_1 + a_2 + \cdots + a_n}{n} \right)^r \leqslant E_r \leqslant \frac{a_1^r + a_2^r + \cdots + a_n^r}{n}$$

可以这样说,我国不等式研究队伍的成长和壮大很大程度上依赖于国外海量高品质的资料,千万不要忘了这一点,一旦断供,我们研究能力还会像现在这样强大吗? 前几天在网上看到一则评论,不知是否有道理,附于后供读者自行判断.

有位网友说:

何不食肉糜,根究起来也许未必是坏,更多的可能是人在坐拥巨大财富和权力时,在不知不觉中会失去(也许从未建立) 对自己,对他人,对世界探求真相的欲望和能力.取而代之的只剩下了无尽的控制欲和

随之而来的自我陶醉.

自我肯定是每个人都会有的倾向,人会愿意看到所拥有的成就都归于自己的能力,所有的失败都归于外界因素.于是谈及自己的财富与权力来源时,很容易有意无意地漏掉外界的助力,哪怕是非常关键的助力.当外界助力大到本人都无法回避时,便可能玩个小把戏,用自己获得外界助力的能力包裹一下,以此贪天之功,这是一种记忆和认知上的更改,进行的时间越久次数越多,自己就会越信以为真.那么,既然说服了自己,所有成就都基于自己的努力.在传授"成功经验"的时候,自然也就更不会提到可能让自己功劳缩水的任何重要信息了.

刘培杰

2021 年 2 月 28 日

于哈工大

英国著名诗人莎士比亚说:

> "书籍是全世界的营养品.生活里没有书籍,就好像没有阳光;智慧里没有书籍,就好像鸟儿没有翅膀."

按莎翁的说法书籍应该是种生活必需品.读书应该是所有人的一种刚性需求,但现实并非如此.提倡"全民阅读""世界读书日"等积极的措施也无法挽救书籍在中国的颓式.甚至有的图书编辑也对自己的职业意义产生了怀疑.

本文既是一篇为编辑手记图书而写的编辑手记,也是对当前这种社会思潮的一种"反动".我们先来解释一下书名.

姚洋是北京大学国家发展研究院院长.在一次毕业典礼上,姚洋鼓励毕业生"去做一个唐吉诃德吧".他说:"当今的中国,充斥着无脑的快乐和人云亦云的所谓'醒世危言',独独缺少的,是'敢于直面惨淡人生'的勇士.""中国总是要有一两个这样的学校,它的任务不是培养'人才'(善于完成工作任务的人)"."这个世界得有一些人,他出来之后天马行空,北大当之无愧,必须是一个".

姚洋常提起大学时对他影响很大的一本书《六人》,这本书借助六个文学著作中的人物,讲述了六种人生态度,理性的浮士德、享乐的唐·璜、犹豫的哈姆雷特、果敢的唐吉诃德、悲天悯人的梅达尔都斯与自我陶醉的阿夫尔丁根.

他鼓励学生,如果想让这个世界变得更好,那就做个唐吉诃德吧! 因为"他乐观,像孩子一样天真无邪;他坚韧,像勇士一样勇往直前;他敢于和大风车交锋,哪怕下场是头破血流! "

在《藏书报》记者采访著名书商——布衣书局的老板时有这样一番对话:

问:您有一些和大多数古旧书商不一样的地方,像一个唐吉诃德式的人物,大家有时候批评您不是一个很会赚钱的书商,比如很少参加拍卖会.但从受读者的欢迎程度来讲,您绝对是出众的.您怎样看待这一点?

答:我大概就是个唐吉诃德,他的画像也曾经贴在创立之初的布衣书局墙壁上.我也尝试过参与文物级藏品的交易,但是我受隆福寺中国书店王玉川先生的影响太深,对于学术图书的兴趣更大,这在金钱和时间两方面都影响了我对于古旧书的投入,所以,不能在这个领域有一席之地,是正常的.我不是个"很会赚钱"的书商,知名度并不等于钱,这中间无法完全转换.由于关注点的局限,普通古旧书的绝对利润很低,很多旧书的售价才几十块甚至于几块,利润可想而知,且旧书无大量复本,所以消耗的单品人工远高于新书,这是制约发展的一个原因.我的理想是尝试更多的可能,把古旧书很体面地卖出去,给予它们尊严,这点目前我已经做到了,不足的就是赚钱不多,维持现状可以,发展很难.

这两段文字笔者认为已经诠释了唐吉诃德在今日之中国的意义:虽不合时宜,但果敢向前,做自己认为正确的事情.

再说说加号后面的西西弗斯.笔者曾在一本加缪的著作中

读到以下这段：

> 诸神判罚西西弗,令他把一块岩石不断推上山顶,而石头因自身重量一次又一次滚落.诸神的想法多少有些道理,因为没有比无用又无望的劳动更为可怕的惩罚了.
>
> 大家已经明白,西西弗是荒诞英雄.既出于他的激情,也出于他的困苦.他对诸神的蔑视,对死亡的憎恨,对生命的热爱,使他吃尽苦头,苦得无法形容,因此竭尽全身解数却落个一事无成.这是热恋此岸乡土必须付出的代价.有关西西弗在地狱的情况,我们一无所获.神话编出来是让我们发挥想象力的,这才有声有色.至于西西弗,只见他凭紧绷的身躯竭尽全力举起巨石,推滚巨石,支撑巨石沿坡向上滚,一次又一次重复攀登;又见他脸部绷紧,面颊贴紧石头,一肩顶住,承受着布满黏土的庞然大物;一腿蹲稳,在石下垫撑;双臂把巨石抱得满满当当的,沾满泥土的两手呈现出十足的人性稳健.这种努力,在空间上没有顶,在时间上没有底,久而久之,目的终于达到了.但西西弗眼睁睁望着石头在瞬间滚到山下,又得重新推上山巅.于是他再次下到平原.
>
> ——(摘自《西西弗神话》,阿尔贝·加缪著,沈志明译,上海译文出版社,2013)[1]

丘吉尔也有一句很有名的话: "Never! Never! Never Give Up! "(永不放弃!)套用一句老话:保持一次激情是容易的,保持一辈子的激情就不容易,所以,英雄是活到老,激情到老! 顺境要有激情,逆境更要有激情.出版业潮起潮落,多少当时的"大师"级人物被淘汰出局,关键也在于是否具有逆境中的坚持!

其实西西弗斯从结果上看他是个悲剧人物.永远努力,永

---

[1]　这里及封面为尊重原书,西西弗斯称为西西弗.——编校注

远奋进,注定失败! 但从精神上看他又是个人生赢家,不放弃的精神永在,就像曾国藩所言:屡战屡败,屡败屡战. 如果光有前者就是个草包,但有了后者,一定会是个英雄. 以上就是我们书名中选唐吉诃德和西西弗斯两位虚构人物的缘由. 至于用"＋"将其联结,是考虑到我们终究是有关数学的书籍.

现在由于数理思维的普及,连纯文人也沾染上了一些. 举个例子:

文人聚会时,可能会做一做牛津大学出版社网站上关于哲学家生平的测试题. 比如关于加缪的测试,问:加缪少年时期得了什么病导致他没能成为职业足球运动员? 四个选项分别为肺结核、癌症、哮喘和耳聋. 这明显可以排除癌症,答案是肺结核. 关于叔本华的测试中,有一道题问:叔本华提出如何减轻人生的苦难? 是表现同情、审美沉思、了解苦难并弃绝欲望,还是以上三者都对? 正确答案是最后一个选项.

这不就是数学考试中的选择题模式吗?

本套丛书在当今的图书市场绝对是另类. 数学书作为门槛颇高的小众图书本来就少有人青睐,那么有关数学书的前言、后记、编辑手记的汇集还会有人感兴趣吗? 但市场是吊诡的,谁也猜不透只能试. 说不定否定之否定会是肯定. 有一个例子:实体书店受到网络书店的冲击和持续的挤压,但特色书店不失为一种应对之策.

去年岁末,在日本东京六本木青山书店原址,出现了一家名为文喫(Bunkitsu)的新形态书店. 该店破天荒地采用了入场收费制,顾客支付 1 500 日元(约合人民币 100 元)门票,即可依自己的心情和喜好,选择适合自己的阅读空间.

免费都少有人光顾,它偏偏还要收费,这是种反向思维.

日本著名设计杂志《轴》(Axis)主编上條昌宏认为,眼下许多地方没有书店,人们只能去便利店买书,这也会对孩子们培养读书习惯造成不利的影响. 讲究个性、有情怀的书店,在世间还是具有存在的意义,希望能涌现更多像文喫这样的书店.

因一周只卖一本书而大获成功的森冈书店店主森冈督行称文喫是世界上绝无仅有的书店,在东京市中心的六本木这片土地上,该店的理念有可能会传播到世界各地. 他说,"让在书店买书成为一种非日常的消费行为,几十年后,如果人们觉得去书店就像去电影院一样,这家书店可以说就是个开端."

本书的内容大多都是有关编辑与作者互动的过程以及编辑对书稿的认识与处理.

关于编辑如何处理自来稿,又如何在自来稿中发现优质选题? 这不禁让人想起了美国童书优秀的出版人厄苏拉·诺德斯特姆,在她与作家们的书信集《亲爱的天才》中,我们看到了她和多名优秀儿童文学作家和图画书作家是如何进行沟通的.这位将美国儿童文学推入"黄金时代"的出版人并不看重一个作家的名气和资历,在接管哈珀·柯林斯的童书部门后,她甚至立下了一个规矩:任何画家或作家愿意展示其作品,无论是否有预约,一律不得拒绝.厄苏拉对童书有着清晰的判断和理解,她相信作者,不让作者按要求写命题作文,而是"请你告诉我你想要讲什么故事",这份倾听多么难得.厄苏拉让作家们保持了"自我",正是这份编辑的价值观让她所发现的作家和作品具有了独特性.编辑从自来稿中发现选题是编辑与作家双向选择高度契合的合作,要互相欣赏和互相信任,要有想象力,而不仅仅从现有的图书品种中来判断稿件.在数学专业类图书出版领域中,编辑要具有一定的现代数学基础和出版行业的专业能力,学会倾听,才能像厄苏拉一样发现她的桑达克.

在巨大的市场中,作为目前图书市场中活跃度最低、增幅最小的数学类图书板块亟待品种多元化,图书需要更多的独特性,而这需要编辑作为一个发现者,不做市场的跟风者,更多去架起桥梁,将优质的作品从纷繁的稿件中遴选出来,送至读者手中.

我们数学工作室现已出版数学类专门图书近两千种,目前还在以每年 200 多种的速度出版.但科技的日新月异以及学科内部各个领域的高精尖趋势,都使得前沿的学术信息更加分散、无序,而且处于不断变化中,时不时还会受到肤浅或虚假、不实学术成果的干扰.可以毫不夸张地说,在互联网时代学术动态也已经日益海量化.然而,选题策划却要求编辑能够把握学科发展走势、热点领域、交叉和新兴领域以及存在的亟须解决的难点问题.面对互联网时代的巨量信息,编辑必须通过查询、搜索、积累原始选题,并在积累的过程中形成独特的视角.

在海量化的知识信息中进行查询、搜索、积累选题,依靠人力作用非常有限. 通过互联网或人工智能技术,积累得越多,挖掘得越深,就越有利于提取出正确的信息,找到合理的选题角度.

复旦大学出版社社长贺圣遂认为中国市场上缺乏精品,出版物质量普遍不尽如人意的背后主要是编辑因素:一方面是"编辑人员学养方面的欠缺",一方面是"在经济大潮的刺激作用下,某些编辑的敬业精神不够". 在此情形下,一位优秀编辑的意义就显得特别突出和重要了. 在贺圣遂看来,优秀编辑的内涵至少包括三个部分. 第一,要有编辑信仰,这是做好编辑工作的前提,"从传播文化、普及知识的信仰出发,矢志不渝地执着于出版业,是一切成功的编辑出版家所必备的首要素养",有了编辑信仰,才能坚定出版信念,明确出版方向,充满工作热情和动力,才能催生出精品图书. 第二,要有杰出的编辑能力和极佳的编辑素养,即贺圣遂总结归纳的"慧根、慧眼、慧才",具体而言是"对文化有敬仰,有悟性,对书有超然的洞见和感觉""对文化产品要有鉴别能力,要懂得判断什么是好的、优秀的、独特的、杰出的,不要附庸风雅,也不要被市场愚弄""对文字加工、知识准确性,对版式处理、美术设计、载体材料的选择,都要有足够熟练的技能". 第三,要有良好的服务精神,"编辑依赖作者、仰仗作者,因为作者配合,编辑才能体现个人成就. 编辑和作者之间不仅仅是工作上的搭档,还应该努力扩大和延伸编辑服务范围,成为作者生活上的朋友和创作上的知音.

笔者已经老了,接力棒即将交到年轻人的手中. 人虽然换了,但"唐吉诃德 + 西西弗斯"的精神不能换,以数学为核心、以数理为硬核的出版方向不能换. 一个日益壮大的数学图书出版中心在中国北方顽强生存大有希望.

出版社也是构建、创造和传播国家形象的重要方式之一. 国际社会常常通过认识一个国家的出版物,特别是通过认识关于这个国家内容的重点出版物,建立起对一个国家的印象和认识. 莎士比亚作品的出版对英国国家形象,歌德作品的出版对德国国家形象,卢梭、伏尔泰作品的出版对法国国家形象,安徒生作品的出版对丹麦国家形象,《丁丁历险记》的出版对比利时国家形象,《摩柯波罗多》的出版对印度国家形象,都具有很重要的帮助.

中国优秀的数学出版物如何走出去,我们虽然一直在努力,也有过小小的成功,但终究由于自身实力的原因没能大有作为. 所以我们目前是以大量引进国外优秀数学著作为主,这也就是读者在本书中所见的大量有关国外优秀数学著作的评介的缘由. 正所谓:他山之石,可以攻玉!

在写作本文时,笔者详读了湖南教育出版社曾经出版过的一本朱正编的《鲁迅书话》,其中发现了一篇很有意思的文章,附在后面.

青年必读书	从来没有留心过, 所以现在说不出.
附注	但我要趁这机会,略说自己的经验,以供若干读者的参考 —— 我看中国书时,总觉得就沉静下去,与实人生离开;读外国书 —— 但除了印度 —— 时,往往就与人生接触,想做点事. 中国书虽有劝人入世的话,也多是僵尸的乐观;外国书即使是颓唐和厌世的,但却是活人的颓唐和厌世. 我以为要少 —— 或者竟不 —— 看中国书,多看外国书. 少看中国书,其结果不过不能作文而已,但现在的青年最要紧的是"行",不是"言". 只要是活人,不能作文算什么大不了的事. (二月十日)

少看中国书这话从古至今只有鲁迅敢说,而且说了没事,笔者万万不敢. 但在限制条件下,比如说在有关近现代数学经典这个狭小的范围内,窃以为这个断言还是成立的,您说呢?

刘培杰
2024 年 9 月 1 日
于哈工大